Gleißner
Grundlagen des Risikomanagements

Vorwort

Risikomanagement schafft die Voraussetzung, damit die Unternehmensführung bei ihren wesentlichen Entscheidungen die erwarteten Erträge und die mit diesen verbundenen Risiken gegeneinander abwägen kann. Dies ist beispielsweise erforderlich bei Investitionsentscheidungen oder Veränderungen der Unternehmensstrategie, da unterschiedliche Strategien typischerweise mit unterschiedlichen Risiken behaftet sind.

Risikomanagement schafft Transparenz über den Gesamtrisikoumfang eines Unternehmens und die, diesen maßgeblich bestimmenden, wichtigsten Einzelrisiken. Es schafft so die Voraussetzungen, um geeignete Risikobewältigungsmaßnahmen zu initiieren, die zu einer Stabilisierung der Erträge (Cashflows) des Unternehmens beitragen und die Wahrscheinlichkeit von Unternehmenskrisen mindern. Es trägt damit entscheidend zur Absicherung des Bestands eines Unternehmens bei.

Risikomanagement wird in diesem Buch aufgefasst als ein System, das insgesamt dazu beiträgt, Transparenz über den Risikoumfang im Unternehmen zu schaffen und Entscheidungen unter Unsicherheit durch die Unternehmensführung zu unterstützen. Dementsprechend werden insbesondere auch die vielfältigen Verknüpfungspunkte zwischen Risikomanagement einerseits und Controlling, Budgetierung, Planung, Unternehmensstrategie und wertorientierten Managementkonzepten sowie Rating andererseits verdeutlicht. In diesem Buch wird damit die Konzeption eines unternehmensweiten, integrierten Risikomanagements vorgestellt („Corporate Risk Management"). Dies bedeutet, dass

- eine einseitige Schwerpunktsetzung auf ein finanzwirtschaftliches Risikomanagement (mit Risiken aus Zins-, Wechselkurs- und Rohstoffpreis-Veränderungen sowie Kreditrisiken) vermieden wird,
- die strategische Dimension des Risikomanagements besonders beachtet wird, da gerade hier die Ursachen für eine potenzielle Bestandsgefährdung (Insolvenz) des Unternehmens zu finden sind,
- die Möglichkeit der Nutzung bestehender Managementsysteme (z. B. des Controllings) für Risikomanagementfunktionalitäten verdeutlicht wird und
- die Nutzung von (aggregierten) Risikoinformationen für betriebswirtschaftliche Entscheidungen unter Unsicherheit (z. B. Investitionen),

Ratingprognosen, Finanzierungsplanung oder eine wertorientierte Unternehmensführung aufgezeigt wird[1].

Infolge dieser Ausrichtung des Buches werden verschiedene vertiefende Spezialthemen nur gestreift, und es wird auf die entsprechende weiterführende Literatur verwiesen (z. B. bezüglich der Rechenverfahren im Finanzrisikomanagement).

Um Transparenz über die Risiken eines Unternehmens zu erhalten und geeignete Risikobewältigungsmaßnahmen zu initiieren, müssen in einem Unternehmen Fähigkeiten zur Identifikation, Bewertung, Aggregation, Überwachung und Steuerung von Risiken entwickelt und ausgebaut werden. Zielsetzung dieses Buches ist es, die hierfür erforderlichen methodischen Grundlagen, Verfahren und Instrumente vorzustellen und Wege zu zeigen, wie das Risikomanagement in einem Unternehmen etabliert werden kann.

Das Buch richtet sich damit an Führungskräfte kapitalmarktorientierter und größerer mittelständischer Unternehmen, die sich mit dem Aus- und Aufbau des Risikomanagementsystems befassen und Risikoinformationen stärker im Rahmen ihrer Entscheidungen berücksichtigen möchten. Es richtet sich dabei insbesondere an Fach- und Führungskräfte aus Controlling, Risikomanagement, strategischer Unternehmensplanung sowie Vorstände und Geschäftsführer, die einen ganzheitlichen Überblick über das Gesamtspektrum des Risikomanagements erhalten möchten.

Das Buch ist wie folgt aufgebaut: Im ersten einführenden Kapitel werden zunächst die wesentlichen grundlegenden Begriffe des Risikomanagements erläutert, und es wird aufgezeigt, welchen ökonomischen Mehrwert das Risikomanagement leistet. Dabei wird insbesondere deutlich, dass die Risikoanalyse die Informationen liefert, die für rationale und fundierte Entscheidungen bei Unsicherheit erforderlich sind. Risikomanagement wird damit als ein Instrument zur Verbesserung unternehmerischer Entscheidungen – und deren praktischer Umsetzung – dargestellt. Ergänzend werden die wesentlichen rechtlichen Rahmenbedingungen für das Risikomanagement kurz zusammengefasst.

Im 2. Kapitel wird das Risikomanagement aus Perspektive der Unternehmensstrategie betrachtet, wobei insbesondere die Verbindung von Risikomanagement und Unternehmensstrategie sowie die Risikopolitik betrachtet werden. Die folgenden Kapitel beschäftigen sich dann mit operativen Problemen des Risikomanagements. Kapitel 3 befasst sich mit der Risikoanalyse, also mit der Identifikation von Einzelrisiken und den Verfahren zur quantitativen Beschreibung dieser Risiken durch geeignete Wahrscheinlichkeitsverteilungen. Zudem werden hier

---

[1] Vgl. Laux 2005.

die wichtigsten Risikomaße vorgestellt, die einen Vergleich und eine Priorisierung unterschiedlicher Risiken ermöglichen. Kapitel 4 befasst sich aufbauend darauf mit der Bestimmung des Gesamtrisikoumfangs mittels Risikoaggregation. Hierbei wird die Monte-Carlo-Simulation (Risikosimulation) vorgestellt, die eine Verbindung von Unternehmensplanung und Risikoanalyse ermöglicht. Sie ist die Grundlage, um die Planungssicherheit des Unternehmens einzuschätzen, den Eigenkapitalbedarf zur Risikodeckung zu berechnen, aber auch Basis für die Erstellung von Ratingprognosen oder die Ableitung risikogerechter Kapitalkostensätze für eine wertorientierte Unternehmensführung. Auf die Verbindung von Risikoinformationen mit Rating und wertorientierter Unternehmensführung wird vertiefend in Kapitel 8 eingegangen.

Transparenz über die Höhe einzelner Risiken und den Gesamtrisikoumfang ist die notwendige Voraussetzung für eine gezielte Steuerung des Risikoumfangs des Unternehmens, also die Initiierung von Risikobewältigungsmaßnahmen. Die Ansatzpunkte für die Optimierung der Risikoposition werden in Kapitel 5 dargestellt, wobei neben klassischen Versicherungen auf eine Vielzahl anderer Instrumente der Risikobewältigung (speziell des Risikotransfers über Kapitalmärkte) eingegangen wird. Kapitel 6 hat schließlich die organisatorische Gestaltung des Risikomanagements, insbesondere die Implementierung von Verfahren für eine kontinuierliche Überwachung der sich im Zeitverlauf ändernden Risiken zum Inhalt. In diesem Zusammenhang wird insbesondere aufgezeigt, wie möglichst viele Basisaufgaben des Risikomanagements in bereits vorhandene Managementsysteme (z. B. das Controlling oder das Qualitätsmanagement) integriert werden können, um hocheffizient und unter Vermeidung bürokratischen Aufwands Risikomanagement im Unternehmen zu etablieren. Ergänzend wird schließlich in Kapitel 6.8 gezeigt, wie die konzipierten Risikomanagementprozesse durch geeignete IT-Lösungen unterstützt werden können. Zum Thema „Risikomanagement-Software" sind zusätzliche Informationen auch im Internet unter http://www.werner-gleissner.de/buch/Grundlagen-des-Risikomanagements-im-Unternehmen_Kapitel-Risikomanagement-Software.html zu finden.

Zum Schluss wird verdeutlicht, dass Risikomanagement eine unabdingbare Voraussetzung für jedes wertorientierte Management darstellt, da im Rahmen von Risikoanalyse und Risikoaggregation die Risikoinformationen aus unternehmensinternen Daten gewonnen werden, die die Ableitung von risikogerechten Kapitalkostensätzen erst ermöglichen – und eine sinnvolle Alternative zu den üblichen Unternehmensbewertungsansätzen auf Grundlage des Capital Asset Pricing Modells (CAPM) darstellen, die lediglich die Einschätzung des Kapitalmarkts hinsichtlich der Risikosituation eines Unternehmens nutzen.

Das Buch basiert auf Forschungsergebnissen, den Inhalten von Vorlesungen, die ich an der Universität Stuttgart und der European Business School halte, sowie praktischer Erfahrung aus Beratungsprojekten. Mit dem Buch habe ich versucht, die unterschiedlichen Erfahrungen der Praxis und Wissenschaft pragmatisch zu verbinden.

Der Dank für die Mitarbeit an der Erstellung von Vorläuferversionen dieses Buches bzw. Vorlesungsskripten geht an Thomas Berger, Dr. Herbert Lienhard und Dr. Dirk Stroeder. Für die Bearbeitung des Manuskripts und die Koordination der dem Buch zugrunde liegenden Fachveröffentlichungen danke ich Katja Holoubek und Stefanie Strobel, für das Korrekturlesen Dr. Wilhelm Kross, Frank Romeike und Anja Maleta.

Sollten Sie Anregungen oder Kritik zu diesem Buch haben oder weiterführende Informationen benötigen, können Sie uns gerne unter info@ futurevalue.de kontaktieren.

Dr. Werner Gleißner
Leinfelden-Echterdingen, im Juli 2008

Inhaltsverzeichnis

Abbildungsverzeichnis

1. Die Welt des Risikos

1.1 Einleitung: Bedeutung und Probleme

Risikomanagement ist in der Zwischenzeit nicht mehr nur ein Thema für Großunternehmen, sondern eine Notwendigkeit auch für den Mittelstand. Schon immer war es, gerade im Mittelstand, den Unternehmern ein Anliegen, Risiken zu vermeiden, die den Bestand eines Unternehmens gefährden könnten. Die Relevanz einer systematischen Identifikation, Bewertung und Bewältigung von Risiken hat in den letzten Jahren weiter zugenommen. Zum einen ist der Risikoumfang in vielen Branchen deutlich höher geworden, was sich an schnellen technologischen Veränderungsprozessen, Abhängigkeiten von wenigen Kunden oder ganz neuen Risikokategorien zeigt (z. B. potentielle neue ausländische Wettbewerber aufgrund der zunehmenden Globalisierung). Zum anderen ist aufgrund des 1998 in Kraft getretenen Kontroll- und Transparenzgesetzes (KonTraG) und seiner „Ausstrahlwirkung" auf mittelständische Unternehmen davon auszugehen, dass das Fehlen eines Risikomanagementsystems bei jeder größeren Kapitalgesellschaft eine persönliche Haftung der Geschäftsführer oder Vorstände mit sich bringen kann.[2]

Schließlich resultiert auch aus der veränderten Kreditvergabepraxis von Banken und Sparkassen infolge des Basel II-Akkords die Erfordernis, sich konsequenter mit Risiken auseinanderzusetzen. Die Wirkung eingetretener Risiken (z. B. des Verlusts oder Ausfalls eines Großkunden oder Zulieferers oder des unerwarteten Anstiegs von Materialkosten) zeigt sich nämlich immer im Jahresabschluss und den daraus abgeleiteten Finanzkennzahlen (z. B. Eigenkapitalquote oder Gesamtkapitalrendite). Da diese Finanzkennzahlen im Rahmen der neuen Ratingverfahren gerade bei kleinen und mittleren Unternehmen den eingeräumten Kreditrahmen und die Zinskonditionen noch mehr als bisher bestimmen, haben Risiken somit erhebliche Auswirkungen auf die Finanzierung eines Unternehmens. So kann durch eine zufällige Kombination des Eintretens mehrerer Risiken recht schnell eine Situation entstehen, in der die Finanzierung eines Unternehmens aufgrund eines unbefriedigenden Ratings nicht mehr sichergestellt ist, obwohl das Unternehmen an sich gute langfristige Zukunftsperspektiven aufweist. Dieses

---

[2] Vgl. zum Risikomanagement gemäß KonTraG Füser/Gleißner/Meier, 1999, sowie Romeike, 2007.

Problem ist insbesondere bei Unternehmen zu befürchten, die eine niedrige Risikotragfähigkeit (speziell Eigenkapital) aufweisen.

Als weitere Triebfeder für eine steigende Bedeutung des Risikomanagements ist auch die Konzeption eines „wertorientierten Managements" zu sehen, die – mit einiger Verzögerung – nunmehr auch in Deutschland immer größere Relevanz gewinnt. Im Kontext solcher Management- und Controlling-Ansätze bestimmt das Risikomanagement Risikomaße, z. B. den Bedarf an Eigenkapital zur Abdeckung möglicher Verluste, sowie davon abhängige Mindestanforderungen an die erwartete Rendite, also die Kapitalkostensätze.

Alle genannten Aspekte machen deutlich, dass die Bedeutung des Risikomanagements im Kontext der Unternehmensführungsaufgaben weiter zunehmen wird. Die Vorteile eines systematischen Risikomanagements, wie

- Transparenz über die Risikosituation sowie
- Frühaufklärung und Krisenprävention

sind offenkundig. Zudem ist eine mögliche Reduzierung der Kosten für die Risikobewältigung – z. B. durch eine Optimierung der Versicherungen – ein nicht zu unterschätzender Vorteil. Vor allem können die Voraussetzungen geschaffen werden, um bestandsgefährdenden Risiken adäquat zu begegnen und bei wesentlichen unternehmerischen Entscheidungen (z. B. Investitionen) die dort erwarteten Erträge und die damit verbundenen Risiken gegeneinander abwägen zu können (vgl. Abbildung 1).

Der Beitrag des Risikomanagements zum Unternehmenserfolg ist dabei klar ermittelbar:[3]

- Die Reduzierung der Schwankungen erhöht die Planbarkeit und Steuerbarkeit eines Unternehmens, was einen positiven Nebeneffekt auf das erwartete Ertragsniveau hat.[4, 5]
- Eine prognostizierbare, stabile Entwicklung der Zahlungsströme reduziert die Wahrscheinlichkeit, unerwartet auf teure externe Finanzierungsquellen zurückgreifen zu müssen. Eigenerwirtschaftete Cashflows bestimmen maßgeblich den realisierbaren Umfang wertsteigernder Investitionen.
- Eine stabile Gewinnentwicklung mit einer hohen Wahrscheinlichkeit für eine ausreichende Kapitaldienstfähigkeit ist im Interesse

---

[3] Froot/Scharftstein/Stein, 1994, Hommel/Pritsch, 1997 und Hommel, 2005.

[4] Vgl. Amit/Wernerfelt, 1990, siehe jedoch kritischer Kürsten, 2006, der zeigt, dass unter Umständen auch höhere Risiken im Interesse der Eigentümer eines Unternehmens sind, weil sie unbegrenzt an Chancen partizipieren – aber ihre Verluste oft begrenzt sind.

[5] Eine Verminderung der risikobedingten Schwankungsbreite der Zahlungsströme wirkt sich (oft) positiv auf den Unternehmenswert aus.

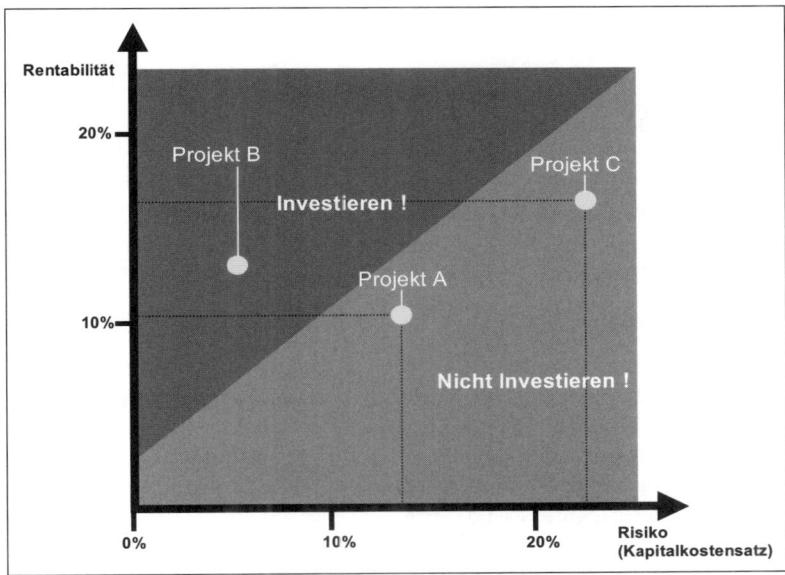

Abbildung 1: Rendite-Risiko-Profil

der Fremdkapitalgeber, was sich in einem guten Rating, einem vergleichsweise hohen Finanzierungsrahmen und günstigen Kreditkonditionen widerspiegelt.

- Eine stabile Gewinnentwicklung reduziert die Wahrscheinlichkeit eines Konkurses. Die Orientierung am Interesse von Arbeitnehmern, Kunden und Lieferanten erleichtert es, qualifizierte Mitarbeiter zu gewinnen und langfristige Beziehungen zu Kunden und Lieferanten aufzubauen.

Oft wird Risikomanagement aber immer noch als lästige Pflichtübung verstanden und nicht als Kernaufgabe der Unternehmensführung. Die insbesondere durch den Druck des KonTraGs aufgebauten formalen Risikomanagementsysteme haben dabei erhebliche Schwächen, die den bisherigen ökonomischen Nutzen sehr zurückhaltend beurteilen lassen. Als Problemfelder sind dabei anzusehen:[6]

- Schwächen in der Fokussierung der Risikoanalyse,
- das Fehlen von Verfahren für die Risikoaggregation, also die Beurteilung des Gesamtrisikoumfangs,
- die fehlende Integration des Risikomanagements in Planung und Controlling,
- eine überbürokratische Organisation der Risikomanagementsysteme,

---

[6] Vgl. Gleißner/Meier, 2006 bzw. die Checkliste in Abschnitt 6.6.

- Defizite bei der Risikobewältigung sowie bei der Einbeziehung von Managementrisiken und
- zu starke Ausrichtung an wirtschaftsprüferischen Belangen, dadurch Dokumentation wichtiger als Bewältigung.

Es gibt sehr viele Gründe dafür, dass die genannten Problembereiche in vielen Unternehmen noch bestehen und am Ausbau des Risikomanagements nur sehr zögerlich mit geringer Priorität gearbeitet wird. Die trotz des offensichtlich ökonomischen Nutzens des Risikomanagements bestehenden Hemmnisse lassen sich in drei Gruppen einteilen:

1. Kenntnisdefizite:

Risikomanagement ist heute noch kein Ausbildungsschwerpunkt für potenzielle Manager und hat nur einen vergleichsweise geringen Zeitanteil im Studium der Ökonomen. Dies führt einerseits zu begrifflichen Missverständnissen und andererseits zur Unkenntnis von tatsächlich in diesem Bereich verfügbaren Methoden. Wenn die Verfahren der Risikoquantifizierung oder Risikoaggregation beispielsweise nicht bekannt sind, wundert es nicht, dass die Verfahren in der Praxis auch nicht angewendet werden. Zudem wird die Bedeutung von Risikoinformationen für die Unternehmenssteuerung unterschätzt, wenn unbekannt ist, wie diese beispielsweise für Ratingprognosen (und damit für die Krisenprävention) oder zur Ableitung von Kapitalkostensätzen im Rahmen des wertorientierten Managements genutzt werden können.

2. Psychologische Aspekte:

Die psychologische Forschung zeigt, dass Menschen eine ausgeprägte Aversion gegenüber Risiken und (mehr noch) Verlusten haben. Aus dem Bedürfnis der Menschen, ihr Umfeld zu kontrollieren und kognitive Dissonanzen zu vermeiden[7], ergeben sich erhebliche Konsequenzen auch für das unternehmerische Risikomanagement: Vorhandene Risiken werden bewusst oder unbewusst ignoriert, sinnvolle Risikobewältigungsverfahren damit nicht genutzt und eingetretene Planabweichungen im Nachhinein nicht im Hinblick auf die ursächlichen Risiken analysiert. Verstärkt wird dies oft dadurch, dass Risiken mit Managementfehlern verwechselt werden und nicht als zwangsläufige Notwendigkeit jeglicher unternehmerischer Tätigkeit wahrgenommen werden. Darüber hinaus zeigen Befragungen von Managern, dass diese eine erheblich vom wissenschaftlichen Bild abweichende Vorstellung von Risiken haben[8]. Die Risikowahrnehmung und Risikobereitschaft im Management ist stark geprägt durch persönliche Charakteristika und den aktuellen Kontext.[9] So ist die Risikoneigung von Managern

---

[7] Siehe z. B. von Nitzsch, 2003.
[8] Siehe z. B. March und Shapira, 1987.
[9] Siehe z. B. Slovic, 2004.

in einer wahrgenommenen Verlustsituation (unterhalb einer vorgegebenen Zielgröße) wesentlich ausgeprägter, als wenn sich der Manager in einer Situation sieht, in der er seine Ziele bereits erreicht hat[10]. Insgesamt nehmen Manager Risiko nicht als Wahrscheinlichkeitskonzept wahr, und die Einschätzung eines Risikos ist im Wesentlichen durch die potenzielle Schadenshöhe, nicht durch die Eintrittswahrscheinlichkeit geprägt. Ein Risiko wird als „managebar" aufgefasst, obwohl es eigentlich gerade die nicht vorhersehbaren (zufälligen) Veränderungen in der Zukunft erfasst.

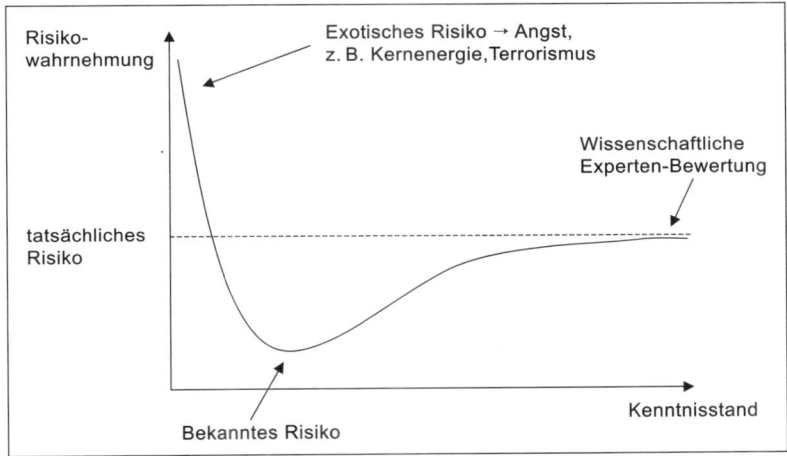

Abbildung 2: Psychologische Risiken
(Quelle: Kross, 2006)

3. Persönliche Interessen:

Risikoanalysen schaffen Transparenz über die Risikosituation, was zu einer Verbesserung unternehmerischer Entscheidungen unter Unsicherheit maßgeblich beiträgt. Obwohl dies im Interesse eines Unternehmens und seiner Eigentümer ist, ist die mit der Risikoanalyse einhergehende Transparenz nicht zwangsläufig auch im persönlichen Interesse jedes Managers. Transparenz schafft Nachvollziehbarkeit, ermöglicht kritische Diskussionen von Annahmen und ein fundiertes Abwägen prognostizierter Erträge mit den dafür eingegangenen Risiken. Gefordert wird ein Mehr an analytischen Fähigkeiten und eine nachvollziehbare Begründung getroffener Entscheidungen – und zudem wird im Nachhinein eine Überprüfbarkeit der Leistungen (Performancemessung) wesentlich fundierter, weil z.B. eingetretene Planabweichungen auf im Vorhinein genannte Risiken zurückgeführt werden können.

---

[10] Siehe hierzu die Prospect-Theorie von Tversky und Kahneman, 1979.

Bei der erstmaligen Einführung oder dem Ausbau eines Risikomanagementsystems sollte man sich der genannten Hemmnisse bewusst sein. Es gilt zunächst, das erforderliche Wissen über die verfügbaren Instrumente zu verbessern, für psychologische Hemmnisse im Umgang mit Risiko und Risikomanagement zu sensibilisieren und die Voraussetzungen dafür zu schaffen, dass die betroffenen Mitarbeiter des Unternehmens durch das Risikomanagement nicht unangemessene persönliche Nachteile vermuten.

Bei einer subjektiven Einschätzung des Risikoumfangs ist es notwendig, dass die befragten Mitarbeiter möglichst korrekte Schätzungen abgeben. Hierzu dienen zunächst methodische Hilfsmittel. So trägt zur Qualitätssteigerung subjektiver Risikoeinschätzungen beispielsweise wesentlich bei, wenn für jede quantitative Risikoeinschätzung eine konkrete Begründung (ein Rechengang) gefordert wird und wenn auf mögliche psychologisch bedingte Quellen für eine Risikofehleinschätzung hingewiesen wird.[11] Darüber hinaus sollte jedoch auch sichergestellt werden, dass die betreffenden Mitarbeiter ein Eigeninteresse an einer korrekten Angabe eines Risikos haben. So sollte beispielsweise der potenzielle Leiter eines Projektes nicht per se ein Eigeninteresse daran haben, die Risiken dieses Projektes zu niedrig darzustellen, um das Projekt zu realisieren. Hier hilft ein sehr einfacher Mechanismus korrigierend: Es gilt klarzustellen (und gegebenenfalls durch das Tantiemensystem abzusichern), dass Risiken genau die Ursachen für potenzielle Planabweichungen sind. Wer bei der Risikoeinschätzung weniger Risiken angibt, hat eine geringere Toleranz (Bandbreite) für zukünftige Abweichungen. Zudem ist es grundsätzlich nicht akzeptabel, wenn im Nachhinein wesentliche Planabweichungen auf Risiken zurückzuführen sind, die im Vorhinein nicht identifiziert wurden. Letztlich ist es im Interesse der Mitarbeiter, Risiken korrekt einzuschätzen. Wer die Risiken zu hoch einschätzt, wird die entsprechenden Projekte und Aktivitäten nicht durchführen können, bzw. keine weiteren Budgets für seinen Tätigkeitsbereich bekommen, da mit der Risikohöhe auch die erwarteten Gewinne steigen müssen. Wer umgekehrt Risiken unterschätzt oder gar verschweigt, legt sich auf eine Planungssicherheit fest, die er nicht gewährleisten kann.

Die Einführung eines Risikomanagementsystems, das die oben genannten Nutzenpotentiale erschließt, erfordert die folgenden Schritte, die in den weiteren Kapiteln näher erläutert werden.

Ausgehend von diesen grundlegenden Überlegungen zum Nutzen des Risikomanagements bietet dieses erste Kapitel zunächst eine Übersicht zu den grundlegenden Begriffen (Abschnitt 1.2), bevor im anschließenden Abschnitt 1.3 die verschiedenen Nutzenpotentiale des

---

[11] Siehe Gleißner, 2004 c.

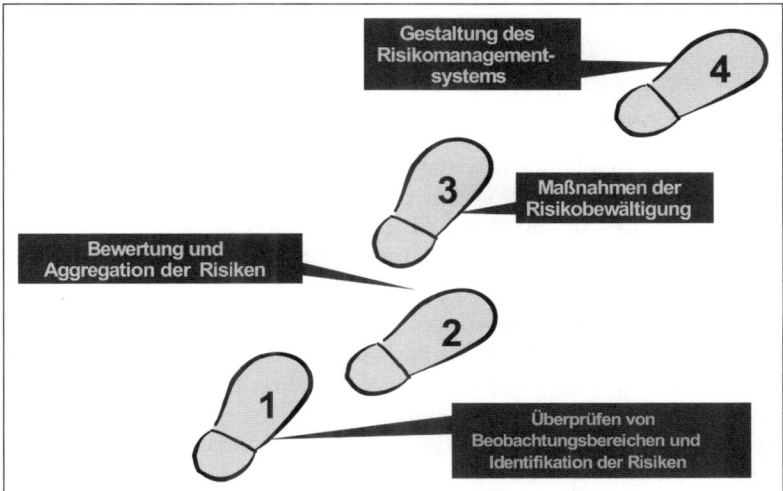

Abbildung 3: Einführung eines Risikomanagementsystems

Risikomanagements näher erläutert werden. Da Risikomanagement insbesondere einen Beitrag leisten kann, dass unternehmerische Entscheidungen unter Unsicherheit in ihrer Qualität verbessert werden, wird anschließend auf die theoretischen Grundlagen der Entscheidungs- und Nutzentheorie eingegangen. In diesem Zusammenhang wird verdeutlicht, wie ein Risiko den (subjektiven) Nutzen einer Entscheidung und den Wert, als vereinfachter monetärer Ausdruck für den Nutzen, beeinflusst. Es wird hier vor allem aufgezeigt, wie die Kenntnis über Risiken und die konsistente Umsetzung dieser Informationen einen wesentlichen Beitrag leisten können, dass unternehmerische Entscheidungen fundierter getroffen werden. Im Abschnitt 1.6 wird schließlich erläutert, dass mit dem Aufbau des Risikomanagements über diesen primär ökonomischen Nutzen hinausgehend auch rechtliche Mindestanforderungen an eine sorgfältige Unternehmensführung erfüllt werden, was persönliche Haftungsrisiken des Managements vermeidet. In diesem Zusammenhang werden die wesentlichen rechtlichen Rahmenbedingungen und Mindestanforderungen an das Risikomanagement, die sich beispielsweise aus dem Kontroll- und Transparenzgesetz (KonTraG) oder dem Deutschen Rechnungslegungsstandard (DRS) ergeben, zusammenfassend dargestellt.

1.2 Grundlegende Begriffe

Unsicherheit, Risiko und Ungewissheit

Unsicherheit beinhaltet als Überbegriff sowohl Risiko als auch Ungewissheit. Bei Entscheidungen unter Risiko sind die Eintrittswahrscheinlichkeiten für die denkbaren zukünftigen Umweltzustände bekannt, während dies bei Entscheidungen unter Ungewissheit nicht der Fall ist.

Gemäß Sinn[12] können die unterschiedlichen Grade von Unsicherheit (Risiko, Ungewissheit) immer auf den Fall einer „sicher bekannten objektiven Wahrscheinlichkeit" zurückgeführt werden, die dann für alle weiteren Analysen und Entscheidungen genutzt werden kann. Aufgrund des Prinzips des unzureichenden Grunds werden z. B. beim Fehlen jeglicher Informationen über Eintrittswahrscheinlichkeiten alle möglichen Situationen gleich wahrscheinlich betrachtet, was einem Entscheidungskriterium basierend auf dem Entscheidungswert entspricht (sog. Laplace-Regel). Laut Sinn[13] muss also folglich *„bei völlig unbekannten Wahrscheinlichkeiten für die Zustandsklassen der Welt […] der Entscheidungsträger Ergebnisvektoren so bewerten, (1) als trete jede Zustandsklasse mit der gleichen Wahrscheinlichkeit auf und (2) als sei diese Wahrscheinlichkeit eine mit Sicherheit bekannt objektive Größe".*

Risiko

In einer engen Definition beschreibt der Risikobegriff die Möglichkeit einer negativen Abweichung eines tatsächlichen von einem erwarteten Ergebnis (Verlust- oder Schadensgefahr). Wirtschaftlich dasselbe wird ausgesagt, wenn ein Risiko als die Nichterreichung eines Ziels definiert wird (Soll-Ist-Abweichung). Im Sinne des KonTraG führt nur die negative Abweichung des tatsächlichen Ergebnisses vom erwarteten Ergebnis zu wirtschaftlichen Gefahren für ein Unternehmen. Die Möglichkeit einer positiven Zielabweichung wird durch das KonTraG nicht behandelt bzw. abgedeckt. Mit dem BilReG[14] wurde inzwischen aber explizit auch auf Chancen Bezug genommen. Ökonomisch sinnvoll ist es, sowohl positive wie auch negative Abweichungen zu berücksichtigen, zumal sich diese durchaus auch gegenseitig kompensieren können, was bei der Risikoaggregation zur Berechnung des Gesamtrisikoumfangs natürlich wichtig ist. Deshalb definieren wir den Begriff Risiko im Unternehmen wie folgt:

---

[12] Vgl. 1980, S. 5–46.
[13] Vgl. Sinn, 1980, S. 36.
[14] Bilanzrechtsreformgesetz.

Risiko ist die aus der Unvorhersehbarkeit der Zukunft resultierende, durch „zufällige" Störungen verursachte Möglichkeit, von geplanten Zielen abzuweichen.

Man erkennt, dass durch eine derartige Definition noch keine Aussage über die Kenntnis – oder Unkenntnis – der Eintrittswahrscheinlichkeiten (Wahrscheinlichkeitsverteilung) getroffen wird. Eine derartige, häufig anzutreffende Definition von Risiken im Kontext des Risikomanagements beinhaltet somit aus Sicht der Entscheidungstheorie die gesamte Unsicherheit. Wesentlich ist zudem, dass ein Risiko immer bezüglich vorgegebener Ziele betrachtet wird. Damit basiert Risikomanagement auf einer klaren Zielformulierung.[15]

Liekweg[16] definiert in Abhängigkeit des expliziten Wissens über die Ursache-Wirkungs-Beziehungen auf der grundlegenden Veröffentlichung von Knight[17] aufbauend, fünf Arten von Unsicherheiten, die in folgender Tabelle zusammengefasst sind:

Art der Unsicher-heit	Wissen über die Einflussfaktoren (Ursachen)			Wissen über die Auswirkung
	Sind alle wichtigen Faktoren bekannt?	Ist der Einfluss der Faktoren bekannt?	Ist die Verteilung der Faktoren bekannt	
1.	Ja	Ja	Ja (objektiv, empirisch-mathematisch)	Verteilung der Auswirkung kann vollständig quantifiziert werden
2.	Ja	Ja	Ja (subjektive Wahrscheinlichkeiten)	Verteilung der Auswirkung kann vollständig quantifiziert werden
3.	Ja	Ja	nur die maximalen Ausprägungen	Chancen und Risiken können quantifiziert werden
4.	Ja	Ja (zumindest die „Einflussrichtung")	Nein	Einflussfaktoren von Chancen und Risiken können benannt werden
5.	Nein	Nein	Nein	Kein explizites Wissen über Einflussfaktoren und Auswirkungen

Abbildung 4: Arten der Unsicherheit

---

[15] Als „Ziel-Wert" ist speziell an den mathematischen Erwartungswert zu denken, also die bestmögliche Prognose der zukünftigen Entwicklung, da eine solche Zielformulierung ceteris paribus die Abweichungen minimiert.

[16] Vgl. Liekweg, 2003, S. 66.

[17] Vgl. Knight 1921.

Risikomanagement

Aufbauend auf dem grundlegenden Begriff „Risiko" kann Risikomanagement wie folgt definiert werden:

„Risikomanagement ist das systematische Denken und Handeln im Umgang mit Risiken."

Dies macht auch deutlich, dass Risikomanagement in die Unternehmensführung einbezogen sein muss. Zusätzlich ist festzuhalten, dass Risikomanagement eben nicht bedeutet, die Risiken im Unternehmen möglichst klein zu halten oder gar vollständig zu eliminieren. Unternehmerisches Handeln ist ohne das Eingehen von Risiken nicht denkbar – die vollständige Eliminierung aller Risiken würde den Verkauf des Unternehmens und die anschließende Geldanlage in festverzinsliche, risikolose Termingelder erforderlich machen. Statt Minimierung von Risiken ist es vielmehr die Aufgabe eines Risikomanagementsystems, Transparenz über die Risikosituation im Unternehmen zu schaffen sowie das Chancen-Gefahren-Profil bzw. Risiko-Ertrags-Profil eines Unternehmens zu optimieren.

Risikomanagementsystem

Die Gesamtheit aller Aufgaben, Regelungen und Träger des Risikomanagements wird als Risikomanagementsystem bezeichnet. Ein Risikomanagementsystem zielt folglich darauf ab, durch dokumentierte organisatorische Regelungen sicherzustellen, dass die Risikosituation in regelmäßigen Abständen neu bewertet wird, die Ergebnisse der Unternehmensführung kommuniziert und rechtzeitig adäquate Risikobewältigungsmaßnahmen eingeleitet werden.

Risikoquantifizierung

Die Risikoquantifizierung ist die Beschreibung von Risiken mittels einer geeigneten Dichte- oder Verteilungsfunktion (oder historischen Daten) und die Zuordnung von Risikomaßen.[18]

Möglich ist dabei die Beschreibung eines Risikos durch eine Wahrscheinlichkeitsverteilung, die die Wirkung in einer Periode angibt oder die Erfassung von zwei separaten Wahrscheinlichkeitsverteilungen, eine für die Häufigkeit und eine für die Schadenshöhe je Schadensfall. Bei der Risikoquantifizierung ist dabei darauf zu achten, dass alle Risiken im Hinblick auf eine einheitliche Zielgröße (z. B. Gewinn) beschrieben werden. Werden in einem Zwischenschritt Risikowirkungen bezüglich mehrerer Dimensionen (z. B. Zeit, Qualität und Kosten) erfasst, sollten diese schließlich auf eine Dimension verdichtet werden. Für privatwirtschaftliche Unternehmen ist dies im Allgemeinen die oberste öko-

---

[18] Vgl. Gleißner, 2001 a.

nomische Zielgröße, z. B. Gewinn oder Unternehmenswert. Die Quantifizierung von Einzelrisiken ist notwendige Voraussetzung, um mittels Risikoaggregation auch den Gesamtrisikoumfang eines Projekts, eines Geschäftsbereichs oder eines Unternehmens zu bestimmen.

Im Wert und auch im subjektiven Nutzen spiegeln sich alle Wirkungen eines Risikos wider, was gegebenenfalls die Verdichtung von zunächst separat erhobenen Aspekten der Risikowirkung (z. B. Reputation und Kostenauswirkungen) auf ein Gesamtziel (eben z. B. den Unternehmenswert oder den Gesamtnutzen) erfordert.[19]

Risikomaße,

Risikomaße sind statistische Maße für den Umfang des Risikos. Sie wandeln die Wahrscheinlichkeitsverteilung des Risiko in eine einfacher interpretierbare (positive) reelle Zahl um. Die Risikomaße können sich auf Einzelrisiken (z. B. Sachanlageschäden), aber auch auf den Gesamtrisikoumfang (etwa bezogen auf den Gewinn) eines Unternehmens beziehen. Als Risikomaße dienen z. B. die Standardabweichung, die Varianz, die Ausfallwahrscheinlichkeit, der Value-at-Risk (VaR), der Conditional Value-at-Risk sowie der Eigenkapitalbedarf (Risikokapital, Risk adjusted Capital (RAC)).[20]

Prognosesysteme und Frühaufklärung

Prognosesysteme helfen, durch statistisch aufgedeckte Zusammenhänge zwischen interessierenden Variablen (z. B. Umsatz und Geschäftsklima), möglichst präzise Prognosen zu erstellen. Sie zeigen explizit, welche risikobehafteten Einflussfaktoren die interessierende Zielgröße des Unternehmens bestimmen und geben zudem selbst Informationen über die Güte der Prognose (etwa durch das so genannte Bestimmtheitsmaß R^2), was eine Quantifizierung der verbliebenen Risiken (also der nicht erklärbaren bzw. prognostizierbaren Veränderungen einer Variable) ermöglicht.

1.3 Nutzen des Risikomanagements

1.3.1 Übersicht

Es wäre wenig sinnvoll, den Aufbau eines Risikomanagementsystems alleine aus formaljuristischen Erwägungen in Angriff zu nehmen. Eine solche Vorgehensweise wird letztlich zum Scheitern des Risikomanagements im Unternehmen führen, weil einem oftmals unnötig pro-

---

[19] Zur Entscheidung bei Mehrfach-Zielsetzungen und zur Bestimmung von Nutzenfunktionen, die mehrere Teilziele erfassen, siehe z. B. von Nitzsch, 2002.
[20] Siehe vertiefend dazu Kapitel 3.4 zum Thema Risikomaße.

duzierten bürokratischen Aufwand kein nachhaltig erkennbarer kaufmännischer Nutzen gegenübersteht.

Dennoch wurden solche rein formal ausgerichteten Systeme von einigen Unternehmen nach Inkrafttreten des KonTraG 1998 eingeführt.[21] Diese hatten in der Regel das primäre Ziel, die Geschäftsleitung im Falle einer Schadensersatzforderung durch den Nachweis, ein Risikomanagementsystem etabliert zu haben, vor der persönlichen Haftung zu schützen und Konflikte mit Wirtschaftsprüfern und Behörden zu vermeiden. So verständlich und legitim diese Zielsetzung auch sein mag, so sehr behindert sie oft die Generierung des eigentlichen ökonomischen Nutzens des Risikomanagements.

Worin besteht dieser kaufmännische Nutzen? In Anlehnung an die Risiko-Definition hat ein Unternehmen umso höhere Risiken, je mehr die zukünftigen Ergebnisse unerwartet schwanken. Es ist eine Aufgabe des Risikomanagements, die Streuung bzw. die Schwankungsbreite dieser Ergebnisse zu reduzieren, also die Planungssicherheit zu erhöhen. Hierdurch ergeben sich folgende Vorteile für das Unternehmen:[22]

- Die Reduzierung der Schwankungen erhöht die Planbarkeit und Steuerbarkeit eines Unternehmens, was einen positiven Nebeneffekt auf das erwartete Ertragsniveau hat.[23]
- Eine prognostizierbare Entwicklung der Zahlungsströme reduziert die Wahrscheinlichkeit, unerwartet auf teure externe Finanzierungsquellen zurückgreifen zu müssen.[24]
- Eine Verminderung der risikobedingten Schwankungsbreite der zukünftigen Zahlungsströme senkt die Kapitalkosten und wirkt sich positiv auf den Unternehmenswert aus.[25]
- Eine stabile Gewinnentwicklung mit einer hohen Wahrscheinlichkeit für eine ausreichende Kapitaldienstfähigkeit ist im Interesse der Fremdkapitalgeber, was sich in einem guten Rating, einem vergleichsweise hohen Finanzierungsrahmen für Investitionen und günstigen Kreditkonditionen widerspiegelt.
- Eine stabile Gewinnentwicklung reduziert die Wahrscheinlichkeit eines Konkurses und damit die Konkurskosten und die „kalkulatorischen Eigenkapitalkosten".
- Eine stabile Gewinnentwicklung sowie eine niedrigere Insolvenzwahrscheinlichkeit sind im Interesse von Arbeitnehmern, Kunden und Lieferanten, was es erleichtert, qualifizierte Mitarbeiter zu ge-

---

[21] Vgl. dazu Abschnitt 1.6.1.
[22] Vgl. Gleißner, 2004c.
[23] Vgl. Amit/Wernerfelt, 1990.
[24] Pecking-Order-Theorie von Myers/Majluf, 1984.
[25] Dies gilt, wenn entweder systematische Risiken (kostengünstig) reduziert werden können oder auch unsystematische (unternehmensspezifische) Risiken bewertungsrelevant sind (siehe Gleißner, 2005b und Kapitel 7).

winnen und langfristige Beziehungen zu Kunden und Lieferanten aufzubauen.

• Bei einem progressiven Steuertarif haben zudem Unternehmen mit schwankenden Gewinnen Nachteile gegenüber Unternehmen mit kontinuierlicher Gewinnentwicklung.

Die hier genannten Nutzenpotentiale verdeutlichen, dass Risikomanagement nur unter den stark idealisierten Annahmen eines vollkommenen Kapitalmarkts keinerlei Bedeutung hat und insbesondere keinen positiven Beitrag zum Unternehmenswert leisten kann. Der Transfer von Risiken (z. B. durch den Kauf von Optionen auf Rohstoffpreise) führt dann nämlich durch die hier eingesetzten Instrumente zu Kosten, die in einem vollkommenen Kapitalmarkt die Vorteile der reduzierten Risiken gerade kompensieren. Gemäß der bekannten Modigliani-Miller-Thesen[26] hat auch die Veränderung des Verschuldungsgrades oder der Ausschüttungspolitik (und damit der Risikotragfähigkeit) keine Auswirkungen auf den Unternehmenswert[27], weil jeder beliebige Verschuldungsgrad durch die Eigentümer durch eine teilweise Fremdfinanzierung ihrer Aktien selbst abgebildet werden kann. Die Bedeutung des Risikomanagements ergibt sich erst durch die vielfältigen Marktunvollkommenheiten, also z. B. durch die Existenz von Konkurskosten, von Finanzierungsrestriktionen (limitierte Verschuldungsmöglichkeit) und der nicht perfekten Diversifikation der Vermögenspositionen der Menschen, die auch die unternehmensspezifischen Risiken bewertungsrelevant machen. Gerade mittelständische Unternehmer, die den Großteil ihres Vermögens im eigenen Unternehmen investiert haben, erreichen selbstverständlich einen Vorteil durch die Berücksichtigung auch unternehmensspezifischer Risiken.[28] Nur in einer idealen – aber nicht realen – Modellwelt, wie sie in den klassischen Kapitalmarktmodellen (z. B. den Modigliani-Miller-Thesen und dem CAPM) zum Ausdruck kommen, erübrigt sich die Auseinandersetzung mit den unternehmensbezogenen Risiken. In realen Unternehmen, die auf realen Absatz- und Kapitalmärkten agieren, trägt Risikomanagement wesentlich zum Unternehmenserfolg bei, was die oben genannten Vorteile verdeutlichen.

Aber erst durch die explizite Berücksichtigung von Kapitalmarktunvollkommenheiten, speziell asymmetrisch verteilte Informationen oder eine fehlende Replizierbarkeit von Zahlungsströmen,[29] kann der Wertbeitrag eines gezielten Risikomanagements bzw. Hedgings aufgezeigt werden. Kürsten[30] verweist jedoch darauf, dass konkrete Handlungs-

---

[26] Siehe Modigliani/Miller, 1958.
[27] Wegen Arbitragefreiheit.
[28] Siehe z. B. Kerins/Smith/Smith, 2004, Müller, 2004 und Torous/Brennan, 1999.
[29] Verletzung der „Spanning-Eigenschaft" des Kapitalmarkts.
[30] Vgl. Kürsten, 2006, S. 11–13.

empfehlungen für das Risikomanagement eine sehr präzise Spezifika-
tion der konkreten Marktunvollkommenheiten erfordern.

Aus Perspektive des Shareholder-Value-Ansatzes ist zudem zu beachten, dass Wirtschaftssubjekte, die bereits Gesellschafter eines Unternehmens mit beschränkter Haftung sind, sogar eine Präferenz für steigende
Risiken haben.[31] Dies resultiert daher, dass sie aufgrund der Haftungsbeschränkung durch die zusätzlichen Chancen einer Risikozunahme
partizipieren, während ihre Verluste auf die Höhe des Kapitaleinsatzes
beschränkt sind (darüber hinaus gehende Verluste tragen die Gläubiger). Das Zahlungsprofil entspricht damit demjenigen einer Kaufoption,
deren Wert mit zunehmendem Risiko (Volatilität) auch zunimmt.[32]

Zusammenfassend zeigt sich: Der Wertbeitrag des Risikomanagements
lässt sich einfach zeigen für nicht perfekt diversifizierte Unternehmer
und Investoren, die auch unternehmensspezifische Risiken betreffen,
wobei hier die Erwartungsnutzentheorie herangezogen werden kann
(siehe Abschnitt 1.5). Für perfekt diversifizierte Aktionäre ist zur Erklärung des Wertbeitrags die Berücksichtigung von Kapitalmarktfrikti-
onen (z. B. Konkurskosten oder asymmetrisch verteilte Informationen)
erforderlich, die über den Umweg der Reaktion der Stakeholder (Kunden, Mitarbeiter und Fremdkapitalgeber) Wirkung auf den Marktwert
des Eigenkapitals haben. Risikomanagement kann die Kapitalkosten
senken und den Erwartungswert der zukünftigen Cashflows und Erträge erhöhen. Die jeweils zu berücksichtigenden Marktunvollkommenheiten sind dabei jeweils konkret zu formulieren, um die Beurteilung
des Werts der Risikomanagement-Aktivitäten ableiten zu können.

Im Folgenden sollen zwei entscheidende Aspekte näher dargestellt
werden, nämlich zum einen die deutliche Erhöhung der Planungssicherheit und zum andern die nachhaltige Verbesserung des Ratings.

1.3.2 Erhöhung der Planungssicherheit

Menschen haben bekanntlich ein starkes Bedürfnis nach Sicherheit
und Kontrolle. Dieses Bedürfnis bezieht sich naturgemäß auf zukünftige Entwicklungen, denn nur diese können definitionsgemäß unsicher
sein.[33] Zukunftsorientierung erfordert Planung und impliziert Risiko.
Es ist also zwingend erforderlich, das Risikomanagement möglichst
eng mit der strategischen und operativen Planung eines Unternehmens zu verbinden.

---

[31] Sofern Konkurskosten relativ unbedeutend bleiben.
[32] Siehe Hommel/Pritsch, 1997.
[33] Entwicklungen und Ereignisse, die in der Vergangenheit stattgefunden
haben, sind niemals unsicher – was natürlich nicht ausschließt, dass deren Ergebnisse einem Entscheider (noch) unbekannt sind.

Je weiter das Unternehmen mit seiner Planung in die Zukunft blickt, desto größer werden meist die möglichen Abweichungen. Unternehmen versuchen schon seit langem, diese Unsicherheit der Zukunft mit den traditionellen Mitteln der Unternehmensplanung in den Griff zu bekommen. Dies ist vom Ansatz her richtig, wird aber in der Praxis bei Unternehmen aller Größenklassen oftmals nicht wirklich zielführend umgesetzt, denn häufig werden Plangrößen „aus dem Bauch heraus" oder durch eine lineare Fortschreibung früherer Ist-Werte festgelegt.

Leider ist ein auf diese Weise zustande gekommener Planwert ungeeignet, weil er die tatsächlichen Einflussfaktoren (bzw. Annahmen) auf die Plangröße in aller Regel nicht berücksichtigt – sei es, weil der Entscheider diese vollkommen ignoriert, sei es, dass er seine subjektiven Markteinschätzungen für ausreichend hält.[34] Bei einer solchen Vorgehensweise kommt der Planwert oft durch das Wunschdenken des Entscheiders zustande, nicht aber durch eine exakte Berücksichtigung der faktischen Gegebenheiten, speziell der „exogenen Risikofaktoren", die die Unternehmenszielvariablen (z. B. den Gewinn) beeinflussen (siehe Abschnitt 4.4). Im Vergleich zur weithin verbreiteten einfachen Fortschreibungsplanung beachtet das Risikomanagement die ökonomischen und prozessualen Zusammenhänge, die den Plangrößen zugrunde liegen, und verbessert somit Planungssicherheit und Transparenz für das Unternehmen erheblich.

Des Weiteren ist festzuhalten, dass die alleinige Angabe der erwarteten Höhe einer Plangröße nur ein Teil der Information ist, die den Entscheider interessieren dürfte. Ebenso wichtig sollte ihm das Wissen über ihre Schwankungsbreite bzw. Bandbreite sein, in der sich mit einer gewissen Wahrscheinlichkeit die tatsächlichen zukünftigen Werte der Plangröße bewegen werden.

Diese Verbesserung der Planungssicherheit bezieht sich eben nicht nur darauf, dass das Unternehmen nun über einen Planwert verfügt, der unter Beachtung der Gegebenheiten tatsächlich im Mittel zu erwarten ist. Als weitere ganz wesentliche Verbesserung ergeben sich Daten über die Schwankungsbreite (Bandbreite) einzelner Plangrößen: So ist es doch für die Unternehmenssteuerung zweifelsohne sehr nützlich zu wissen, ob eine Planzahl zufallsbedingt um ± 4 % oder um ± 40 % abweichen kann! Sofern derartige Risikoinformationen im Unternehmen überhaupt ermittelt werden (intuitiv waren sie schon immer „irgendwie" vorhanden), sind sie aber nach der bisherigen Praxis in aller Regel eben nicht mit der Unternehmensplanung verbunden und finden entsprechend keine Berücksichtigung bei unternehmerischen Entscheidungen.

---

[34] Zudem ist meist unklar, wie „konservativ" oder „optimistisch" die Planung ist.

Dies ist eigentlich verwunderlich, weil gerade dieser Informationsgewinn oftmals die Erfüllung eines seit langem bestehenden Wunsches darstellt, denn es dürfte fast kein Unternehmen geben, das nicht schon durch unerwartet hohe Abweichungen der Ist-Werte von den Planwerten böse überrascht wurde – und dann oftmals noch im Nachhinein mit erheblichem Aufwand im Controllingbereich versucht hat, die Gründe für diese Abweichungen aufzudecken.

Die Erhöhung der Transparenz über die Planungssicherheit sowie die Reduzierung des Umfangs von Planabweichungen durch geeignete Risikobewältigungsmaßnahmen bietet für den Vorstand auch erhebliche Vorteile in der Kommunikation mit Kreditinstituten, Finanzanalysten und dem eigenen Aufsichtsrat. Schon mit der Übermittlung von Plandaten ist es möglich, auf den „üblichen" (zufallsbedingten) Umfang von Planabweichungen hinzuweisen und mögliche Abweichungsursachen (z. B. Veränderung der Wechselkurse) explizit zu nennen. Später tatsächlich eingetretene Planabweichungen lösen dann nicht mehr eine negative Überraschung aus und können unter Bezugnahme auf die bereits genannten Risiken erklärt werden. Eine realistische Einschätzung der Planungssicherheit hilft speziell auch dabei, eine oft unnötige Diskussion über „Fehler des Managements", die Planabweichungen verursacht haben, zu vermeiden.

Es macht also sicherlich mehr Sinn, einen überschaubaren Aufwand vorab zu investieren, um die Situation des Unternehmens transparent zu machen, anstatt hinterher in langwierigen Analysen zu ergründen, warum das tatsächliche Jahresergebnis vom geplanten mehr oder weniger stark abweicht. Um diese Transparenz zu erreichen, ist es erforderlich, dass sich das Unternehmen mit seiner individuellen Risiko-Landschaft auseinandersetzt.

Ein Grund für die bisher nur geringe Verbreitung derartiger „risikoorientierter" Planungsmethodiken dürfte darin zu finden sein, dass nicht wenige Praktiker im Controlling noch der Meinung sind, die hierfür notwendigen Verfahren seien zu aufwändig, bzw. zu teuer. Hierbei wird fälschlicherweise oft angenommen, es sei notwendig, die bisherigen Planungssysteme „abzuschaffen" und vollständig zu erneuern. In Wirklichkeit kann der gewünschte Informationsgewinn bereits mit einer sehr kostengünstigen, gezielten „Aufrüstung" der bewährten Planungssysteme erreicht werden, so dass die entsprechenden Risikovariablen schrittweise integriert werden können („stochastische Planung"). Die Risiken zeigen die Ursachen möglicher zukünftiger Planabweichungen an.

Die oben beschriebene Beschäftigung mit der unternehmensindividuellen Risikowelt zur Herstellung von Transparenz über die Unternehmenssituation ist eine ganz wesentliche Aufgabe des Risikomanagements. Diese Transparenz bezieht sich hierbei nicht nur auf einen aktuellen Status quo, sondern gerade auch auf die laufende Information der Unternehmensleitung über Veränderungen in der Bedeutung einzelner Risiken: Damit soll sichergestellt werden, dass die sich ständig wandelnde Risikosituation in regelmäßigen Abständen neu bewertet wird, die Ergebnisse der Unternehmensführung kommuniziert werden und Gegenmaßnahmen eingeleitet werden können.

Letztendlich schafft Risikomanagement damit das, was sich jeder Unternehmer oder Vorstand wünscht, nämlich mehr Klarheit herzustellen über die in Zukunft zu erwartende Lage des Unternehmens. Dabei wird keine unrealistische „Punkt-Prognose" angestrebt, sondern ein realistischer Entwicklungskorridor aufgezeigt.

1.4 Risiko, Rating und Unternehmenswert

Es sind nicht nur die Unternehmer und Gesellschafter, sprich Eigenkapitalgeber, die mehr Informationen über die zukünftige Unternehmensentwicklung anstreben, sondern auch im Zuge der Basel II-Thematik die Banken als Fremdkapitalgeber durch den Einsatz von Rating-Verfahren.

Ziel dieser Ratings ist es, den Kreditinstituten in einem standardisierten Verfahren die vermutete Ausfallwahrscheinlichkeit eines Kreditnehmers anzuzeigen. Die Wahrscheinlichkeit, dass ein Kreditnehmer ausfällt, hängt aber unmittelbar mit den Risiken zusammen, die seine Situation kennzeichnen. Hierdurch wird klar, dass Risikomanagement im Zuge der Herstellung von Transparenz nicht nur einen direkten Nutzen für das Unternehmen generiert, sondern auch – über die Möglichkeit, den Kreditgebern die Risikosituation plausibel darlegen zu können – einen indirekten, wichtigen Vorteil bringt: Das Unternehmen wird im Rahmen des Rating-Prozesses ein besseres Bild abgeben, als dies ohne ein Risikomanagementsystem der Fall wäre – und zwar aus zwei Gründen: Erstens macht das Unternehmen damit deutlich, dass es sich intensiv mit seinen Risiken auseinandersetzt, wodurch die Gefahr zukünftiger Misserfolge reduziert wird. Zweitens steht ein Unternehmen, das bereits einige Zeit erfolgreich Risikomanagement praktiziert, in aller Regel finanziell deutlich besser da, als wenn es dies unterlassen hätte – eben weil Misserfolge frühzeitig und effizient abgewendet werden konnten. In den Finanzkennzahlen eines Unternehmens, die das Rating maßgeblich bestimmen, zeigen sich gerade die Risiken, die zuletzt wirksam geworden sind. Auf diesen beiden Wegen hilft Risikomanagement dem Unternehmen, auch in Zukunft ausreichenden Zugang zu Fremdkapital mit günstigen Konditionen zu erhalten.

Basel II wird nämlich dazu führen, dass Kreditkonditionen risikoadäquat festgelegt werden. Allerdings wird die höhere Transparenz über die Risikosituation von Firmenkunden zwangsläufig zu einer Verschärfung des Wettbewerbs um das knappe Kapital führen. Aus Sicht der Firmenkunden sind die Konsequenzen durch Basel II somit ambivalent: Kunden „guter" Bonität haben Vorteile, während andere Unternehmen durchaus mit Nachteilen rechnen müssen. Um in diesem verschärften Wettbewerb auf dem Kapitalmarkt bestehen zu können, ist es daher sinnvoll, dass die Unternehmen sich gegenüber den Kreditinstituten in einer Weise präsentieren, die zu einer günstigen Beurteilung der Bonität führt.

Im Übrigen werden sich zahlreiche Unternehmen überlegen, als Alternative zur Fremdfinanzierung die Eigenkapitalbasis zu stärken. Dies wird mittlerweile ohne Beachtung der Grundsätze wertorientierter Unternehmensführung kaum mehr möglich sein. Nach dem Leitbild der wertorientierten Unternehmensführung ist es das klare Ziel jedes Unternehmens, das Vermögen der Gesellschafter nachhaltig zu erhöhen. Für börsennotierte Unternehmen liegt dies schon allein aufgrund des Zwangs zur Kapitalbeschaffung am anonymen Kapitalmarkt auf der Hand, während diese Zielsetzung für eigentümergeführte Unternehmen weniger strikt zu greifen scheint. Diese theoretischen Grundlagen werden später noch näher behandelt (Abschnitt 1.5 und Kapitel 7).

Es gibt im Wirtschaftsalltag mittlerweile zwei entscheidende Gegebenheiten, die eine Beschäftigung mit dem Unternehmenswert nahelegen: erstens die Knappheit an Eigenkapital, die die Aufnahme neuer Gesellschafter (insbesondere von Private Equity-Gesellschaften) notwendig macht und zweitens die hohe und noch weiter steigende Dynamik und Komplexität des wirtschaftlichen Umfelds, die nach einem geeigneten Erfolgsmaßstab für unternehmerische Entscheidungen verlangt.

Nur durch eine Analyse der Einzelrisiken und eine Berechnung des Gesamtrisikoumfangs mittels Risikoaggregation kann der Bedarf eines Unternehmens hinsichtlich des Eigenkapitals und damit die angemessene Eigenkapitalquote (Finanzierungsstruktur) fundiert beurteilt werden. Eigenkapital ist letztlich nichts anderes als die Risikotragfähigkeit eines Unternehmens, und die Höhe der Risiken bestimmt den Umfang möglicher Verluste und damit den Eigenkapitalbedarf zu deren Abdeckung. Der Eigenkapitalbedarf ist zudem vom angestrebten Rating abhängig (vgl. vertiefend Kapitel 7): Bei einem angestrebten besseren Rating muss das Unternehmen mit höherer Wahrscheinlichkeit genug Eigenkapital (und Liquidität) aufweisen, um risikobedingte Verluste zu tragen. Unabhängig von einer Verkaufsabsicht oder einer Börsennotierung hat sich international in der Betriebswirtschaftslehre die Erkenntnis durchgesetzt, dass der Unternehmenswert der richtige Erfolgsmaßstab bei der Führung jedes Unternehmens ist, und zwar unabhängig von der Unternehmensgröße. Der Unternehmenswert ist zukunftsorientiert und erlaubt ein Abwägen von erwarteten Erträgen und Risiken, da beide Informationen in dieser Kennzahl erfasst werden (vgl. Kapitel 7). Er lässt sich als betriebswirtschaftliche Variante des „subjektiven Nutzens" auffassen (vgl. dazu folgender Abschnitt 1.5).

1.5 Entscheidungen bei Unsicherheit und Risiko: Nutzen und Wert

Risikomanagement eines Unternehmens kann als Funktion aufgefasst werden, die durch die Informationsaufbereitung bei der Vorbereitung von Entscheidungen unter Unsicherheit hilft und die Umsetzung der getroffenen Entscheidung gewährleistet.[35]

Praktisch alle Entscheidungen von Menschen sind Entscheidungen unter Unsicherheit, d. h. das Ergebnis ist abhängig von Einflussfaktoren (Umweltzuständen), deren Eintreten nicht sicher vorhergesehen werden kann.

In der Ökonomie sind die relevanten Ergebnisse letztlich durchweg Zahlungen (Geldflüsse), die sich beispielsweise durch Investitionen, Strategiewechsel oder Übernahmen generieren lassen. Um die „beste" Entscheidung zu treffen, ist ein Vergleich der alternativ realisierbaren unsicheren Zahlungsreihen (beispielsweise von Sachinvestitionen) erforderlich. Die Risikoanalyse trägt wesentlich zur Verbesserung von Entscheidungen unter Unsicherheit bei.

Erforderlich ist ein einheitlicher Vergleichsmaßstab, der beliebige unterschiedliche, unsichere Zahlungsreihen vergleichbar macht. Der relevante Vergleichsmaßstab ist dabei der subjektive Nutzen, also der Grad der Bedürfnisbefriedigung des jeweiligen Entscheiders. Mit der Erwartungsnutzentheorie, die auf Basis der Idee von Bernoulli durch von Neumann und Morgenstern (1947) in der heutigen (axiomatischen) Struktur entwickelt wurde, existiert eine theoretische Grundlage, die in Abhängigkeit der Charakteristika (Verteilungsfunktion) der Zahlungen $\tilde{Z}$ und der individuellen Nutzenfunktion $U(\tilde{Z})$ einen Vergleich von Entscheidungsalternativen ermöglicht.[36]

$$EU(\tilde{Z}) = E\big(U(\tilde{Z})\big) = \sum_{n=1}^{N} w(Z_n) \times U(Z_n) \qquad (1.1)$$

---

[35] Siehe Romeike, 1995.

[36] Eine wichtige Weiterentwicklung, die psychologische Kenntnisse über tatsächliche Entscheidungen von Menschen berücksichtigt, ist die Prospect Theorie von Kahneman und Tversky, 1979. Sie greift z. B. durch eine „gewichtete Wahrscheinlichkeit" und eine Wertefunktion viele Kritikpunkte an der Erwartungsnutzentheorie auf.

Der entscheidungsrelevante Erwartungsnutzen $EU = E\left(U(\tilde{Z})\right)$[37] ist der mit der jeweiligen Eintrittswahrscheinlichkeit w gewichtete Nutzen der Zahlung in den einzelnen möglichen Umweltzuständen (n = 1,…,N). Dieser verbindet dabei eine individuelle (subjektive) Nutzenfunktion mit den objektiven (oder subjektiv geschätzten) Charakteristika der Zahlungsreihe. Ein explizites Risikomaß ist nicht erforderlich. Es ist speziell Aufgabe der Risikoanalyse, z. B. mittels statistischer Verfahren, die Wahrscheinlichkeitsverteilung einer unsicheren Zahlung $\tilde{Z}$ zu bestimmen und damit das Risiko zu quantifizieren. Intuitiv kann man sich den Erwartungsnutzen vorstellen als zu erwartenden Grad der Bedürfnisbefriedigung durch den wahrgenommenen Nutzen der möglichen Zukunftsszenarien und der Wahrscheinlichkeit, dass ein bestimmtes Zukunftsszenario eintritt.

Viele Nutzenfunktionen lassen sich als Spezialfall der HARA[38]-Funktion interpretieren. Häufig werden die exponentielle Nutzenfunktion (1.2), die logarithmische Nutzenfunktion (1.3) und die Potenzfunktion (1.4) verwendet:

$$U(Z) = \alpha - \beta e^{-CA \times Z} \tag{1.2}$$

$$U(Z) = \beta \times \ln(Z) \tag{1.3}$$

$$U(Z) = \alpha - \beta Z^{(1-CR)} \tag{1.4}$$

Die Parameter CA und CR erfassen die Risikoneigung.

Den wahrgenommenen (bewerteten) Risikoumfang kann man durch einen „Sicherheitsabschlag" vom erwarteten Ergebnis $E(\tilde{Z})$ ausdrücken, der als (absolute) Risikoprämie π bezeichnet wird:

$$E\left(U(W_0 + \tilde{Z})\right) = U\left(W_0 + E(\tilde{Z}) - \pi\right) \tag{1.5}$$

U: Nutzenfunktion
W_0:   Sicheres Anfangsvermögen
$\tilde{Z}$:   unsicherer Gewinn (Zahlung)
π: (absolute) Risikoprämie

Den Ausdruck $E(\tilde{Z}) - \pi$ bezeichnet man dabei als Sicherheitsäquivalent (SÄ).[39] Das Sicherheitsäquivalent ist der sichere Betrag, der den gleichen Nutzen stiftet, wie die unsichere Zahlung $\tilde{Z}$. Die Risikoprämie (π) verbindet dabei den objektiven Risikoumfang (von $\tilde{Z}$) mit der subjek-

---

[37] E (…) ist ein Symbol für den Erwartungswert.

[38] HARA ist die Abkürzung für Hyperbolic Absolute Risk Aversion, siehe Kruschwitz, 1999, S. 113.

[39] Die unmittelbare Verbindung zwischen Nutzen und Unternehmenswert wird über die Sicherheitsäquivalente $S\ddot{A}(Z)$ bzw. die (absolute) Risikoprämie π erkennbar. Aus der Nutzenfunktion lässt sich unmittelbar das Sicherheitsäquivalent einer Zahlung bestimmen:

$$U\left(S\ddot{A}(\tilde{Z})\right) \equiv U(E(\tilde{Z}) - \pi) = E\left(U(\tilde{Z})\right)$$
$$\Rightarrow S\ddot{A}(\tilde{Z}) = U^{-1}\left(E\left(U(\tilde{Z})\right)\right)$$

tiven Risikoaversion, die implizit (verbunden mit der Höhenpräferenz) in der Funktion $U(\tilde{Z})$ enthalten ist. In dem von Arrow und Pratt speziell analysierten Fall neutraler Lotterien, also mit $E(\tilde{Z}) = 0$, erhält man folgende Abschätzung für die (absolute) Risikoprämie:

$$\pi \approx \frac{1}{2}\sigma^2(\tilde{Z}) \times \gamma \qquad (1.6)$$

wobei:

$\sigma^2(\tilde{Z})$: Varianz der Ergebnisse bzw. Zahlungen (das in der „Lotterie" objektiv enthaltene Risiko)

$\gamma = \dfrac{U''(W_0)}{U'(W_0)}$: absolute Risikoaversion (ARA)[40].

Die Kennzahl ARA(W_0), die den subjektiven Grad der Risikoabneigung darstellt, wird auch als Arrow-Pratt-Maß bezeichnet.

Um Änderungen der Risikoaversion in Abhängigkeit des Vermögens zu analysieren, kann man das Maß für die absolute Risikoaversion (ARA) nach dem Vermögen (W_0) ableiten. Bei einer konstanten absoluten Risikoaversion (CARA) ist diese Ableitung gleich Null.

Es ist plausibel, dass normale Kapitalanleger sich durch abnehmende absolute Risikoaversion (ARA) auszeichnen. Schließlich kann man als Vermögender leichter ein riskantes Investment für 10.000 € eingehen. Speziell exponentielle Nutzenfunktionen sind daher plausibel, da bei ihnen die absolute Risikoaversion mit sich veränderndem Wohlstand gleichbleibt (CARA) oder sinkt.[41, 42] Zudem wird oft eine konstante relative Risikoaversion (CRRA)[43] angenommen, d.h. die Risikostruktur der Anlagen (Portfolio) eines Menschen ändert sich mit der Höhe des Vermögens nicht. Diese Eigenschaft hat z.B. die logarithmische Nutzenfunktion.

Rationalität bei Entscheidungen unter Risiko wird in der normativen Entscheidungstheorie durch die hier skizzierte Erwartungsnutzentheorie (Bernoulli-Prinzip) vorgegeben. Demzufolge ist das maßgebliche Entscheidungskriterium für die Auswahl von risikobehafteten Alternativen der erwartete Nutzen, der von der individuellen Nutzenfunktion des Entscheiders abhängt. Hilfreich wäre es offensichtlich, eine Entscheidungsregel zu finden, die – ohne Kenntnis der individuellen Risikonutzenfunktion – für eine große Menge von Nutzenfunktionen Entscheidungen im Sinne des Bernoulli-Prinzips ermöglichen würde. Erforderlich ist dabei insbesondere die Definition eines geeigneten Risikomaßes, das bei identischen Erwartungswerten der Alternativen zu

---

[40] Bei einem Vermögen von W_0.
[41] Wie in der Formel 1.2 dargestellt.
[42] Vgl. Kruschwitz, 1999, S. 112.
[43] Wie in Formel 1.2 dargestellt.

einer alternativen Wahl führt, deren Maximierung dem Erwartungsnutzen entspricht.[44]

Als vereinfachte Annäherung an den Erwartungsnutzen wird deshalb
meist ein objektivierbares Maß verwendet, nämlich der „Wert" oder
speziell „Unternehmenswert".[45] Dabei wird eine unsichere Zahlungsreihe auf einen sicheren und skalaren Bewertungsmaßstab abgebildet.
Im Gegensatz zum abstrakten Nutzen lässt sich der Wert unmittelbar
in Geldeinheiten, also Euro oder Dollar, ausdrücken. Wie der Erwartungsnutzen ist auch der Wert (Barwert oder – allgemein – Zukunftserfolgswert) abhängig von der erwarteten Höhe und den Risiken der
zukünftigen unsicheren Zahlungen (und dem Zeitpunkt).

Der Unternehmenswert lässt sich in Abhängigkeit des Sicherheitsäquivalents der Zahlungen darstellen. Man kann zeigen, dass Risiken entweder durch einen Zinszuschlag auf den Zins einer risikolosen Anlage
(r_0) im Diskontierungssatz der Zahlungen oder durch einen Risikoab-
schlag $(\pi = -\lambda \times R(Z))$ auf den Erwartungswert der Zahlung $E(\tilde{Z})$ selbst
berücksichtigt werden können.[46] Mit dem Risikoabschlag werden Sicherheitsäquivalente berechnet. Sicherheitsäquivalente sind mit dem
risikolosen Zinssatz (Basiszinssatz) zu diskontieren.

$$W(\tilde{Z}_1) = \frac{E(\tilde{Z}_1)}{1+r_0+r_z} = \frac{E(\tilde{Z}_1)}{1+r_0+\lambda_{RZ} \times R(\tilde{Z}'_1)} = \frac{S\ddot{A}(\tilde{Z}_1)}{1+r_0} = \frac{E(\tilde{Z}_1)-\lambda_{S\ddot{A}} \times R(\tilde{Z}_1)}{1+r_0} \quad (1.7)$$

In der Praxis dominiert die sogenannte „Risikozuschlagmethode", bei
der für die Bestimmung des Werts der Zahlung ($\tilde{Z}$) der risikolose Zinssatz (r_0) um einen Risikozuschlag (r_z) erhöht wird, der sich als Produkt
von Risikomenge, gemessen durch ein geeignetes Risikomaß $R(\tilde{Z}')$[47],
und den Preis für eine Einheit Risiko λ beschreiben lässt.[48]

Grundsätzlich ist eine risikogerechte Bewertung, d.h. die Bestimmung eines Werts, damit über den Sicherheitsäquivalentansatz in Ab-

---

[44] Das ergänzende Konzept der stochastischen Dominanz spielt in der Literatur zur Entscheidung unter Unsicherheit eine immer stärker werdende
Rolle. Durch Restriktionen hinsichtlich der Nutzenfunktionen, die aus gängi-
gem ökonomischen Verhalten abgeleitet werden, werden zulässige Mengen
von Entscheidungen bestimmt. Diese zulässigen Mengen sind für eine Vielzahl
von individuellen Entscheidungsträgern nützlich, und die für einen Einzelnen
optimale Entscheidung kann aus der – im Vergleich zu der Gesamtzahl an
möglichen Entscheidungen – kleineren Menge der zulässigen Entscheidungen
bestimmt werden. Es wurden verschiedene Kriterien der stochastischen Dominanz unter verschiedenen Restriktionen an die Nutzenfunktionen abgeleitet
(vgl. z. B. Laux, 2005).
[45] Vgl. beispielsweise Kruschwitz, 2001, Franke/Hax, 1999.
[46] $S\ddot{A}(\tilde{Z}) = E(\tilde{Z}) - \pi$.
[47] Vertiefend wird in Abschnitt 3.4.4 auf Risikomaße, wie z. B. Standardabweichung oder Value-at-Risk, eingegangen.
[48] $R(\tilde{Z}')$ ist ein auf die Höhe der Zahlungen, z. B. operationalisiert durch den
Erwartungswert oder Wert, normiertes Risikomaß. Es ist als Risikomaß für eine
Renditeverteilung zu interpretieren.

hängigkeit der individuellen Nutzenfunktion möglich. In der Praxis wird aber meist λ als ein Marktpreis des Risikos (Risikoprämie) aus Kapitalmarktdaten bestimmt. Die Bestimmung des Risikomaßes kann auch aus Kapitalmarktdaten erfolgen. Diesen Weg geht man z. B. beim CAPM mit dem *β-Faktor* als Risikomaß. Vorteilhaft ist meist aber die Nutzung überlegener Daten der Risikoanalyse (vgl. Kapitel 3).

Ergänzend soll nun noch die obige Darstellung des Werts $W(\tilde{Z})$ als sichere Zahl etwas näher betrachtet werden. Wie erläutert ist der Wert einer unsicheren Zahlungsreihe gerade der sichere Geldbetrag, der den gleichen Nutzen bietet wie die bewertete unsichere Zahlungsreihe. Der Wert ist deshalb sicher, weil er sich gerade durch eine Unsicherheitstransformation ergibt. Dies schließt jedoch nicht aus, dass auch Wertschwankungsrisiken auftreten können. Zu beachten ist nämlich, dass der Wert nur bezogen auf die Gegenwart ($t=0$) und den aktuell verfügbaren Informationsstand sicher ist. Aus Sicht von $t=0$ ist jedoch der Wert, den eine unsichere Zahlungsreihe in der Zukunft (z. B. in $t=1$) haben wird, unsicher, weil heute noch unbekannt ist, welche bewertungsrelevanten Informationen in Zukunft verfügbar sein werden. Wenn der heutige Wert sicher ist, ist der zukünftige Wert damit unsicher, also eine Wahrscheinlichkeitsverteilung. Wertänderungsrisiken ergeben sich damit im Zeitverlauf durch neue, bewertungsrelevante Informationen.[49]

Für eine risikogerechte Bewertung existieren also zusammenfassend grundsätzlich drei Verfahrensweisen: Zunächst kann eine Bewertung unmittelbar anhand einer so genannten Nutzenfunktion erfolgen, die implizit die Präferenz bezüglich des Risikos enthält.[50] Dieser Weg wird insbesondere repräsentiert durch die Erwartungsnutzentheorie von Morgenstern und von Neumann (1947), der zufolge der „Erwartungsnutzen" bei Entscheidungen zu maximieren ist (das so genannte Bernoulli-Prinzip). Eine andere Möglichkeit besteht in der Replikation einer zu bewertenden unsicheren Zahlung durch andere Zahlungsreihen, die an einem vollkommenen und speziell arbitragefreien Kapitalmarkt gehandelt werden und deren Werte damit bekannt sind.[51] Bei beiden Verfahrensweisen ist keine explizite Messung des Risikoumfangs einer unsicheren Zahlung (etwa einer Investition) erforderlich. Das dritte Verfahren, das in der Bewertungspraxis dominiert, basiert auf der separaten Beurteilung der erwarteten Höhe einer Zahlung und des Risikos der Zahlung, was ein geeignetes Risikomaß erfordert, aber – zumindest bei den verteilungsbasierten (präferenzunabhängigen) Risikomaßen – im Gegensatz zur Erwartungsnutzen-

---

[49] Vgl. Gleißner, 2007.

[50] In enger Anlehnung an Gleißner, 2006 b.

[51] Vgl. zu den Verfahren einer sogenannten risikoneutralen Bewertung und der Replikation, beispielsweise Kruschwitz/Löffler, 2005, und Spremann, 2004, S. 272 ff.

theorie keine Informationen über die Nutzenfunktion der bewertenden Menschen.

Der Unternehmenswert ist also ein Erfolgsmaßstab, der erwartete Zahlungen bzw. Erträge und die mit ihnen verbundenen Risiken in einer Kennzahl verbindet. Er ist damit ein für die Unternehmenssteuerung geeignetes Entscheidungskriterium. Allerdings lässt der Unternehmenswert grundsätzlich beliebig hohe Risiken zu, wenn diesen entsprechend hohe Erträge (Zahlungen) entgegenstehen. Die prinzipiell beliebige Austauschbarkeit von erwartetem Ertrag und Risiko entspricht jedoch nicht der Vorstellung speziell mittelständischer Unternehmen. Angestrebt wird vielmehr die Sicherung des Unternehmens, d.h. die Beschränkung der Ausfallwahrscheinlichkeit – oder eines anderen Risikomaßes – auf ein vorgegebenes Maximalniveau. Damit wird Risiko nicht nur zu einer Determinante des Unternehmenswerts, sondern zu einer Nebenbedingung, die beispielsweise durch Limite operationalisiert werden kann.

Die Notwendigkeit zur Begrenzung des Risikoumfangs wird – wie erwähnt – auch durch das Rating (siehe Kapitel 8) betont. Steuerungsansätze, die den Gesamtrisikoumfang beschränken, werden als Safety-First-Ansätze bezeichnet.

Ein Safety-First-Entscheidungskalkül findet man insbesondere bei institutionellen Investoren (z. B. Versicherungsunternehmen oder Pensionsfonds), die ihr Portfolio in einer Weise gestalten, dass in einzelnen Anlageperioden oder auch im gesamten Planungshorizont mit möglichst hoher Wahrscheinlichkeit eine bestimmte vorgegebene Mindestrendite erreicht wird.[52] Die Beschränkung des Gesamtrisikoumfangs, also die Einschränkung bezüglich der Substitution von Risiko gegenüber Rendite, wird durch die Existenz exogener Restriktionen begründet, z. B. aufsichtsrechtliche Anforderungen oder Zahlungsverpflichtungen. Der Safety-First-Ansatz gemäß Roy (1952) zielte darauf, die „Shortfall-Wahrscheinlichkeit", also die Wahrscheinlichkeit der Zielunterschreitung, zu minimieren. Kataoka (1963) geht dagegen von einer maximal akzeptierten Shortfall-Wahrscheinlichkeit (Verlustwahrscheinlichkeit) aus, und errechnet dasjenige Portfolio (bzw. diejenige Strategie), das die maximal erwartete Rendite aufweist, ohne diese Verlustwahrscheinlichkeit zu überschreiten. Telser (1955) entwickelt einen Safety-First-Ansatz, bei dem sowohl die maximal akzeptierte Verlustwahrscheinlichkeit als auch eine angestrebte Mindestrendite fixiert wird. Unter den Portfolios oder Handlungsalternativen, die beide Anforderungen erfüllen, wird dasjenige mit der höchsten erwarteten Rendite ausgewählt.[53]

---

[52] Vgl. Albrecht/Maurer/Möller, 1998, S. 258.
[53] Für alle drei Varianten des Safety-First-Ansatzes können auch unter Berücksichtigung der Existenz einer risikolosen Rendite optimale Portfolios abgeleitet werden (siehe hierzu Kaduff, 1996, S. 87–152).

1.6 Die rechtlichen Rahmenbedingungen des Risikomanagements

Im Folgenden sollen einige wesentliche Regelungen im Bereich des Corporate Governance und angrenzender rechtlicher Anforderungen zusammengefasst werden, die Rahmenbedingungen und Anforderungen des Risikomanagements definieren. Startpunkt der Darstellung ist dabei das Kontroll- und Transparenzgesetz (KonTraG), das die wichtigsten Anstöße für den Ausbau von Risikomanagementsystemen in deutschen Unternehmen gegeben hat.[54]

1.6.1 KonTraG

Das Kontroll- und Transparenzgesetz im Unternehmensbereich (KonTraG) wurde am 6. März 1998 vom Deutschen Bundestag verabschiedet und trat am 1. Mai 1998 in Kraft. Zentraler Bestandteil des KonTraG und Katalysator für das Risikomanagement ist der § 91 Abs. 2 AktG. Dieser fordert die Einrichtung eines Frühwarnsystems und regelt die Organisationspflicht des Vorstandes. In der Begründung des Deutschen Bundestages zum § 91 Abs. 2 AktG heißt es, dass die Verpflichtung des Vorstandes durch das Gesetz besonders hervorgehoben werden soll. Diese Verpflichtung umfasst dabei die Einrichtung eines angemessenen Risikomanagements, einer angemessenen internen Revision, bzw. internen Überwachung. Mit dem § 91 Abs. 2 AktG sollen somit bestandsgefährdende Entwicklungen früh erkannt und der Fortbestand des Unternehmens sichergestellt werden. Eine Verletzung der Sorgfaltspflichten durch den Vorstand kann zum Schadensersatz führen, stellt also ein persönliches Haftungsrisiko dar.

Das KonTraG betrifft jedoch nicht nur Aktiengesellschaften. Es wird allgemein von einer Ausstrahlungswirkung auf andere Unternehmensformen, vor allem auf GmbHs, ausgegangen. Die Frage, ab welcher Unternehmensgröße man von einer solchen Verpflichtung ausgehen muss, ist von den Umständen des konkreten Einzelfalls abhängig. Die zunehmende Rechtsauffassung geht allerdings von Größenkriterien aus, die weite Teile des Mittelstands mit einschließen.[55]

---

[54] Vgl. Romeike, 2007, sowie Romeike, 2006.

[55] Diese Rechtsauffassung lehnt sich an die im Kapitalgesellschaften- und Co-Richtliniengesetz (KapCoRiLiG) bzw. im § 267 Abs. 1 HGB festgelegten Kriterien an, die weite Teile des Mittelstands mit einschließen (zwei der drei folgenden Kriterien müssen mindestens erfüllt sein): Bilanzsumme > 4 Mio. €; Umsatz > 8 Mio. €; Mitarbeiterzahl > 50. Das OLG Düsseldorf verurteilte einen GmbH-Geschäftsführer letztlich deshalb zur Zahlung von Schadensersatz, weil er entgegen der gesetzlichen Verpflichtung aus § 43 Abs. 1 GmbHG („Sorgfalt eines ordentlichen Geschäftsman-

1.6.2 Die Prüfung des Risikomanagementsystems durch den Wirtschaftsprüfer

Der Prüfungsstandard 340 des Institutes der Wirtschaftsprüfer (IDW) konkretisiert die Anforderungen an ein Risikomanagementsystem für die Erteilung eines Testates. Erstmalig beschlossen wurde der Prüfungsstandard am 25. Juni 1999 als Folge des KonTraG. Obwohl die Prüfungsstandards keinen gesetzlichen Charakter haben, bestimmen sie häufig die unternehmerische Praxis. Eine fehlende oder unvollständige Dokumentation führt zu Zweifeln an der dauerhaften Funktionsfähigkeit der getroffenen Maßnahmen (vgl. vertiefend 6.2).

Zusammenfassend stellt die folgende Grafik[56] den Prüfungsumfang bezüglich des Risikomanagementsystems gemäß § 317 Abs. 4 HGB dar.

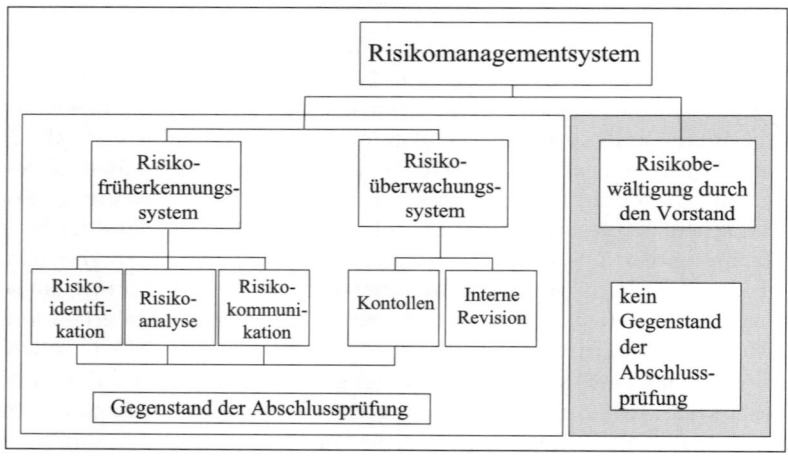

Abbildung 5: Der Prüfungsumfang des Risikomanagementsystems nach § 317 Abs. 4 HGB[57]

---

nes") kein Risikomanagementsystem eingerichtet hatte. Vgl. Urteil vom 26.4.2001, Az. 6 U 94/00. Eine Revision vor dem BGH wurde nicht angenommen.

Ein Urteil des Landgerichts München vom 5. April 2007 (Az.: 5 HK O 15964/06) unterstreicht noch einmal die Relevanz eines funktionierenden Risikomanagement-Systems sowie die adäquate Dokumentation der Risikomanagement-Prozesse und -Verantwortlichkeiten. So mangelte es in diesem speziellen Fall eines Münchener Unternehmens unter anderem an der schriftlichen Dokumentation des Risikomanagements.

[56] Vgl. Emmerich, 1999.
[57] Übernommen aus Stroeder, 2007, S.176, übernommen mit Modifikationen aus Eggemann/Konradt, 2000, S.506.

1.6.3 Bilanzrechtsreformgesetz

Neue Rahmenbedingungen für das Risikomanagement ergeben sich auch durch das Bilanzrechtsreformgesetz (BilReG), das insbesondere eine Veränderung bezüglich der Prognoseberichterstattungspflicht regelt. Kapitalgesellschaften müssen nunmehr die voraussichtliche Entwicklung des Unternehmens mit ihren wesentlichen Chancen und Risiken (im Sinne von Gefahren) beurteilen und erläutern (§ 289 Abs. 1, Satz 4 HGB). In diesen zukunftsbezogenen Berichterstattungen sind die zu Grunde liegenden Annahmen der Planung zu erläutern, um den Eigentümern ex post auch Soll-Ist-Vergleiche zu ermöglichen. Diese Änderungen im Prognosebericht betreffen alle Geschäftsjahre, die nach dem 31. Dezember 2004 beginnen.[58] Besonders wesentlich an den rechtlichen Veränderungen ist, dass nunmehr auch Informationen über positive mögliche Planabweichungen, also Chancen, darzustellen sind. Durch die zusätzlich vorgesehene Darstellung der wesentlichen Planannahmen wird zudem ein größeres Maß an Transparenz und Nachvollziehbarkeit der Zukunftsplanung erreicht. Nahe liegend erscheint es hier, dass durch das Aufzeigen unsicherer Planannahmen zugleich eine Verbindung zu den Chancen und Gefahren (Risiken) hergestellt wird. Im Gegensatz zu den Regelungen des KonTraG wird die Unternehmensleitung jedoch nicht verpflichtet, ein Organisationssystem für die Erkennung und Nutzung von Chancen einzurichten.[59] Dennoch ist es natürlich nahe liegend, bereits vorhandene Risikomanagementsysteme von Unternehmen so zu erweitern, dass neben den (bisher verpflichtenden) Gefahren nunmehr auch die Chancen mit erfasst werden können. Damit fördert das BilReG die Entwicklung der Unternehmenssteuerungssysteme hin zu integrierten Risikomanagementsystemen (integriertes Chancen- und Risikomanagement), was Grundvoraussetzung für eine wertorientierte Unternehmensführung ist – also gerade eben das Abwägen von Chancen und Gefahren (Risiken) bei unternehmerischen Entscheidungen ermöglicht.

1.6.4 Der deutsche Corporate Governance Kodex

Der deutsche Corporate Governance Kodex (DCGK) wurde am 26. Februar 2002 verabschiedet und unterliegt einer jährlichen Aktualisierungsprüfung. Ziel des Kodexes ist die Transparenz des deutschen Corporate Governance Systems und die Förderung des Vertrauens der Stakeholder in die Leitung und Überwachung deutscher börsennotierter Aktiengesellschaften. Er regelt vor allem Rechte und Pflichten der Aktionäre, des Aufsichtsrats und des Vorstands. Der Kodex be-

---

[58] Siehe vertiefend Kaiser, 2005.
[59] Siehe Kaiser, 2005, S. 345.

steht aus Mussbestimmungen, die geltendes Gesetzesrecht darstellen, Empfehlungen, die eingehalten werden sollten, und aus Anregungen. Jede Abweichung von Empfehlungen, sog. Soll-Bestimmungen, muss dargelegt werden. Der Kodex enthält 72 Empfehlungen und 19 Anregungen. Es wird z. B. empfohlen, dass bei Abschluss einer D&O-Versicherung ein angemessener Selbstbehalt vereinbart wird (DCGK 3.8) und dass der Vorstand aus mehreren Personen bestehen soll (DCGK 4.2.1). Anregungen sind z. B., dass das Unternehmen den Gesellschaftern die Verfolgung der Hauptversammlung über moderne Kommunikationsmedien ermöglicht (DCGK 2.3.4). Eine gesetzliche Verpflichtung, die sich aus dem Kodex ergibt, ist die Aufgabe des Vorstandes für ein „angemessenes Risikomanagement und Risikocontrolling im Unternehmen" zu sorgen. Damit ist das Risikomanagement ein Kernbestandteil guter Unternehmensführung geworden.[60]

Durch das Transparenz- und Publizitätsgesetz (TransPuG) vom 19. Juli 2002 wird u. a. der DCGK per 1. Januar 2003 im Gesetz (hier vor allem HGB und AktG) gesetzlich verankert. Börsennotierte Unternehmen müssen erklären, ob sie den Empfehlungen des Deutschen Corporate Governance Kodexes nachkommen und welchen Empfehlungen sie keine Beachtung schenken. Das TransPuG sorgt für eine Aufwertung der Empfehlungen und weitere Transparenz im Unternehmensbereich.

1.6.5 Sarbanes Oxley Act

International bestehen ebenfalls Bestrebungen, das Risikomanagement besser in Unternehmen zu verankern. In den USA wurde am 30. Juli 2002 der Sarbanes Oxley Act (SOA oder auch SOX) unterzeichnet. Der SOX hat hierzulande direkte Gültigkeit für alle US-notierten deutschen Unternehmen und die Tochtergesellschaften aller an amerikanischen Börsen gehandelten Unternehmen. Auslöser für den SOX waren zahlreiche Bilanzskandale und Unternehmenszusammenbrüche. Zwei Punkte des SOX sind von besonderer Bedeutung. Zum einen müssen gemäß Section 302 die CFOs und CEOs die Richtigkeit der quartalsweisen und jährlichen Berichterstattung beeiden. Sie haften persönlich auch mit strafrechtlichen Folgen für die Richtigkeit ihrer Aussage (Section 906). Zum anderen fordert die Section 404 die Einrichtung eines internen Kontrollsystems (IKS) und dessen Dokumentation. Gegenstand dieses IKS sind alle internen Kontrollen zur Rechnungslegung. Die Unternehmensleitung schätzt die Zweckmäßigkeit ein, und der Wirtschaftsprüfer bestätigt diese. Das IKS kann als Teil eines Risikomanagementsystems angesehen werden. Für alle nicht-amerikanischen Unternehmen gilt der SOX für Jahresabschlüsse ab dem 15. April 2005.

---

[60] Vgl. Romeike, 2005.

1.6.6 Deutscher Rechnungslegungs-Standard Nr. 5 und 15 (DRS 5 bzw. 15)

Die vorliegenden gesetzlichen Regelungen, die in der Summe eine Ausdehnung der Grundsätze ordnungsgemäßer Buchführung auf das Risikomanagement bringen, wurden 2000 im Deutschen Rechnungslegungs-Standard (DRS) Nr. 5 (DRS 5) in den so genannten „konkreten Grundsätzen für die Aufstellung einer Risikoberichterstattung" festgelegt, bzw. im DRS 15 zum Lagebericht, der den DRS für Risikoberichte mit einschließt.

Die DRS 5 sind Standards für die Konzernrechnungslegung, die durch den Deutschen Standardisierungsrat (DSR) entwickelt wurden. Durch den § 342 Abs. 2 HGB werden die DRS legitimiert und sollen so die Grundsätze der ordnungsgemäßen Buchführung wahren. Die DRS Nr. 5 sind allgemeine Anforderungen an die Risikoberichterstattung, die gemäß § 289 Abs. 1 HGB und § 315 Abs. 1 HGB vom Gesetzgeber verlangt werden. Demnach wird ein Risikobericht, der nach den Anforderungen der DRS Nr. 5 verfasst wurde, vom Gesetzgeber im Kontext der Grundsätze einer ordnungsgemäßen Buchführung für Konzerne gefordert und kleineren Unternehmen empfohlen. Im Risikobericht muss nach DRS 5 zu folgenden Kriterien Stellung bezogen werden:

- Darstellung des Risikomanagementsystems (DRS 5.28/29)
- Definition der Risikokategorien und Risikofelder (DRS 5.16)
- Beschreibung der Risiken (DRS 5.18)
- Quantifizierung der Risiken (DRS 5.20)
- Beschreibung der Bewältigungsmaßnahmen (DRS 5.21).

Im KonTraG und den Erläuterungen zum Gesetzentwurf sind keine Vorschriften enthalten, die die Ausgestaltung des Risikofrüherkennungssystems oder des Risikoberichtes im Lagebericht betreffen. Für den Konzernlagebericht wird diese Lücke durch die DRS 5 geschlossen. In der Praxis übernimmt der IDW PS 340, der Prüfungsstandard der Wirtschaftsprüfer, einen Großteil dieser Aufgabe (vgl. Abschnitt 1.6.3 und 6.2). Die DRS 5 sorgen auch durch die Empfehlung der Anwendung auf alle Unternehmen und die Ausstrahlungswirkung der Rechnungslegung einer Konzernmutter für eine Verbreitung der Risikoberichterstattung und des zugrunde liegenden Risikomanagements.

Die DRS 15, als neuerer Standard auf dem BilReG aufbauend, verlangt u. a., dass Unternehmen im Prognosebericht auf die Chancen der zukünftigen Entwicklung einzugehen haben sowie die Grundlagen und Annahmen für die Prognosen zu berichten haben. Damit wird das Risikomanagement nun auch aufsichtsrechtlich um die Chancen erweitert. Zudem wird implizit der Bezug von Annahmen und Risiken hergestellt: unsichere Planannahmen implizieren Risiken.

Obwohl sie generell nur für HGB-Bilanzierer gelten, wird bei den DRS 5 und DRS 15 davon ausgegangen, dass diese auch für deutsche IFRS[61]-bilanzierende Konzerne gelten, weil § 315a HGB die deutschen IFRS-Bilanzierer nicht von den Vorschriften zur Lageberichterstattung befreit hat.

1.6.7 Risikoberichterstattung gemäß IFRS[62]

Um die außenstehenden Adressaten über Risiken zu informieren, verlangen die nationalen und internationalen Standardsetter seit einiger Zeit ein umfangreiches Risikoreporting als Teil der externen Unternehmensberichterstattung.

Die Anhangangaben nach IFRS enthalten einige punktuelle Risikoberichtsinhalte. Z. B. verlangen die IAS[63] 32 und IFRS 7 die Angabe von Informationen zum Betrag, zur zeitlichen Struktur und zur Wahrscheinlichkeit der aus den Finanzinstrumenten resultierenden künftigen Cashflows. Dabei geht es um Angaben

- zur Risikomanagementpolitik,
- zum Zins(änderungs)risiko,
- zum Ausfallrisiko,
- zum beizulegenden Zeitwert und den Methoden seiner Ermittlung sowie
- zu Wertansätzen oberhalb des beizulegenden Zeitwertes, d. h. zu unterlassenen Impairments, also außerplanmäßigen Abschreibungen.

IFRS 7 verfolgt das Ziel, die Adressaten in die Lage zu versetzen, den Einfluss von Finanzinstrumenten auf die Vermögens-, Finanz- und Ertragslage abzuschätzen und liefert darüber hinaus Informationen über Finanzrisiken sowie Informationen über den Umgang des Unternehmens mit Finanzrisiken.

Zu erwähnen ist hier auch die durch die IFRS verlangte Fair-Value-Bewertung, z. B. bei Impairment-Tests. Mit dem Fair Value bezeichnet man den Betrag, zu dem ein Vermögenswert zwischen sachverständigen, vertragswilligen und voneinander unabhängigen Geschäftspartnern getauscht, bzw. eine Schuld beglichen werden kann (IAS 39.9). Da künftige Zahlungsvorgänge mit Unsicherheit behaftet sind, wird es in den Fällen, in denen zeitnahe Marktdaten nicht zur Verfügung stehen, notwendig sein, unternehmensinterne Risikoinformationen für die Ableitung risikogerechter Kapitalkosten („angemessener Zinssatz") zur Fair-Value-Bestimmung mittels anerkannter Methoden und Modelle heranzuziehen (siehe hierzu das Fallbeispiel in Kapitel 8.3.4).

---

[61] International Financial Reporting Standards.
[62] In Anlehnung an: Gleißner/Heyd, 2006.
[63] International Accounting Standards.

1.6.8 Risikomanagementnormen

Neben den gesetzlichen oder quasi-gesetzlichen Anforderungen haben auch Risikomanagementnormen für die Praxis der Gestaltung von Risikomanagementsystemen erhebliche Bedeutung.[64]

Eine Übersicht zu den verschiedenen Risikomanagement-Standards bzw. Normen als Leitlinien für den Aufbau von Risikomanagementsystemen bietet Winter.[65]

Interessanterweise wurde gerade in Österreich, in dem im Gegensatz zu Deutschland keine gesetzliche Verpflichtung zur Einrichtung eines Risikomanagementsystems besteht, mit dem ONR[66] 49000 ff. ein für die Unternehmenspraxis sehr gut geeigneter Standard für den Aufbau formalisierter Risikomanagementsysteme entwickelt.[67, 68]

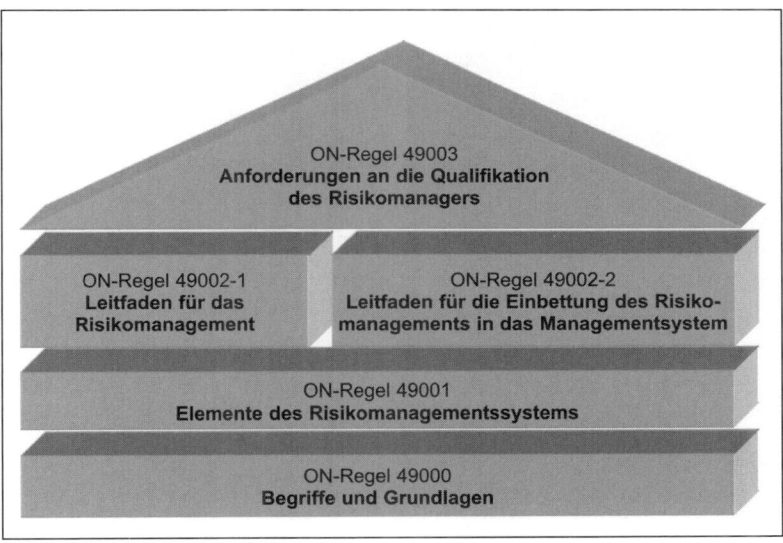

Abbildung 6: Österreichische Norm zum Risikomanagement

Der ONR 49001 basiert auf dem in den folgenden Abbildungen dargestellten Plan-Do-Check-Act-Modell als konzeptionellen Rahmen für ein integriertes Managementsystem.[69]

---

[64] Siehe zur Übersicht Winter, 2006, S. 319–344.
[65] Vgl. Winter, 2006 b, S. 134–153.
[66] Österreichisches Normungsinstituts Regeln.
[67] Siehe zum Vergleich den ebenfalls interessanten, aber noch in Entwicklung befindlichen Risikostandard der RMA (Risk Management Association) unter www.rma-ev.org.
[68] Siehe z. B. Winter, 2006 b, S. 144–151.
[69] Vgl. Winter, 2006 b, S. 145 und 151.

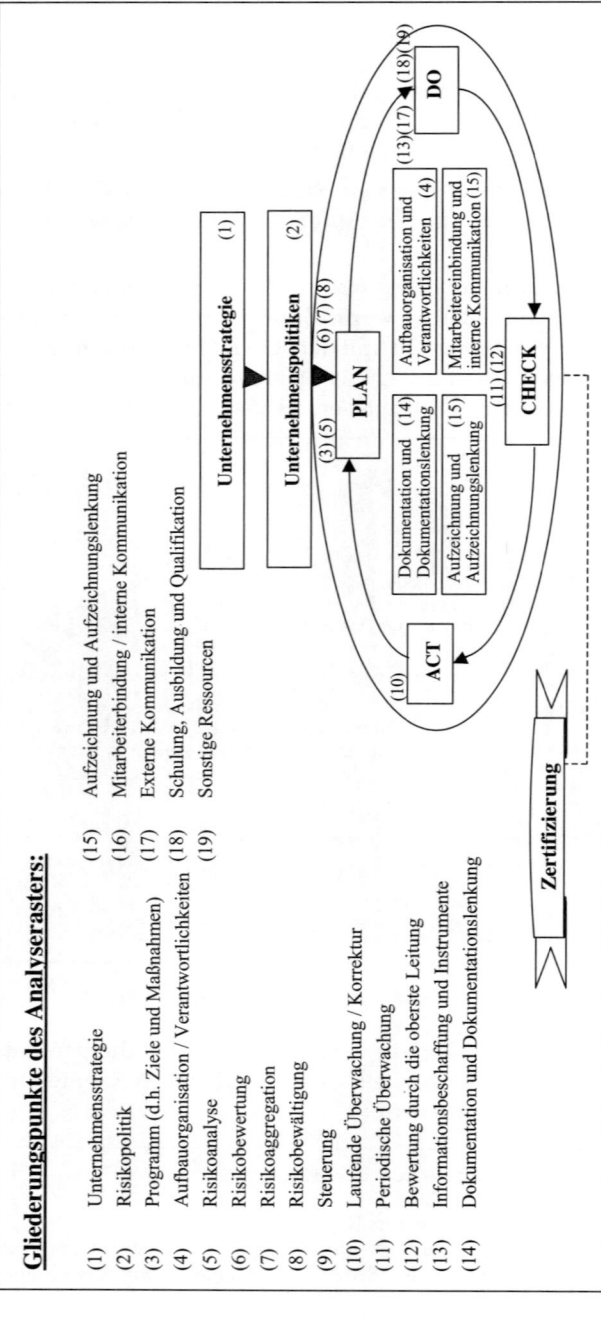

Gliederungspunkte des Analyserasters:

(1)	Unternehmensstrategie
(2)	Risikopolitik
(3)	Programm (d.h. Ziele und Maßnahmen)
(4)	Aufbauorganisation / Verantwortlichkeiten
(5)	Risikoanalyse
(6)	Risikobewertung
(7)	Risikoaggregation
(8)	Risikobewältigung
(9)	Steuerung
(10)	Laufende Überwachung / Korrektur
(11)	Periodische Überwachung
(12)	Bewertung durch die oberste Leitung
(13)	Informationsbeschaffung und Instrumente
(14)	Dokumentation und Dokumentationslenkung
(15)	Aufzeichnung und Aufzeichnungslenkung
(16)	Mitarbeiterbindung / interne Kommunikation
(17)	Externe Kommunikation
(18)	Schulung, Ausbildung und Qualifikation
(19)	Sonstige Ressourcen

Abbildung 7: Plan-Do-Check-Act-Modell

Im Gegensatz zu anderen Standards (wie COSO ERM[70]) ist der ONR auch zertifizierbar. Aufgrund der bestehenden Überschneidungen zwischen dem Risikomanagement und anderen normierten und formalisierten Managementsystemen (z. B. Qualitätsmanagement und Arbeitsschutz) ist der ONR 49000 von vornherein als integrierter Managementansatz konzipiert. Man betont dabei explizit die Verpflichtung der Unternehmensleitung zur Integration des Risikomanagements in existierende Führungssysteme und die Formulierung einer Risikopolitik. Er verpflichtet die Unternehmensleitung zudem zur Benennung eines Risiko-Verantwortlichen und zur Bereitstellung der für das Risikomanagement erforderlichen (auch personellen) Ressourcen. Zudem wird explizit sowohl die Identifikation als auch die quantitative Bewertung der Risiken (einschließlich ihrer Interdependenzen) verlangt und – ähnlich dem IDW PS 340 – auf die zwingende Notwendigkeit der Bestimmung des Gesamtrisikoumfangs und des benötigten Risikokapitals durch Risikoaggregation verwiesen. Weitere Regelungen des Standards umfassen die Themen Risikobewältigung und die kontinuierliche Risikoüberwachung, wobei hier auch die Umsetzung initiierter Risikobewältigungsmaßnahmen und die Nutzung geeigneter Frühwarnindikatoren thematisiert wird. Der österreichische Risikomanagement-Standard erfordert (wie auch der PS 340) die Dokumentation aller wesentlichen Prozesse und der Prozessergebnisse im Risikomanagement sowie eine unabhängige Systemüberwachung im Sinne eines (internen) Audits.

Ergänzend ist zu erwähnen, dass es über die hier genannten Normen hinausgehend eine Reihe branchen- und geschäftsinhaltsspezifischer Anforderungen an das Risikomanagement gibt. Zu nennen sind hier beispielhaft die spezifischen Anforderungen zum Gesundheitswesen, die Basel II-Regelungen und MaRisk der Banken[71] sowie die Solvency II-Regelungen (geplant) für die Versicherungswirtschaft. Ebenfalls erwähnenswert sind die verschiedenen Regelungen zu Arbeitsschutz, Umweltschutzbestimmungen sowie technische Anforderungen, die oft durch internationale Normen (DIN-ISO-Richtlinien) oder auch Organisationen wie den TÜV zusammengefasst werden.

---

[70] Committee of Sponsoring Organizations of the Treadway Commission Enterprise Risk Management.
[71] Siehe z. B. Theewen, 2007 sowie Füser/Weber, 2005.

2. Unternehmensstrategie, Risikopolitik und Risikokultur

2.1 Die Rolle der Risikopolitik und der Risikokultur

Neben eher „technischen" und formalen Bestandteilen (Strukturen, Instrumente, Prozessbeschreibungen, Zuordnung von Verantwortungen, etc.) des Risikomanagementsystems kommt der Schaffung einer so genannten Risiko(management)kultur als Rahmenbedingung und Ausdruck risikoangemessenen Verhaltens eine zentrale Bedeutung zu. Ein risikoangemessenes Verhalten ist Ziel des Risikomanagements und lässt sich nicht allein durch die Implementierung formaler Strukturen erzwingen. Es umfasst neben den im Fokus der Literatur stehenden organisatorischen Gesichtspunkten vor allem auch die zumeist vernachlässigten motivationalen Aspekte und Kompetenzen.[72] Zum Grundverständnis des Risikomanagements führt beispielsweise von Metzler (2004, S. 25) aus:

> „Ein Risikomanagement ist keine klar abgrenzbare funktionale Einheit.
> Es stellt eine Art Managementphilosophie dar und sollte dementsprechend umfassend in die Unternehmensstruktur integriert werden."

Ausdruck findet dies in der sog. Risikoneigung, auch „Risikoappetit" genannt. Sie drückt aus, inwieweit ein Individuum oder auch eine Organisation bereit ist, Risiken einzugehen. Diese Risikoneigung ist jedoch beim Menschen auch stark von der Situation abhängig, wie die Prospect-Theorie gezeigt hat (Kahneman/Tversky, 1979). So verhalten sich Menschen in einer Gewinnsituation eher risikoavers, während in einer Verlustsituation die Bereitschaft steigt, Risiken einzugehen, um „den Verlust wieder wettzumachen".[73] Zudem ist die Risikowahrnehmung abhängig von Kontext, Risikoquelle, aber auch persönlichen Merkmalen der Personen.[74]

Die Bereitschaft, sich mit Risiko und Risikobewältigung zu befassen, ist beim Menschen zudem psychologisch bedingt recht schwach

---

[72] Siehe Führing 2004, S. 21.

[73] Pelzman (2000, S. 28) spricht hier von der Gewinnsicherung und Verlustreparation. Einen Überblick über die psychologischen Aspekte beim Umgang mit Risiken geben Gleißner, 2004a sowie Gleißner/Winter, 2007; weiterführend siehe z. B. Eisenführ/Weber, 2003 und von Nitzsch, 2002.

[74] Vgl. zur Risikowahrnehmung z. B. Slovic et al, 2004.

ausgeprägt, da Menschen ein ausgeprägtes Bedürfnis nach Selbstbe-
stätigung, Kontrolle ihres Umfelds und Freiheit von kognitiven Dissonanzen haben – und dies wird durch die Existenz von Risiken beeinträchtigt.[75] Die Notwendigkeit, eine offene Risikokultur zu schaffen,
die die Bereitschaft für die Wahrnehmung und Quantifizierung von Risiken schafft, verdeutlichen insbesondere Umfragen, die sich mit dem
Risikoverständnis von Managern befasst haben.[76] Diese Umfragen
zeigen nämlich, dass Risiko im Allgemeinen gar nicht als Wahrscheinlichkeitskonzept wahrgenommen wird, sondern nur die Möglichkeit
von Verlusten (unabhängig von deren Wahrscheinlichkeiten) die Risikowahrnehmung prägt. Die Vorstellung, ein Risiko sei „beherrschbar",
ist in krassem Widerspruch zur Grundidee, der zufolge Risiko sich gerade mit den zukünftig möglichen unvorhersehbaren Veränderungen
und Planabweichungen befasst. Die Überschätzung des eigenen Ein-
flusses (und die Unterschätzung der Konsequenzen rein zufälliger Veränderungen) bezeichnen Psychologen als „Kontrollillusion". Positive
Ergebnisse werden dabei eher der eigenen Kompetenz zugeschrieben
– negative Ergebnisse dem Umfeld angelastet („Attribution").

In der Tendenz ist also davon auszugehen, dass Menschen dazu neigen,
Risiken ohne den Einsatz geeigneter formeller Hilfsmittel verzerrt wahr-
zunehmen und systematische Fehler bei Entscheidungen unter Risiko
machen.[77] In Abhängigkeit psychologischer Charakteristika weisen
dabei unterschiedliche Führungskräfte durchaus ein unterschiedliches
Verhalten auf, womit insgesamt davon auszugehen ist, dass ohne ein
klares Regelwerk und Instrumentarium im Risikomanagement nicht
gewährleistet ist, dass insgesamt im Unternehmen eine Risikopolitik
verfolgt wird, die im Interesse der Eigentümer ist, also beispielsweise
zu einer Steigerung des Unternehmenswerts beiträgt.

Dieses unterschiedliche Verhalten der Mitarbeiter im Umgang mit Risiken ist im Allgemeinen nicht im Sinne eines Unternehmens, wenn
eine bestimmte Risikopolitik verfolgt werden soll.

Risikopolitische Grundsätze, die in Einklang mit den Zielen der Eigentümer stehen, sind der Ausgangspunkt und der Rahmen für die
Ausgestaltung einer Risikomanagementorganisation. Es handelt sich
hierbei um dokumentierte Verhaltensregeln, die alle Mitarbeiter im
Unternehmen zu einem einheitlichen Umgang mit Risiken anleiten
sollen. Ihre Aufgabe ist es, einen nachhaltigen Prozess zur Etablierung
eines Risikobewusstseins und zur Entwicklung einer Risikokultur an-
zustoßen.[78]

---

[75] Siehe von Nitzsch, 2002.
[76] Siehe z. B. March/Shapira, 1987.
[77] Siehe Haller, 2003 und Slovic, 2004.
[78] Siehe Heinen 1987, S. 169 f.

Dazu muss, basierend auf der Unternehmensstrategie, eine Risikopolitik definiert werden[79], die insbesondere Aussagen trifft über

- Entscheidungskriterien, die ein Abwägen von erwarteter Rendite und Risiko erlauben,
- die Obergrenze für den Gesamtumfang der Risiken bzw. die Fixierung des angestrebten Ratings,
- die Aufteilung der Risiken in Kern- und Randrisiken,
- die Limite für einzelne Risiken und
- ggf. auch Vorgehensweise für die Bewertung von Risiken und die Priorisierung von Maßnahmen bei der Risikobewältigung.

Die Risikopolitik ist Bestandteil der Unternehmensstrategie (vgl. Abschnitt 2.2).

Die Formulierung und Kommunikation risikopolitischer Grundsätze fällt ebenso wie die Einrichtung des Risikomanagements selbst in den originären Aufgaben- und Verantwortungsbereich der Unternehmensleitung. Mit risikopolitischen Grundsätzen, welche die Verpflichtung aller Führungskräfte zum Risikomanagement dokumentieren, unterstreicht die Unternehmensleitung die Bedeutung, die sie dem Thema beimisst. Gleichzeitig schafft sie damit die Grundlage für eine unternehmensweit einheitliche Kommunikation beim Umgang mit Fragen des Risikomanagements.[80]

Eine solche Risikopolitik schlägt sich letztlich als Risikokultur im Wissen, den Fähigkeiten und der Einstellung der Mitarbeiter zu Chancen und Gefahren (Risiken) nieder. Sie ist grundlegende Voraussetzung für eine Verankerung des Risikobewusstseins in der gesamten Unternehmensorganisation.

Beispiel einer Risikopolitik:

I. Die Muster AG orientiert sich an den Grundsätzen einer wertorientierten Unternehmensführung und geht unternehmerische Risiken dann ein, wenn die damit verbundenen Ertragschancen eine Steigerung des Unternehmenswertes erwarten lassen. Im Rahmen des Risikomanagementsystems des Unternehmens werden daher grundsätzlich die erwarteten Erträge und Risiken gegeneinander abgewogen.

II. Der wesentliche Werttreiber in den nächsten drei Jahren ist ein ertragsorientiertes Umsatzwachstum in den Stammmärkten Europas. Das Wachstum basiert auf Produkterweiterungen und Marktdurchdringung.

III. Weitere Maßnahmen zielen auf die Steigerung der Rentabilität. Durch erhöhte Selbsttragung bisher versicherter Risiken sowie durch Auslagerung von Logistik und Lagerbewirtschaftung auf

---

[79] Siehe Gleißner, 2000.
[80] Siehe Heinen, 1987, S. 169 f.

Partnerunternehmen werden Kosten reduziert. Den dadurch entstehenden neuen Risiken durch Abhängigkeit von Partnerunternehmen sollen durch risikosenkende Maßnahmen, wie bspw. Alternativlieferanten, begegnet werden. Dazu trägt auch die gezielte Reduzierung des Unternehmensrisikos (Markt- und Finanzrisiken) durch Rückzug aus dem amerikanischen Mark bei.

IV. Die Insolvenzgefahr infolge Illiquidität und Überschuldung soll diejenige eines Unternehmens mit einem externen BB-Rating nicht übersteigen. Das Eigenkapital soll folglich mindestens den aggregierten Risikoumfang abdecken.

V. Die Muster AG trägt unternehmerische Kernrisiken, wie Umsatzschwankungen aufgrund von Veränderungen in der Nachfrage sowie Forschungs- & Entwicklungsrisiken prinzipiell selbst. Randrisiken sind Risiken außerhalb der Kerntätigkeitsfelder und werden – wenn möglich und aus Kostengründen sinnvoll – auf Dritte übertragen, z.B. Risiken aus Zinsen und Währungen, Wertpapieren, Personen-, Sach- und technische Schäden, Betriebsunterbrechung, sowie Produkt- und Umwelthaftpflicht.

VI. Von allen Mitarbeitern des Unternehmens wird ein bewusster Umgang mit Risiken erwartet. Das Risikomanagementsystem der Muster AG ist dementsprechend stufengerecht zu vermitteln. Das Identifizieren neuer Risiken wird angemessen belohnt, ebenso wie Effizienz in der Reduktion von Risiken. Risk Owner müssen geschult und regelmäßig weitergebildet werden.

VII. Im Rahmen dieser Risikopolitik definiert die Geschäftsführung folgende Sicherheitsziele (Limite):
- Der Umsatz eines einzelnen Kunden sollte nicht mehr als 25% des Gesamtumsatzes betragen.
- Lieferanten mit einem Anteil über 15% am Gesamtliefervolumen werden einer vertieften Risikoanalyse unterzogen.
- Die Eigenkapitalquote darf nicht unter 20% fallen und sollte langfristig bei 30% liegen.
- Derivative Finanzgeschäfte ohne wirtschaftliche Gegenposition dürfen nicht getätigt werden.

2.2 Strategisches Risikomanagement

Welche Risiken und risikopolitischen Entscheidungen haben für den Unternehmenserfolg eine besonders große Bedeutung? Mit dieser Fragestellung befasst sich das strategische Risikomanagement. Es umfasst dabei alle unternehmerischen Maßnahmen des Umgangs mit Risiken, die auf eine nachhaltige Steigerung des Unternehmenswertes (Erfolgs) abzielen.

Im Kontext eines strategischen Risikomanagements sind insbesondere die folgenden vier Fragen zu beantworten, wobei Probleme bei der Beantwortung dieser Fragen auf grundlegende Schwächen des bestehenden Risikomanagementsystems hinweisen:[81]

1. Strategische Risiken: Welche Faktoren bedrohen Erfolg und Erfolgspotenziale?

Genau wie der Erfolg eines Unternehmens mittels steigender Gewinne letztendlich eine notwendige (wenn auch nicht hinreichende) Bedingung für eine günstige Liquiditätsentwicklung ist, sind Erfolgspotenziale, also Kernkompetenzen, interne Stärken und Wettbewerbsvorteile, die Voraussetzung für zukünftige Gewinne bzw. Cashflows. Wenn bekannt ist, welche Faktoren für den Unternehmenserfolg maßgeblich sind, kann man in einem weiteren Schritt die „Strategischen Risiken" ermitteln. Strategische Risiken sind dabei all jene Risiken, die zu einer wesentlichen Beeinträchtigung der Erfolgspotenziale des Unternehmens führen können. Wenn beispielsweise die Marke eines Unternehmens für den Erfolg entscheidend ist, wären Fehler in der Markenpolitik oder eine Imagebeschädigung durch einen öffentlichen Skandal ein solches strategisches Risiko. Diesen Risiken ist auf Grund ihrer Bedeutung für die Zukunftsfähigkeit des Unternehmens eine besondere Aufmerksamkeit zu schenken (vgl. Abschnitt 3.2.1).

2. Welche Kernrisiken soll das Unternehmen selbst tragen?

Um erfolgreich zu sein, muss ein Unternehmen bestrebt sein, Erfolgspotenziale aufzubauen. Dabei ist es unvermeidlich, dass gewisse Risiken eingegangen werden. Beispielsweise muss ein Unternehmen, dessen Kernkompetenzen aus bestimmten technologischen Fähigkeiten bestehen, Risiken bezüglich Forschungs- und Entwicklungsausgaben eingehen. Diese Risiken, die in unmittelbarem Zusammenhang mit dem Aufbau bzw. der Nutzung von Erfolgspotenzialen stehen und nicht auf andere übertragen werden können, werden als „Kernrisiken" bezeichnet. Bei allen anderen Risiken sollte dagegen geprüft werden, ob diese nicht zu akzeptablen Kosten auf andere Wirtschaftssubjekte übertragen werden können („Risikotransfer"). Neben dem Risikotransfer durch eine Versicherung kann auch der Einsatz von Derivaten auf Währungen, Zinsen oder Rohstoffpreise zum Risikotransfer genutzt werden. Entscheidungsrelevant für den Transfer derartiger Risiken sind die „Risikokosten" der verschiedenen Handlungsalternativen, die die Kosten der Risikobewältigung (z. B. Versicherungsprämie) ebenso umfassen wie den Umfang der selbstzutragenden Schäden und die Eigenkapitalkosten (Gleißner, 2002 a, oder vgl. dazu Abschnitt 5.3). Ein

---

[81] In Anlehnung an Gleißner, 2000.

konsequenter Transfer solcher „peripherer Risiken" bietet den Vorteil, dass mehr Risiken beim Aufbau von Erfolgspotenzialen eingegangen werden können, ohne das Risikodeckungspotenzial des Unternehmens zu überfordern und damit das Rating unangemessen zu gefährden.

3. Welche Eigenkapital- und Liquiditätsausstattung ist als „Risiko-deckungspotenzial" nötig?

Die erforderliche Eigenkapitalausstattung eines Unternehmens ist vom Risikoumfang abhängig. Das Eigenkapital (und die Liquiditätsreserve) ist letztlich das Risikodeckungspotenzial eines Unternehmens, das die (aggregierten) Auswirkungen aller Risiken zu tragen hat. Für eine fundierte Beantwortung der Frage nach der angemessenen Eigenkapitalausstattung ist eine weitgehende Risikoanalyse unumgänglich, die neben Markt- und Leistungsrisiken auch die Kostenstruktur betrachtet und alle Risiken aggregiert (vgl. Kapitel 4.3). Da Eigenkapital knapper und teurer als Fremdkapital ist, sollte auch eine unnötig hohe Ausstattung des Unternehmens mit Eigenkapital vermieden werden.

Zu beachten ist, dass das Verhältnis des aggregierten Risikoumfangs zum Risikodeckungspotenzial die Wahrscheinlichkeit von Überschuldung und Illiquidität bestimmt und somit das Rating eines Unternehmens maßgeblich beeinflusst. Eine gemessen an der erwarteten Ertragskraft und den Risiken ausreichende Eigenkapitalausstattung ist somit notwendig, um einem Unternehmen den notwendigen Finanzierungsspielraum zu akzeptablen Konditionen zu erhalten (vgl. Kapitel 7).

4. Welcher risikoadjustierte Erfolgsmaßstab ist Zielgröße der Unternehmenssteuerung?

Damit eine Risikobewältigungsmaßnahme oder eine Investition einen positiven Beitrag zum Unternehmenswert leistet, ist es erforderlich, dass seine erwartete Rendite über dem risikoabhängigen Kapitalkostensatz liegt (siehe dazu vertiefend Kapitel 7). Für die Unternehmenssteuerung müssen geeignete Erfolgsgrößen (Performancemaße) definiert werden, mittels derer Ertrag und Risiko gegeneinander abgewogen werden können.[82] Zu den Erfolgsmaßstäben gehören Unternehmenswert (Kapitalwert), Wertbeitrag und RORAC[83] oder auch das Sharpe-Ratio.

Im Rahmen des strategischen Risikomanagements werden die Unternehmensstrategie und die diese tragenden Erfolgspotenziale kritisch unter Beachtung der Risiken analysiert. Notwendige Voraussetzung hierfür ist es zunächst die Strategie zu präzisieren, also insbesondere

---

[82] Siehe Sarin/Weber, 1993, sowie Romeike, 2004b.

[83] RORAC: Return on Risk Adjusted Capital. Das Verhältnis von Ertrag (abzüglich risikoloser Verzinsung) zu Eigenkapitalbedarf bzw. Risikokapital (als Risikomaß).

die Kernkompetenzen, die Geschäftsfelder und Wettbewerbsvorteile sowie die grundlegende Gestaltung der Wertschöpfungskette des Unternehmens klar zu beschreiben.[84] Im Kontext der Beschreibungen der Strategie werden dabei insbesondere die wesentlichen Erfolgspotenziale des Unternehmens, also die Kernkompetenzen, die internen Stärken und die für den Kunden wahrnehmbaren Wettbewerbsvorteile, zu nennen sein (vgl. Abschnitt 3.3). Bedrohungen dieser Erfolgspotenziale sind – wie oben erläutert – neben grundlegenden Veränderungen des Umfelds (z. B. technologischen Umbrüchen) als wesentliche strategische Risiken einzuschätzen, die auch bei der Weiterentwicklung der Strategie selbst (und der Beurteilung strategischer Handlungsalternativen) zu berücksichtigen sind (vgl. vertiefend Abschnitt 3.3.1).

Der sogenannte „Ressource Based View" des strategischen Managements betont, dass die Verfügbarkeit wesentlicher Ressourcen (Erfolgspotenziale, speziell Kernkompetenzen) für den Unternehmenserfolg von besonderer Bedeutung sind. Die industrieökonomische Richtung des strategischen Managements verweist dagegen insbesondere auf die Bedeutung bestimmter Marktcharakteristika, wie Nachfragewachstum und Differenzierungsmöglichkeiten, als maßgebliche Determinanten des Unternehmenserfolgs.[85]

Bei der Entwicklung einer Strategie ist es insbesondere notwendig, sich von der Illusion einer vollständigen Determiniertheit oder Vorhersehbarkeit der Zukunft zu verabschieden und den unvermeidlichen Unsicherheiten durch eine gezielte Risikoanalyse – als Ergänzung der traditionellen Planung – zu begegnen. Denn nicht nur durch eine Steigerung der Gewinne, sondern ebenso durch eine Reduzierung der Risiken kann man den Erfolg eines Unternehmens steigern.[86]

Das Ziel sollte daher ein „Robustes Unternehmen"[87] sein, das so flexibel und beweglich ist, sich auch an unvorhergesehene Entwicklungen anpassen zu können. Seine (messbaren) Risiken durch unsichere Marktentwicklungen sind beispielsweise so abzustimmen, dass sie vom „Sicherheitspuffer" Eigenkapital (Risikodeckungspotential) getragen werden können. Ein „Robustes Unternehmen" konzentriert sich auf Kernkompetenzen, die langfristig wertvoll und vielfältig nutzbar sind. Es baut auf dieser Grundlage – orientiert an den Kundenwünschen – Wettbewerbsvorteile auf, die zu einer Differenzierung von Wettbe-

---

[84] Siehe hierzu Gleißner, 2004c, sowie vertiefend Abschnitt 3.3.1 .

[85] Siehe hierzu beispielhaft den Porter-Ansatz der fünf Wettbewerbskräfte, Porter, 1999 sowie weiterführend Eschenbach/Kunesch, 1996.

[86] Gemäß den Vorstellungen der Kapitalmarkttheorie – z. B. des Capital-Asset-Pricing-Modells (CAPM) – sind in vollkommenen Märkten bei Vernachlässigung von Konkurskosten nur die „systematischen Risiken", also solche die unternehmensübergreifend und nicht durch Diversifikation zu eliminieren sind, bewertungsrelevant.

[87] Vgl. zu diesem strategischen Konzept Gleißner, 2000a und 2004c.

werbern und zur langfristigen Bindung von Kunden beitragen. Unattraktive Tätigkeitsfelder oder Kundengruppen werden konsequent gemieden. Infolge intensiven Wettbewerbs und sinkender Transaktionskosten ist die Wertschöpfungskette dahingehend optimiert, dass nur Aktivitäten im Unternehmen erbracht werden, die nicht besser zugekauft werden können, und durch die das Unternehmen nicht zu sehr in Abhängigkeit gerät. Das Unternehmen gestaltet seine Arbeitsabläufe möglichst unkompliziert unter gleichzeitiger Berücksichtigung von Kosten-, Risiko-, Geschwindigkeits- und Qualitätsaspekten. Es werden, soweit möglich, Bedingungen für selbstorganisierende Strukturen geschaffen, die den Mitarbeitern Chancen und Anreize für eigenverantwortliches Handeln bieten.

Bei der Entwicklung einer Strategie für ein „Robustes Unternehmen" ist immer zu bedenken, dass auch mit den besten Prognoseverfahren und den leistungsfähigsten Risikoquantifizierungsmethoden es niemals möglich ist, sämtliche Unwägbarkeiten der Zukunft einzuschätzen. Auch aus den Daten der Vergangenheit kann nicht zwingend auf den tatsächlichen Risikoumfang geschlossen werden, da ein mögliches Extremereignis bisher im betrachteten historischen Zeitraum einfach noch nicht eingetreten sein könnte, was zu einer Unterschätzung des Risikoumfangs (und einer Überschätzung der erwarteten Ergebnisse) führt.[88] In Anbetracht derartiger Unwägbarkeiten ist neben einer quantitativen Einschätzung des Risikoumfangs und einer adäquaten Ausgestaltung der Risikotragfähigkeit und der Flexibilität des Unternehmens eine weitere Handlungsmaxime zu beachten: Durch eine breite Diversifikation und eine Verlust- bzw. Haftungsbeschränkung bezüglich der einzelnen Aktivitäten im Rahmen eines diversifizierten Portfolios sollte sichergestellt werden, dass auch durch unerwartete negative Extremereignisse, die ein spezifisches Engagement (ein Geschäftsfeld oder ein Unternehmen) komplett eliminieren, nicht der Gesamtwohlstand der Eigentümer gefährdet ist. Je fokussierter das Vermögen der Eigentümer (z. B. eines mittelständischen Unternehmers) ist, desto ausgeprägter sollten daher Regelungen zur Haftungsbegrenzung, Verlustbegrenzung und eine ausgeprägte Diversifikation im Unternehmen sein.

Das „Robuste Unternehmen" beschreibt kein Idealbild oder gar eine Patentlösung, sondern ein Leitbild, d. h. es zeigt zusammenfassend die verschiedenen Ansatzpunkte, die sich aus der Erfolgsfaktorenforschung und der Konzeption eines wertorientierten Managements durch die Berücksichtigung der „Planungssicherheit" für eine wirksame Verbesserung von Unternehmen ableiten lassen. Dabei wird eine einseitige Betonung einzelner Ansatzpunkte der Umgestaltung von

---

[88] Siehe Taleb, 1997 und Taleb/Pilpel, 2004.

Unternehmen weitgehend vermieden. Einzig die Risikobetrachtung, die langfristige, strategische Planungen überhaupt erst sinnvoll macht, erfährt eine besondere Betonung.

Zusammengefasst bedeutet Zukunftssicherung für Unternehmen zu einem erheblichen Teil die Entwicklung und Umsetzung einer geeigneten risikobewussten Unternehmensstrategie. Jede Strategie, die auf eine langfristige Steigerung des Unternehmenswertes ausgerichtet ist, muss sich mit dem Aufbau nachhaltig wirksamer Erfolgspotenziale befassen. Die Unternehmer sollten dabei bedenken, dass ohne nachhaltige Differenzierung über Preis, Produkt, Service oder Marke sowie Wachstum eine überdurchschnittliche Wertsteigerung des Unternehmens kaum möglich ist. Jede nachhaltige Differenzierung muss dabei auf verteidigungsfähige Kernkompetenzen abgestützt sein. Die strategische Risikoanalyse hat zu beurteilen, ob die vorhandenen Kernkompetenzen zur langfristigen Erfolgssicherung ausreichen und welchen Bedrohungen diese Kernkompetenzen ausgesetzt sind. Die Einleitung geeigneter Maßnahmen zur Kompetenzentwicklung und der Kompetenzabsicherung sowie zur Flexibilisierung im Sinne einer strategischen Risikobewältigung hat entscheidende Bedeutung bei der Verminderung bestandsgefährdender Risiken.

Nach der grundlegenden Betrachtung des Risikomanagements aus Perspektive der Unternehmensstrategie und der Entscheidungstheorie werden in den folgenden Kapiteln die wesentlichen operativen Aufgaben des Risikomanagements näher betrachtet. Dabei wird im folgenden Kapitel 3 zunächst eingegangen auf die Verfahren zur Identifikation von Risiken sowie auf die Risikoquantifizierung, also die quantitative Beschreibung von Risiken durch geeignete Wahrscheinlichkeitsverteilungen und die Ableitung von Risikomaßen. In diesem Zusammenhang werden wichtige Grundlagen der statistischen Datenanalysen sowie Risikoinventar und Risk Portfolios vorgestellt. Ausgehend von der Analyse von Einzelrisiken (gemäß Kapitel 3) wird im anschließenden 4. Kapitel aufgezeigt, wie der Gesamtrisikoumfang eines Unternehmens (und damit die Planungssicherheit) beurteilt werden kann. Dazu werden verschiedene Verfahren der Risikoaggregation, insbesondere die Risikosimulation (Monte-Carlo-Simulation), erläutert, die zu einer Verbindung von Unternehmensplanung und Risikomanagement beitragen.

3. Risikoanalyse

3.1 Einleitung

„Die Risikoanalyse beinhaltet eine Beurteilung der Tragweite der erkannten Risiken in Bezug auf Eintrittswahrscheinlichkeit und quantitative Auswirkungen. Hierzu gehört auch die Einschätzung, ob Einzelrisiken, die isoliert betrachtet von nachrangiger Bedeutung sind, sich in ihrem Zusammenwirken oder durch Kumulation im Zeitablauf zu einem bestandsgefährdenden Risiko aggregieren können."[89]

Bei der Risikoanalyse werden alle auf das Unternehmen einwirkenden Einzelrisiken systematisch identifiziert und anschließend hinsichtlich ihrer Eintrittswahrscheinlichkeit und quantitativen Auswirkungen bewertet.[90] Es sind grundsätzlich alle Risikofelder zu betrachten:

- strategische Risiken, z. B. die akute Gefährdung wichtiger Wettbewerbsvorteile,
- Marktrisiken, z. B. konjunkturelle Absatzmengenschwankungen,
- Finanzmarktrisiken, z. B. Zins- und Währungsveränderungen,
- rechtliche und politische Risiken, z. B. Änderungen der Steuergesetze,
- Risiken aus Corporate Governance, z. B. unklare Aufgaben- und Kompetenzregelungen, sowie
- Leistungsrisiken der primären Wertschöpfungskette und der Unterstützungsfunktionen, d. h. operative und prozessuale Risiken entlang der Wertschöpfungskette, vom Zulieferer bis zum Endkunden, wie beispielsweise Maschinenschäden oder Ausfall der IT.

Eine fundierte Risikoanalyse geht durch den Einsatz systematischer und fokussierter Analysemethoden in den einzelnen Risikofeldern über das Sammeln bekannter Risiken hinaus und sichert so die vorhandenen Risikobetrachtungen im Unternehmen ab.

---

[89] Institut der Wirtschaftsprüfer (IDW) Prüfungsstandard 340, S. 3.

[90] Zu erwähnen ist hier ergänzend, dass im Bereich des technischen Risikomanagements, speziell also bei Ingenieuren und Technikern, hier teilweise eine etwas andere Begriffsbelegung verwendet wird. Mit dem Begriff der „Risikoanalyse" wird hier lediglich die quantitative Beschreibung eines Risikos sowie das Aufzeigen der Risikoursachen sowie der Wirkungsbeziehung verstanden. Dagegen wird als „Risikobewertung" die Beurteilung eines Risikos speziell unter Bezugnahme auf die unternehmensspezifische Risikoakzeptanz (die Limite) bezeichnet.

Dieses dritte Kapitel zur Risikoanalyse ist nun wie folgt gegliedert:
In Abschnitt 3.2 werden die wichtigsten Methoden zur Identifikation
von Risiken vorgestellt. Ein Schwerpunkt wird dabei auf die Identifikation von Strategischen Risiken gesetzt, also insbesondere der Bedrohung zentraler Erfolgspotenziale des Unternehmens. In diesem
Zusammenhang wird auch aufgezeigt, dass es bei Kenntnis bestimmter Charakteristika des Unternehmens oder seines Umfelds möglich
ist, hoch effizient diejenigen Risiken abzuleiten, die hier mit über-
durchschnittlicher Wahrscheinlichkeit anzutreffen sind. Aufbauend
auf der Identifikation von Risiken sind diese zu quantifizieren, also
zu bewerten. In Abschnitt 3.3 wird dabei zunächst erläutert, wie ein
Risiko quantitativ zu beschreiben ist, also durch eine Wahrscheinlichkeitsverteilung modelliert wird. Dabei wird neben der noch immer
dominierenden Beschreibung mittels Eintrittswahrscheinlichkeit und
Schadenshöhe (Binomialverteilung) auch auf andere Verteilungen eingegangen, die in der Praxis zunehmend höhere Bedeutung gewinnen.
Zu erwähnen sind hier insbesondere die Normalverteilung und die
Dreiecksverteilung, die eine vergleichsweise einfache Beschreibung
von Risiken durch einen Mindestwert, einen wahrscheinlichsten Wert
und einen Maximalwert zulassen und sich dabei an die Szenariotechnik anlehnen. Um Risiken zu vergleichen, zu priorisieren und den
Gesamtrisikoumfang eines Unternehmens einfach zu beschreiben,
werden Risikomaße verwendet. Diese erfassen das Risiko durch eine
(positive reelle) Zahl. Ebenfalls in Abschnitt 3.3 werden die wichtigsten Risikomaße wie Standardabweichung, Value-at-Risk und Eigenkapitalbedarf vorgestellt. Die Zusammenfassung der bewerteten Risiken
geschieht durch Risikoinventare oder Risikoportfolios. Diese Instrumente werden im letzten Teil dieses Kapitels – vor einem abschließenden Fallbeispiel – vorgestellt.

3.2 Risikoidentifikation

Die erste Phase des Risikomanagements ist eine systematische, strukturierte und auf die wesentlichen Aspekte fokussierte Identifikation
der Risiken. Für die Identifikation der Risiken können Arbeitsprozess-
analysen, formalisierte Gefährdungsanalysen, Systemanalysen, Workshops, Benchmarks oder Checklisten genutzt werden.[91] In der Praxis
haben sich insbesondere folgende Methoden für die Identifikation von
Risiken als nützlich herausgestellt,[92] die im Folgenden erläutert werden:

---

[91] Für einen Überblick siehe Vanini, 2005.
[92] Vgl. ergänzend auch Romeike, 2005.

- Analyse der strategischen Planung (Abschnitt 3.2.1)
- Annahmenanalyse bei Controlling, operativer Planung und Budgetierung (Abschnitt 3.2.2)
- Risiko-Checklisten, ggf. in Kombination mit Prozesskostenanalysen
- Risikoworkshops (Abschnitt 3.2.3)
- Experten- und Mitarbeiterbefragungen (auch Delphi-Panels)
- What-If-Analysen
- Human-Error-Analysen
- Sicherheitsüberprüfungen (wie beim TÜV)
- FME-Analysen (Abschnitt 3.2.4)[93]
- Fehlerbaumanalysen (Abschnitt 3.2.5)
- Ursachenbaumanalysen („Root-Cause-Analysen")
- Besichtigungen
- Benchmarking-Analysen
- Brainstorming
- Mitarbeiter- und Entscheidungsträger-Motivationsanalysen
- Korrelations- und Zeitreihenanalysen, Trendanalysen, Regressionsanalysen
- „Hazard and Operability"-Studien (HAZOP)[94]
- Failure-Mode-Effect-Criticality-Analysen.[95]

Da eine detaillierte Darstellung aller hier erwähnten Instrumente das Themenfeld dieses Buches überschreiten würde, sei hier auf die weiterführende Fachliteratur verwiesen (Kross, 2007 sowie einige der dort genannten weiterführenden Literatur).

3.2.1 Analyse der strategischen Planung

Im Kontext der strategischen Unternehmensplanung muss sich ein Unternehmen über seine maßgeblichen Erfolgspotenziale (Kernkompetenzen, interne Stärken und für den Kunden wahrnehmbare Wettbewerbsvorteile) Klarheit verschaffen, um diese gezielt auszubauen und so die Zukunft des Unternehmens sichern zu können. Die wichtigen „Strategischen Risiken" lassen sich – wie erwähnt – identifizieren, indem die für das Unternehmen bzw. seine Ziele wichtigsten Erfolgspotenziale systematisch dahingehend untersucht werden, welchen Bedrohungen diese ausgesetzt sind. Ist beispielsweise die Forschungs- und Entwicklungskompetenz ein zentrales Erfolgspotential, so wäre der Verlust der Schlüsselpersonen in diesem Bereich als strategisches Risiko zu betrachten (vgl. auch die Ausführungen zum strategischen Risikomanagement sowie Abschnitt 3.3.1).

---

[93] Fehler-Möglichkeits-Einfluss-Analysen.
[94] Quelle: Kross, 2007.
[95] Quelle: Kross, 2007.

3.2.2 Annahmenanalyse bei Controlling, operativer Planung und Budgetierung

Im Rahmen von Controlling, Unternehmensplanung oder Budgetierung werden bestimmte Annahmen getroffen (z. B. bezüglich Konjunktur, Rohstoffpreise, Wechselkurse und Erfolgen bei Vertriebsaktivitäten).[96] Alle wesentlichen Annahmen der Planung sollten systematisch fixiert werden, um Planungstransparenz zu erzielen.[97] Alle unsicheren Planannahmen zeigen ein Risiko, weil hier Planabweichungen auftreten können. Ohne Planvorgabe (d. h. ohne ein klares Ziel) ist eine Planabweichung – logischerweise – nicht möglich.

Jede fundierte Planung sollte Transparenz über die zugrunde liegenden Annahmen und Überlegungen schaffen. So ist beispielsweise bei der Umsatzplanung natürlich zu berücksichtigen, welche Preise das Unternehmen selber setzt, welche Annahmen über die Preissetzung der Wettbewerber getroffen werden, welche Gesamtnachfrage (Konjunktur) unterstellt wird und wie sich dies auf den Umsatz auswirkt. Beim Umrechnen in Fremdwährungen müssen zudem Annahmen über die relevanten Wechselkurse getroffen werden. Manche der hier angesprochenen Annahmen (z. B. die eigenen Preise) können (wenn sie z. B. über den Planungszeitraum fixiert werden) als risikolos angesehen werden. Viele Planannahmen (etwa über die Konjunktur oder die Wechselkurse) sind vorab nicht sicher. Sie stellen risikobehaftete Annahmen dar. Immer, wenn im Controlling- oder Planungsprozess eine risikobehaftete Planannahme auftaucht, ist ein Risiko identifiziert worden. Controlling und Unternehmensplanung können damit wesentliche Teilaufgaben des Risikomanagements alleine schon dadurch abdecken, dass sie sämtliche risikobehafteten Planannahmen (z. B. bei der Budgetierung) strukturiert zusammenfassen (z. B. in einem Risikoinventar).

Eines der wesentlichen Instrumente des Controllings sind die Abweichungsanalysen, bei denen die Ursachen für eingetretene Planabweichungen untersucht werden, um geeignete gegensteuernde Maßnahmen zu initiieren. Basis für den Aufbau von Abweichungsanalysen ist ein so genannter Benchmarkwert, mit dem die tatsächliche Ausprägung („Ist") eines zu analysierenden Sachverhalts verglichen wird. Die Abweichungsanalyse soll insbesondere die Ursachen für Abweichungen zwischen den geplanten und den tatsächlichen Kosten bzw. Erlösen feststellen.

---

[96] Vgl. vertiefend Gleißner/Romeike, 2005, S. 114 ff.

[97] Auch das interne Transfer Pricing, also die Allokation und gegenseitige Verrechnung von Leistungen und Kosten, ist eine wichtige Annahme mit erheblichen Auswirkungen auf die Risikoanalyse.

Mit der Durchführung von Abweichungsanalysen, also speziell Ist-Plan-Vergleichen, können wiederum wesentliche Risikomanagementaufgaben mit abgedeckt werden. Wird beispielsweise eine eingetretene Planabweichung beim Umsatz komplett durch eine falsche Einschätzung der risikobehafteten Planannahmen erklärt (vgl. oben), so wird diese Planabweichung damit auf Grundlage des Wirksamwerdens bereits bekannter Risiken zu interpretieren sein. Daraus entstehen höchstens neue Informationen für die Quantifizierung dieses Risikos. Können jedoch Planabweichungen nicht vollständig unter Bezugnahme auf die bisher erkannten risikobehafteten Planannahmen erklärt werden, so gilt es, diejenigen – bisher in der Planung nicht berücksichtigten – Einflussfaktoren zu finden, die für die eingetretene Planabweichung tatsächlich maßgeblich waren. Offensichtlich gab es hier einen (risikobehafteten) Einflussfaktor, der im Rahmen des Planungsprozesses und bei der Risikobeurteilung (risikobehaftete Annahmen) nicht berücksichtigt war. Eine derartige Größe stellt ein neu identifiziertes Risiko dar, das in das Risikoinventar einzustellen ist (vgl. vertiefend Abschnitt 4.4).

3.2.3 Risikoworkshops (Risk Assessments) zu Leistungsrisiken

Bestimmte Arten von Risiken lassen sich am besten im Rahmen eines Workshops durch strukturierte Diskussionen erfassen. Hierzu gehören insbesondere die Risiken aus den Leistungserstellungsprozessen (operative Risiken), rechtliche und politische Risiken sowie Risiken aus Unterstützungsprozessen (z. B. IT). Bei operativen Risiken der Wertschöpfungsketten bietet es sich beispielsweise an, diese Arbeitsprozesse zunächst (einschließlich der wesentlichen Schnittstellen) zu beschreiben und anschließend Schritt für Schritt zu überprüfen, durch welche Risiken eine Abweichung des tatsächlichen Prozessablaufes vom geplanten Prozessablauf eintreten kann, die Auswirkungen auf die Unternehmensziele (das Ergebnis) hat. Gerade hier können viele Arbeiten und Instrumente (z. B. FMEA) des Qualitätsmanagements genutzt werden, weil erhebliche Teile davon auch als Management technischer Risiken interpretiert werden können, so dass hier Synergien genutzt werden können.

Im Folgenden wird das Vorgehen für die Identifikation von Leistungsrisiken durch Risikoworkshops noch etwas genauer erläutert.

(1) Organisation und Vorbereitung der Workshops

Zunächst werden die Abteilungen, Funktionen oder Prozesse sowie die zu betrachtenden Risikofelder festgelegt, die in die Risikoanalyse einzubeziehen sind. In der Regel sind dies die Kernprozesse des Unternehmens (die unmittelbar an der Wertschöpfung beteiligt sind), die wichtigsten Unterstützungsprozesse (z. B. IT, Personal, Recht, Einkauf/Beschaffung, Finanzen/Rechnungswesen) sowie die sonstigen Bereiche, aus denen bedeutende Risiken erwartet werden, was die Betrachtung der gesamten Wertschöpfungskette vom Zulieferer bis zum Endkunden implizieren kann. Danach werden die Workshop-Teams zusammengesetzt. Für einen Workshop sind ein bis zwei Arbeitstage einzuplanen, wobei die Anzahl der Workshops zu operativen Risiken von der Größe des Unternehmens und dem Umfang der Funktionen, Abteilungen und Wertschöpfungsprozesse abhängt. Als Anhaltspunkt gilt, dass es in jedem Fall einen Workshop für die wichtigsten Wertschöpfungsprozesse und einen Workshop für die Unterstützungsprozesse geben sollte. Sofern es darüber hinaus einzelne Bereiche oder Prozesse gibt, aus denen wesentliche Risiken vermutet werden (z. B. Finanzen, Forschung und Entwicklung oder Kalkulation), können weitere „Spezial-Workshops" das Vorgehen abrunden. In der Regel ist zumindest noch ein Workshop zu den finanziellen Risiken sinnvoll.

(2) Auftaktveranstaltung („Kick-Off") als Vorbereitung aller Workshops

Nach Auswahl der Beobachtungsbereiche (Abteilungen, Funktionen, Prozesse, etc. …) und Zusammensetzung der Workshop-Teams sind die in das Risikoanalyseprojekt eingebundenen Mitarbeiter in einer gemeinsamen Auftaktveranstaltung mit Informationen über das Projekt zu versorgen. Empfehlenswert ist es, schon bei der Einladung zum Auftakt ausreichend Informationen über das Risikomanagementprojekt zu geben (Intention, geplantes Vorgehen, Ziele, Projektaufbau und -leitung), damit sich die Teilnehmer für die Veranstaltung vorbereiten können.

Wichtig ist, dass schon in dieser Auftaktveranstaltung verdeutlicht wird, dass Risikomanagement einen ökonomischen Nutzen für das Unternehmen – und alle Mitarbeiter – erbringt und nicht nur eine gesetzliche „Pflichtübung" darstellt. Eines der häufigsten Probleme (wie bei anderen Projekten auch) ist, dass die Mitarbeiter, die für das Projekt und den Projekterfolg tätig werden sollen, nicht oder unzureichend mit Vorabinformationen versorgt werden und in die Workshops gehen, ohne zu wissen, was auf sie zukommt. In solchen Situationen muss dann in den eigentlichen Arbeitsterminen erst einmal Überzeugungsarbeit für das Projekt geleistet werden, was zu Lasten der verfügbaren Zeit und den erwarteten Ergebnissen gehen kann.

(3) Einstieg in den Workshop

Nach diesem Auftakt können die einzelnen Workshops zur Risikoanalyse durchgeführt werden. Trotz der Informationen aus der Auftaktveranstaltung empfiehlt es sich, zu Beginn des eigentlichen Risikoanalyseworkshops nochmals kurz auf die Intention des Projekts, den Inhalt des durchzuführenden Workshops, dessen geplanten Ablauf sowie die erwarteten Ergebnisse einzugehen. Die dafür aufzuwendenden vielleicht 30 Minuten sind in jedem Fall gut investiert. Nach der allgemeinen Einführung in das Projekt werden im zweiten Schritt die Grundlagen des Risikomanagements erläutert und die anzuwendenden Begriffe definiert (Was heißt „Risiko"?, Wie sind Risiken zu bewerten? usw.).

(4) Risikoidentifikation im Workshop

Mögliche Basis für die dann folgende Identifikation der operativen Risiken ist die Struktur der Risikofelder, die in Vorbereitung auf das Projekt zwischen der Unternehmens- und Projektleitung festgelegt wurde. Sie dient als eine abgespeckte „Checkliste" für die Beantwortung der Frage, aus welchen dieser Beobachtungsbereichen Risiken resultieren können (vgl. 3.2 und Abbildung 8).

Die eigentlichen Risiken sind in dieser Art „Checkliste" nicht aufgeführt. Die Verwendung komplexer vorgefertigter Risikochecklisten ist – zumindest alleine – nicht zielführend. Tendenziell neigen Menschen dazu, sich aus dem, was angeboten wird (z. B. den Risiken in einer Checkliste), zu bedienen, ohne darüber hinaus genügend weitere Überlegungen anzustellen. Aber auch ein unstrukturiertes Brainstorming an dieser Stelle sollte vermieden werden. Die Gefahr dieser Methode liegt darin, dass voraussichtlich nur die Faktoren identifiziert werden, die den Mitarbeitern schon bekannt oder gerade aktuell sind.

Nachfolgend ist die Risikofeldermatrix der RMCE RiskCon GmbH abgebildet:

Strategische Risiken	Marktrisiken	Finanzmarktrisiken	Risiken aus Compliance & Corporate Governance	Supply Chain Risiken/ Leistungsrisiken	Außerordentliche und spezielle operationelle Risiken
1 Geschäftsfelderstruktur und Portfoliorisiken	1 Markttrends	1 Zinsrisiken	1 Rechnungslegung: Vollständigkeit und Einhaltung von Standards	1 Akquisition und Vertriebsprozesse	1 Kalkulationsrisiken bei Projekten und langen Vertragslaufzeiten
2 unsichere Prämissen und Konsistenz der Strategie	2 Struktur der Wettbewerbskräfte	2 Währungsrisiken	2 Internes Kontrollsystem und Umsetzung von Legal Compliance	2 Angebote, Kalkulation, Preissetzung	2 Ausfall zentraler Produktionskomponenten
3 Bedrohung kritischer Erfolgsfaktoren und strategischer Ziele	3 Substitutionsrisiken (z.B. neue Produkte)	3 Wertschwankungen bei Wertpapieren (UV)	3 Unternehmenskultur und Risikokommunikation	3 Einkaufs- und Eingangslogistik, Lieferantenwahl	3 Schwankungen der Sonstigen Kosten
4 Finanzstruktur (insbes. Eigenkapitalquote und Kostenstruktur)	4 Abhängigkeit von einzelnen Kunden	4 Risiken aus Einsatz von Derivaten	4 Investor Relationship und Public Relationship	4 Auftragsplanung	4 Schwankung der Personalkosten
5 M&A-Risiken/ Beteiligungswerte	5 Abhängigkeit von Lieferanten	5 Forderungsausfälle	5 Entlohnungs- und Anreizsysteme	5 Service und Lieferfähigkeit	5 Ausfall Schlüsselpersonen
6 Megatrends und Trendrisiken: Chancen und Gefahren	6 Bedrohung von Marktposition und Wettbewerbsvorteilen	6 Wertschwankungen von Beteiligungen, Impairmentrisiko	6 Zielkongruenz ökonomischer Entscheidungsregeln	6 Ausgangslogistik	6 Sachanlageschäden (z.B. durch Feuer)
	7 Markteintritt neuer Wettbewerber	7 Immobilien und sonstige Asset-Klassen	7 Führungsstil, Betriebsklima und Motivation	7 Abrechnung/ Faktura	7 Markenrisiken/ Imagerisiken
	8 Absatzmengenschwankungen	8 Finanzielle Stabilität, Rating und Liquidität (Kreditlinie, Covenants)	8 Rechtliches und politisches Umfeld	8 Lieferantenausfall	8 Werkschutz, exogene kriminelle Aktivitäten, Sicherheitsorganisation
	9 Absatzpreisschwankungen		9 sonstige organisatorische Risiken (Strukturen, Prozesse)	9 spezielle Projektrisiken	9 Planungs-, Prognose- und Frühwarnsysteme
	10 Beschaffungsmarktrisiken (Materialkosten, Rohstoffpreise)		10 Konventionalstrafen, Bürgschaften oder andere Vertragsrisiken		10 F&E-Prozess und technologische Risiken
					11 Datensicherheit
					12 IT-Verfügbarkeit
					13 Arbeitssicherheit
					14 Umweltrisiken
					15 Vorteilsnahme, Untreue, Fraud und Betrug
					16 Allgemeine Haftpflicht
					17 Produkthaftung
					18 Managementrisiken/ Entscheidungsrisiken

Abbildung 8: Risikofeldermatrix

Der DRS 5 schlägt dagegen beispielsweise die folgende Risikokategorisierung vor:

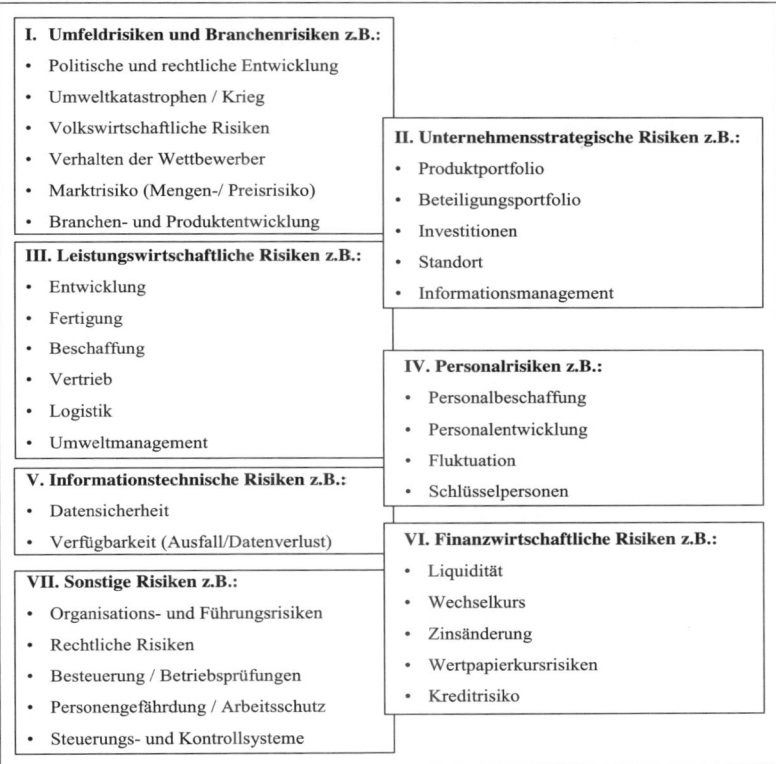

I. Umfeldrisiken und Branchenrisiken z.B.:
- Politische und rechtliche Entwicklung
- Umweltkatastrophen / Krieg
- Volkswirtschaftliche Risiken
- Verhalten der Wettbewerber
- Marktrisiko (Mengen-/ Preisrisiko)
- Branchen- und Produktentwicklung

III. Leistungswirtschaftliche Risiken z.B.:
- Entwicklung
- Fertigung
- Beschaffung
- Vertrieb
- Logistik
- Umweltmanagement

V. Informationstechnische Risiken z.B.:
- Datensicherheit
- Verfügbarkeit (Ausfall/Datenverlust)

VII. Sonstige Risiken z.B.:
- Organisations- und Führungsrisiken
- Rechtliche Risiken
- Besteuerung / Betriebsprüfungen
- Personengefährdung / Arbeitsschutz
- Steuerungs- und Kontrollsysteme

II. Unternehmensstrategische Risiken z.B.:
- Produktportfolio
- Beteiligungsportfolio
- Investitionen
- Standort
- Informationsmanagement

IV. Personalrisiken z.B.:
- Personalbeschaffung
- Personalentwicklung
- Fluktuation
- Schlüsselpersonen

VI. Finanzwirtschaftliche Risiken z.B.:
- Liquidität
- Wechselkurs
- Zinsänderung
- Wertpapierkursrisiken
- Kreditrisiko

Abbildung 9: Beispielhafte Risikokategorisierung nach DRS 5[98]

Die Struktur der Risikofelder als Orientierungsraster erweitert in jedem Fall den Blickwinkel bei der Identifikation der Risiken auf alle potentiell relevanten internen Bereiche und die externe Umwelt des Unternehmens, so dass diese in den Workshops hinterfragt werden. Sie bildet auch das spätere Dokumentationsraster und gewährleistet, dass kein wichtiges Risikofeld unberücksichtigt geblieben ist. Wichtig sind natürlich auch Abhängigkeiten und Korrelationen zwischen den einzelnen Teilaspekten innerhalb der Risikofelder bzw. zwischen den Feldern.

Ergänzend zu der allgemeinen Struktur der Risikofelder ist es in jedem Workshop zu den Leistungsrisiken sinnvoll, die Wertschöpfungskette systematisch entlang den zunächst fixierten Prozessschritten und den dazwischenliegenden Schnittstellen bezüglich Risiken zu analysieren.

---

[98] Übernommen aus Stroeder, 2007, S. 211.

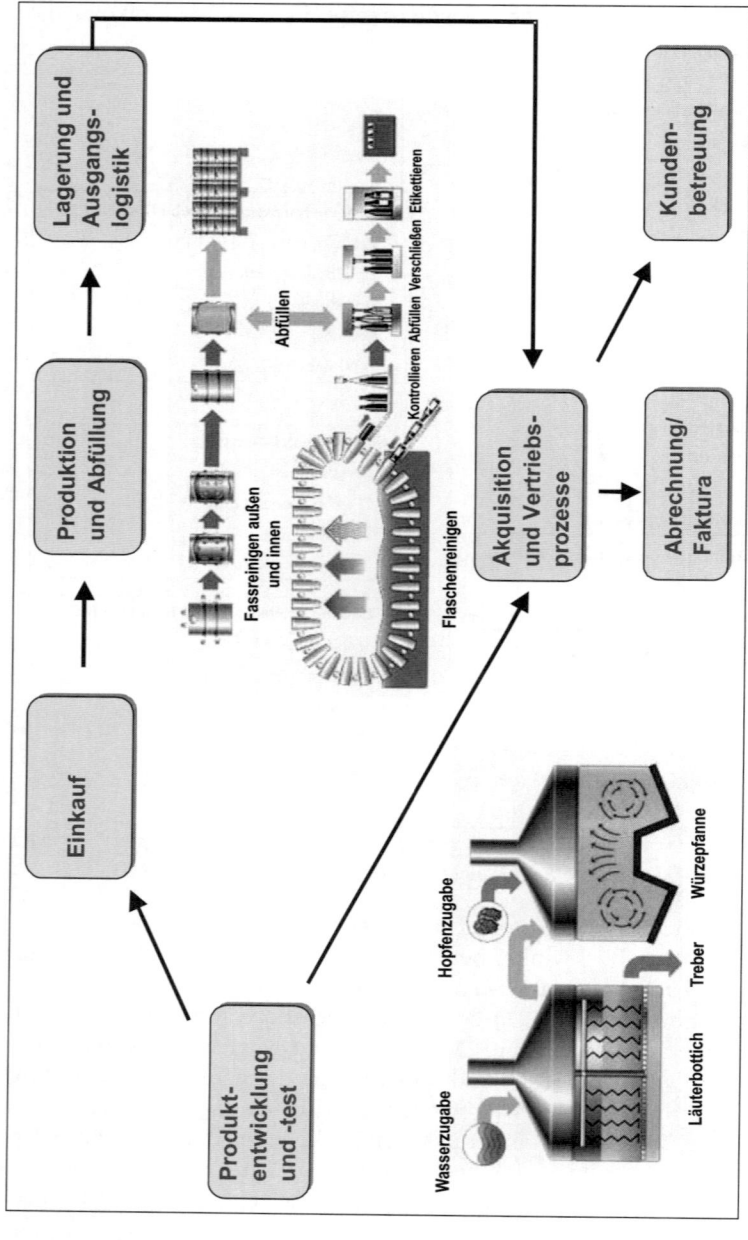

Abbildung 10: Prozessbeschreibung eines Workshops (aus einem Beratungsprojekt)

(5) Relevanzabschätzung der Risiken

Aus den so gesammelten, aber noch nicht weiter bearbeiteten Risiken, sind nun diejenigen zu selektieren, die aus Sicht der Teilnehmer und/ oder des Moderators für eine weitergehende Bearbeitung relevant sind.[99] Aus Gründen der Vollständigkeit sind bei der späteren Dokumentation des Workshops jedoch alle identifizierten Risiken aufzuführen. Zu Risiken, die nicht weiterbearbeitet werden, ist anzugeben, weshalb dies nicht erforderlich war, z. B.:

- Risiko X wurde identifiziert, die Auswirkungen aber als nicht erheblich eingestuft,
- Risiko X wurde in diesem Workshop identifiziert, ist aber inhaltlich einem anderen Bereich zuzuordnen und wird in dem zugehörigen Workshop weiterbearbeitet, oder
- Risiko X ist ein Teilaspekt des schon näher analysierten Risikos Y.

Nachdem die Risiken eines Risikofelds identifiziert wurden, findet noch in der Phase der Risikoidentifikation eine erste quantitative Abschätzung der Bedeutung der einzelnen Risiken statt (Relevanzeinschätzung). Dabei werden die Risiken miteinander verglichen und anhand einer einheitlichen Skala (Relevanzskala) bewertet, die beispielsweise Werte von „1" (unbedeutend) bis „5" (bestandsbedrohend) aufweisen kann (siehe Abbildung 17 für ein beispielhaftes Risikoinventar). Die Ersteinschätzung dient insbesondere dazu, diejenigen Risiken auszuwählen, für die sich der größere Aufwand einer exakteren Quantifizierung (Beschreibung durch eine adäquate Wahrscheinlichkeitsverteilung) lohnt (siehe Abschnitt 3.4). Auch wenn eine wirklich exakte quantitative Beurteilung im Rahmen eines Workshops kaum möglich ist, sollte auch schon bei dieser Ersteinschätzung eine möglichst fundierte Beurteilung vorgenommen werden. Dazu sollten die möglichen Auswirkungen des Risikos nachvollziehbar (!) abgeschätzt werden. In der Praxis hat es sich dabei bewährt, die Beurteilung der Relevanz zunächst einmal im Wesentlichen an diesen Risikowirkungen zu orientieren, also beispielsweise „Höchstschadenswerte" abzuschätzen und die Eintrittswahrscheinlichkeit nur im Sinne einer Nebenbedingung zu betrachten. So können beispielsweise vorab alle Risiken ausgeschlossen (bzw. mit einer reduzierten Relevanz bewertet) werden, deren Eintrittswahrscheinlichkeit im Rahmen des Workshops als unterhalb einer vorgegebenen kritischen Schwelle liegend eingeschätzt wird.[100]

---

[99] Die Einschätzung wird anhand der vermuteten Bedeutung für das Unternehmen oder den Unternehmensbereich vorgenommen.

[100] Ein möglicher Schwellenwert beträgt dabei in Anlehnung an die gewünschte Ratingstufe des Unternehmens z. B. 5 %, 1 % oder auch 0,1 %. Anstelle des kompletten Ausschlusses eines Risikos, dessen Eintrittswahrscheinlichkeit unter der vorgegebenen Wahrscheinlichkeitsschwelle liegt, kann für diese auch eine Reduzierung der Relevanz um 1 oder 2 Stufen vorgenommen werden.

Die Risikowirkung sollte dabei idealerweise auf die oberste ökonomische Zielgröße des Unternehmens oder eine mit ihr eng korrelierte Kennzahl, wie z. B. den Gewinn, bezogen werden.[101]

3.2.4 FMEA (Fehler-Möglichkeits- und Einflussanalyse)

Die FMEA[102] ist eine systematische, halbquantitative oder quantitative Risikoanalysemethode. Sie wurde in den 1960er Jahren für die Untersuchung von Schwachstellen oder Risiken bei Flugzeugen entwickelt. Heute empfehlen diverse Qualitätsstandards die FMEA. Die Kernidee der FMEA basiert auf dem frühzeitigen Erkennen und Verhindern von potenziellen Fehlern sowie ihren Auswirkungen. Sie bewertet Risiken bzgl. Auftreten, Bedeutung und der Möglichkeit, diese zu entdecken. Dabei können folgende Arten von FMEA unterschieden werden:

- System-FMEA mit Fokus auf die einzelnen Systemkomponenten und dem Beitrag zum Gesamtrisiko,
- Konstruktions-FMEA mit dem Schwerpunkt auf dem fehlerfreien Funktionieren der Produktkomponenten während der Produktentwicklungsphase sowie
- Prozess-FMEA mit Fokus auf den Herstellungsprozess.

Im ersten Schritt wird das Unternehmen als intaktes und störungsfreies System beschrieben und abgegrenzt. Zweiter Schritt ist die Zerlegung des Gesamtsystems in unterschiedliche Funktionsbereiche. Im dritten Schritt werden sodann potenzielle Störungszustände der einzelnen Komponenten als auch systemübergreifende Störungen untersucht. In der abschließenden vierten Stufe werden Auswirkungen auf das Gesamtsystem abgeleitet. Arbeitsblätter enthalten bei der Analyse die mögliche Fehlerursache, die Fehlerwirkung, die bedrohten Objekte sowie eine Risikobewertung hinsichtlich Eintrittswahrscheinlichkeit und Schadenshöhe. In der Praxis beobachtet man manchmal eine Herangehensweise, in der die FMEA-Matrizen für jede Konsequenzen-Dimension separat erstellt, analysiert und bewertet und erst anschließend zusammengeführt werden. Dadurch wird ein feingliedrigerer Abgleich mit firmenpolitischen und regulatorischen Leitsätzen ermöglicht. Au-

---

[101] Wenn in einem Zwischenschritt Risikowirkungen bezogen auf mehrere Einzeldimensionen, z. B. Kostenwirkung und Reputationswirkung, erfasst werden, müssen diese auf eine Zielgröße verdichtet werden. Für Unternehmen ist dies letztlich fast immer der Unternehmenswert oder der Gewinn. Meistens sind auch Reputationswirkungen nur deshalb von Bedeutung, weil die Reputation maßgeblich für die zukünftigen Umsätze und damit die zukünftigen Gewinne ist. Jedoch sind durchaus auch Ausnahmen denkbar. So sind beispielsweise im Gesundheitswesen u. U. Risiken nur dann akzeptabel, wenn sie sowohl in ihren finanziellen Auswirkungen als auch in Hinsicht auf die Gefährdung von Menschenleben jeweils getrennt betrachtet als akzeptabel eingestuft werden.

[102] In Anlehnung an Gleißner/Romeike, 2005, sowie Romeike/Finke, 2003.

ßerdem ist in der Praxis auch die Verwendung eines sogenannten „Criticality Index" zu beobachten, durch den einzelne Effekte gegenüber anderen hervorgehoben werden. Diese Technik wird auch Failure Mode Effekt Criticalty Analyse (FMECA) genannt (Kross, 2005). Kritik an der FMEA kann geübt werden, da Interdependenzen zwischen den einzelnen Systemkomponenten nicht ausreichend analysiert werden. Neuerungen in der FMEA mindern dieses Manko. Die System-FMEA verbindet Produkt und Prozess. Eine eindeutige Ursache-Wirkungs-Beziehung ist darstellbar.

3.2.5 Fehlerbaumanalyse (FTA, Fault-Tree-Analysis)

Die Fehlerbaumanalyse nimmt als Ausgangspunkt im Gegensatz zur FMEA nicht eine einzelne Systemkomponente, sondern das potenziell gestörte Gesamtsystem als Ausgangspunkt. Sie gehört zu den „Top-Down"-Analyseformen. In einem ersten Schritt wird daher das Gesamtsystem detailliert und exakt beschrieben. Darauf aufbauend wird analysiert, welche primären Störungen eine Störung des Gesamtsystems verursachen oder dazu beitragen können. Der nächste Schritt gliedert die sekundären Störungsursachen weiter auf, bis schließlich keine weitere Differenzierung der Störungen mehr möglich oder sinnvoll ist. Der Fehlerbaum stellt damit alle Basisergebnisse dar, die zu einem interessierenden Top-Ereignis führen können.

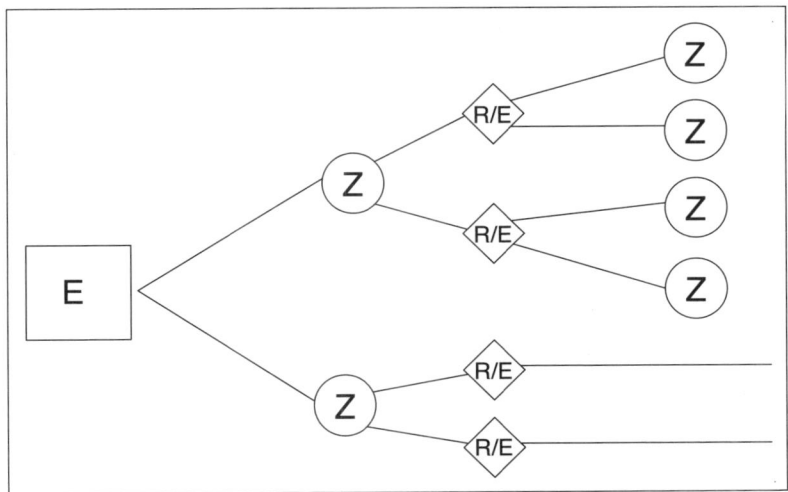

Abbildung 11: Entscheidungsbaum[103]

---

[103] Wala/Messner, 2006, S. 64.

Als Basis der Fehlerbaumanalyse dient der Entscheidungsbaum. Der Entscheidungsbaum zeigt alle relevanten Entscheidungsfolgen. In der einfachsten Form besteht er aus folgenden Elementen: Entscheidungsknoten (E), die Entscheidungen kennzeichnen, Zufallsknoten, die den Eintritt eines zufälligen Ereignisses darstellen sowie aus Ergebnisknoten (R), die das Ergebnis von Entscheidungen oder Ereignissen darstellen. Zwischen diesen Elementen befinden sich Verbindungslinien.

Komplexe Fehlerereignisse werden mittels logischer Verknüpfung weiter in einfachere Ereignisse aufgeteilt. Verknüpfungen lassen sich grundlegend in zwei Kategorien einteilen: in Oder-Verknüpfungen, bei denen der Fehler auftritt, falls eines der Ereignisse auftritt, sowie in Und-Verknüpfungen, bei denen der Fehler nur auftritt, falls alle Ereignisse auftreten. In der Praxis ist der Einsatz von Fehlerbaum-Techniken oft auch gemeinsam mit Szenariotechniken und mit Ereignisbaum-Techniken zu beobachten. Letzterer Ansatz beobachtet all diejenigen Faktoren, die zu einem Störfall führen können. Die Darstellung erfolgt ebenfalls als Baum.

3.2.6 Weitere Methoden zur Risikoidentifikation

Besichtigungen

Durch Besichtigungen und Begehungen werden risikobedrohte Objekte vor Ort inspiziert und visuell schnell erfassbare Risiken identifiziert. Besichtigungen können zu einem Gesamtüberblick über die Gegebenheiten vor Ort und zur Aufdeckung konkreter Risiken führen, aber auch der Beschaffung ergänzender Informationen an Ort und Stelle dienen.[104] Sie eigenen sich vor allem bei technischen Risiken.

Brainstorming

Beim Brainstorming handelt es sich um spontane Aussagen im Rahmen einer moderierten Gruppe, etwa in Workshops, wodurch die Kreativität angeregt und die uneingeschränkte Aufzählung verschiedenster Risiken angestrebt wird. Es soll also eine möglichst vollständige Erfassung aller Risiken ohne Vorgabe einer methodischen oder systematischen Vorgehensweise erreicht werden. Eine Diskussion, Sortierung und Strukturierung dieser Vorschläge erfolgt erst nach deren Erfassung. Brainstorming beruht überwiegend auf Erfahrung und Intuition.[105] Deshalb ist es empfehlenswert, diese Methode mit anderen zu kombinieren, um nicht überbordende und unstrukturierte Risikolisten zu bekommen.

---

[104] Vgl. vertiefend Gutmannsthal-Krizanits, 1994, S. 295.
[105] Vgl. vertiefend Burger/Burchart, 2002, S. 69 ff.

Risiko-Checklisten

Checklisten sind standardisierte Fragebögen zur systematischen Erfassung von Risiken, und können offene oder geschlossene Fragen enthalten. Geschlossene Fragen eignen sich i.d.R. besser für die Erkennung von Gefährdungspotentialen, da die Auswertung der Antworten einfacher ist und damit schneller zu konkreten Ergebnissen führt. Diese Checklisten werden in der Praxis oft an die verschiedenen Organisationseinheiten und Tochtergesellschaften verteilt und im Rahmen von Einzelbefragungen oder zur Vorbereitung auf Risikoworkshops eingesetzt. Checklisten sind daher generell besonders für Routinetätigkeiten geeignet.[106] Nachteilig ist hier, dass der Blick auf diese Checklisten auf die dort genannten Bereiche fokussiert ist und deshalb andere Bereiche und mögliche Risiken evtl. nicht mehr erfasst werden. Dies gilt vor allem dann, wenn neue Risikobereiche entstehen, die bislang nicht durch Checklisten erfasst sind. Außerdem sind die Abhängigkeiten und Korrelationen zwischen den einzelnen Risikofaktoren meist nicht adäquat berücksichtigt.

Experten- und Mitarbeiterbefragungen

Expertenmeinungen können bei der Identifizierung unternehmensexterner und -interner Risiken helfen, oftmals im Rahmen von Risikoworkshops (vgl. 3.2.3). Bei der Delphi-Technik wird beispielsweise ein mehrstufiges Verfahren der Expertenschätzung mit einer Vielzahl von Experten durchgeführt. Die Ergebnisse einer ersten Befragungsrunde fließen in weitere Befragungsrunden ein und führen so zu einer verbesserten Abschätzung der zu erwartenden Risiken. Der Einsatz derartiger Verfahren erfordert umfangreiche Planungen, sowie eine offene Risiko- bzw. Unternehmenskultur.

Die Mitarbeiterbefragung trägt vor allem zur Erfassung interner Risiken bei. Sie beschränkt sich nicht auf leitende Mitarbeiter; vielmehr werden grundsätzlich alle befragt, die wichtige Informationen liefern können. Die Informationen können im Rahmen eines Interviews oder mittels einer schriftlichen Befragung eingeholt werden. Als Vorteil wird oft genannt, dass die Mitarbeiter fachkundig seien, da diese sich an der Basis befänden und deshalb täglich mit Risiken konfrontiert werden. Es muss jedoch darauf hingewiesen werden, dass häufig eine große Menge oft nicht relevanter Informationen produziert wird und eine fast unüberschaubare Anzahl an identifizierten Risiken entsteht. Die Gründe dafür sind oft, dass gerade aktuell erscheinende, und eben nicht die wirklich wichtigen Risiken diskutiert werden, oder dass viele ähnliche Risiken unterschiedlich benannt werden. Eine allgemeine Mitarbeiterbefragung ist deshalb meist für die Risikoanalyse nicht zu

---

[106] Siehe Gutmannsthal-Krizanits, 1994, S. 299 f.

empfehlen; eine breite Meinungsbasis kann auch durch eine Experten-
befragung eingeholt werden.

3.3 Risikofelder im Einzelnen

Im Folgenden werden nun die wichtigsten Risikofelder im Einzelnen betrachtet. Dabei werden einerseits weitere spezielle Verfahren
vorgestellt, wie in den jeweiligen Risikofeldern systematisch Risiken
identifiziert werden können. Die wichtigsten und am häufigsten vor-
kommenden Risiken der jeweiligen Risikofelder werden dabei explizit
genannt und erläutert, um für potenziell auch im eigenen Unternehmen maßgebliche und relevante Risiken zu sensibilisieren.

Ein besonderer Schwerpunkt wird dabei auf die im Unterabschnitt
3.3.1 betrachteten strategischen Risiken gelegt, da diese oft für die
zukünftigen Erfolge des Unternehmens ausschlaggebend sind – und
häufig Krisen- oder Insolvenzursache werden. Da strategische Risiken
insbesondere die Bedrohung der für das Unternehmen maßgeblichen
Erfolgspotenziale aus der Unternehmensstrategie darstellen, wird in
diesem Zusammenhang zunächst in einer kleinen Einführung gezeigt,
wie eine Unternehmensstrategie sinnvoll strukturiert werden kann,
um sie im Hinblick auf Risiken zu analysieren. Da in Abhängigkeit
bestimmter Unternehmens- und Umfeldcharakteristika immer wieder
mit ähnlichen Risikoprofilen zu rechnen ist, wird in diesem Zusammenhang ergänzend erläutert, auf welche potenzielle Risiken Unternehmen mit bestimmten Charakteristika zu achten haben. Später wird
im Kontext der Risikobewältigung (Abschnitt 5) speziell auf Hand-
lungsmöglichkeiten für die jeweiligen Unternehmens- und Situationstypen im Hinblick auf eine strategische Unternehmensstabilisierung
vertiefend eingegangen.

Nach den strategischen Risiken werden in Abschnitt 3.3.2 die Risiken
des Absatz- und Beschaffungsmarktes erläutert. Diese Risikofelder
befassen sich insbesondere mit den kurz- bis mittelfristigen Ursachen
von Umsatz- und Materialkostenschwankungen, wenngleich auch hier
(überschneidend zu den strategischen Risiken) strukturelle Marktrisi-
kofaktoren betrachtet werden.

In Abschnitt 3.3.3 werden dann finanzwirtschaftliche Risiken betrachtet, also Risiken aus Veränderungen von Zins und Währungen sowie
Kreditrisiken. Aufgrund der in diesem Spezialgebiet verfügbaren um-
fangreichen Vertiefungsliteratur (speziell auch bezüglich der Quantifizierung) wird dieses Themenfeld vergleichsweise kompakt behandelt,
zumal die Gesamtrisikoposition eines Unternehmens – ganz im Gegensatz zur gelegentlich zu sehenden Priorisierung in Unternehmen – eher

durch die strategischen Risiken sowie die Absatz- und Beschaffungsmarktrisiken geprägt wird.

In den folgenden Abschnitten werden schließlich auch Risiken aus den
Bereichen Corporate Governance, sowie die verschiedenen Leistungsrisiken (operative Risiken) aus der Wertschöpfungskette und den Unterstützungsprozessen betrachtet.

3.3.1 Strategische Risiken

3.3.1.1 Grundlagen der Unternehmensstrategie

Das strategische Risikomanagement beschäftigt sich mit der Frage, von
welchen Faktoren der langfristige Erfolg des Unternehmens („Erfolgsfaktoren") abhängig ist und welchen Bedrohungen diese Faktoren ausgesetzt sind.

Bei der Identifikation strategischer Risiken bietet es sich an, zunächst
die Unternehmensstrategie an sich näher zu beleuchten, um die Frage
zu klären, ob diese Strategie überhaupt erfolgsversprechend und mit
den verfügbaren Ressourcen umsetzbar ist.

Abbildung 12: Kernbereiche der Unternehmensstrategie[107]

Nach dieser grundsätzlichen Überprüfung sollten insbesondere fol-
gende Teilbereiche der strategischen Ausrichtung des Unternehmens
unter Risikogesichtspunkten durchleuchtet werden:
- Erfolgspotenziale des Unternehmens (speziell Kernkompetenzen)
- Geschäftsfeldstruktur
- Wettbewerbsvorteile in den einzelnen Geschäftsfeldern, sowie
- Gestaltung der Wertschöpfungskette.

---

[107] Gleißner, 2000 und 2004 c.

Unter den Erfolgspotenzialen eines Unternehmens sind die Ressourcen und Fähigkeiten zu verstehen, die maßgeblich für die zukünftigen Erträge bzw. Cashflows verantwortlich sind. Erfolgspotenziale können einerseits vom Kunden wahrnehmbare Wettbewerbsvorteile (z. B. Servicequalität) oder andererseits besondere interne Stärken im Vergleich zu den Wettbewerbern (z. B. effiziente Arbeitsprozesse) sein. Eine besondere Stellung unter den Erfolgspotenzialen haben aber die langfristig wirksamen Kernkompetenzen, weil diese die Voraussetzung für die Generierung von Wettbewerbsvorteilen oder internen Stärken sind.

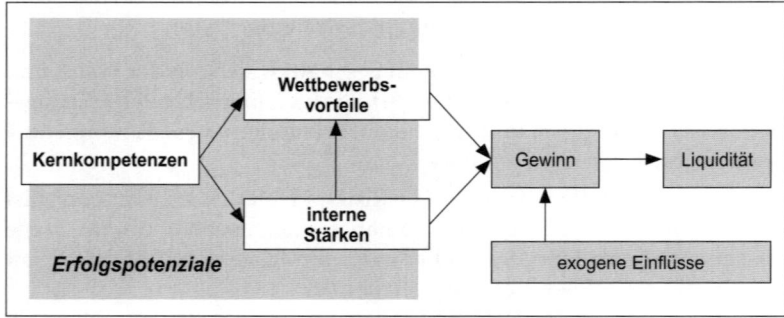

Abbildung 13: Kernkompetenzen als Erfolgspotenziale[108]

Die Strategie muss auf den Ausbau langfristig wirksamer Kernkompetenzen ausgerichtet sein, die es immer wieder auf das Neue erlauben, die entscheidenden Wertschöpfungsaktivitäten besser als die Wettbewerber auszuführen. Eine Kernkompetenz muss damit folgende Eigenschaften besitzen:

- Sie muss einen erheblichen Beitrag zum Kundennutzen bieten.
- Sie sollte für eine Vielzahl von Märkten/Geschäftsfeldern bedeutsam sein.
- Sie ist sehr selten und von Wettbewerbern nur schwierig zu kopieren, was insbesondere impliziert, dass sie nicht (wie z. B. eine Maschine) am Markt käuflich ist.

Unternehmen sollten also Kernkompetenzen aufbauen, mit denen sie in verschiedenen Märkten neue Wettbewerbsvorteile erringen können, denn Wettbewerbsvorteile erklären nur den heutigen, Kernkompetenzen aber den zukünftigen Markterfolg.

Kernkompetenzen entstehen meist aus der Verbindung von technologisch hoch stehendem, möglicherweise patentgeschütztem Wissen sowie den besonderen Fähigkeiten und Erfahrungen einer eingespielten Gruppe von Mitarbeitern des Unternehmens.

---

[108] Vgl. Gleißner, 2004 c.

Es ist also offensichtlich, dass der Auf- und Ausbau von Kernkompetenzen eine zentrale Aufgabe der strategischen Unternehmensführung ist.[109] Ebenso offensichtlich ist, dass eine Gefährdung der Erfolgspotenziale im Allgemeinen und der Kernkompetenzen im Besonderen außerordentlich kritisch für den langfristigen Unternehmenserfolg ist, und damit ein strategisches Risiko darstellt.

Als nächster wichtiger Punkt ist die Geschäftsfeldstruktur mitsamt den aktuell gültigen Wettbewerbsvorteilen in diesen Geschäftsfeldern zu überprüfen.

Das strukturelle Risiko der einzelnen Geschäftsfelder ist dabei von Marktcharakteristika abhängig, wie sie insbesondere durch die fünf Wettbewerbskräfte von Porter beschrieben werden.[110] Die auch im Rahmen der strategischen Risikoanalyse der Geschäftsfelderstruktur nutzbaren Instrumente werden in Abschnitt 3.3.2 im Bereich der Absatz- und Beschaffungsmarktrisiken noch näher betrachtet.[111]

Zu erwähnen ist hier ergänzend, dass sich natürlich auch die in einer Branche gültigen Wettbewerbskräfte und die relative Wettbewerbsposition des eigenen Unternehmens und seiner Geschäftsfelder im Zeitverlauf verändern. Um derartige Veränderungen einschätzen zu können, werden im Rahmen der strategischen Risikoanalyse häufig Zukunftstrends betrachtet und im Hinblick auf die Konsequenzen für die Branche und die Wettbewerbsvorteile der einzelnen Unternehmen eingeschätzt.[112] Analysiert werden können so beispielsweise die Konsequenzen sinkender Transaktionskosten und des Bedeutungszuwachses der Emerging Markets, die Konsequenzen der demographischen Verschiebungen in Deutschland oder technologische Trends. Da sowohl der betrachtete Trend an sich als auch seine Auswirkungen auf seine Branche und die einzelnen Unternehmen nicht sicher sind, ist die Betrachtung solcher (unsicherer) „Mega-Trends" dem strategischen Risikomanagement zuzuordnen.

Im Rahmen der Strategieentwicklung ist die Gestaltung der Wertschöpfungskette festzulegen. Hier muss entschieden werden, welche Teilleistungen das Unternehmen selbst erbringen und welche es am Markt erwerben möchte. Grundsätzlich sind dabei alle Wertschöpfungsteile, die im engen Zusammenhang mit den Kernkompetenzen stehen, selbst zu erstellen, weil das Unternehmen sonst die entscheidenden Faktoren für den zukünftigen Unternehmenserfolg aus der Hand geben und somit

---

[109] Vgl. dazu vertiefend Gleißner, 2004 c.
[110] Siehe Budd, 1993.
[111] Vertiefend zu den Instrumenten des strategischen Risikomanagements, wie beispielsweise die Analyse der Kompetenzstruktur von Unternehmen unter Risikogesichtspunkten oder einer detaillierten Analyse von Trends, siehe Gleißner, 2007.
[112] Siehe hierzu z. B. Blum/Gleißner, 2001.

auf längere Sicht seine eigene Existenz massiv gefährden würde. Demgegenüber kommen prinzipiell alle Wertschöpfungsteile, die nicht von Kernkompetenzen des Unternehmens abgedeckt sind, für eine Fremdvergabe an Dritte in Betracht. Diese Fremdvergabe bringt grundsätzlich den Vorteil, dass dabei fixe durch zumindest teilweise variable Kosten ersetzt werden, was tendenziell die Risiken durch Nachfrageschwankungen senkt, wenn nicht zugleich durch die entstehenden Schnittstellen zusätzliche Risiken (z. B. bzgl. Lieferzuverlässigkeit) entstehen.

Die Kompetenzstruktur der Wertschöpfungskette kann unter Risikogesichtspunkten insbesondere dann als stabil bezeichnet werden, wenn sie in möglichst mehr als einem Bereich zentrale Kernkompetenzen aufweist, also z. B. sowohl im Bereich Produktion, wie auch im Bereich „Forschung und Entwicklung". Bei solchen „mehrgipfligen" Kompetenzprofilen sind nämlich gleichzeitige Bedrohungen mehrerer unterschiedlicher Kompetenzbereiche eher unwahrscheinlich.

Welche Kompetenzen und weiteren Erfolgsfaktoren bei Unternehmen besonders häufig auftreten und im Rahmen der strategischen Risikoanalyse zu berücksichtigen sind, zeigt die empirische Erfolgsfaktorenforschung[113]. So zeigt beispielsweise die bekannte PIMS-Studie, dass gerade Nachfragewachstum, Marktanteil und Produktqualität sowie Mitarbeiterproduktivität und Innovationsfähigkeit branchenübergreifend zu den wesentlichen Erfolgsfaktoren gehören, die statistisch belegbar die Unterschiede in der Kapitalrentabilität von Unternehmen erklären können.[114]

Darüber hinausgehende Untersuchungen zeigen, dass in Abhängigkeit bestimmter Unternehmens- und Umfeldcharakteristika durchaus sehr unterschiedliche Erfolgsfaktoren besonders bedeutsam sind. Aufbauend auf dieser Überlegung lassen sich Erfolgspotenziale für verschiedene Unternehmens- und Umfeldsituationen angeben und in einem nächsten Schritt im Hinblick auf die hier besonders häufig zu erwartenden (und dann besonders relevanten) strategischen Risiken untersuchen. Auf genau einer derartigen Risikoanalysemethode wird im folgenden Unterabschnitt näher eingegangen.

3.3.1.2 Spezielle strategische Risiken nach Unternehmenstyp und Umfeldsituation

Erfolg und Misserfolg von Unternehmen sind nach empirischen Befunden aus dem Bereich der Erfolgsfaktorenforschung auch abhängig von zentralen Strukturmerkmalen des Unternehmens sowie seines Umfelds. Die folgenden Ausführungen zu Unternehmens- und Um-

---

[113] Siehe z. B. Buzzell/Gale, 1989, Jenner, 1999 und Daschmann, 1994 sowie zusammenfassend Gleißner, 2004c.
[114] Siehe Buzzell/Gale, 1989.

feldtypen basieren auf einer Studie im Auftrag des *Rationalisierungs-Kuratoriums der Deutschen Wirtschaft (RKW) e. V.*, die vom *Institut für Produktionswirtschaft und Controlling* an der *Ludwig-Maximilian-Universität München* durchgeführt wurde.[115] Durch eine von der *WIMA GmbH* 1997 durchgeführten Studie wurden diesen Unternehmens- und Situationstypen die jeweils wichtigsten (strategischen) Risiken zugeordnet, so dass der Strukturierungsansatz von *Küpper, Bronner* und *Daschmann* unmittelbar auch für die Risikoidentifikation genutzt werden kann.[116]

Zur Ermittlung der jeweils zutreffenden Erfolgs- und Misserfolgsfaktoren muss zunächst das zu analysierende Unternehmen in diese „Unternehmenstypen" und „Situationstypen" eingeordnet werden. Hierbei können auch Mehrfachnennungen vorkommen, was in der Praxis dazu führt, dass jeweils etwa zwei bis drei Unternehmens- und Situationstypen als zutreffend für das eigene Unternehmen genannt werden.[117] Die Abbildung (s. folgende Seite) gibt einen Überblick über diese Unternehmens- und Situationstypen.

I. Unternehmenstypen[118]

Es gibt nach der genannten Studie im Wesentlichen acht Unternehmenstypen, die im Folgenden charakterisiert werden, wobei insbesondere auf die strategischen Problem- und Risikobereiche eingegangen wird, die diese Unternehmenstypen häufig mit sich bringen.

1. Das Wachstums-Unternehmen

Das Wachstums-Unternehmen konnte in den letzten Jahren stark gestiegene Umsatz- und/oder Mitarbeiterzahlen verzeichnen. Hierdurch ist das Unternehmen aus seiner ursprünglich übersichtlichen und da-

---

[115] Vgl. Küpper/Bronner/Daschmann, 1994. Aus dieser Studie wurden die Beschreibungen von Unternehmenstypen und Umfeldsituationen – teilweise etwas modifiziert, in aller Regel aber sehr eng angelehnt – übernommen.

[116] Eine Anmerkung zur Methodik ist voranzustellen, da möglicherweise einige der genannten Risiken lediglich als „Schwächen" des Unternehmens erscheinen. Grundsätzlich ist von einer „Schwäche" im Sinne einer Unternehmensanalyse dann zu sprechen, wenn diese negative Auswirkungen auf das heutige oder zukünftige (erwartete) Ertragsniveau hat. Ein Risiko ist dagegen immer eine mögliche Abweichung vom erwarteten Niveau. Dennoch kann man sich leicht Sachverhalte vorstellen, die sowohl Schwächen als auch Risiken darstellen. Beispielhaft genannt sei eine „Vertriebsschwäche". Diese führt vermutlich zu einer (im Vergleich zur Konkurrenz) niedrigeren Umsatzhöhe und damit einer niedrigeren Ertragskraft. Damit ist sie eine Schwäche. Dadurch, dass ohne einen leistungsstarken Vertrieb die Umsatzentwicklung aber auch weniger steuer- und beeinflussbar ist, also größere (unvorhersehbare) Schwankungen auftreten, ist Vertriebsstärke zugleich auch als Risiko aufzufassen.

[117] Die Zahlen geben die Häufigkeit der Nennung an gemäß einer Befragung deutscher Mittelständler (Stroeder, 2007).

[118] Die Darstellung von Umfeld- und folgenden Unternehmenstypen orientiert sich an Küpper/Bronner/Daschmann, 1994.

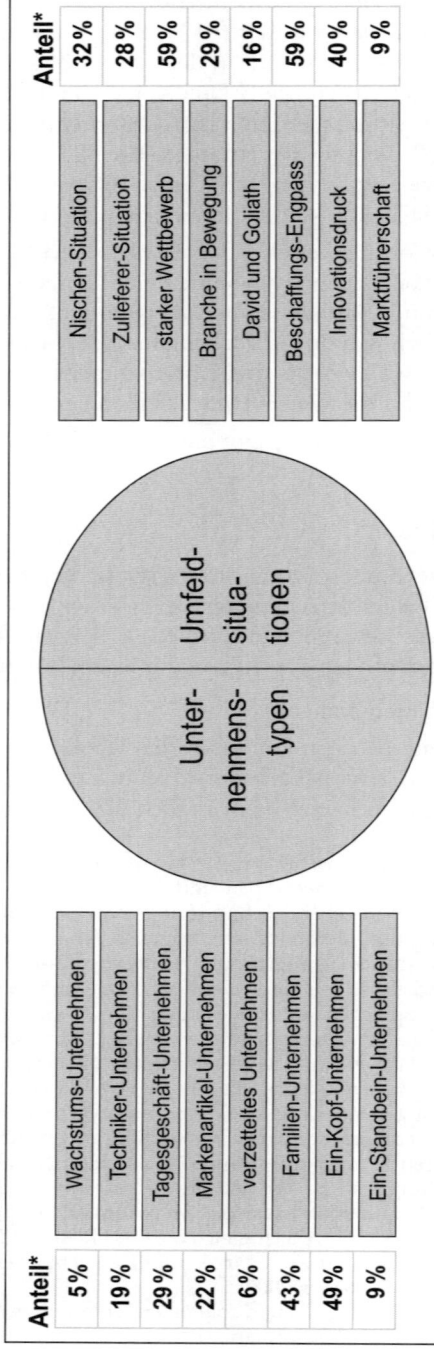

Abbildung 14: Unternehmenstypen und Umfeldsituationen im Mittelstand

mit einfach zu führenden Struktur herausgewachsen, wodurch sich i. d. R. neue Probleme ergeben. Festzustellen ist häufig, dass Leitung, Organisation und Finanzierung mit der Entwicklung nicht Schritt halten konnten und somit den gestiegenen Anforderungen nicht mehr entsprechen. Das Wachstum bringt allerdings auch positive Effekte mit sich, z. B. dass das Unternehmen durch die gestiegene Größe eine stärkere Marktmacht und eine höhere Schlagkraft insgesamt hat.

Als wesentliche Risiken eines solchen Unternehmenstyps kommen also insbesondere in Betracht:

* Wachstumsbedingter Eigenkapitalmangel
* Fehlende Verfügbarkeit erforderlicher Ressourcen (z. B. Mitarbeiter)
* Reorganisationsbedingte Risiken (z. B. Schwächen in der Aufgaben- und Kompetenzzuordnung oder beim internen Kontrollsystem)

2. Das Techniker-Unternehmen

Das Techniker-Unternehmen wurde oftmals aus einer Erfindung oder technischen Weiterentwicklung heraus gegründet – wodurch der „Erfinder" meist recht unvorbereitet zum Unternehmer wurde. Forschung und Entwicklung spielen damit natürlich eine große Rolle, weshalb die Produkte in aller Regel auf einem technisch hohen Niveau stehen. Allerdings bringt die Orientierung auf solche weitgehend unternehmensinternen Aspekte auch Probleme mit sich, denn wichtige externe Faktoren wie z. B. Umweltentwicklungen, Konkurrenzbeobachtung und Vermarktungsgesichtspunkte der Produkte werden eher vernachlässigt. Dieser Unternehmenstyp tritt vor allem in der Maschinenbau-Branche, der IT-Branche und der Elektro-Branche auf.

Als wesentliche Risiken eines solchen Unternehmenstyps kommen also insbesondere in Betracht:

* Abhängigkeit von einzelnen technologischen Lösungen oder Patenten
* Vernachlässigung der Marktorientierung und mangelnde Früherkennung von Änderungen der Kundenwünsche
* Defizite in der Fachkompetenz der Bereiche „Marketing" und „allgemeine Betriebswirtschaft" (Finanzen) infolge der stark ausgeprägten Besetzung von Führungspositionen mit Naturwissenschaftlern und Technikern

3. Das Tagesgeschäft-Unternehmen

Beim Tagesgeschäft-Unternehmen befindet sich die Unternehmensleitung durch die starke Einbindung ins operative Tagesgeschäft immer „im Stress" – wodurch für weitreichende Überlegungen im strategischen Bereich wenig oder gar keine Zeit mehr bleibt. Dadurch ist in aller Regel eine klar verfolgte Unternehmensstrategie nicht vorhanden; stattdessen dominiert eine Politik des operativen „Durchwurstelns", die auf dem Improvisationstalent und der Intuition des Unternehmers basiert. Der Unternehmer kümmert sich um sehr viele Details im Betriebsablauf selbst – und findet dies letztendlich aufgrund seiner damit einhergehenden zentralen Bedeutung im Unternehmen auch gut so.

Als wesentliche Risiken eines solchen Unternehmenstyps kommen also insbesondere in Betracht:

- Vernachlässigung langfristiger strategischer Planung
- Überlastung der Unternehmensführung; oft in Verbindung mit Schlüsselpersonenrisiken
- Ineffiziente Abläufe, langsame oder übereilte Entscheidungen mit hohen Risiken sowie mangelnde Eigenverantwortung der Mitarbeiter

4. Das Markenartikel-Unternehmen

Dieser Unternehmenstyp bietet (meistens in der Konsumgüter-Industrie) ein qualitativ hochwertiges Produkt an – einen Markenartikel, der vor allem durch starke Werbung, gleichbleibende Aufmachung, ein großes Verbreitungsgebiet und einen hohen Bekanntheitsgrad gekennzeichnet ist, wodurch er sich von der Masse der relativ unbekannten Produkte abhebt. Durch diese Produktdifferenzierung spielt der Preis als Aktionsparameter nicht die Hauptrolle. Die Marktstrategie basiert überwiegend auf einer Hochpreispolitik. Markenartikel werden meist von größeren, etablierten Unternehmen mit einem guten Ruf angeboten.

Als wesentliche Risiken eines solchen Unternehmenstyps kommen also insbesondere in Betracht:

- Beeinträchtigung der Marke durch Störfälle (z. B. Gesundheits- oder Umweltschäden)
- Fehler bei der Markenpolitik (z. B. Nichterkennen von Veränderungen der Kundenwünsche oder anderer Umfeldtrends)
- Hohe sunk-costs im Bereich „Marketing" (Markenaufbau)

5. Das verzettelte Unternehmen

Kennzeichnend für ein „verzetteltes Unternehmen" ist das breit gestreute Produktionsprogramm, in dem sehr viele Produktarten oder Produktvarianten enthalten sind. Erschwerend kommt oftmals hinzu, dass gleichzeitig eine hohe Fertigungstiefe anzutreffen ist. Das bedeutet, dass sehr vieles selbst erstellt wird, während Fremdaufträge eher selten in Erwägung gezogen werden. Auch die Absatzseite eines solchen Unternehmens ist durch die Präsenz auf vielen Absatzmärkten sowie die Belieferung vieler, auch kleinerer Kundengruppen i. d. R. recht breit gestreut. Durch diese Faktoren hat die Geschäftsleitung oft keine genauen Informationen darüber, mit welchen Produktarten oder bei welchen Kundengruppen Gewinne erwirtschaftet werden, was im Extremfall dazu führt, dass das Unternehmen betriebswirtschaftlich nicht mehr sinnvoll zu steuern ist. Zu finden sind die überwiegend größeren Unternehmen dieses Typs in nahezu allen Branchen.

Als wesentliche Risiken eines solchen Unternehmenstyps kommen also insbesondere in Betracht:

- Erhöhte Kosten durch zu hohe Komplexität
- Fehlende Spezialisierungsvorteile und Wettbewerbsvorteile durch viele Produkte bzw. Leistungen, für die keine adäquaten Kompetenzen verfügbar sind
- Nicht erkannte Quersubventionierung zwischen Produkten oder Leistungen, die durch unterlassene Ersatz- und Erweiterungsinvestitionen langfristig zu einer Schwächung auch der leistungsfähigen Produktbereiche und Geschäftsfelder führen kann

6. Das Familien-Unternehmen

Bei diesem Unternehmenstyp liegt die Besonderheit in der Führungsstruktur, denn das Eigenkapital bzw. die Unternehmensleitung liegt in den Händen einer oder mehrerer Familien. Naheliegenderweise prägen die Beziehungen der Familienangehörigen bzw. der Familien untereinander das Unternehmen in hohem Maß, und auch für die Nachfolge in der Geschäftsführung ist regelmäßig ein Familienangehöriger vorgesehen. Bei Unternehmen dieser Art spielt die Tradition eine wichtige Rolle, was sich nicht zuletzt auch in einem oftmals recht autoritären und damit wenig kooperativen Führungsstil niederschlägt. Diese meist „typisch mittelständischen" Unternehmen sind oft schon recht alt; ihr Erfolg wird stark von der Harmonie in der Unternehmensleitung und dem „Betriebsklima" bestimmt. Dieser Typus findet sich in aller Regel in jeglichen Branchen, und zwar meist ab einer mittleren Betriebsgröße.

Als wesentliche Risiken eines solchen Unternehmenstyps kommen also insbesondere in Betracht:

- Übertrieben traditionsbewusstes und damit im traditionellen Sinne nicht ökonomisches Entscheidungsverhalten der Unternehmensführung
- Unternehmensnachfolgerisiken
- Finanzierungsrisiken infolge einer sehr eingeschränkten Möglichkeit oder Bereitschaft auf Kapitalmärkte zuzugreifen
- Vermischung privater und unternehmerischer Interessen, wodurch die Schlagkraft des Unternehmens geschwächt wird

7. Das Ein-Kopf-Unternehmen

Ein-Kopf-Unternehmen sind meist eher kleine Unternehmen, die durch eine charismatische und das Betriebsgeschehen bestimmende Persönlichkeit an der Spitze des Unternehmens geprägt werden. Da diese Führungspersönlichkeit das Unternehmen oftmals auch gegründet oder aufgebaut hat, ergibt sich eine sehr enge Verknüpfung und Abhängigkeit zwischen dem Unternehmer und seinem Betrieb. Allerdings kann auch ein „normaler" Mitarbeiter den Unternehmenserfolg zu einem ganz wesentlichen Teil bestimmen, z. B. ein für die Produktentwicklung alleine zuständiger Forscher oder Techniker oder der Leiter des Vertriebs, der über ganz ausgezeichnete Kundenkontakte verfügt.

Als wesentliche Risiken eines solchen Unternehmenstyps kommen also insbesondere in Betracht:

• Ausfall der Schlüsselperson führt zu kaum überbrückbaren Schwierigkeiten in der Unternehmensführung, in Forschung und Entwicklung oder im Bezug auf die Kundenbeziehungen und den Vertrieb.

• Einzelne Personen bauen im Unternehmen eine unangemessen hohe Machtposition aufgrund ihrer Unersetzlichkeit auf.

8. Das Ein-Standbein-Unternehmen

Es ist eine einzige Säule des Erfolgs, die den Unternehmenserfolg des Ein-Standbein-Unternehmens wesentlich beeinflusst. Dieses eine Standbein kann hierbei ein Produkt oder eine Produktgruppe, ein Absatzmarkt, ein einzelner Kunde oder eine begrenzte Kundengruppe sein. Entscheidend für den Erfolg eines solchen Unternehmens ist natürlich, dass sich diese entscheidende Säule dauerhaft positiv entwickelt. Damit liegt in der Sicherung der vorhandenen bzw. in der Schaffung neuer „Standbeine" zum Risikoausgleich der Schlüssel zum Erfolg dieses Unternehmenstyps.

Als wesentliche Risiken eines solchen Unternehmenstyps kommen also insbesondere in Betracht:

• Plötzlicher Ausfall des einzigen Standbeins (der begrenzten Absatzregion, der wenigen Kunden oder Lieferanten bzw. Produkte) führt zu einer Existenzgefährdung des Unternehmens

• Schleichende Alterung des einzigen Standbeins (Verfall von Preisen und/oder Absatzmengen) wird aufgrund mangelhafter Informations- und Frühaufklärungssysteme im Unternehmen nicht rechtzeitig wahrgenommen oder als „vorübergehende Schwäche" fehlinterpretiert

II. Umfeldsituationen

Ebenso wie bei den Unternehmenstypen gibt es nach der genannten Studie im Wesentlichen acht Typen von Umfeldsituationen. Diese werden im Folgenden charakterisiert, wobei auch hier wieder auf die strategischen Risikobereiche eingegangen wird, die diese Umfeldsituationen generell mit sich bringen.

1. Die „Nischen"-Situation

Bei der „Nischen"-Situation sieht sich das (meist eher kleinere) Unternehmen in seinem Marktsegment i.d.R. keinen oder nur wenigen Wettbewerbern gegenüber, weil mögliche Konkurrenten das Segment entweder als nicht lohnend beurteilen oder es aufgrund der geringen

Größe ihrer Aufmerksamkeit entgeht. Damit ergaben sich bisher stabile Umweltbedingungen mit relativ sicheren Gewinnspannen.

Somit wird es für den Erfolg des Nischen-Unternehmens entscheidend sein, das lohnende Marktsegment auch weiterhin differenziert zu bearbeiten und zu erhalten. Gefahren drohen durch den Markteintritt neuer Konkurrenten.

Als wesentliche Risiken einer solchen Umfeldsituation von Unternehmen, die eine oder weniger Nischenmärkte bedienen, kommen also insbesondere in Betracht:
• Eindringen neuer Wettbewerber in die bislang lohnende Nische mit der Folge verstärkten Margendrucks
• Nichterkennen von Wandlungen in den sehr spezifischen Kundenbedürfnissen
• Reduzierung der Markteintrittsbarrieren und Auflösung der Nische

2. Die „Zulieferer"-Situation

Typisch für die Situation des Zulieferers ist, dass seine Leistungen an sehr wenige, im Extremfall nur an einen Abnehmer geliefert werden. Hierdurch besteht zwangsläufig eine enge Verbindung mit dem Wohlergehen und auch Wohlwollen der wenigen Abnehmerunternehmen.

Diese Kunden-Lieferanten-Beziehung ist prädestiniert für die Ausübung von Macht durch die wenigen Abnehmerunternehmen. Preise, Lieferbedingungen und Beschaffenheit der Produkte können in hohem Maße diktiert werden, wobei nicht selten gedroht wird, die Leistungen von einem anderen Lieferanten zu beziehen oder selbst zu produzieren. Erschwerend aus Sicht des Zulieferers kommt hinzu, dass die Produkte genau auf die Bedürfnisse des Abnehmers zugeschnitten sind und sich damit nur mit Schwierigkeiten anderweitig vermarkten lassen. Die typische Branche hierfür ist die Automobil-Zulieferindustrie.

Als wesentliche Risiken einer solchen Umfeldsituation kommen also insbesondere in Betracht:
• Verschlechterung der Beziehungen zu den wenigen Abnehmerunternehmen mit der Folge von z. B. extremem Preisdruck
• Beeinträchtigung oder gar Ausfall der Lieferfähigkeit (Zeit, Qualität, Menge und/oder Preis) durch eingetretene Leistungsrisiken mit der Folge eines möglicherweise irreversiblen Verlustes der Abnehmer (Abwanderung zur Konkurrenz)
• Risiken durch Insolvenz der Hauptkunden (Forderungsverlust und Umsatzeinbruch)

3. Der „starke Wettbewerb"

Aufgrund gesättigter Märkte findet immer häufiger ein starker Wettbewerb statt. Dieser wird dadurch begünstigt, dass die Anzahl der Konkurrenten in der Branche hoch ist, das Produkt vielfach relativ einfach herzustellen bzw. das technische Know-how weitgehend bekannt ist und die verschiedenen Produktangebote der Konkurrenten sich aus Kundensicht nicht wesentlich unterscheiden. Damit kommt dem Produktpreis eine große Bedeutung für Kaufentscheidungen zu.

Um einem solchen Preiswettbewerb zu entgehen, ist es entscheidend, sich durch gelungene Produktdifferenzierung von den Erzeugnissen der Konkurrenten abzusetzen. Prinzipiell kann sich die Situation des starken Wettbewerbs in allen Branchen ergeben und Unternehmen aller Größenordnungen betreffen.

Als wesentliche Risiken einer solchen Umfeldsituation kommen also insbesondere in Betracht:

* Verschlechterung der Position des Unternehmens im Markt durch Verlust von Marktanteilen (geringere Unternehmensgröße führt zu Kostennachteilen und damit zu geringeren preispolitischen Spielraum)
* Verlust von Differenzierungsvorteilen durch Nachahmerprodukte und damit verschärfter Preiswettbewerb
* Möglichkeit stark sinkender Preise und Verdrängungswettbewerb

4. Die „Branche-in-Bewegung"-Situation

In dieser dynamischen Situation ändern sich die Umweltbedingungen, unter denen das Unternehmen tätig sein muss, sehr schnell und einschneidend, weil sich die Wünsche der Abnehmer und die Angebote der Zulieferer rasch wandeln und Konkurrenzunternehmen in kurzen Zeitabständen neue Produkte entwickeln. Damit ergeben sich in dieser Branchensituation oftmals extrem kurze Produktlebenszyklen.

Auch von der Technologieseite können weit reichende Wirkungen auf Produkt und Fertigungsverfahren ausgehen. Des Weiteren sind auch ungewisse Situationen möglich, die durch staatliche Ankündigungen oder Maßnahmen verursacht werden.

„Branche-in-Bewegung"-Situationen finden sich beispielsweise in der schnelllebigen Modebranche, in der Computerbranche mit ihren ständigen Technologieschüben oder in der Umweltschutzbranche, die erheblich von gesetzgeberischen Eingriffen abhängt.

Als wesentliche Risiken einer solchen Umfeldsituation kommen also insbesondere in Betracht:

* Hohe Risiken in notwendigen Entwicklungsprojekten
* Fehleinschätzungen insbesondere technologischer Entwicklungen mit der Konsequenz von Marktanteilsverlusten

5. Die „David-und-Goliath"-Situation

Hier steht dem i.d.R. relativ kleinen Unternehmen mindestens ein übermächtig scheinendes Großunternehmen gegenüber. Der relative Marktanteil des kleineren Unternehmens ist gering.

Das kleinere Unternehmen muss sich in einer solchen Situation durch große Anstrengungen behaupten, während das Großunternehmen auf seine Marktmacht und seine Kostenvorteile vertrauen kann. Hierzu wird das kleinere Unternehmen i. d. R. auf „typisch" mittelständische Tugenden, wie z. B. hohe Flexibilität, setzen. Dennoch ist die Gefahr des Scheiterns oder einer Übernahme ständig vorhanden, wobei Letzteres natürlich der Zustimmung des Unternehmers (sofern er in einer entsprechenden gesellschaftsrechtlichen Position ist) bedarf. Sofern ein kleines, nichtetabliertes Unternehmen in einem von Großunternehmen dominierten Markt Fuß fassen will, tut es sich natürlich besonders schwer.

Als wesentliche Risiken einer solchen Umfeldsituation kommen also insbesondere in Betracht:
* Verlust der typischen und notwendigen Vorteile eines kleineren Unternehmens, wie z. B. persönlich geprägte, enge Beziehungen zu den Kunden oder flexible Reaktionsfähigkeit auf Marktveränderungen
* Verlust der preislichen Wettbewerbsfähigkeit gegenüber dem Großunternehmen wegen dessen Größendegressionseffekten (z. B. Einkaufskonditionen)

6. Der „Beschaffungs-Engpass"

Ein Unternehmen im „Beschaffungs-Engpass" hat erhebliche Probleme, seinen Bedarf an Einsatzgütern überhaupt, in annehmbarer Qualität, zum richtigen Zeitpunkt oder zumindest zu akzeptablen Preisen zu decken.

Auch Unternehmen, deren Fertigungsverfahren in hohem Maß entsprechendes Know-how der Mitarbeiter erfordern, können durch einen Mangel an qualifizierten Mitarbeitern betroffen sein. Ein weiterer, für viele Unternehmen zentraler Beschaffungsengpass ist der unzureichende Zugang zu Kapital, z. B. wegen eines schlechten Branchenratings.

Als wesentliche Risiken einer solchen Umfeldsituation kommen also insbesondere in Betracht:
* Risiko der Lieferunterbrechung und damit Ausfall der eigenen Produktion
* Machtkonzentration auf Seite der Lieferanten mit der Folge steigender Beschaffungspreise
* Erfolgreiche Integrationsstrategie eines Wettbewerbers, der einen wichtigen Lieferanten zur Integration in seine eigene Prozesskette aufkauft

7. Der „Innovationsdruck"

Unternehmen, die sich dem „Innovationsdruck" ausgesetzt sehen, befinden sich in einer Branche, in der die auf den Markt kommenden

Produkte sehr schnell altern (kurze Produktlebenszyklen), bzw. deren Preise rapide fallen. Als Branchen, in denen ein „Innovationsdruck" herrscht, sind hier beispielsweise die Elektronikbranche, die Modebranche, die Telekommunikation oder die IT-Branche zu nennen.

In dieser Situation sind ständig Produktinnovationen oder differenzierende Maßnahmen erforderlich, um eine Technologieführerschaft zu übernehmen, bzw. um nicht – bei gleicher technischer Leistungsfähigkeit – über den Preis mit den Wettbewerbern konkurrieren zu müssen. Eine solche Strategie der Produktinnovation (Technologieführerschaft) erfordert allerdings auch hohe Aufwendungen im Forschungs- und Entwicklungsbereich und damit oft eine starke Finanzkraft des Unternehmens.

Als wesentliche Risiken einer solchen Umfeldsituation kommen also insbesondere in Betracht:
- Verschlechterung der Innovationsfähigkeit des Unternehmens, z. B. durch Abwandern wichtiger Mitarbeiter aus dem F&E-Bereich zur Konkurrenz
- Zu starke Orientierung auf das technisch Machbare ohne ausreichende Berücksichtigung der Wünsche des Marktes mit der Folge von Marktanteilsverlusten
- Risiko von Fehlschlägen im Forschungsbereich

8. Der „Marktführer"

Ein hoher Marktanteil und eine beherrschende Stellung in dem entsprechenden Marktsegment kennzeichnen typischerweise den „Marktführer". Ein solches – nach Umsatz, Wert und Mitarbeiteranzahl gemessen eher großes – Unternehmen hat naturgemäß einen hohen Bekanntheitsgrad in der Branche bei Kunden, Lieferanten und Konkurrenten.

Gründe für die Position des Unternehmens als „Marktführer" können z. B. in dem alleinigen Anbieten eines bestimmten Produktes (Monopolstellung zum Beispiel aufgrund eines Patents), in einem zeitlichen Vorsprung (als erster in einem Markt vertreten), in einer günstigen Kostenposition oder auch in einem Differenzierungsvorteil liegen. Ein solcher Differenzierungsvorteil wiederum kann durch gute Produkt- und Servicequalität, ausgeprägte Kunden- und Marktnähe, zielgerichtete Innovationspolitik oder hohe Flexibilität begründet sein. Der Schlüssel zum Erfolg in dieser Situation liegt im Halten bzw. im Ausbau dieser Marktposition.

Als wesentliche Risiken einer solchen Umfeldsituation kommen also insbesondere in Betracht:
- Schleichender Verlust der Marktführerschaft durch aktive Wettbewerber, die die Kundenwünsche besser erkennen und umsetzen, mit der Folge eines Verlustes der bisher (aufgrund hoher Produktionsmengen) günstigen Kostenposition

- Negative Auswirkungen des hohen Bekanntheitsgrades, wie z. B. schneller Imageverlust bei Qualitätsproblemen oder Umweltschäden
- Unzureichende kundenindividuelle Lösungen durch den Versuch, allen Kundengruppen gerecht zu werden
- Substitution des eigenen Produkts durch andere Produkte, meist wegen technischer Innovationen

Die Häufigkeit der oben genannten Umfeld- und Situationstypen, sowie in den jeweiligen Situationen besonders maßgeblichen Risiken, wurde in einer empirischen Studie durch die Universität Hohenheim, die RMCE RiskCon GmbH und die Wirtschaftsprüfungsgesellschaft HWS näher analysiert.[119]

Bei einer internetbasierten Befragung deutscher mittelständischer Unternehmen im Zeitraum von 2005 bis 2006 wurden Charakteristika und Risikoprofile von insgesamt ca. 550 Unternehmen erfasst. Die Häufigkeit bezüglich der oben genannten Unternehmens- und Situationstypen im deutschen Mittelstand fasst Abbildung 14 (Stroeder, 2007, Seite 125) zusammen.

Wie oben erläutert ist dabei zu beachten, dass Unternehmen durchaus mehrere Unternehmens- und Situationstypen aufweisen können. 87,2 % der Unternehmen waren dabei mindestens einem Unternehmenstyp zuzuordnen, 56 % sogar mindestens zwei Unternehmenstypen. Bei den Situationstypen gelten entsprechend 94 % bzw. 74 %.[120] Aus der Abbildung 14 ist unmittelbar erkennbar, dass die Charakteristika der „Familien-Unternehmen" und der „Ein-Kopf-Unternehmen" besonders häufig anzutreffen sind. Eine mittlere Häufigkeit weisen „Techniker-Unternehmen", „Tagesgeschäft-Unternehmen" und „Markenartikel-Unternehmen" auf.

Mit Abstand häufigster Situationstyp ist der „Starke Wettbewerb". Die meisten anderen Situationstypen weisen eine mittlere Wahrscheinlichkeit von rd. 30 % auf, wobei – wie im Mittelstand nicht anders zu erwarten – die Situation des „Marktführers" mit nur knapp 9 % vergleichsweise selten vorkommt.

Als besonders gravierende „besondere" Risiken werden beispielsweise genannt,
- die Gefahr einer zeitweise nicht kostendeckenden Preissetzung,
- der Ausfall zentral wichtiger Personen,
- der plötzliche Einbruch des wichtigsten Standbeins,
- die Verschlechterung der Kundenwahrnehmung,
- Kundenverlust durch die Beeinträchtigung der Lieferfähigkeit,
- Nachahmung der Produkte,

---

[119] Vgl. Stroeder, 2007.
[120] Vgl. Stroeder, 2007, S. 129.

* Fehlentscheidungen durch die Belastung der Geschäftsführung,
* erhebliche Schwierigkeiten bei der Nachfolgeregelung.

Die insgesamt als besonders gravierend genannten Risiken betreffen dabei sowohl die Risikofelder der strategischen Risiken, der Absatz- und Beschaffungsmarktrisiken wie auch der Leistungsrisiken. Interessanterweise fehlen finanzwirtschaftliche Risiken, obwohl diese heute im betrieblichen Risikomanagement gerade besonders intensiv behandelt werden.

Insgesamt kann die hier dargestellte Zusammenfassung der Risiken (wie auch die entsprechenden Risikoübersichten aus dem Sachsen-Rating-Projekt, siehe Abschnitt 3.3.8) nur einen ersten Hinweis darauf geben, mit welchen Risiken sich ein Unternehmen im Rahmen der Identifikation auf jeden Fall befassen sollte, da diese besonders häufig vorzufinden sind. Wie bereits eingangs erwähnt, kann ein schlichtes Abarbeiten einer solchen Checkliste aber einen systematischen und strukturierten Risikoidentifikationsprozess keinesfalls ersetzen. Checklisten dieser Art dienen lediglich dazu, eine bereits durchgeführte Risikoidentifikation zu ergänzen, in dem auf möglicherweise übersehene Risiken noch einmal explizit hingewiesen wird. Lösungsstrategien zur Bewältigung der hier genannten Risiken findet man in Abschnitt 5.4.1.

3.3.2 Risiken des Absatz- und Beschaffungsmarktes („Marktrisiken")

3.3.2.1 Absatzmarkt

Fragt man einen Vorstand oder Geschäftsführer, was aus seiner Sicht das wichtigste Einzelrisiko sei, dem sein Unternehmen ausgesetzt ist, so wird in aller Regel das Risiko des Absatzmarktes genannt. Dieses besteht letztendlich darin, dass die zukünftigen Umsätze nicht bekannt sind und möglicherweise stark von den geplanten Erlösen abweichen. Das Marktrisiko ist damit also umso höher, je schwieriger die zukünftigen Umsätze prognostizierbar sind, bzw. je unsicherer diese Prognose ist.

Im Zusammenspiel mit anderen Strukturmerkmalen eines Unternehmens – wie z. B. bei einer ungünstigen Kostenstruktur mit hohem Fixkostenanteil – können sich starke Einbrüche bei den Umsätzen auch bestandsgefährdend auswirken. Diese nahe liegende Erkenntnis wird im Übrigen auch durch einen Blick in die Insolvenzstatistik untermauert, die als eine zentrale Ursache für Unternehmensinsolvenzen den Wegfall von Absatzmärkten bzw. Umsatzerlösen aufzeigt.

Die Unsicherheit zukünftiger Umsätze ist i. d. R. umso größer, je stärker diese schon in der Vergangenheit geschwankt haben. Allerdings können auch Unternehmen, die bisher eine stabile Umsatzentwicklung vorweisen konnten, von derartigen Schwankungen in Zukunft betroffen sein.

Das Risikogehalt eines Marktes lässt sich direkt aus seinen Strukturmerkmalen, insbesondere den Wettbewerbskräften, ableiten. Diese Wettbewerbskräfte werden hierbei mit einer risikoorientierten Variante des Porter'schen Ansatzes analysiert.[121] Zu diesen Kräften, die nachhaltig die Marktgegebenheiten beeinflussen, gehören insbesondere:

- Wachstumsrate des Gesamtmarktes,
- Differenzierungsmöglichkeiten zwischen den Anbietern,
- Substituierbarkeit des eigenen Produktes,
- Wettbewerb zwischen den heute etablierten Anbietern,
- Markteintrittshemmnisse für neue Anbieter sowie
- Machtverteilung zwischen den Anbietern und ihren Kunden und Lieferanten.

Diese Faktoren beeinflussen nicht nur das Branchenrisiko, sondern auch die Branchenrentabilität. Mit anderen Worten: Eine hohe Marktattraktivität hat nicht nur positive Wirkungen auf die Rendite, sondern wirkt zugleich risikomindernd. Typische Risiken aufgrund geringer Marktattraktivität sind damit vor allem:

- ruinöser Verdrängungswettbewerb aufgrund niedriger Marktwachstumsraten oder gar rückgängiger Marktvolumina,
- Preiswettbewerb zwischen den Anbietern aufgrund geringer Differenzierungsmöglichkeiten,
- leichte Ersetzbarkeit der eigenen Produkte aufgrund geringer Kundenbindung,
- Markteintritt neuer Wettbewerber (insbesondere bei bisher attraktiven Märkten) aufgrund niedriger Markteintrittsbarrieren, sowie
- Abhängigkeit von wenigen Kunden und/oder Lieferanten.

Je ungünstiger die Risikostruktur eines Marktes ist, desto eher ist mit hohen Absatzmengen- und Absatzpreisschwankungen, instabilen Marktanteilen und einer Gefährdung der eigenen Ertragssituation durch die Geschäftspartner (Kunden wie Lieferanten) zu rechnen.

Auf das Marktrisiko als Ganzes wirken sich allerdings nicht nur Faktoren aus, die sich aus der Struktur der Märkte ergeben. Entscheidende Bedeutung kommt auch der individuellen Position des eigenen Unternehmens im Vergleich zu den Wettbewerbern zu. Hier besteht die Gefahr, dass diese Position in Bezug auf zentrale Kaufkriterien aus Kundensicht wie z. B. Produkt- und Servicequalität sowie Lieferzuverlässigkeit schlechter wird.

Starke konjunkturelle oder saisonale Schwankungen der Absatzmengen (und auch der Preise) können eine weitere Einflussgröße des Marktrisikos sein. Von diesen sind allerdings jene Schwankungen zu unterscheiden, die sich aus Änderungen der Markttrends ergeben, sei es durch veränderte Kundenwünsche, sei es durch technologisch ge-

---

[121] Vgl. Porter, 1999 und Budd, 1993.

triebenen Wandel. Die Bedeutung dieses Risikos ist dann besonders groß, wenn sich mit diesen neuen Trends gleichzeitig eine Entwertung der bisherigen Wettbewerbsvorteile des Unternehmens ergibt.

Folgende Indikatoren signalisieren zusammenfassend ein erhöhtes Marktrisiko:[122]

- niedrige Anteile von Stammkunden am Umsatz, keine langfristigen Lieferverträge,
- Produkte und Leistungen, die sich nicht wesentlich von denen der Wettbewerber unterscheiden,
- starke Abhängigkeit von wenigen Kunden,
- ausgeprägte saisonale oder konjunkturelle Schwankungen,
- schrumpfende oder stagnierende Nachfrage,
- niedrige Markteintrittsschranken sowie
- hohe Wettbewerbsintensität.

Schon bei der Identifikation (und später bei der Quantifizierung) von Marktrisiken sollte explizit unterschieden werden zwischen „Preisrisiken" und „Mengenrisiken". Unvorhergesehene Abweichungen vom geplanten Umsatz können nämlich sowohl resultieren aus unvorhergesehenen Abweichungen bei den Preisen wie auch den Mengen – und entsprechendes gilt auch für die Materialkosten. In der Praxis sind dabei in der Regel die Absatzmengenschwankungen wesentlich ausgeprägter als die Absatzpreisschwankungen.[123] Allerdings ist hierbei zu beachten, dass die Wirkung von unerwarteten Preisabweichungen auf der Absatzseite wesentlich gravierender ist als die die Wirkung von Absatzmengenschwankungen, da Absatzmengenschwankungen gleich gerichtete (und damit kompensierende) Veränderungen der variablen Kosten zur Konsequenz haben. Für ein adäquates Verständnis der Absatzpreisrisiken sollten zudem auch die Konsequenzen von geplanten (oder späteren ungeplanten) Preisänderungen für die Absatzmenge berücksichtigt werden. Eine hohe Preiselastizität der Absatzmenge zeigt dabei eine ausgeprägte Wechselwirkung.[124] Neben den Konsequenzen der eigenen Absatzpreise sind zudem auch die Konsequenzen (unerwarteter) Änderungen der Absatzpreise der Wettbewerber für die eigenen Absatzmengen zu berücksichtigen, die durch eine sogenannte „Kreuzpreiselastizität" beschreibbar sind. Eine ausgeprägte „Kreuzpreiselastizität" zeigt dabei tendenziell ein höheres Absatzmarktrisiko, weil die eigenen Umsätze stärker vom Verhalten der Wettbewerber abhängen, was insbesondere bei transparenten

---

[122] Zum Begriff des „Marktrisikos" ist zu beachten, dass in der Finanzdienstleistungsbranche (speziell bei Banken und Versicherungen) der Begriff Marktrisiko sich nur auf die Finanzmärkte bezieht, also speziell Risiken durch Wertpapierkursschwankungen, Zinsänderungsrisiken oder Währungsrisiken umfasst.

[123] Siehe z. B. Gleißner/Grundmann, 2008.

[124] Die Elastizität zeigt, welche Konsequenz eine 1%ige Änderung der Absatzpreise auf die Absatzmenge hat.

Märkten mit geringen Differenzierungsmöglichkeiten der einzelnen Produkte der Fall ist.

Das Absatzmarktrisiko (Umsatzrisiko) ist damit zusammenfassend abhängig vom Absatzmengenrisiko und dem Absatzpreisrisiko, die multiplikativ miteinander verknüpft sind. Zudem ist das Absatzmengenrisiko selber wiederum abhängig vom Absatzpreisrisiko und den Preisen der Wettbewerber, was eine insgesamt komplexe Abhängigkeitsstruktur dieser Risiken verdeutlicht. Bei der Betrachtung des Materialkostenrisikos (Beschaffungsmarkt) ist entsprechend zu berücksichtigen, dass dieses sich aus einer Beschaffungsmenge und einem Beschaffungspreis zusammensetzt. Die Beschaffungsmenge ist dabei wiederum abhängig von der Absatzmenge. Für eine präzise Beschreibung und Abgrenzung der Marktrisiken sollten diese Wechselbeziehungen betrachtet und im Hinblick auf ihre relative Bedeutung (grob) eingeschätzt werden. Später im Rahmen der Risikoquantifizierung müssen die verschiedenen Teilaspekte möglichst exakt getrennt werden, was mit Methoden der Zeitreihenanalyse bzw. Regressionsanalyse möglich ist.

3.3.2.2 Beschaffungsmarkt

Selbstverständlich sollte ein Unternehmen neben dem Absatzmarkt auch den oben schon angesprochenen Beschaffungsmarkt bei der Risikoidentifikation betrachten. Im günstigsten Fall ist dieser durch eine ausreichende Verfügbarkeit der vom Unternehmen benötigten Güter zu angemessenen und gleich bleibenden Preisen weitgehend risikofrei. Allerdings können je nach Branche insbesondere durch starke Preis- oder Qualitätsschwankungen bei wesentlichen Rohstoffen oder Zulieferprodukten sowie durch deren eingeschränkte Verfügbarkeit erhebliche Risiken entstehen.

Dabei kann man folgende Indikatoren für tendenziell hohe Beschaffungsmarktrisiken zusammenfassen:
- Hoher Anteil der Material- und Fremdleistungskosten an den Gesamtkosten,
- hohe Abhängigkeit von einzelnen Materialien mit hoher Volatilität der Preise,
- Intransparente Beschaffungsmärkte,
- geringe Möglichkeit der Überwälzung von Beschaffungspreisänderungen auf die Kunden (z. B. wegen vertraglicher Verkaufspreisfixierung) sowie
- hohe Preiselastizität der Nachfrage der Kunden.

Grundsätzlich lassen sich Beschaffungsrisiken in zwei Arten einteilen, nämlich die strategischen und die operativen, die im Folgenden näher erläutert werden.

I. Strategische Beschaffungsrisiken

Zu den strategischen Beschaffungsrisiken zählen alle, die auf Grund der Positionierung des Unternehmens dazu führen, dass die langfristigen Erfolgsperspektiven durch Abhängigkeit oder Probleme auf der Einkaufsseite wesentlich beeinträchtigt werden könnten.

Wichtigstes Beispiel der strategischen Beschaffungsrisiken sind Abhängigkeiten von den Lieferanten, also eine „Machtverteilung" entlang der Wertschöpfungskette zu Gunsten der Lieferanten des eigenen Unternehmens. Bekanntermaßen lässt sich der Umfang strategischer Marktrisiken (dies schließt Einkaufs- und Absatzmarkt gleichermaßen mit ein) mit Hilfe des industrieökonomischen Ansatzes von Porter analysieren.

Gemäß diesem Ansatz hängt die Rentabilität, aber auch das Risiko der Unternehmen einer Branche insgesamt maßgeblich davon ab, wie stark ausgeprägt auf Grund bestimmter Charakteristika der Branche (z. B. Wachstumsrate, Markteintrittsbarrieren oder Differenzierungsmöglichkeiten) die Intensität des Wettbewerbs ist. Darüber hinaus sind jedoch die Abhängigkeit von Lieferanten und Kunden sowie das Risiko des Markteintritts neuer Wettbewerber oder der Substitution eigener Leistungen ebenso maßgeblich. Für die Analyse der strategischen Beschaffungsrisiken ist insbesondere die Abhängigkeit von Lieferanten zu bewerten. Die in der folgenden Abbildung zusammengefassten Indizien sprechen für eine relativ starke Position der Lieferanten im Vergleich zum eigenen Unternehmen und damit für einen hohen Umfang strategischer Beschaffungsrisiken:

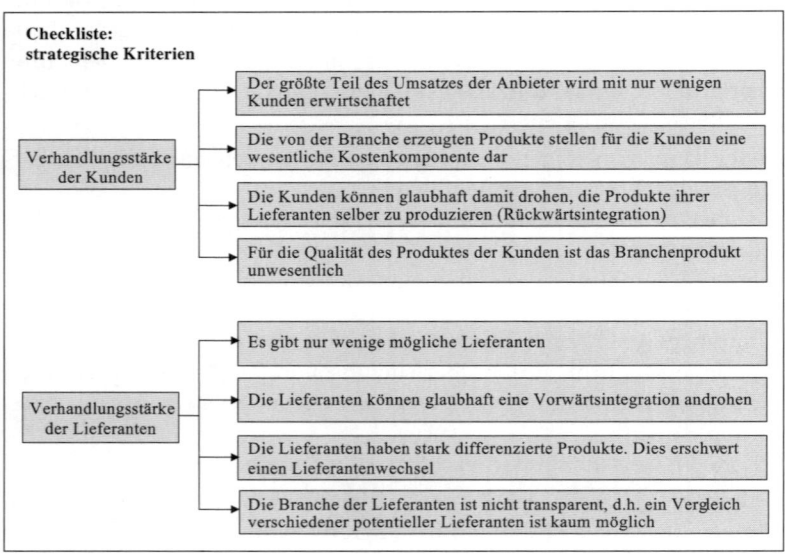

Abbildung 15: Kriterien für strategische Marktrisiken

Der hohe Umfang strategischer Beschaffungsrisiken durch Lieferantenabhängigkeiten führt – neben einem meist grundsätzlich geschmälerten Rentabilitätsniveau – zu erhöhten Risiken, weil das eigene Unternehmen in erheblichem Umfang von der selbst nicht wesentlich beeinflussbaren Aktivität Dritter, nämlich der Lieferanten, abhängt. Mächtige Lieferanten sind damit in der Lage, Gewinne auf die eigene Wertschöpfungsstufe zu verschieben. Probleme und Risiken (z. B. konjunkturelle) der Lieferanten schlagen damit unmittelbar auf Kosten des eigenen Unternehmens durch.

II. Operative Beschaffungsrisiken

Während strategische Beschaffungsrisiken oft für alle Unternehmen der Branche relativ ähnlich vorliegen, sind operative Risiken sehr viel unternehmensspezifischer und lassen sich zudem durch Instrumente des Risikomanagements auch meist einfacher beeinflussen. Nachfolgend werden – ohne Anspruch auf Vollständigkeit – die wesentlichen operativen Risiken der Beschaffung bzw. des Einkaufs kurz skizziert:

(1) Beschaffungspreisrisiken

Unter Beschaffungsmarktrisiken im weiteren Sinn versteht man alle Risiken durch unerwartete Schwankungen der Rahmenbedingungen auf den Beschaffungsmärkten, insbesondere also der Preise, der verfügbaren Mengen und der angebotenen Qualität. Im engeren Sinn betrachtet man hier meist nur die Preisrisiken (zu den anderen Themen siehe unten die Punkte (2) bis (6)). Da die Beschaffungskosten für Material und Fremdleistungen einen relativ hohen Anteil der Gesamtkosten eines Unternehmens ausmachen, haben Schwankungen der Preise auf den Beschaffungsmärkten hohe Bedeutung für die Gesamtkostenposition und damit die Ertragslage des Unternehmens. Um die Relevanz solcher Beschaffungspreisrisiken einschätzen zu können, ist eine detailliertere Betrachtung der Einkaufssituation erforderlich. Zunächst ist zu untersuchen, inwieweit eine Abhängigkeit von einzelnen Materialien oder Fremdleistungen besteht. Unternehmen, die ein sehr breites Spektrum unterschiedlichster Güter beziehen, haben auf Grund des Diversifikations-Effektes (Portfolio-Effekt), also des natürlichen Ausgleichs zwischen verschiedenen zufälligen (wenig korrelierten) Preisschwankungen, naheliegenderweise ein niedrigeres Gesamteinkaufsrisiko. Zudem sind die Preisvolatilität der einzelnen Güter und deren stochastische Abhängigkeiten (Korrelationen) zu beachten. Für eine quantitative Abschätzung des Gesamtrisikos eines Unternehmens durch Beschaffungsmarktrisiken kann das traditionelle Instrumentarium des Portfolio-Managements – mit kleinen Modifikationen – eingesetzt werden (z. B. Priermeier, 2005). Hohe Abhängigkeiten von wenigen und volatilen Zulieferprodukten führen tendenziell zu hohen operativen Einkaufsmarktrisiken.

Bei der Betrachtung solcher Preisrisiken sind zwei Fälle zu unterscheiden. Zum einen gibt es Situationen, in denen die Preise der zugekauften Materialien auf einem mehr oder weniger transparenten Markt bestimmt werden. Derartige Situationen findet man besonders beim Zukauf von Rohstoffen (Commodities). Beschaffungsmarktrisiken entstehen dabei durch Veränderungen der Marktbedingungen (also des Verhältnisses von Angebot und Nachfrage). Diese Marktpreisschwankungen treffen alle Unternehmen, die entsprechende Güter beziehen wollen, prinzipiell in gleicher Weise. Durch unterschiedliche vertragliche Regelungen (fixierte Einkaufspreise) können temporär aber Änderungen der relativen Wettbewerbsposition eintreten.

Auf der anderen Seite kaufen Unternehmen natürlich auch Materialien und Dienstleistungen zu, für die es keinen organisierten Markt gibt. Mengen, Qualität und eben auch Preise werden durch individuelle Verhandlungen mit den Lieferanten bestimmt, was insbesondere bei individuellem Bedarf zwangsläufig der Fall ist. In derartigen Situationen ergeben sich die Beschaffungspreisrisiken nicht durch eine allgemeine Marktpreisschwankung, sondern durch „Schwankungen der Verhandlungsqualität" mit den Lieferanten. Das Risiko besteht hier also darin, dass auf Grund der Intransparenz der Einkaufssituation nicht richtig eingeschätzt wird, welche Konditionen für die einzukaufenden Güter bei den alternativen Lieferanten zu bekommen wären, bzw. welche Gewinnmargen der angefragte Lieferant noch hat. Derartige „verhandlungsorientierte" Beschaffungsrisiken nehmen also mit der Intransparenz der Einkaufssituation ebenso zu wie mit der Unerfahrenheit der Einkäufer.

Bei einer strukturierten Betrachtung der Beschaffungsmarktrisiken bietet es sich schließlich an, zu unterscheiden, ob eine Schwankung der Preise bzw. Kosten der eingekauften Güter lediglich ein Unternehmen oder die Branche als Ganzes trifft. Typischerweise sind die „verhandlungsorientierten Beschaffungspreisrisiken" eher unternehmensindividuell, während Zukäufe auf transparenten Märkten eher allgemeinen Beschaffungspreisrisiken unterliegen. Grundsätzlich sind individuelle Beschaffungspreisrisiken für ein Unternehmen wesentlich gravierender, weil sie die relativen Kosten und damit die Wettbewerbsposition beeinträchtigen. Im Allgemeinen verändern Preiserhöhungen von Rohstoffen, die alle Unternehmen der Branche betreffen, dagegen nur geringfügig die relative Wettbewerbsposition. Unter Umständen können steigende Beschaffungspreise, die alle Unternehmen der Branche betreffen, aber auch ein nicht unerhebliches Risiko darstellen. Es besteht nämlich durchaus die Gefahr, dass die gestiegenen Produktionskosten nicht oder nicht in vollem Umfang an die eigenen Kunden weitergegeben werden können, was insbesondere bei vertraglich fixierten Verkaufspreisen oder hoher Wettbewerbsintensität der Fall ist.[125] Selbst wenn es gelingt, gestiegene Beschaffungskosten an die Kunden in vollem Umfang weiterzugeben, kann noch ein durchaus relevantes Ertragsrisiko verbleiben. Denkbar ist nämlich, dass die Kunden mit steigenden Preisen die nachgefragten Mengen reduzieren (vgl. übliche Preisabsatzfunktionen), was offensichtlich ebenfalls zu einer Beeinträchtigung der Ertragssituation der Unternehmen der Branche führt. Dieser Effekt ist besonders dann relevant, wenn die Preiselastizität der Nachfrage (also die Empfindlichkeit der Nachfrage bezüglich Preisänderungen) sehr hoch ist.

(2) Risiken der Lieferantenauswahl

Ein der eigentlichen Entscheidung über die Beschaffung von Gütern vorgelagertes Problem ist die Auswahl geeigneter Lieferanten. Wie bereits erwähnt, stellen erhebliche Abhängigkeiten der Machtverteilung zu Gunsten der Lieferanten strategische Beschaffungsrisiken dar. Daneben bestehen hier aber durchaus auch operative Risiken, nämlich die Möglichkeit, dass bei (gegebenem Informationsstand) falsche Lieferanten ausgewählt werden. Für die Entscheidung bezüglich eines Lieferanten sind naturgemäß zunächst produktspezifische Indikatoren maßgeblich, wie z. B. Qualität oder Preise. Darüber hinaus spielen die Termintreue und die Lieferzuverlässigkeit eine erhebliche Rolle. Schließlich gewinnt auch die finanzielle Stabilität (das Rating) der Lieferanten eine immer größere Bedeutung, wenn es für ein Unternehmen nicht möglich ist, kurzfristig auf einen anderen Lieferanten auszuweichen. Risiken aus der Lieferantenauswahl bestehen darin, dass auf Grund einer fehlenden Transparenz über die Beschaffungsmärkte grundsätzlich aussichtsreiche Lieferanten komplett übersehen werden, bzw. durch methodische Fehler der Lieferantenauswahl eine suboptimale Entscheidung getroffen wird. Weiterhin fallen in die Kategorie der operativen Fehler bei der Lieferantenauswahl Situationen, in denen unnötige Abhängigkeiten von einzelnen Lieferanten akzeptiert werden, obwohl – ohne wesentliche Beeinträchtigungen der Rentabilität – auch eine Verteilung auf mehrere Lieferanten möglich wäre.[126]

(3) Vertragsrisiken im Einkauf

Zur langfristigen Absicherung benötigter Materialien und Fremdleistungen werden oft langfristige Beschaffungsverträge abgeschlossen.

---

[125] Vgl. zur Wirkung von Rohstoffpreisänderungen auf verschiedene Branchen Grundmann, 2006 und Gleißner/Grundmann, 2008.

[126] Hier ist zu beachten, dass mit der zunehmenden Anzahl der Lieferanten die Komplexitätskosten des Einkaufs zunehmen und möglicherweise weniger günstige Einkaufskonditionen erreicht werden.

Diese Verträge stellen grundsätzlich dann ein relativ hohes Risiko dar, wenn feste Zusagen bezüglich der zu beziehenden Mengen gemacht werden, sofern nicht völlig sicher ist, dass der entsprechende Bedarf auch besteht. Für die Risikobewertung von Beschaffungsverträgen sind darüber hinaus auch die in Verträgen häufig anzutreffenden Optionsklauseln (Kündigungsmöglichkeiten) und Indexierungen (z. B. Inflations-Indexierung, Rohstoffpreis-Indexierung) von Bedeutung. Neben diesen primär eher ökonomischen Aspekten sind natürlich vielfältige, originär juristische Aspekte in der Vertragsgestaltung möglicherweise risikobehaftet.

Zu beachten ist, dass neben den unmittelbaren Schwankungen der Beschaffungspreise in vielen Märkten Währungsschwankungen (insbesondere Dollar) die Beschaffungspreisrisiken verschärfen (vgl. Abschnitt 3.3.3.5).

(4) Verfügbarkeitsrisiken des Einkaufs

Unter dem Verfügbarkeitsrisiko des Einkaufs versteht man die Möglichkeit, dass erforderliche Materialien oder Fremdleistungen nicht termingerecht für die eigene Leistungserstellung zur Verfügung stehen. Ursache hierfür könnte sein, dass schlicht nicht rechtzeitig bestellt wurde. Darüber hinaus besteht natürlich das Problem, dass bei manchen Materialien und Fremdleistungen – selbst bei einer an sich rechtzeitigen Bestellung – auf Grund von Angebots- und Nachfrageveränderung die erforderlichen Güter am Markt prinzipiell (zeitweise) nicht verfügbar sind. Schließlich sind auch Verfügbarkeitsrisiken zu beachten, die dadurch entstehen, dass die Lieferanten – entgegen vertraglicher Zusagen – nicht termingerecht liefern. Der Umfang dieser Risiken ist abhängig von der Zuverlässigkeit der Lieferanten, der Möglichkeit, auf Alternativlieferanten auszuweichen, bzw. ein bestimmtes Beschaffungsprodukt zu substituieren, und den vorhandenen eigenen Vorräten (in Relation zum Bedarf).[127]

(5) Qualitätsrisiken des Einkaufs

In diese Teilkategorie der Beschaffungsrisiken gehören alle Risiken, die sich aus Abweichungen der erforderlichen von der erhaltenen Qualität der Einkaufsmaterialien und Fremdleistung ergeben. Solche Qualitätsrisiken werden insbesondere im Rahmen von Qualitätsmanagementsystemen betrachtet. Qualitätsrisiken können dadurch entstehen, dass die qualitativen Anforderungen an die zu beschaffenden Güter falsch spezifiziert werden. Häufig sind hierfür Kommunikationsprobleme zwischen Einkauf und Produktion bzw. Forschung und Entwicklung

---

[127] Für eine quantitative Analyse von Verfügbarkeitsrisiken kann das Instrumentarium der traditionellen betriebswirtschaftlichen Bestellmengenpolitik angewandt werden.

maßgeblich. Auch Kommunikationsprobleme mit dem Lieferanten können hier Probleme auslösen.

Darüber hinaus gibt es jedoch auch Qualitätsrisiken dadurch, dass es effektiv zu einer Abweichung zwischen der georderten und der erhaltenen Qualität der Güter kommt, was oft erst bei Wareneingangskontrollen aufgedeckt wird. Diese Qualitätsrisiken sind immer dann besonders groß, wenn das eigene Unternehmen und der Lieferant nicht über leistungsfähige (evtl. zertifizierte) Qualitätsmanagementsysteme verfügen. Ebenfalls steigt der Umfang von Qualitätsrisiken dann, wenn die Lieferanten noch nicht über ausreichende Produktionserfahrung bezüglich der bestellten Produkte verfügen. Schließlich gibt es bei bestimmten Produkten – insbesondere Naturprodukten – zufallsbedingte Qualitätsschwankungen, die nie völlig ausgeschlossen werden können.

(6) Personenbezogene Beschaffungsrisiken

Die personenbezogenen Beschaffungsrisiken umfassen ein weites Spektrum, speziell aber den möglichen Ausfall von Schlüsselpersonen, der insbesondere auf wenig transparenten Märkten eine hohe Bedeutung hat. In Situationen, in denen das persönliche Verhältnis, das Vertrauen zwischen Einkäufer und Verkäufer eine hohe Bedeutung hat, sind Schlüsselpersonenrisiken im Einkauf nicht zu unterschätzen.

Personenbezogene Beschaffungsrisiken entstehen jedoch auch durch die Möglichkeit der Untreue durch die Einkäufer („Fraud"). In Anbetracht der hohen zu verantwortenden Kosten einerseits und der beträchtlichen Wettbewerbsintensität auf Seiten der Lieferanten in vielen Branchen andererseits besteht eine nicht unerhebliche Gefahr darin, dass Verkäufer versuchen, Einkäufer durch Bestechung – Seitenzahlungen – zu einem Verhalten zu bewegen, das nicht im Interesse des eigenen Unternehmens ist. Gerade in wenig transparenten Märkten lässt sich ein derartiges Verhalten nur relativ schwer nachweisen. Der Umfang solcher Risiken ist zudem maßgeblich von der Qualität des internen Kontrollsystems eines Unternehmens abhängig, beispielsweise von der Festlegung eines Vier-Augen-Prinzips für alle Einkaufsverträge.

3.3.3 Finanzwirtschaftliche Risiken

3.3.3.1 Zahlungsfähigkeit und Liquiditätsrisiken

Allgemein gilt, dass sich Liquiditätsrisiken aus jeder für das Unternehmen unerwarteten (negativen) Veränderung der geplanten Liquiditätszu- und -abflüsse ergeben, sei es, dass sich die Zahlungen in ihren Zeitpunkten verschieben, sei es, dass sie betragsmäßig abweichen oder gar vollständig ungeplant waren.

Die Bedrohung der Liquidität und der finanziellen Stabilität ist als das potenziell bestandsgefährdende (interne)[128] finanzwirtschaftliche Risiko anzusehen. Einer der Eröffnungsgründe für das Insolvenzverfahren ist gemäß § 17 Abs. 1 InsO die Zahlungsunfähigkeit eines Unternehmens, welche gemäß § 17 Abs. 2 InsO vorliegt, wenn der Schuldner nicht mehr in der Lage ist, die fälligen Zahlungsverpflichtungen zu erfüllen. Dies ist natürlich ein bestandsgefährdendes Risiko im Sinne von § 91 Abs. 2 AktG. Allerdings muss man in diesem Zusammenhang betonen, dass der finanzwirtschaftliche Bereich nicht als losgelöst vom übrigen Unternehmensgeschehen betrachtet werden kann, sondern dass in ihm die Wirkungen aller betrieblichen Geschehnisse sichtbar werden. Insofern sind die sich im Finanzbereich ergebenden Resultate immer in Zusammenhang mit dem eigentlichen Unternehmensgeschehen zu sehen. So wird z. B. das erwähnte Absatzmarktrisiko einen unter Umständen ruinösen Verdrängungskampf auslösen, in dem die Unternehmen über einen längeren Zeitraum ihre Preise bis auf die Höhe der variablen Kosten absenken, wodurch natürlich die fixen Kosten nicht mehr erwirtschaftet werden können, was in letzter Konsequenz die finanziellen Ressourcen der meisten beteiligten Unternehmen bis zur Zahlungsunfähigkeit aufzehren wird.

Ebenfalls in diesen Bereich fällt das Risiko, dass das benötigte Fremdkapital gar nicht mehr, nicht mehr in der gewünschten Höhe oder nur noch zu deutlich verschlechterten Konditionen bereitgestellt wird, weil die Kreditgeber das Unternehmen nicht mehr für ausreichend kreditwürdig halten. Das Risiko einer möglichen Verschlechterung des Ratings und damit der Zinskonditionen ist vom (möglichen) Eintritt anderer Risiken abhängig. Der Eintritt eines Risikos, wie z. B. der Verlust eines Großkunden, hat nämlich eine Verschlechterung der Finanzkennzahlen zur Folge, die das Rating eines Unternehmens und damit die Kreditkonditionen maßgeblich bestimmen. Zu beachten ist hier, dass aufgrund der bestehenden Informationsasymmetrie zwischen Unternehmen und Kreditinstitut schon alleine eine Erhöhung des durch die Bank wahrgenommenen Risikos eines Unternehmens zu einer Verschlechterung des Ratings und damit einem erhöhten Zinsaufwand führen kann – unabhängig davon, ob sich tatsächlich eine Verschlechterung der Unternehmenssituation ergeben hat (vgl. Abschnitt 8.1).

---

[128] Die finanzwirtschaftlichen Risiken können eingeteilt werden in interne und externe Risiken. Interne Risiken sind diejenigen, die ihre Ursachen im Unternehmen selbst haben. Unter externen Risiken dagegen sind diejenigen zu verstehen, die von den Finanzmärkten in das Unternehmen hineingetragen werden.

3.3.3.2 Kapitalmarktrisiken

Die Kursschwankungen von Aktien im Portfolio eines Unternehmens sind zu einem erheblichen Teil zurückzuführen auf Schwankungen des Gesamtmarktes (Marktportfolio), die wiederum korreliert sind mit der Veränderung makroökonomischer Größen (z. B. Zins, Inflation, Währung und Wirtschaftswachstum), aber auch abhängen von weltpolitischen Ereignissen, Veränderungen der Risikoneigung der Investoren und (wenig rationalen) psychologischen Faktoren.[129]

Bezüglich der Beteiligungen im Anlagevermögen ist im Rahmen des Risikomanagements insbesondere die Möglichkeit einer außerordentlichen Abschreibung des derivativen Unternehmenswerts (Goodwill) in Folge eines sog. Impairmenttests als Risikos zu berücksichtigen, das selber wiederum zurückgeführt werden kann auf die Veränderungen der Ertragskraft oder des Risikoumfangs dieser Beteiligung, da diese den Wert, der mit dem Impairmenttest betrachtet wird, bestimmen.[130]

3.3.3.3 Kreditrisiken und Adressausfallrisiken

Auch den finanzwirtschaftlichen Risiken zuzuordnen sind Kreditrisiken bzw. Adressausfallrisiken. Unter Adressausfallrisiken versteht man allgemein alle Risiken, die sich mit den Auswirkungen des möglichen Ausfalls eines Vertragspartners des Unternehmens ergeben. Einen besonderen Stellenwert haben hier oft die Kreditrisiken, im Fall von Industrie- und Handelsunternehmen im Wesentlichen also die Forderungsausfallrisiken, die sich aus der möglichen Insolvenz eines Kunden ergeben. Die Höhe der Kreditrisiken lässt sich beurteilen durch die Höhe der Forderungsaußenstände (mit dem jeweiligen Kunden, natürlich unter Berücksichtigung der aus Sicherheiten realisierbaren Teilforderungen) und der Ausfallwahrscheinlichkeit, die vom Rating des Kunden abhängig ist. Unterschieden werden sollte hierbei das Risiko von „Großkunden-Insolvenzen", die jeweils als eigenständiges durch Schadenshöhe und Eintrittswahrscheinlichkeit zu beschreibendes (ereignisorientiertes) Risiko beschreibbar sind und „Schwankungen der Forderungsausfallquote bei der Gesamtheit der Kleinkunden".

Die Ausfallwahrscheinlichkeit (P) eines einzelnen Kunden kann man grob abschätzen mit nur zwei Bilanzkennzahlen, nämlich der Eigenkapitalquote (EKQ) und der Gesamtkapitalquote (ROCE):

$$P = \frac{0{,}265}{1 + e^{-0{,}41 + 7{,}42 \times EKQ + 11{,}2 \times ROCE}} \tag{3.1}$$

Die folgende Grafik veranschaulicht diese Formel:

---

[129] Vgl. von Nitzsch/Goldberg, 2004 und Shefrin, 2000.
[130] Siehe z. B. Gleißner/Heyd, 2006.

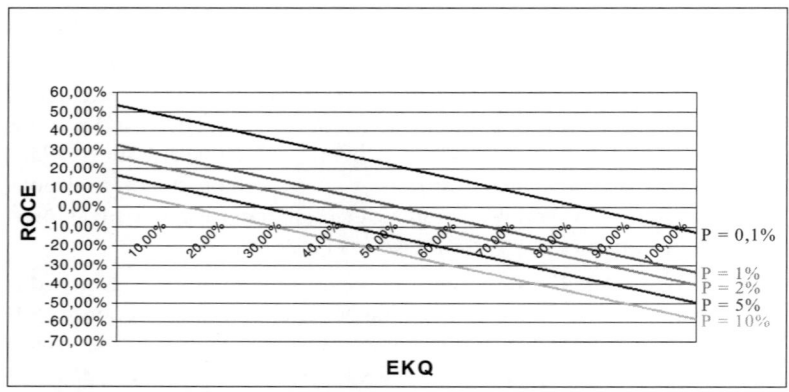

Abbildung 16: Anforderung eines Ziel-Ratings an Rendite (ROCE) und Eigenkapitalquote (EKQ)

3.3.3.4 Zinsänderungsrisiken

Ein weiteres Finanzrisiko besteht in einer nachhaltigen Konditionen-verschlechterung für benötigtes Fremdkapital aufgrund von Schwankungen der Kapitalmarktzinsen. Dieses Risiko hat aufgrund der starken Fremdkapitalabhängigkeit vieler Unternehmen einen relevanten Anteil an der Gesamtrisikoposition dieser Unternehmen. Dieses externe Risiko ist vom o.g. internen Risiko der durch ein unvorteilhaftes Rating verursachten Konditionenverschlechterung zu trennen: Unabhängig von etwaigen Schwankungen der Kapitalmarktzinsen werden die Zinskonditionen aufgrund des schlechten Ratings auf ein höheres Niveau gehoben.

Bei einer genaueren Beschreibung und Strukturierung des Zinsänderungsrisikos sollte beachtet werden, dass Zinsveränderungen grundsätzlich alle für ein Unternehmen relevanten Währungen betreffen können und sich zudem auch Zinsveränderungen für verschiedene Laufzeiten von Krediten (bzw. Anleihen) unterscheiden. Ein Zinsänderungsrisiko ist abhängig von der mit den Gläubigern vereinbarten Zinsbindungsdauer (bzw. der Laufzeit von Anleihen oder Schuldscheindarlehen). Bei der Erfassung (und späteren Quantifizierung) von Zinsänderungsrisiken ist besonders zu beachten, dass sich diese sehr unterschiedlich darstellen, je nachdem, ob das Risiko betrachtet wird im Hinblick auf

• Ertrag oder Cashflow bzw.
• Marktwert des Kredits.[131]

Ein Anstieg der Kapitalmarktzinsen führt tendenziell bei einem Kredit mit fest geschriebener Laufzeit (und Zinsbindung) zu einem sinkenden

---

[131] Siehe z. B. Priermeier, 2005.

Marktwert, und damit einer positiven Wirkung für das Eigenkapital (bei Fair Value-Bewertung). Aufgrund der unterstellten Zinsbindung ist die Auswirkung auf den Ertrag und den Cashflow des Unternehmens jedoch Null. Genau umgekehrt stellt sich die Situation für einen Kredit dar, der keine Zinsbindung aufweist. In diesem Fall führt der Zinsanstieg (sobald die Kreditinstitute diesen umsetzen) zu einem Anstieg des Zinsaufwands, also zu einer Belastung von Cashflow und Ergebnis. Dagegen tritt keine Veränderung des Marktwerts der Verbindlichkeit ein. Je nach betrachteter Zielgröße – Cashflow/Ertrag oder Wert – kann eine Zinsänderung damit entweder als positiv oder negativ beurteilt werden.[132]

3.3.3.5 Währungsrisiken

Als finanzwirtschaftliche Risiken mit erheblichen realwirtschaftlichen Konsequenzen sind bei oftmals stark export- oder importabhängigen[133] Unternehmen Währungsrisiken zu nennen. Diese können einerseits als Transaktionswährungsrisiken, andererseits als ökonomische Währungsrisiken auftreten.[134]

Transaktionswährungsrisiken können in der eher kurzfristigen Betrachtung durch Schwankungen der Wechselkurse auftreten und können sich direkt auf den Wert von bestehenden Forderungen und Verbindlichkeiten auswirken.

Ökonomische Währungsrisiken dagegen werden durch nachhaltige Wechselkursveränderungen erst auf längere Sicht deutlich und wirken sich auf die Wettbewerbsfähigkeit eines Unternehmens aus.

Beim Wechselkursrisiko werden somit drei Exposure-Arten[135] unterschieden:
* Das Translationsexposure ergibt sich aus der Umrechnung von Bilanzpositionen ausländischer Töchter in die Währung der Konzernmutter.
* Das Transaktionsexposure existiert bei vertraglich festgelegten Zahlungen in Fremdwährung, wenn zwischen Zahlungszeitpunkt und

---

[132] Die Veränderung des Marktwerts einer Verbindlichkeit (in Prozent des Ausgangswerts) lässt sich abschätzen als Produkt von Zinsänderungen (in Prozent), Wert der Verbindlichkeit und Duration, als mittlerer Zinsbindungsdauer (vgl. hierzu Priermeier, 2005).

[133] Währungsrisiken können in spiegelverkehrter Wirkungsweise natürlich genauso bei importabhängigen Unternehmen auftreten. Die Spiegelverkehrtheit der Wirkungsweisen hat im Übrigen durch entsprechende kompensatorische Effekte nachhaltige Wirkungen auf die Risikoaggregation (siehe Kapitel 3).

[134] Ergänzend zu erwähnen sind hier auch noch Translationsrisiken, die sich in Konzernen bei der Konsolidierung aus der Umrechnung von Positionen der Erfolgsrechnung und der Bilanz zwischen verschiedenen Währungen ergeben.

[135] Vgl. Bleuel, 2006 und Pausenberger/Völker, 1985.

Leistungsvereinbarung Wechselkursveränderungen auftreten können.

- Das Economic Exposure erfasst zukünftige (unsichere und nicht vertraglich fixierte) Zahlungsströme, die beispielsweise durch die wechselkursabhängige internationale Wettbewerbsfähigkeit der Unternehmen beeinflusst werden.

Während transaktionsbedingten Wechselkursrisiken (Transaction exposure) im Wesentlichen durch Instrumente des Financial Risk Managements (Treasury) begegnet werden kann, sind ökonomische Wechselkursrisiken im Wesentlichen nur durch realwirtschaftliche Risikobewältigungsmaßnahmen, speziell eine strategische Risikobewältigung, zu steuern. Hier sind folgende Ansatzpunkte zu beachten:

- Möglichst weitgehende Synchronisation der Währungsstruktur von Umsätzen und Kosten (Nutzung von Natural Hedge)
- Regionale Diversifikation, um die Abhängigkeit von der Veränderung einzelner Währungen zu reduzieren
- Ausgeprägte Produktdifferenzierung, um Preissetzungsspielräume zu schaffen und sich so gegenüber wechselkursinduzierten Preisentwicklungen immunisieren zu können

In diesem Zusammenhang soll auch ein immer wieder in der betrieblichen Praxis geäußertes Argument zum Bereich der Währungsrisiken beleuchtet werden. Sinngemäß lautet dieses, man könne das Währungsrisiko dadurch ausschließen, dass man im Rahmen der Vertragsverhandlungen eine Fakturierung in der eigenen Währung, also in Euro, vereinbart. Diese Vorgehensweise – sofern sie überhaupt durchsetzbar ist – kann allerdings nur als kurzfristig tauglich angesehen werden: Die Transaktionswährungsrisiken für den aktuell zu verhandelnden Vertrag werden transferiert (weil diese jetzt der Vertragspartner trägt); langfristig wähnt sich das Unternehmen aber in einer Scheinsicherheit, da die ökonomischen Risiken auch weiterhin bestehen, und zwar nicht mehr als Währungsrisiken im eigentlichen Sinne, sondern als Marktrisiken.

Eine weitere Form eines ökonomischen Währungsrisikos ist vielen Unternehmen, die davon betroffen sind, gar nicht bewusst. Dies liegt an seiner nur indirekt erkennbaren Wirkung: Unternehmen, die in einem erheblichen Umfang von Rohstoffen (z. B. Erdöl) abhängig sind, welche auf dem Weltmarkt in Fremdwährung (also insbesondere in US-Dollar) gehandelt werden, beziehen ihre Einsatzgüter oftmals von Zwischenlieferanten, die ihre Lieferungen in Euro fakturieren. Dadurch wird diesen Unternehmen nicht selten der Blick für ihre ökonomischen Währungsrisiken verstellt.

3.3.4 Politische, rechtliche und gesellschaftliche Risiken

Hier ist zunächst an Risiken zu denken, die sich durch (unsichere) Veränderungen gesellschaftlicher Einstellungen ergeben. Diese können die Absatzsituation eines Unternehmens langfristig massiv beeinflussen, wenn die Produkte nicht mehr als zeitgemäß angesehen werden. Erinnert sei in diesem Zusammenhang an die zunehmende Umweltorientierung der Bevölkerung oder speziell die Diskussion zum Klimawandel. Diese führte dazu, dass einige Industriezweige wie z. B. die Automobilindustrie sowohl ihre Produktionsverfahren als auch ihre Produkte auf erheblichen Druck der Öffentlichkeit hin umstellen mussten, um eine größere Umweltverträglichkeit zu erreichen.

Auch andere, langfristig wirksame Trends (z. B. demographischer oder soziologischer Art) sind hier zu beachten. Beispielsweise wird die seit einigen Jahrzehnten in Deutschland zurückgehende Geburtenrate in absehbarer Zeit ganz erhebliche Auswirkungen auf die Struktur der Nachfrager (immer mehr Älteren stehen immer weniger Jüngere gegenüber) haben sowie damit natürlich auch auf die Art der nachgefragten Güter und Dienstleistungen. Ähnliches gilt für die fortschreitende Individualisierung der Gesellschaft, die eine verstärkte Ausrichtung der Unternehmen auf sehr spezifische Kundenbedürfnisse notwendig macht – und dennoch eine schwächere Kundenbindung mit sich bringt.

Wie bereits erwähnt sind Trends im Rahmen des strategischen Managements bedeutsam, weil sie sowohl in ihrem Verlauf als auch im Hinblick auf ihre Wirkung für eine Branche und ein betrachtetes Unternehmen unsicher sind.

Die rechtlichen Risiken können sehr unterschiedlicher Natur sein. Hier ist zum einen zu denken an den Bereich der Produkthaftung. Die vom deutschen Gesetzgeber eingeführte Beweislastumkehr birgt für die Unternehmen zum Teil gewichtige Risiken, da sie im Schadensfall belegen müssen, dass ihnen keine Schuld zukommt – wobei die hieraus in Deutschland resultierenden Konsequenzen im Vergleich zu den USA mit den dort üblichen, aus deutschem Rechtsverständnis heraus oft überzogenen Schadensersatzansprüchen noch vergleichsweise überschaubar sind.

Des Weiteren sind allgemeine Haftpflichtrisiken zu beachten, die aus einem möglichen Schaden resultieren, den das Unternehmen bzw. einer seiner Mitarbeiter Dritten zufügt.

Ein relevantes Risikofeld, das bei Verhandlungen unter Kaufleuten ohne juristische Beteiligung oft unterschätzt wird, besteht in unklaren Vertragsvereinbarungen. Hier ist auch an die nicht selten einseitig zu Gunsten des Unternehmens formulierten Allgemeinen Geschäftsbedingungen zu denken. Diese bergen das Risiko, dass eine streitige Klausel vor Gericht keinen Bestand hat und damit eine in aller Regel verbraucherfreundliche juristische Regelung zum Einsatz kommt, die durch die Formulierung der AGB gerade umgangen werden sollte.

Zudem ist zu beachten, dass das gesamte Rechtssystem nicht statisch ist, sondern einer fortwährenden Entwicklung unterliegt, die einerseits durch Richterrecht erfolgt, andererseits durch politische Willensbildung, die dann per Gesetz zu einer veränderten Rechtslage führt. Insoweit besteht hier auch ein Zusammenhang mit den eingangs erwähnten gesellschaftlichen Entwicklungen, die ja oftmals ein Vorläufer für spätere rechtliche Veränderungen sind.[136] In diesem Zusammenhang sind auch staatliche Regulierungsmaßnahmen der Märkte zu nennen (z.B. auch durch das Steuerrecht), die im Zeitablauf immer wieder mehr oder weniger starken Veränderungen unterliegen, wodurch sich für die Unternehmen Chancen und Gefahren ergeben können.

Schließlich werden auch sogenannte „Länderrisiken" oft als spezielle rechtlich-politische Risiken aufgefasst.[137] Die Höhe des wahrgenommenen Länderrisikos durch den Kapitalmarkt zeigt sich dabei im Zinsspread, also der Differenz der Rendite der Staatsanleihen eines Landes zur Rendite von Staatsanleihen eines Landes mit einem Triple A-Rating (z.B. Deutschland). Im Länderrisiko verbergen sich vielfältige Aspekte, wie z.B. die Gefahr einer politischen Instabilität, Währungskrisen, die Möglichkeit einer Verstaatlichung oder Beschränkungen im Kapitalverkehr.

3.3.5 Risiken aus Corporate Governance

In den Bereich der Risiken aus Corporate Governance fallen alle Gefahren, die mit der internen Organisation und der Führung des Unternehmens in Zusammenhang stehen. Dazu gehören Risiken, die aus der eigentlichen Aufbau- und Ablauforganisation bzw. deren Ungeeignetheit für die betrieblichen Gegebenheiten resultieren. Diese resultieren z.B. aus unklaren Aufgaben- und Kompetenzverteilungen sowie fehlender „fachlicher" Qualifikationen der Mitarbeiter. Es ist nahe liegend, dass beim Vorhandensein solcher Umstände die Wahrscheinlichkeit für ein Verfehlen der Unternehmensziele deutlich ansteigt. Dies ist auch zu befürchten, wenn der Führungsstil im Unternehmen ungeeignet ist

---

[136] Letztendlich soll das Rechtssystem auch die gesellschaftlichen Überzeugungen und Werte widerspiegeln. So war es nicht überraschend, dass im Zuge des verstärkten Umweltbewusstseins schärfere Emissionsvorschriften erlassen wurden (z.B. Einbau geregelter Katalysatoren in Kraftfahrzeuge). Unternehmen, die diese Entwicklungen frühzeitig erkennen, können somit überproportional von einer späteren zwangsweise steigenden Nachfrage profitieren.
[137] Siehe Grundmann, 2004.

oder allgemein das Betriebsklima als kritisch einzustufen ist. Beides wird zu einem Absinken der Motivation der Mitarbeiter führen, was sich wiederum direkt auf die Arbeitsergebnisse auswirken wird.

In den letzten Jahren wurden Entlohnungs- und Anreizsysteme eingeführt, bei denen zumindest ein Teil des Gehalts an das Erreichen bestimmter Ziele geknüpft ist. Dieser vom Ansatz her richtige Gedanke wird allerdings dann zum Risiko für das Unternehmen, wenn die als Steuerungsgröße verwendete Kennzahl (z. B. die Umsatzrendite) nicht vollständig die Unternehmensziele beschreibt. Gute Steuerungssysteme bringen das natürliche Bedürfnis der Mitarbeiter nach Nutzenmaximierung mit einem bestmöglichen Erreichen der Unternehmensziele in Einklang.

Grundsätzlich muss jedoch immer in Erwägung gezogen werden, dass einige Mitarbeiter auch mit gesetzwidrigen Handlungen versuchen, persönliche Interessen zu Lasten des Unternehmens durchzusetzen, was sich durch Untreue („Fraud") zeigt.

Schließlich sollte gerade im Zusammenhang mit Risikomanagementsystemen erwähnt werden, dass eine fehlende oder unzureichende Risikokultur im Unternehmen selbst zu einem Risiko werden kann. Hierunter ist zu verstehen, dass Mitarbeiter sich gar nicht bewusst sind, wenn sie besonders risikohaltige Tätigkeiten verrichten.

Kritisch ist es, wenn die Bedeutung von Unternehmensrisiken nicht erkannt wird oder es den Mitarbeitern egal ist, wenn Risiken den Unternehmenserfolg gefährden.[138]

3.3.6 Leistungsrisiken

Die Identifikation von Leistungsrisiken unterscheidet oft die drei folgenden Risikofelder:
• Leistungsrisiken der primären Wertschöpfungskette
• Leistungsrisiken der Unterstützungsprozesse wie Personal, Controlling, IT usw.
• Spezielle Risiken wie Schlüsselpersonenrisiko, Betrug, Arbeitssicherheit, usw.

Bei Banken und Versicherungen wird anstelle des Begriffs Leistungsrisiken häufig auch von operationellen Risiken gesprochen. Nach der an einem breiten Industriestandard orientierten, auf vier Ursachen begründeten Definition des Basler Ausschusses ist das operationale Risiko die Gefahr von Verlusten als Folge der Unangemessenheit bzw. des Versagens von Mitarbeitern, internen Prozessen oder Systemen sowie aufgrund externer Ereignisse.[139] Die Begriffe „Leistungsrisiken" und

---

[138] Siehe weiterführend Berger, 2007 sowie Hoitsch/Winter/Bechle, 2005.
[139] Siehe weiterführend Kross, 2005.

„operationelle Risiken" weisen somit erhebliche Überschneidungen auf, wenngleich der Begriff Leistungsrisiken stärker verdeutlicht, dass es sich hierbei um Risiken handelt, die sich auf Abweichungen von der vorgesehenen Leistung im Bereich der primären Wertschöpfungskette oder der Unterstützungsprozesse beziehen.

Die Risiken der Wertschöpfungskette lassen sich identifizieren, indem mögliche Abweichungen von den geplanten Arbeitsergebnissen erarbeitet werden. Dabei geht es im Zweifelsfall um die Wahrnehmung der internen und externen Kunden. Arbeitsprozesse sind von Unternehmen zu Unternehmen recht unterschiedlich, weshalb in einem ersten Schritt der Risikoidentifikation die Wertschöpfungskette in ihre Hauptschritte unterteilt werden muss.[140]

Zur Kategorie der Leistungsrisiken aus der Wertschöpfungskette gehören eine große Anzahl von Risiken, die zum Teil Überschneidungen zu anderen Risikofeldern ausweisen:

• Fehler bei der Kalkulation und bei der Umsetzung von Projekten,
• Risiken durch einen nicht termingerechten Einkauf oder nicht termingetreue Lieferung,
• fehlerhafte Informationsübermittlung zwischen Stellen,
• Risiken durch den Ausfall von Maschinen und Infrastruktur,
• Risiken aus Unfällen und Katastrophenfällen (z. B. Feuer) sowie
• Risiken, die sich aus einer Nichteinhaltung dem Kunden vertraglich zugesicherter Eigenschaften der Produkte ergeben.

Aufgrund der starken Verknüpfung der Wertschöpfungskette eines Unternehmens mit derjenigen von Lieferanten und Kunden spricht man in Erweiterung zu Leistungsrisiken der (eigenen) Wertschöpfungskette in der Zwischenzeit auch von Supply-Chain-Risiken, die die gesamten Wertschöpfungs- und Logistikprozesse des eigenen Unternehmens sowie der vor- und nachgelagerten Wertschöpfungsstufen umfassen. Im Rahmen eines umfassenden Supply-Chain-Risko-Management-Ansatzes sind damit auch einzelne Risiken speziell der (einzelnen) Lieferanten zu betrachten und nicht mehr lediglich ein pauschaliertes Risiko „Lieferantenausfall". Dies setzt detaillierte Kenntnisse über die gesamte Wertschöpfungskette und die Wertschöpfungsaktivitäten der Lieferanten voraus.

Neben der primären Wertschöpfungskette hat jedes Unternehmen auch Unterstützungsprozesse (sekundäre Prozesse). Zu nennen sind hier z. B. Management des Unternehmens, IT, Personalwesen und Controlling. Durch sie kann die Leistungsfähigkeit der Primärprozesse der Wertschöpfungskette sichergestellt werden. Auch hier gibt es Störpotenziale (Risiken), wie z. B.:

---

[140] Vgl. für die Risikoidentifikation Abschnitt 3.2.3 zu den Workshops.

- Ausfall der IT-Systeme,
- Datenverlust infolge mangelnder Datensicherheit,
- Fehlentscheidungen aufgrund mangelhafter Datenqualität,
- Datenabfluss an Wettbewerber,
- Ausfall von Schlüsselpersonen sowie
- Fehlentscheidungen aufgrund unzureichender Controlling-Systeme („Managementrisiken").

Des Weiteren sind auch im Finanzbereich solche operationellen Risiken zu beachten. Hierbei kann es sich handeln um

- personelle Risiken (z. B. fehlende Qualifikation und Erfahrung wichtiger Mitarbeiter, insbesondere beim Umgang mit risikohaltigen Finanzinstrumenten, wie z. B. Derivaten),
- aufbaustrukturelle Risiken (z. B. kein unabhängiges Risikomanagement vorhanden) oder
- ablaufstrukturelle Risiken (z. B. unzureichend funktionierendes Vier-Augen-Prinzip) sowie
- sachlich-technische Risiken (z. B. Fehlen automatisierter Warnsysteme zum Anzeigen betrügerischer Handlungen).

Spezielle Risiken sind Leistungsrisiken, die nicht unmittelbar primären und sekundären Prozessen zugeordnet sind, wie beispielsweise:

- Untreue und Betrug, Vorteilsnahme („Fraud"),
- Imageschaden, z. B. durch Störfälle oder Panne bei der Krisenkommunikation[141] oder der Investor-Relations-Politik,
- Arbeitsunfälle infolge von Mängeln in der Arbeitssicherheit,
- Versagen der Sicherheitsorganisation, Sabotage oder
- Umweltschäden durch die Fertigung.

3.3.7 Checkliste zur Identifikation der wichtigsten Unternehmensrisiken

Als Hilfsmittel bei der Identifikation der wichtigsten Unternehmensrisiken kann die im Folgenden aufgeführte Checkliste dienen. Allerdings können je nach Beschaffenheit des Unternehmens und seines Umfeldes auch noch weitere Risiken entscheidende Bedeutung besitzen, weshalb die hier genannten Punkte nicht als abschließend zu betrachten sind. Gegebenenfalls empfiehlt sich auch eine Abhängigkeitsanalyse mittels Einflussdiagrammen oder formalisierten Gefährdungsanalysen.

1. Bedrohung von Kernkompetenzen oder Wettbewerbsvorteilen.
2. Risiken durch eine Unternehmensstrategie, die inkonsistent ist oder auf sehr unsicheren Planungsprämissen basiert.
3. Strukturelle Risiken der Märkte infolge ungünstiger Struktur der Wettbewerbskräfte, z. B.

---

[141] Siehe Roselieb, 2002.

- geringe Differenzierungschancen in stagnierenden Märkten,
- niedrige Markteintrittshemmnisse oder
- erhebliche Substitutionsgefahr.

4. Starke Abhängigkeiten von wenigen Kunden oder wenigen Lieferanten.

5. Gemessen am Gesamtrisikoumfang zu niedrige oder infolge des geplanten Unternehmenswachstums tendenziell sinkende Eigenkapitalquote.

6. Ausgeprägte (z. B. konjunkturelle) Nachfrageschwankungen (Preis oder Menge).

7. Beschaffungsrisiken (Preis, Qualität, Verfügbarkeit).

8. Markteintritt neuer Wettbewerber.

9. Zinsänderungsrisiken.

10. Adressausfallrisiken, insbesondere Ausfall von Kundenforderungen.

11. Währungsrisiken, die laufende Transaktionen, Forderungen bzw. Verbindlichkeiten und/oder die Wettbewerbsposition betreffen.

12. Wertschwankungen von Beteiligungen oder Wertpapieren des Umlaufvermögens.

13. Risiken aus dem Einsatz von Derivaten.

14. Organisatorische Risiken durch fehlende bzw. unklare Aufgaben- und Kompetenzregelung oder Schwächen des internen Kontrollsystems.

15. Risiken durch den Ausfall von Schlüsselpersonen.

16. Haftpflichtschäden oder Produkthaftpflichtfälle.

17. Beeinträchtigung der Lieferfähigkeit durch den Ausfall zentraler Komponenten der Produktion.

18. Sachanlageschäden, z. B. infolge von Feuer.

19. Beschaffungsmarktrisiken, z. B. Preisschwankungen bei Rohstoffen.

20. Kalkulationsrisiken, insbesondere bei langfristigen Verträgen und im Projektgeschäft.

21. Risiken durch unzureichende Frühaufklärung (z. B. bzgl. technologischer Trends oder Aktivitäten der Wettbewerber).

22. Ausfall von IT, Patentverlust etc.

23. Untreue, Betrug etc.

24. Mögliches Scheitern von wichtigen Projekten (z. B. F&E).

Die hier zusammengefassten Risiken sind das Resultat einer großen Anzahl von Beratungsprojekten des Autors insbesondere im Bereich größerer, meist börsennotierter Unternehmen. Zum Vergleich wird im folgenden Unterabschnitt auf die typischen Risikoprofile (kleinerer) mittelständischer Unternehmen eingegangen, die im Rahmen des so genannten Sachsen-Rating-Projektes erhoben wurden.

Auch die hier zusammengefassten Risiken können wiederum als benchmarkartige Checkliste dienen, um die eigene Risikoidentifikation kritisch zu hinterfragen und gegebenenfalls zu vervollständigen.

3.3.8 Risiken mittelständischer Unternehmen: Ergebnisse des „Sachsen-Rating-Projekts"

Im Rahmen eines Forschungsprojekts zum Thema Rating und Basel II, das das IAWW (Institut für angewandte Wirtschaftsforschung und Wirtschaftsberatung), die TU Dresden, die WIMA GmbH und die FutureValue Group AG für das Land Sachsen durchgeführt haben, wurden die Risikoeinschätzungen von rund 150 mittelständischen Unternehmen erfasst.[142]

Der im Rahmen des Projekts entwickelte Rating-Ansatz zeichnet sich speziell dadurch aus, dass die einzelnen Risiken der Unternehmen, die die Insolvenzwahrscheinlichkeit maßgeblich beeinflussen, explizit erhoben werden. Zudem wurde im Rahmen des Forschungsprojekts erstmals auf eine größere Anzahl von Unternehmen die Methodik der Ratingprognosen angewendet, die im Gegensatz zu den vergangenheitsbasierten Jahresabschlussanalysen (Finanzrating) in Abhängigkeit von Unternehmensplanung und Risiken Vorhersagen über die zukünftige Rating-Entwicklung ableiten lässt.[143]

Aus Sicht des Risikomanagements hat das Projekt interessante Erkenntnisse über die (wahrgenommene) Risikosituation von mittelständischen Unternehmen erbracht, die im Folgenden dargestellt werden.

Die Unternehmer wurden befragt, in welchen Risikofeldern die größten Risiken existieren. Betrachtet wurden die Risikofelder Strategische Risiken, Marktrisiken, politische und rechtliche Risiken, Risiken aus Corporate Governance sowie Risiken aus Leistungserstellung und Unterstützungsprozessen.

Die Einschätzung der Relevanz der Risiken konnte von den Unternehmen auf einer fünfstufigen Skala von „unbedeutend" (Schulnote 1) bis „bestandsgefährdend" (Schulnote 5) erfolgen. Die folgende Grafik stellt die Anzahl der Nennungen der Risiken in den verschiedenen Gruppen dar, die allerdings nicht unabhängig voneinander sind. Die Reihenfolge der Risiken in der folgenden Grafik orientiert sich an der Anzahl der Nennungen unter der Rubrik „bestandsgefährdendes Risiko".

---

[142] In enger Anlehnung an Blum/Gleißner/Leibbrand, 2004 und 2005.

[143] Das insgesamt eingesetzte Rating-Verfahren ähnelt der in Gleißner/Füser, 2003 beschriebenen Methodik. Detaillierte methodische Informationen findet man bei Blum/Gleißner/Leibbrand, 2005 sowie Abschnitt 7.1.

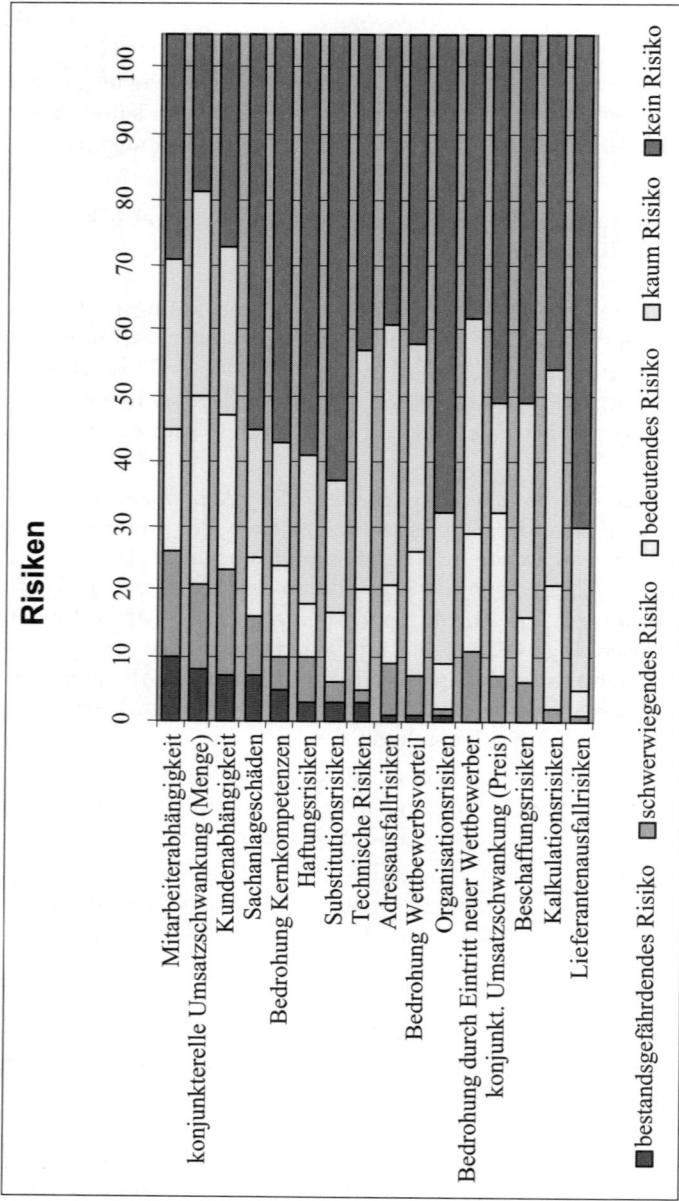

Abbildung 17: Risiken nach Relevanzgruppen

Aus den abgefragten Risikorelevanzeinschätzungen wird mittels eines heuristischen Risikoaggregationsverfahrens die Ausfallwahrscheinlichkeit des Unternehmens durch alle Risiken ermittelt.

Die nachfolgende Grafik stellt die von den befragten Unternehmen empfundene durchschnittliche Bedrohung durch verschiedene Risiken dar, wobei für jedes Risiko die Wahrscheinlichkeit angegeben wird, dass dieses die primäre Ursache einer Insolvenz wird.

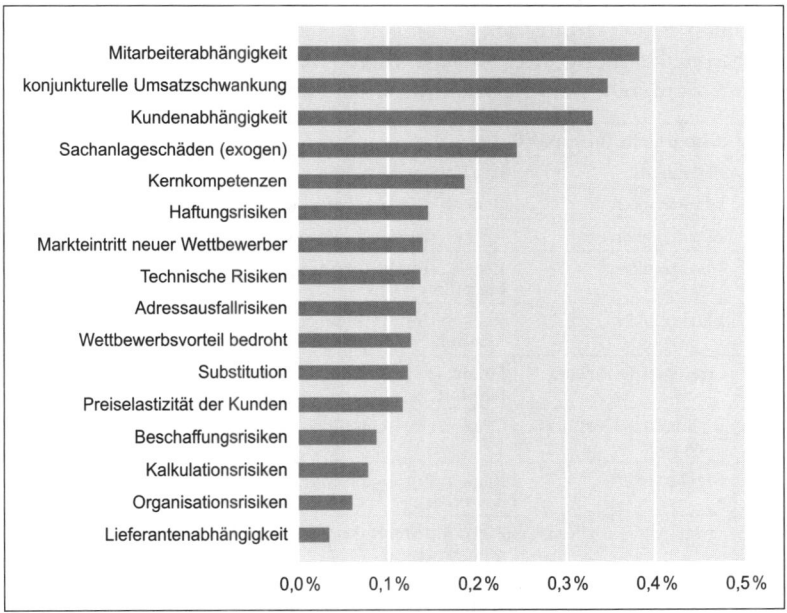

Abbildung 18: Durchschnittliche Ausfallwahrscheinlichkeiten aufgrund von Risiken

Die Unternehmen stuften die „Mitarbeiterabhängigkeit" (Schlüsselpersonenrisiko) als größtes Risiko ein; auch „konjunkturelle Umsatzschwankungen" (Menge) und die „Kundenabhängigkeit" sind von hoher Relevanz. Rund 10 % der Unternehmen stuften die „Mitarbeiterabhängigkeit" als „bestandsgefährdendes Risiko" ein, was ein mittelstandstypisches Problem zeigt (speziell die Abhängigkeit vom Unternehmer selbst). Weitere 15 % der Unternehmen haben dieses zumindest als schwerwiegendes Risiko wahrgenommen. Zusammenfassend werden bei den Risikogruppen Leistungserstellung und Unterstützungsprozesse – gefolgt von Marktrisiken und strategischen Risiken – die größten Risiken gesehen.

Die hier zusammengefassten Risikoinformationen können als Orientierungswerte für individuelle Risikoinventare eines Unternehmens dienen. Ein Vergleich mit der oben dargestellten durchschnittlichen Risikostruktur eines Unternehmens bietet insbesondere einen Benchmark, der die Besonderheiten des Risikoprofils des eigenen Unternehmens verdeutlicht.

3.3.9 Ergebnis der Risikoidentifikation: Das Risikoinventar

Als Ergebnis der Risikoidentifikation liegt eine Auflistung der erkannten Risiken vor, das sog. Risikoinventar. Hierbei sollte neben der verbalen Bezeichnung der jeweiligen Risiken auch bereits eine erste grobe Einschätzung ihrer Auswirkungen auf das Unternehmen festgehalten werden, z. B. mittels Relevanz-Schätzung.

Risikoübersicht (kompakt)			
Nr.	Kategorie	Risikobezeichnung	Relevanz
2	Marktrisiken	Risiken durch Absatzpreisschwankungen	4
1	Marktrisiken	Risiken durch Absatzmengenschwankungen	4
7c	Marktrisiken	Risiken durch Abhängigkeit von einzelnen Lieferanten	3
7b	Marktrisiken	Risiken durch Abhängigkeit von einzelnen Kunden	3
7d	Strategische Risiken	Finanzstrukturrisiko: niedrige Eigenkapitalquote	3
7f	Risiken aus Corporate Governance	Organisatorische Risiken	3
7e	Marktrisiken	Risiken durch den Markteintritt neuer Wettbewerber	3
7a	Strategische Risiken	Risiken durch Inkonsistenz der Unternehmensstrategie	3
3	Marktrisiken	Beschaffungsmarktrisiken (Preis), Materialkostenschwankungen	3
7	Strategische Risiken	Bedrohung von Kernkompetenzen	3
8a	Finanzmarktrisiken	Währungsrisiken	2
8b	Finanzmarktrisiken	Risiken durch Forderungsausfälle	2
8d	Leistungsrisiken	Verfügbarkeitsrisiken durch Ausfall zentraler Produktionskomponenten	2
8c	Leistungsrisiken	Risiko durch Ausfall von Schlüsselpersonen	2
5	Leistungsrisiken	Schwankungen der sonstigen Kosten	2
6	Leistungsrisiken	Personalkostenschwankungen	2
8	Marktrisiken	Risiken durch ungünstige Struktur der Wettbewerbskräfte	2
9	Politisch/rechtliche und gesellschaftliche Risiken	Risiken aus Konventionalstrafen	1
4	Finanzmarktrisiken	Zinsänderungsrisiken	1

Abbildung 19: Beispielhaftes Risikoinventar[144]

---

[144] Entnommen aus der Software „Risiko-Kompass" (www.risiko-kompass.de).

Die Vorgehensweise zur Ermittlung der Einschätzung in Bezug auf die Relevanz der einzelnen Risiken wird im nächsten Abschnitt (Kapitel 3.4) erläutert. Vertiefend auf ein überarbeitetes Risikoinventar – nach einer gründlichen Risikobewertung – wird in Abschnitt 3.5 eingegangen.

3.4 Risikobewertung/Risikoquantifizierung

3.4.1 Notwendigkeit und Nutzen der Risikoquantifizierung

Risikoquantifizierung bzw. Risikobewertung umfasst zwei Teilaufgaben, nämlich die quantitative Beschreibung eines Risikos (durch eine geeignete Wahrscheinlichkeitsverteilung) und die Umrechnung dieser in eine (positive) reelle Zahl, das Risikomaß. Im weiteren Sinn zur Risikobewertung zu zählen ist zudem die Beurteilung, ob ein Risiko für ein Unternehmen akzeptabel ist, was von der Risikotragfähigkeit des Unternehmens und der Risikoneigung der Unternehmensführung abhängt.[145]

Die Risikoquantifizierung kann als ein recht unpopulärer Tätigkeitsbereich im Rahmen des Risikomanagements angesehen werden, weil offenbar viele Menschen erhebliche Schwierigkeiten damit haben, sich bezüglich der Höhe eines Risikos eindeutig quantitativ festzulegen. Dies liegt zum einen möglicherweise auch an Kenntnisdefiziten hinsichtlich der Methoden der Risikoquantifizierung; zum anderen spielen psychologische Aspekte eine Rolle – und zudem ist die durch die Quantifizierung erreichte Transparenz nicht immer im Interesse der für die Quantifizierung zuständigen Mitarbeiter. Teilweise werden Risiken gar als nicht quantifizierbar eingeschätzt.

Im Folgenden wird kurz erläutert, warum die in diesem Kapitel beschriebenen Verfahren der Risikoquantifizierung von so zentraler Bedeutung sind, und welcher Nutzen durch die Risikoquantifizierung (und nur durch diese) zu erreichen ist. Zudem wird aufgezeigt, dass es zur Quantifizierung von Risiken letztlich keine sinnvolle Alternative gibt.

Aber zunächst folgt eine kurze Erläuterung des Nutzens der Risikoquantifizierung:

(1) Die Quantifizierung einzelner Risiken ermöglicht deren Priorisierung und den Vergleich mit anderen Risiken eines Unternehmens. Hierzu ist es notwendig, ein Risikomaß zu definieren und/oder die Konsequenz eines Risikos für den Erfolgsmaßstab des Unternehmens (oberstes Ziel, z. B. Unternehmenswert) zu berechnen. Falls Risiken außerdem in mehreren Wirkungs-Dimensionen ge-

---

[145] Vgl. Gleißner/Romeike, 2005 a.

messen werden, muss eine Verrechnung zwischen den Dimensionen erfolgen (Zeit, Geld, Reputation, menschliche Gesundheit etc.); erst dann ist der Vergleich möglich. Bei Unternehmen zählt letztlich die Wirkung auf Gewinn, Cashflow, bzw. Unternehmenswert.

(2) Die quantitative Bewertung von Einzelrisiken ist zudem eine unverzichtbare Grundlage, um anschließend mittels einer Risikoaggregation eine Gesamtrisikoposition zu berechnen.

(3) Erst durch die Risikoquantifizierung kann das Risikomanagement in den Kontext von Planung und Controlling gestellt werden, um die Planungssicherheit zu beurteilen.

(4) Mit solchen Risikoaggregationsdaten sind Aussagen hinsichtlich der nötigen Bemessung von Eigenkapital (Eigenkapitalbedarf) oder Liquiditätsreserven möglich. Auch Aussagen zum angemessenen Rating – also der Ausfall- bzw. Überlebenswahrscheinlichkeit – sind dann direkt aus der Unternehmensplanung in Verbindung mit den quantifizierten Risiken ableitbar (zur Methodik siehe Kapitel 7.). Zudem können die Konsequenzen der Risiken auch als „kalkulatorische Eigenkapitalkosten" leicht verständlich dargestellt werden.

Auch im Risikomanagement gilt – wie obige Beispiele zeigen – der bekannte Grundsatz „If you can't meassure it, you can't manage it"[146]. Dass Risiken dennoch häufig nicht quantifiziert werden, hat verschiedene Ursachen. Zu nennen sind insbesondere Probleme mit verfügbaren Daten über Risiken, Kenntnisdefizite hinsichtlich der Methodik zur Risikoquantifizierung und die Aversion vieler Menschen, mit Zahlen und Mathematik umzugehen (und sich damit nachvollziehbar und klar festzulegen)[147]. Als häufigste Begründung hört man in Unternehmen, dass auf eine quantitative Beschreibung des Risikos verzichtet wird, weil über die quantitativen Auswirkungen und die Eintrittswahrscheinlichkeit eines Risikos keine adäquaten (historischen) Daten vorlägen. Das Risiko wird dann nicht quantifiziert und nur als „verbale Merkposition" im Risikomanagement verwaltet. Es fließt entsprechend

---

[146] In Anlehnung an Gleißner, 2006 a. Die Notwendigkeit einer klaren quantitativen Beschreibung von Risiken wird daran deutlich, dass eine alleinige verbale Umschreibung ein sehr breites Interpretationsspektrum zur Folge hat (Hillson, 2005). Einer Befragung zur Folge hat beispielsweise die Wahrscheinlichkeitsaussage „Almost Certain" eine korrespondierende Eintrittswahrscheinlichkeit von knapp 80%. „Likely" liegt bei rund 60%, und „Impossible" bei immer noch 8%. Auffällig ist, dass die meisten verbalen Wahrscheinlichkeitsangaben zwischen den Befragten eine Spannweite der zuordenbaren Wahrscheinlichkeiten von 10% und mehr aufweisen. Die Interpretation einer verbalen Wahrscheinlichkeitsaussage ist zudem stark kontextabhängig.

[147] Siehe hierzu die empirischen Untersuchungen zur Risikoeinstellung von Managern bei March/Shapira, 1987.

nicht ein in die Beurteilung der Bestandsgefährdung des Unternehmens, in die Berechnung des Eigenkapitalbedarfs mittels Aggregation oder in die Ableitung risikogerechter Kapitalkostensätze für die Unternehmenssteuerung.

Rechtfertigt eine schlechte Datenqualität einen derartigen Umgang mit einem Risiko? Sicher nicht. Entscheidend ist vor allem, dass mit der hier beschriebenen Vernachlässigung eines Risikos eine „Nicht-Quantifizierung" überhaupt nicht erreicht wird. Tatsächlich wird das Risiko in allen genannten Berechnungen nicht berücksichtigt, d.h., es wurde faktisch mit Null quantifiziert (d.h. null Eintrittswahrscheinlichkeit oder null Schadenshöhe). Man sieht: Eine Nicht-Quantifizierung von Risiken gibt es nicht; Nicht-Quantifizierung bedeutet Quantifizierung mit Null. Und dies ist sicherlich häufig nicht die beste Abschätzung eines Risikos. Statt einer derartigen „Null-Quantifizierung" eines Risikos bietet es sich nahe liegender Weise an, eine Quantifizierung mit den besten verfügbaren Informationen vorzunehmen und dies können – wenn weder historische Daten noch Vergleichswerte oder andere Informationen vorliegen – selbst subjektive Schätzungen der quantitativen Höhe des Risikos durch Experten des Unternehmens sein. Eine akzeptable Qualität solcher Schätzungen lässt sich durch geeignete Verfahren, z. B. eine Verpflichtung zu einer nachvollziehbaren Herleitung, durchaus sicherstellen. Auch die Verwendung subjektiv geschätzter Risiken und deren Verwendung im Risikomanagement ist methodisch zulässig und notwendig, was Sinn 1980 im Rahmen seiner Dissertation „Ökonomische Entscheidungen bei Unsicherheit" aufgezeigt hat. Auch subjektiv geschätzte Risiken können genau so verarbeitet werden, wie (vermeintlich) objektiv quantifizierte. Man muss sich hier immer über die Alternativen klar sein: Die quantitativen Auswirkungen eines Risikos mit den besten verfügbaren Kenntnissen (notfalls subjektiv) zu schätzen, oder die quantitativen Auswirkungen implizit auf Null zu setzen und damit den Risikoumfang zu unterschätzen. Insgesamt ist damit klar: Nur die Quantifizierung von Risiken schafft einen erheblichen Teil des ökonomischen Nutzens des Risikomanagements zur Unterstützung von Entscheidungen unter Unsicherheit. Die scheinbare Alternative einer Nicht-Quantifizierung von Risiken existiert – wie schon erwähnt – nicht, da nicht quantifizierte Risiken nichts anderes sind als mit Null quantifizierte Risiken.

Nach der Identifikation sind alle wesentlichen Unternehmensrisiken also quantitativ zu bewerten. Nur mit quantifizierten Risiken kann man rechnen, sie vergleichen, und z. B. im Hinblick auf die Konsequenzen für Rating oder Unternehmenswert beurteilen. Die Risikobewertung umfasst die quantitative Beschreibung eines Risikos durch eine geeignete Wahrscheinlichkeitsverteilung und die Berechnung von Risikomaßen. Da die Bestimmung einer geeigneten quantitativen Beschreibung für ein Risiko durchaus mit erheblichem Arbeitsaufwand, beispielsweise statistischen Analysen, verbunden sein kann, wird man sich hier in der Praxis meist nur auf die für das Unternehmen wichtigen Risiken beschränken. Um eine derartige Fokussierung vornehmen zu können, ist jedoch zumindest eine Grobeinschätzung der quantitativen Höhe eines Risikos erforderlich.

3.4.2 Qualitative Risikobewertung mittels Relevanzeinschätzung

Als Einstieg in die Risikoquantifizierung erfolgt meist begleitend zur Risikoidentifikation eine „grobe" Ersteinstufung des Risikos mit Hilfe der Relevanz, wie bereits in Kapitel 3.2.3 grundlegend erläutert.

Die Relevanz ist ein Ausdruck für die Gesamtbedeutung des Risikos für das Unternehmen. Sie ist vor allem abhängig von folgenden Charakteristika eines Risikos: mittlere Ertragsbelastung (Erwartungswert), realistischer Höchstschaden (oder besser Value-at-Risk[148]) und Wirkungsdauer. In der Praxis wird bei einer Ersteinschätzung des Risikos die Relevanz durch kompetente Mitarbeiter des Unternehmens geschätzt, die sich hierbei für alle Risiken mit einer bestimmten Mindesteintrittswahrscheinlichkeit (z. B. 1 %) vor allem am realistischen Höchstschaden orientieren.

Mit Hilfe von Relevanzklassen erfolgt ein einfaches (und dennoch fundiertes) erstes Ranking der Risiken. Diese können z. B. in einer Skala mit Werten von „1" (unbedeutend) bis „5" (existenzgefährdend) wie folgt abgebildet werden:

Relevanzskala		
Relevanz-klasse	Grad der Einfluss-nahme:	Erläuterung
1	Unbedeutendes Risiko	Unbedeutende Risiken, die weder Jahresüberschuss noch Unternehmenswert spürbar beeinflussen.
2	Mittleres Risiko	Mittlere Risiken, die eine spürbare Beeinträchtigung des Jahresüberschusses bewirken.
3	Bedeutendes Risiko	Bedeutende Risiken, die den Jahresüberschuss stark beeinflussen oder zu einer spürbaren Reduzierung des Unternehmenswertes führen.
4	Schwerwiegendes Risiko	Schwerwiegende Risiken, die zu einem Jahresfehlbetrag führen und den Unternehmenswert erheblich reduzieren.
5	Bestandsgefährdendes Risiko	Bestandsgefährdende Risiken, die mit einer wesentlichen Wahrscheinlichkeit den Fortbestand des Unternehmens gefährden.

Abbildung 20: Relevanzskala

---

[148] Vgl. Abschnitt 3.4.4.

Die Festlegung der Relevanz stellt einen Ansatz zur vereinfachenden Verdichtung vieler Aspekte eines Risikos dar und reduziert somit die Komplexität der realen Gegebenheiten.[149] Die Relevanz-Bewertung dient daher zunächst als „Abbruchkriterium" für eine vertiefende quantitative Analyse; siehe auch Abschnitt 3.2.3. Dadurch wird verhindert, dass zu viel Aufwand für relativ nebensächliche Sachverhalte verwendet wird. Was unbedeutend ist, kann mit geringerem Aufwand abgehandelt werden. Oft werden zunächst nur Risiken intensiver untersucht und präziser quantifiziert, die Relevanzen von 3, 4 oder 5 aufweisen.

Damit sind bereits drei wichtige Funktionen der Relevanz genannt worden:

- Die Relevanz als „Abbruchkriterium" spielt eine wichtige Rolle als Filter, um zu unterscheiden, welche Risiken überhaupt im Rahmen des Risikomanagements Berücksichtigung finden (Komplexitätsreduktion der Risikoanalyse).
- Die Relevanz als Ordnungskriterium ermöglicht ein erstes Ranking von Risiken im Risikoinventar.
- Die Relevanz dient als Schätzung für die Wirkung eines Risikos auf den Unternehmenswert (als Erfolgsmaßstab des Unternehmens).

Vorsicht ist allerdings geboten, falls sich einzelne Risiken gegenseitig beeinflussen, vielleicht sogar verstärken. Eine abschließende Bewertung der Relevanz eines Risikos ist damit erst nach der Risikoaggregation möglich (vgl. Kapitel 4.).

Darüber hinaus erfüllt die Relevanz noch weitere Funktionen: Die Relevanzeinstufung erleichtert auch die Kommunikation, da sie Informationen komprimiert darstellt. Eine Relevanz-Skala ist viel anschaulicher als eine mathematische Verteilungsfunktion. Die Kommunikation relevanter Risikoinformationen ist eine wesentliche Aufgabe des Risikomanagements (vgl. Kapitel 6.). Zur Vermeidung einer Überlastung der Berichtsempfänger sollte bei der Berichterstattung eine Abstufung nach der Relevanz der Risiken erfolgen. Nicht wünschenswert ist natürlich eine Berichterstattung beispielsweise im Projektmanagement, bei der jedes Arbeitspaket im Zweifelsfall einfach arbiträr als „gelbe Ampel" dargestellt wird. Über weniger relevant erscheinende Risiken sollte weniger häufig berichtet werden als über bedeutende. Auch bei der Risikobewältigung sollten die Schwerpunkte so gesetzt werden, dass die Handhabung eines Risikos in Relation zu der Relevanz steht. Dies sollte sich z. B. bei der Intensität von Überwachung, Dokumentation und Berichterstattung niederschlagen.

---

[149] Als Hilfsmittel und Vorbereitung für die Risikoquantifizierung existieren eine Vielzahl von Methoden, wie z. B. analytische Hierarchie und Hierarchisierungsverfahren, Kosteneffizienzanalysen, Prozessanalysen etc.

Nach einer präziseren Risikoquantifizierung, wie sie in den folgenden Abschnitten erläutert wird, ist auch eine exakte Berechnung der Relevanz möglich. Daher wird später noch deutlich, dass die Relevanz gerade den Wertbeitrag eines Risikos zeigt (Abschnitt 3.4.5).

3.4.3 Quantitative Beschreibung von Risiken

Für die wesentlichen Risiken gemäß Relevanzeinschätzung ist eine präzisere Quantifizierung notwendig. Dabei sollte ein Risiko zunächst durch eine geeignete (mathematische) Verteilungsfunktion beschrieben werden. Häufig werden Risiken dabei durch Eintrittswahrscheinlichkeit und (sichere) Schadenshöhe quantifiziert, was einer sog. Binomialverteilung („digitale Verteilung") entspricht. Manche Risiken, wie Abweichung bei Instandhaltungskosten oder Zinsaufwendungen, die mit unterschiedlicher Wahrscheinlichkeit verschiedene Höhen erreichen können, werden dagegen durch andere Verteilungsfunktionen (z. B. eine Normalverteilung mit Erwartungswert und Standardabweichung) beschrieben. Die wichtigsten Verteilungsfunktionen im Rahmen des Risikomanagements sind demnach Binomialverteilung, Normalverteilung und Dreiecksverteilung.[150, 151]

(1) Binomialverteilung

Die Binomialverteilung (auch binomische oder Bernoulli-Verteilung genannt) beschreibt die Wahrscheinlichkeit, dass bei n-maliger Wiederholung eines so genannten Bernoulli-Experiments das Ereignis A genau k-mal eintritt. Ein Bernoulli-Experiment ist dadurch gekennzeichnet, dass genau zwei Ereignisse A_1 und A_2 mit der Wahrscheinlichkeit p bzw. 1-p auftreten, diese Wahrscheinlichkeiten sich bei den Versuchswiederholungen nicht verändern und die einzelnen Versuche sich nicht gegenseitig beeinflussen, also unabhängig voneinander sind. Man kann sich dies vorstellen als das Ziehen von verschiedenfarbigen Kugeln aus einer Urne mit Zurücklegen. Ein Beispiel für das Auftreten dieser Wahrscheinlichkeitsverteilung ist das mehrmalige Werfen einer Münze.

---

[150] Vgl. Gleißner/Romeike, 2005, S. 211 ff.

[151] Zu erwähnen ist auch, dass ein Risiko nicht nur durch genau eine Wahrscheinlichkeitsverteilung beschrieben werden kann, die die Risikoauswirkungen in einer Betrachtungsperiode (z. B. ein Jahr oder der jeweilige Lebenszyklus) angibt. Eine differenziertere Betrachtung ist möglich, wenn ein Risiko durch zwei Wahrscheinlichkeitsverteilungen beschrieben wird, die dann erst wieder im zweiten Rechenschritt auf eine Wahrscheinlichkeitsverteilung der Periodenwirkung verdichtet wird. Dabei beschreibt man das Risiko durch eine Wahrscheinlichkeitsverteilung für die Häufigkeit des Risikoeintritts in einer Periode und eine Wahrscheinlichkeitsverteilung für die Schadenshöhe je eingetretenem Risikofall.

Ein Spezialfall der Binomialverteilung ist die „digitale Verteilung". Hier bestehen die zwei möglichen Ereignisse aus den Werten Null und Eins, d. h. „trifft ein" bzw. „trifft nicht ein".

Der Erwartungswert einer Binomialverteilung mit Schadenshöhe SH und Eintrittswahrscheinlichkeit P beträgt $P \times SH$, die Standardabweichung $\sqrt{(1-P) \times P \times SH}$.

(2) Normalverteilung
Die Normalverteilung ist die wichtigste (symmetrische) Wahrscheinlichkeitsverteilung. Sie kommt in der Praxis häufig vor. Dies ergibt sich aus dem so genannten zentralen Grenzwertsatz. Dieser besagt, dass eine Zufallsvariable annähernd normalverteilt ist, wenn diese als Summe einer großen Anzahl voneinander unabhängiger Summanden aufgefasst werden kann, von denen jeder zur Summe nur einen unbedeutenden Beitrag liefert. Hat ein Unternehmen beispielsweise eine Vielzahl von etwa gleich bedeutenden Kunden, deren Kaufverhalten nicht voneinander abhängig ist, kann man annehmen, dass (Mengen-) Abweichungen vom geplanten Umsatz annähernd normalverteilt sein werden. Es ist in einem solchen Fall also unnötig, jeden Kunden einzeln zu betrachten, sondern es kann der Gesamtumsatz analysiert werden.

Die Normalverteilung wird durch den Erwartungswert E(X), der dem Risiko zugrunde liegenden Zufallsvariablen X und der Standardabweichung σ(X), als Streuungsmaß beschrieben.

Zu erwähnen ist hier noch die eng mit der Normalverteilung verwandte Lognormalverteilung. Der Logarithmus einer lognormal verteilten Zufallsvariable ist gerade normalverteilt. Lognormalverteilte Zufallsvariablen ergeben sich aus dem Produkt einer großen Anzahl voneinander unabhängiger (jeweils kleiner) Zufallsvariablen.

(3) Dreiecksverteilung

Die Dreiecksverteilung erlaubt – auch für Anwender ohne tiefgehende mathematische (statistische) Vorkenntnisse – eine quantitative Abschätzung des Risikos einer Variablen. Es müssen lediglich drei Werte für die risikobehaftete Variable angegeben werden, der Minimalwert a, der wahrscheinlichste Wert b und der Maximalwert c.[152] Dies bedeutet, dass von einem Anwender keine Abschätzung einer Wahrscheinlichkeit gefordert wird. Dies geschieht implizit durch die angegebenen Werte und die Art der Verteilung. Die Beschreibung eines Risikos mit diesen drei Werten entspricht der in der Praxis gebräuchlichen Szenariotechnik, wobei jedoch hier die Wahrscheinlichkeitsdichte für alle

---

[152] In der Praxis ist es häufig auch nützlich, anstelle von Minimalwert (a) und Maximalwert (c) ausgewählte Quantile zu spezifizieren. Der erfragte Mindestwert kann deshalb z. B. operationalisiert werden als „derjenige Wert, der mit 90 %iger Sicherheit nicht unterschritten wird". Auch mit einer derartigen Information lässt sich die Dreiecksverteilung eindeutig spezifizieren.

möglichen Werte zwischen dem Minimum und dem Maximum berechnet werden. Die folgende Abbildung zeigt eine Dreiecksverteilung am Beispiel der Kosten des Ausfalls von Schlüsselpersonen.

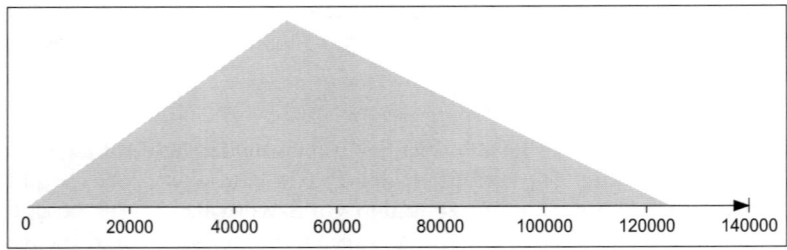

| 0 | 20000 | 40000 | 60000 | 80000 | 100000 | 120000 | 140000 |

Abbildung 21: Dreiecksverteilung für Schlüsselpersonen-Ausfall
(Quelle: Risiko-Kompass)

Das Risikomanagement sieht in diesem Fall einen Schaden von maximal 125.000 € (= c), falls eine Schlüsselperson ausfallen würde; es kann jedoch auch sein, dass keine erhöhte Kosten entstehen (= a). Kosten von 50.000 € werden als wahrscheinlichster Fall angesehen (= b).

Der Erwartungswert einer Dreiecksverteilung berechnet sich durch $\dfrac{a+b+c}{3}$, die Standardabweichung durch $\sqrt{\dfrac{a^2+b^2+c^2+ab-ac-bc}{18}}$.

(4) Gleichverteilung

Schließlich ist noch auf die Gleichverteilung hinzuweisen. Die Gleichverteilung wird nur spezifiziert durch zwei Parameter, nämlich den Mindestwert (a) und den Maximalwert (c). Die Wahrscheinlichkeitsdichte zwischen diesen beiden Werten ist überall identisch.[153] Die Gleichverteilung ist insbesondere dann zu verwenden, wenn keinerlei Informationen darüber vorliegen, die die Annahme unterschiedlicher Eintrittswahrscheinlichkeiten für bestimmte Ereignisse oder Zustände rechtfertigen (siehe zum Prinzip des unzureichenden Grunds, Sinn, 1980 und die Erläuterungen in Abschnitt 3.4.1). Ihr Erwartungswert beträgt $\dfrac{a+b}{2}$ und die Standardabweichung $\dfrac{b-a}{\sqrt{12}}$.

Für die Bewertung eines Risikos kann man sich an tatsächlich in der Vergangenheit eingetretenen Risikowirkungen (Schäden), an Benchmarkwerten aus der Branche oder an selbst erstellten (realistischen) Schadensszenarien orientieren, die dann präzise zu beschreiben und hinsichtlich einer möglichen quantitativen Auswirkung auf das Unternehmensergebnis zu erläutern sind. Die Wahrscheinlichkeitstheo-

---

[153] Bzw. bei diskreten Ereignissen ist die Eintrittswahrscheinlichkeit aller möglichen Zustände identisch.

rie ist die einzige mathematische Basis für die Kombination subjektiver und objektiv ermittelter Daten: Probability = degree of believe (Sinn, 1980).

Bei der Risikoquantifizierung ist zudem wichtig, explizit zwischen „Bruttowirkungen" und „Nettowirkungen" eines Risikos zu unterscheiden.[154] Für die Risikobewertung sind letztlich die Nettowirkungen relevant, bei denen sämtliche momentan realisierte Risikobewältigungsverfahren (z. B. Versicherungen) bereits berücksichtigt sind. Für die Herleitung der bewertungsrelevanten Nettorisiken kann es jedoch sinnvoll sein, zunächst die Bruttorisiken aufzuzeigen, also eine Risikobewertung ohne Berücksichtigung von Risikobewältigungsmaßnahmen durchzuführen. Dies ist insbesondere sinnvoll und möglich, wenn klar abgrenzbare Risikobewältigungsverfahren betrachtet werden (z. B. Versicherungen). In vielen Fällen ist eine Berechnung der Bruttorisiken jedoch kaum möglich, da es weitgehend willkürlich ist, welche Arten von Risikobewältigung „herausgerechnet" werden sollen.[155]

Ebenfalls ist es für die Risikoquantifizierung wichtig, grundsätzlich lediglich unvorhersehbare Veränderungen bei der Berechnung zu berücksichtigen. Wenn die Erstellung der Planwerte auf einem quantitativen Prognosemodell, beispielsweise einer Regressionsgleichung, basiert, sind die notwendigen Input-Daten für die Schätzung der Wahrscheinlichkeitsverteilung genau die Prognose-Residuen, also der Anteil der Veränderung, der nicht prognostizierbar war.

Bei einer Schätzung der Parameter einer Wahrscheinlichkeitsverteilung (die ein Risiko beschreibt), basierend auf historischen Daten, erst recht aber bei subjektiver Schätzung, ist schließlich zu beachten, dass diese Parameter (z. B. die Standardabweichung einer Normalverteilung) selbst nicht sicher sind. Zur Vermeidung einer Scheingenauigkeit kann es hier sinnvoll sein, diese Unsicherheit hinsichtlich der Risikoschätzung selbst transparent darzustellen, also ein „Meta-Risiko" zu modellieren.[156] Bei einem derartigen „Meta-Risiko" wird beispielsweise der Parameter einer Wahrscheinlichkeitsverteilung zur Beschreibung eines Risikos selbst wieder als unsicher aufgefasst, also durch eine Wahrscheinlichkeitsverteilung zweiter Ordnung beschrieben.

---

[154] Hierbei sind grundsätzlich auch die Konsequenzen für die Umsatz- und die Kostenentwicklung zu betrachten, um Ergebniswirkungen zu vergleichen.

[155] Soll z. B. die adäquate Ausbildung der Mitarbeiter bei der Quantifizierung von technischen Risiken vernachlässigt werden?

[156] Siehe z. B. Sinn, 1980 sowie Camerer/Weber, 1992.

3.4.4 Verwendung von Risikomaßen bei der Risikobewertung

Die Berechnung von Risikomaßen[157] ist eine weitere Teilaufgabe bei der Risikoquantifizierung. Aus der Verteilungsfunktion lassen sich Risikomaße (wie die Standardabweichung oder der Value-at-Risk) zum Vergleich von Risiken ableiten, auch wenn sie durch unterschiedliche Typen von Verteilungsfunktionen beschrieben werden. Die Risikomaße können sich auf Einzelrisiken (z. B. Sachanlageschäden), aber auch auf den Gesamtrisikoumfang (etwa des Gewinns) eines Unternehmens beziehen. Ein Risikomaß bildet eine Wahrscheinlichkeitsverteilung auf eine reele (positive) Zahl ab.

Als Instrument für die Entscheidungsunterstützung haben Risikomaße laut Laas[158] (2004) folgende fünf Aufgaben:

* Risikomaße ermöglichen den Vergleich von Risiken.
* Sie ermöglichen die Risikokapitalallokation.[159]
* Mit Hilfe des Risikomaßes können Nebenbedingungen für Investitionsentscheidungen formuliert werden, die ergänzend zum Kapitalwert als Zielgröße bei der Entscheidung hinsichtlich der Durchführung von Investitionen Verwendung finden.
* Risikomaße ermöglichen die Lokalisierung von Risiken unter Berücksichtigung aggregierter Wechselwirkungen zwischen Einzelrisiken.
* Durch den Einsatz von Risikomaßen kann die Beurteilung des Projekterfolgs mit Hilfe risikoadjustierter Kennzahlen vorgenommen werden (Leistungsbewertung mittels Performancemaßen).

Oft erfolgt in den Unternehmen die Quantifizierung der Risiken noch anhand von Eintrittswahrscheinlichkeit (P) und Schadenshöhe (SH)[160]. Die mittlere Ergebnisbelastung aus einem Risiko der Zahlung, der so genannte „Erwartungswert" $E(X)$, berechnet sich als Produkt dieser beiden Risikoparameter:[161]

$$E(X) = SH \times P \tag{3.2}$$

Häufig wird dieser Erwartungswert als Maßstab für die Bedeutung eines Risikos verwendet und die beiden Parameter in so genannten „Risiko-Portfolios" bzw. „Risk-Maps" gegeneinander abgetragen. Die-

---

[157] Vgl. Gleißner, 2006a sowie vertiefend Albrecht, 2001, Arzner et al, 1996, Pedersen/Satchell, 1998, Albrecht/Maurer, 2005.
[158] Laas 2004, S. 42 mit Bezugnahme auf Wilson, 1998, S. 62–64.
[159] Als Risikokapital wird hier das „Mindest-Eigenkapital" verstanden, mit dem eine Investition ausgestattet werden muss, um die potenziellen Verluste auffangen zu können.
[160] Dies ist eine Festlegung auf eine bestimmte Verteilungsart, nämlich eine Binomialverteilung („digitale Verteilung").
[161] Das Rechensymbol für den Erwartungswert von X ist E(X).

ses Vorgehen ist jedoch – wie bereits erwähnt – sehr kritisch zu betrachten. Risiken sind bekanntlich mögliche Planabweichungen. Der Erwartungswert zeigt jedoch gerade was „im Mittel" passiert und ist somit überhaupt kein Risikomaß.

Im Folgenden werden die wichtigsten Risikomaße, beginnend mit der Standardabweichung, vorgestellt. Vorab ist jedoch darauf hinzuweisen, dass es zwei Hauptkriterien gibt, hinsichtlich derer sich Risikomaße einteilen lassen.

Unterschieden wird zunächst zwischen lageabhängigen und lageunabhängigen Risikomaßen (siehe z. B. Albrecht, 2001). Die lageunabhängigen Risikomaße beschreiben dabei gerade den Umfang von Planabweichungen und werden deshalb auch als Abweichungsmaße bezeichnet. Lageunabhängige Risikomaße (wie beispielsweise die Standardabweichung) quantifizieren das Risiko als Ausmaß der Abweichungen von einer Zielgröße. Lageabhängige Risikomaße hingegen, wie beispielsweise der Eigenkapitalbedarf oder der Value-at-Risk, sind von der Höhe des Erwartungswertes abhängig. Häufig kann ein solches Risikomaß als „notwendiges Eigenkapital" bzw. „notwendige Prämie" zur Risikodeckung angesehen werden. Da in die Berechnung von lageabhängigen Risikomaßen auch die Höhe des Erwartungswertes $E(X)$ einfließt, können diese auch als eine Art risikoadjustierte Performancemaße interpretiert werden.

Dabei können die beiden Arten von Risikomaßen teilweise ineinander umgeformt werden. Wendet man bspw. ein lageabhängiges Risikomaß nicht auf eine Zufallsgröße X, sondern auf eine zentrierte Zufallsgröße $X-E(X)$ an, so ergibt sich ein lageunabhängiges Risikomaß.[162]

Zum anderen wird unterschieden in einseitige und zweiseitige Risikomaße. Wie die Bezeichnung bereits ausdrückt, berücksichtigen zweiseitige Risikomaße Abweichungen vom Plan- bzw. Erwartungswert in beide Richtungen, also Chancen und Gefahren. Die einseitigen Risikomaße berücksichtigen nur mögliche Abweichungen in eine Richtung, in der Regel mögliche negative Planabweichungen, also Gefahren. Diese Risikomaße bezeichnet man auch als Downside-Risikomaße.

Die nun zunächst vorgestellte Standardabweichung ist ein zweiseitiges, lageunabhängiges Risikomaß. Mit dem Value-at-Risk, dem Eigenkapitalbedarf als Spezialfall des Value-at-Risk, den LPM-Risikomaßen und dem Conditional Value-at-Risk werden anschließend mehrere lageabhängige und einseitige Risikomaße, also Downside-Risikomaße, vorgestellt. Zudem wird aufgezeigt, dass es für den Value-at-Risk und den Conditional Value-at-Risk jeweils auch eine lageunabhängige Variante gibt, die dann DVaR (Deviation Value-at-Risk) und DCVaR (Deviation Conditional Value-at-Risk) genannt werden.

162 Vgl. Pedersen/Satchell, 1998.

Die **Standardabweichung** $\sigma(X)$ als Risikomaß für eine unsichere Zahlung (X) berechnet sich als[163] $\sigma(X) = \sqrt{\left(E(X - E(X))^2\right)}$ und erfasst positive wie negative Abweichungen vom Erwartungswert $E(X)$ gleichermaßen. Die (scheinbare) Symmetrie und identische Bedeutung von Chancen und Gefahren bei der Risikomessung ist allerdings oft keine adäquate Risikoerfassung. Sie scheint auch der Intuition und der Risikowahrnehmung der meisten Menschen zu widersprechen, die Gefahren (mögliche negative Planabweichungen) wesentlich höher bewerten als gleich hohe Chancen.

Insbesondere im Bank- und Versicherungswesen findet der **Value-at-Risk** (VaR) als Downside-Risikomaß häufig Verwendung. Der VaR berücksichtigt explizit die – für KonTraG relevanten – Konsequenzen einer besonders ungünstigen Entwicklung für das Unternehmen. Der VaR ist dabei definiert als Schadenshöhe, die in einem bestimmten Zeitraum mit einer festgelegten Wahrscheinlichkeit p („Konfidenzniveau" $\alpha = 1 - p$, etwa 95%) nicht überschritten wird. Formal gesehen ist ein VaR das (negative) Quantil einer Verteilung.[164] Das x%-Quantil zu einer Verteilung gibt den Schwellenwert an, bis zu dem x Prozent aller möglichen Werte liegen. Bei einer Normalverteilung mit Erwartungswert $E(X)$ und einer Standardabweichung $\sigma(X)$ berechnet sich der VaR wie folgt:[165]

$$VaR_p(X) = -\left(E\left(X\right) + q_{1-\alpha}\sigma\left(X\right)\right) \tag{3.3}$$

Bezieht sich der VaR nicht auf einen „Wert", sondern z.B. auf den Cashflow, spricht man gelegentlich auch von „Cashflow-at-Risk", was jedoch das gleiche Risikomaß meint.

Der VaR ist nicht nur bei einer Normalverteilung berechenbar, sondern für beliebige Verteilungen.

Mit der Cornish-Fisher-Abschätzung kann das Quantil einer schiefen Verteilung abgeschätzt werden auf Basis der ersten vier Momente (Erwartungswert, Standardabweichung, Schiefe und Kurtosis).[166]

Basis ist die Bestimmung eines Quantils einer Normalverteilung. Im Falle einer Normalverteilung können die Quantile der Verteilung (d.h. die Verteilungsfunktion) dargestellt werden als

$$Q_p(X) = F_x^{-1}(p) = E\left(X\right) + q_p\sigma(X) \tag{3.4}$$

---

[163] $E(X)$ ist der Erwartungswert und $\sigma(X)$ die Standardabweichung von X.

[164] Häufig wird der VaR auf eine Verteilung von Schäden oder Planabweichungen angewandt, also auf eine Zufallsvariable $S = E(X) - X$. Der VaR kann auch als lageunabhängiges Abweichungsmaß verwendet werden, wobei dies als DvaR (Deviation-Value-at-Risk) bezeichnet wird.

[165] $q_{1-\alpha}$ ist das aus einer Tabelle ablesbare Quantil der Standardnormalverteilung zum Konfidenzniveau α.

[166] Siehe Eling, 2004, S. 19–20 sowie Favre/Galleano, 2002, S. 24 und Gregoriou/Gueyie, 2003, S. 81.

Hierbei ist der Faktor q_p nur vom betrachteten Quantil p abhängig und entspricht dem Wert der invertierten Verteilungsfunktion F der Standardnormalverteilung an der Stelle p.

Die Cornish-Fisher-Erweiterung berücksichtigt nun die Schiefe γ und die Wölbung δ einer Verteilung[167], womit sich natürlich andere Quantile als bei der Normalverteilung ergeben, deren Schiefe 0 beträgt und deren Wölbung sich zu 3 ergibt.[168] Hierbei wird der Faktor q_p angepasst mittels

$$z_p = q_p + \frac{1}{6}\left(q_p^2 - 1\right) \times \gamma + \frac{1}{24}\left(q_p^3 - 3q_p\right) \times (\delta - 3) - \frac{1}{36}\left(2q_p^3 - 5q_p\right) \times \gamma^2 \qquad (3.5)$$

Die Berechnung des Quantils zur Wahrscheinlichkeit p lautet damit

$$VaR_p(X) = E(X) + z_p \sigma(X) \qquad (3.6)$$

Der **Eigenkapitalbedarf** (EKB) als Spezialfall des Risikokapitals ist ein mit dem VaR verwandtes, lageabhängiges Risikomaß, das sich explizit auf den Unternehmensertrag (Gewinn) bezieht. Er drückt aus, wie viel Eigenkapital nötig ist, um realistische risikobedingte Verluste einer Periode zu tragen.

Der Eigenkapitalbedarf ist somit ebenso wie der VaR ein Risikomaß, das nicht die gesamten Informationen der Wahrscheinlichkeitsdichte berücksichtigt. Welchen Verlauf die Dichte unterhalb des gesuchten Quantils (EKB_p) nimmt, also im Bereich der Extremwirkungen (Schäden), ist für den Eigenkapitalbedarf unerheblich. Damit werden aber Informationen vernachlässigt, die für einen Investor von Bedeutung sein können, wenn er das Risiko einer Anlage oder eines Unternehmens messen will. Im Gegensatz dazu berücksichtigen die Shortfall-Risikomaße – und insbesondere die so genannten Lower Partial Moments – gerade eben die oft zur Risikobeurteilung interessanten Teile der Wahrscheinlichkeitsdichte von minus unendlich bis zu einer gegebenen Zielgröße c (Schranke).

Unter den **Lower Partial Moments** (untere partielle Momente; LPM_m-Maße) versteht man Risikomaße, die sich als Downside-Risikomaß nur auf einen Teil der gesamten Wahrscheinlichkeitsdichte beziehen. Sie erfassen nur die negativen Abweichungen von einer Schranke c (Zielgröße), werten hier aber die gesamte Informationen der Wahrscheinlichkeitsverteilung aus (bis zum theoretisch möglichen Maximalschaden). Üblicherweise werden in der Praxis drei Spezialfälle betrachtet:

---

[167] Schiefe (γ) und Wölbung (δ) entsprechen dem dritten bzw. vierten zentralen Moment. Sie sind definiert durch $\gamma = \dfrac{E\left(X - E(X)\right)^3}{\sigma(X)^3}$ bzw. $\delta = \dfrac{E\left(X - E(X)\right)^4}{\sigma(X)^4}$.

[168] In die Formel fließt allerdings nicht die Wölbung an sich ein, sondern die sog. Exzess-Kurtosis, die sich zu δ-3 ermittelt.

- die Shortfall-Wahrscheinlichkeit (Ausfallwahrscheinlichkeit), d.h. m = 0

$$SW(c; X) = LPM_0(c; X) = P(X < c) \tag{3.7}$$

- der Shortfall-Erwartungswert, d.h. m = 1

$$SE(c; X) = LPM_1(c; X) = E\left(\max(c - X, 0)\right) \tag{3.8}$$

- die Shortfall-Varianz, d.h. m = 2

$$SV(c; X) = LPM_2(c; X) = E\left(\max(c - X, 0)^2\right) \tag{3.9}$$

Das Ausmaß der Gefahr der Unterschreitung der Zielgröße c wird dabei in verschiedener Weise berücksichtigt. Bei der Shortfall-Wahrscheinlichkeit spielt nur die Wahrscheinlichkeit p der Unterschreitung eine Rolle. Beim Shortfall-Erwartungswert wird dagegen die mittlere Unterschreitungshöhe[169] berücksichtigt und bei der Shortfall-Varianz die mittlere quadratische Unterschreitungshöhe.

Der **Conditional Value-at-Risk** (CVaR)[170] schließt als bedingtes Shortfall-Risikomaß die Wahrscheinlichkeit für die Unterschreitung der Schranke mit ein.

Der Conditional Value-at-Risk (CVaR) findet als „kohärentes" Risikomaß immer häufiger als Alternative zum VaR Beachtung. Er entspricht dem Erwartungswert der Realisationen einer risikobehafteten Größe, die unterhalb des Quantils zum Niveau $p = 1 - \alpha$ liegt. Der CVaR gibt an, welche Abweichung bei Eintritt des Extremfalls, d.h. bei Überschreitung des VaR, zu erwarten ist. Der CVaR berücksichtigt somit nicht nur die Wahrscheinlichkeit einer „großen" Abweichung (Extremwerte), sondern auch die Höhe der darüber hinausgehenden Abweichung. Formal gilt also:

$$CVaR_p(X) = -E\left(X \mid X < -VaR_p(X)\right) \tag{3.10}$$

Der Conditional Value-at-Risk kann als „Quantils – Reserve (VaR) plus eine Exzess – Reserve" interpretiert werden; formal bedeutet dies:

$$CVaR_p(X) = \underbrace{VaR_p(X)}_{\substack{100(1-\alpha)\%- \\ \text{Maximalverlust}}} + \underbrace{E\left[-X - VaR_p(X) \mid X < -VaR_p(X)\right]}_{\substack{\text{mittlere Überschneidung im Überschreitungsfall} \\ (\text{mittlere bedingte Überschreitung})}}. \tag{3.11}$$

Der CVaR ist immer höher als der VaR.

---

[169] D.h. der Erwartungswert.
[170] Die Abkürzung „CVaR" wird bei Banken oft auch verwendet für den Credit Value-at-Risk, vgl. Albrecht, 2001.

3.4.5 Risikowertbeitrag und Performancemaße

Bisher wurden „echte" Risikomaße betrachtet. Um die Gesamtbedeutung eines Risikos für das Unternehmen darzustellen, wurde bereits auf die so genannte Relevanz hingewiesen. Die Relevanz ist ein Beurteilungsmaßstab für ein Risiko, der die eigentliche Risikowirkung ebenso wie die erwartete Ergebnisauswirkung in einer Zahl verbindet, und damit als Performancemaß[171] interpretiert werden kann. Während die Relevanz zunächst nur eine ordinale Beurteilung zulässt, also Risiken in fünf Relevanzklassen einteilt, ist der im Folgenden erläuterte Risikowertbeitrag eine (kardinale) Kennzahl, die basierend auf der gleichen Grundidee die Gesamtbedeutung eines Risikos für das Unternehmen (bzw. den Unternehmenswert) beschreibt.

Die Relevanz ist ein Ausdruck für die Gesamtbedeutung des Risikos für das Unternehmen und wird unter Berücksichtigung der mittleren Ertragsbelastung (Erwartungswert, $EW = E(X)$) sowie des Value-at-Risk (oder CVaR) ermittelt. Ist der Value-at-Risk (noch) nicht bestimmt, kann näherungsweise auf den größten denkbaren Schaden des Risikos zurückgegriffen werden.

Grundsätzlich ist die Relevanz als Annäherung an die Wirkungen eines Risikos auf den Unternehmenswert zu interpretieren. Der Erwartungswert des Risikos drückt dabei die mittlere Ergebnisbelastung aus, während der geschätzte Höchstschadenswert (ohne Berücksichtigung von Diversifikationseffekten) eine Vorstellung über den risikobedingten Bedarf an (zu verzinsendem) Eigenkapital gibt. Die Relevanz wird damit zum Schätzer für die Wirkung eines Risikos auf den Unternehmenswert, denn der Unternehmenswert ändert sich durch die Veränderung bzw. den Wegfall eines Risikos. Die Wirkung eines Risikos auf den Unternehmenswert (ΔW) innerhalb eines Jahres kann (unter Vernachlässigung von Diversifikationseffekten) nach der folgenden Formel abgeschätzt werden:

$$\Delta W = -\left(EW + r_z \times VaR \right) \approx -\left(VaR \times p + r_z \times VaR \right) = -VaR\left(p + r_z \right) \qquad (3.12)$$

Hierbei bezeichnet r_z den Risikozuschlag für das Eigenkapital und $EW = E(X)$ den Erwartungswert des Risikos.

Der Risikozuschlag (r_z) entspricht dabei der Differenz der erwarteten Rendite eines Eigenkapitalinvestments (des Marktportfolios oder näherungsweise eines breiten Aktienindex) gegenüber der Rendite einer risikolosen Anlage (r_0). Die Verwendung des Risikozuschlags (Risikoprämie) bei der Berechnung des Wertbeitrags eines Risikos unterstellt, dass durch das zusätzliche Risiko Fremdkapital durch Eigenkapital zu substituieren ist, um die Risikotragfähigkeit eines Unternehmens

---

[171] Was formal einem lageabhängigem Risikomaß ähnelt.

entsprechend anzupassen. Alternativ lässt sich auch annehmen, dass die zusätzliche Hereinnahme des betrachteten Risikos zu einer Ausweitung der Bilanzsumme durch eine Eigenkapitalerhöhung (gegen liquide Mittel) führt. Bei dieser Betrachtung wäre entsprechend an Stelle des Risikozuschlags die erwartete Rendite des Eigenkapitals zu setzen.[172]

Der so abgeschätzten Auswirkung eines Risikos auf den Unternehmenswert kann nun mit Hilfe einer Relevanzskala eine Relevanz zugeordnet werden. Normalerweise wird bei einer Risikoanalyse dem Risiko zunächst nur aufgrund eines abgeschätzten Höchstschadenswerts – ohne Berücksichtigung von Wahrscheinlichkeiten – eine Relevanz zugeordnet. Hierzu wird eine Relevanzskala festgelegt, die auf Höchstschadenswerten basiert (vgl. Abschnitt 3.4.2).

Für die Ermittlung einer Relevanzskala, basierend auf die Auswirkungen auf den Unternehmenswert, wird nun vereinfachend ein Benchmark-Risiko betrachtet mit nur einer sicheren Schadenshöhe (diese entspricht dem Höchstschadenswert) und einer zugehörigen Eintrittswahrscheinlichkeit (Binomialverteilung). Es wird nun für die Höchstschadenswerte, die die Grenzen der Relevanzskala darstellen, ermittelt, welche Auswirkungen ein Risiko mit einer entsprechenden Schadenshöhe und der Benchmark-Eintrittswahrscheinlichkeit auf den Unternehmenswert hat, wobei Diversifikationseffekte vernachlässigt werden. Im Folgenden wird beispielhaft von einer (hohen) Risikoprämie des Eigenkapitals von 10 % ausgegangen. Die Eintrittswahrscheinlichkeit des Benchmark-Risikos wird mit 5 % beziffert. Damit ergibt sich die Auswirkung auf den Unternehmenswert für ein Risiko mit einer Schadenshöhe in Höhe von 50 – also der Grenze zwischen den Relevanzen eins und zwei – zu:

$$\Delta W = -\left(EW + r_z \times VaR\right) = -\left(50 \times 5\% + 10\% \times 50\right) = -7,5 \qquad (3.13)$$

Analog ergeben sich die weiteren Grenzen für die Relevanzskala basierend auf den (negativen) Auswirkungen auf den Unternehmenswert. Beide Skalen sind natürlich somit ineinander umwandelbar; sie helfen aber bei der Risikozuordnung (vgl. Abbildung 22).

Die so erweiterte Relevanzskala erlaubt eine wesentlich differenziertere Beurteilung von Risiken, weil auch die Eintrittswahrscheinlichkeit eines Risikos – neben der quantitativen Höhe – berücksichtigt wird. Im Gegensatz zum Erwartungswert des Risikos, der nur bei einer perfekten Diversifikation alleine aussagefähig ist, hat hier aber die Schadenshöhe (besser der Value-at-Risk) einen starken Einfluss.

---

[172] Ergänzend ist darauf hinzuweisen, dass die erwartete Rendite des Eigenkapitals abhängig ist vom Konfidenz-Niveau (Ausfallwahrscheinlichkeit), zu dem der Value-at-Risk berechnet wurde (siehe hierzu weiterführend die Überlegungen bezüglich ratingabhängiger Kapitalkosten in Abschnitt 7.3.2).

Relevanz	Ausprägung	Höchstschadenswert		Unternehmenswert	
		von	bis	von	bis
1	Unbedeutende Risiken, die weder Jahresüberschuss noch Unternehmenswert spürbar beeinflussen	0	≤ 50	0	≤ 7,5
2	Mittlere Risiken, die eine spürbare Beeinträchtigung des Jahresüberschusses bewirken	50	≤ 200	7,5	≤ 30
3	Bedeutende Risiken, die den Jahresüberschuss stark beeinflussen oder zu einer spürbaren Reduzierung des Unternehmenswertes führen	200	≤ 500	30	≤ 75
4	Schwerwiegende Risiken, die zu einem Jahresfehlbetrag führen und den Unternehmenswert erheblich reduzieren	500	≤ 1000	75	≤ 150
5	Bestandsgefährdende Risiken, die mit einer wesentlichen Wahrscheinlichkeit den Fortbestand des Unternehmens gefährden	1000	unendlich	150	unendlich

Abbildung 22: Relevanzskala und Unternehmenswert

Bei dieser einfachen Betrachtung wird von Diversifikationseffekten abgesehen. Das Risiko wird also nicht als Komponente des (diversifizierten) Gesamtrisikoumfangs des Unternehmens aufgefasst, sondern alleine betrachtet. Eine Berücksichtigung der Diversifikationseffekte ist jedoch im Rahmen eines Aggregationsmodells (siehe Kapitel 4) möglich. Das Risikomaß eines Einzelrisikos im Kontext des Unternehmens (Portfoliozusammenhang) kann beispielsweise ermittelt werden, in dem die aggregierte Risikoposition des Unternehmens einmal mit und einmal ohne das Risiko berechnet wird.[173]

Weitere Performancemaße, die sich aus der Kombination einer Ertragsinformation (Lagemaß) und einer Risikoinformation ergeben, sind das bereits erwähnte Sharpe Ratio sowie das Sortino Ratio[174]. Beide sind jedoch für die Gesamtbeurteilung eines Risikos weniger geeignet, weil hier ein positiver Ertrag auf ein Risikomaß bezogen wird.

3.5 Erweitertes Risikoinventar, Risk-Maps und Risiko-Portfolios

3.5.1 Das quantifizierte Risikoinventar mit Risikowertbeitrag

Die wesentlichen Risiken werden in einem Risikoinventar, einer Art Hitliste der wesentlichsten Risken, zusammengefasst. Schon in Abschnitt 3.3 im Kontext der Risikoidentifikation wurde das Risikoinventar erstmalig vorgestellt. Da zu diesem Zeitpunkt noch keine quantitativen Informationen über das Risiko vorlagen, wurden die Risiken

---

[173] Inkrementale Risikokapitalallokation, siehe weiterführend z. B. Tillmann, 2006.
[174] Siehe Definitionen im Anhang.

nur nach einer zunächst groben (weitgehend subjektiven) Ersteinschätzung der Relevanz der Risiken sortiert. Nach der Quantifizierung der Risiken kann das Risikoinventar überarbeitet werden, wobei nunmehr eine Sortierung der Risiken anhand eines gewählten Risikomaßes (z. B. dem VaR oder CVaR) möglich ist, oder eine Sortierung bezüglich des Risikowertbeitrags, der – wie erläutert – für eine Präzisierung der Relevanzskala genutzt werden kann. Ein um den Risikowertbeitrag ergänztes Risikoinventar zeigt die folgende Abbildung:

Kategorie	Risikobezeichnung	Risiko-wertbeitrag	Relevanz
Marktrisiken	Beschaffungsmarktrisiken (Preis), Materialkostenschwankungen	–399.891,00	5
Marktrisiken	Risiken durch Absatzmengenschwankungen	–392.194,00	5
Politische / rechtliche und gesellschaftliche Risiken	Risiken aus Konventionalstrafen	–245.657,00	4
Leistungsrisiken	Verfügbarkeitsrisiken durch Ausfall zentraler Produktionskomponenten	–171.110,00	4
Marktrisiken	Risiken durch Absatzpreisschwankungen	–153.695,00	4
Marktrisiken	Risiken durch den Markteintritt neuer Wettbewerber	–54.835,00	3
Strategische Risiken	Finanzstrukturrisiko: niedrige Eigenkapitalquote	–54.000,00	3
Risiken aus Corporate Governance	Organisatorische Risiken	–53.549,00	3
Leistungsrisiken	Feuerschaden beim Ausbau der Produktion	–52.006,00	3
Leistungsrisiken	Risiko durch Ausfall von Schlüsselpersonen	–48.790,00	3
Leistungsrisiken	Schwankungen der sonstigen Kosten	–45.096,00	3
Leistungsrisiken	Personalkostenschwankungen	–36.389,00	3
Strategische Risiken	Bedrohung von Kernkompetenzen	–35.980,00	3
Marktrisiken	Risiken durch Abhängigkeit von einzelnen Lieferanten	–29.968,00	3
Marktrisiken	Risiken durch Abhängigkeit von einzelnen Kunden	–28.786,00	3
Strategische Risiken	Risiken durch Inkonsistenz der Unternehmensstrategie	–25.812,00	3
Marktrisiken	Risiken durch ungünstige Struktur der Wettbewerbskräfte	–24.879,00	2
Finanzmarktrisiken	Währungsrisiken	–16.200,00	2
Finanzmarktrisiken	Risiken durch Forderungsausfälle	–10.400,00	2
Finanzmarktrisiken	Zinsänderungsrisiken	–4.197,00	1

Abbildung 23: Beispiel eines Risikoinventars[175]

Hier wurde der Risikowertbeitrag als Maßstab der Relevanz verwandt. Dabei sind Risiken
- bis < 10.000 € der Relevanz 1,
- von 10.000 € bis < 25.000 € der Relevanz 2,
- von 25.000 € bis < 150.000 € der Relevanz 3,
- von 150.000 € bis < 350.000 € der Relevanz 4 und
- ab 350.000 € der Relevanz 5

zugeordnet worden.

Nachdem die Risiken identifiziert und bewertet wurden, sind nun die Ursachen zu beschreiben, die zu diesem Risiko führen können. Dabei ist darauf zu achten, dass die Ursachen ausführlich dargestellt werden. Je ausführlicher die Ursachenforschung durchgeführt wird, desto

---

[175] Das Risikoinventar wurde der Software Risiko-Kompass[plusRating] entnommen und beruht auf einem fiktiven Beispiel.

gezielter ist es später möglich, geeignete Handlungsalternativen für deren Bewältigung zu finden (vgl. Kapitel). Auch Annahmen sollten vollständig dokumentiert werden.

3.5.2 Aufbau und Probleme von Risk-Maps

Risikoinventare stellen Risiken in einer einfachen hierarchischen Liste, also eindimensional, dar. Sie erlauben eine vergleichsweise einfache, schnelle grafische Aufbereitung der Risikolandschaft eines Unternehmens und verdeutlichen die Priorität der Risiken durch ihre Rangfolge im Risikoinventar. Für eine differenziertere Betrachtung von Risiken werden Risk-Maps eingesetzt. Im Gegensatz zum Risikoinventar erlauben diese eine zweidimensionale Darstellung.

Die Risk-Map, manchmal auch als Risiko-Portfolio bezeichnet, gehört zum Standard-Instrumentarium des Risikomanagements. Zur vergleichenden Darstellung und Priorisierung von Risiken werden diese in einer Risk-Map positioniert im Hinblick auf
- Eintrittswahrscheinlichkeit (P) und
- Schadenshöhe (SH).

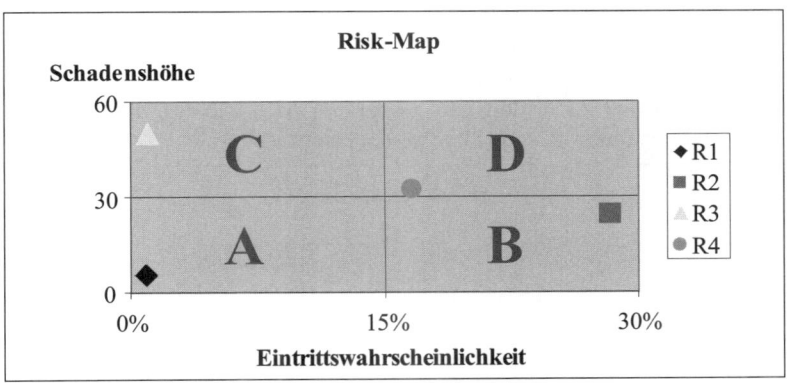

Abbildung 24: Risk-Map

In Abhängigkeit der Positionierung in den Feldern A, B, C oder D wird dann z. B. eine Priorisierung von Risikobewältigungsmaßnahmen abgeleitet. So wird beispielsweise gefolgert, dass das Risiko R4 im Segment D mit dem höchsten Handlungsbedarf verbunden ist. Risk-Maps dieses Typs haben sich in der Literatur – und auch in der Praxis der Unternehmen – schon seit Jahren so verbreitet, dass ihre Sinnhaftigkeit meist nicht mehr kritisch hinterfragt wird.

Tatsächlich weisen die oben beschriebenen Risk-Maps eine Vielzahl methodischer Probleme und Schwächen auf, die ihren praktischen Nutzen erheblich in Frage stellen.

(1) Erstes Problem: Die Positionierung der Linien und Felder

Die in den Risk-Maps oft vorzufindenden senkrechten und waagerechten Linien, die die Felder A, B, C und D abgrenzen, sind kaum sinnvoll zu interpretieren. Will man nämlich beispielsweise erreichen, dass zwei Risiken mit gleichem Erwartungswert auf einer Linie liegen, ergeben sich zwangsläufig Hyperbeln. Diese Hyperbeln sind damit als „Iso-Erwartungswert-Kurven" zu interpretieren.

Da gilt,

$$Erwartungswert = Schadenshöhe \times Eintrittswahrscheinlichkeit \qquad (3.14)$$

folgt daraus:

$$Schadenshöhe = \frac{Erwartungswert}{Eintrittswahrscheinlichkeit} \qquad (3.15)$$

also ein hyperbolischer und nicht linearer Zusammenhang. Falls die Linien einen komplexeren Bewertungsmaßstab für ein Risiko darstellen sollen, wie beispielsweise deren Wertbeitrag, ergeben sich etwas andere – allerdings wieder nicht lineare – Verläufe.

Man erkennt am korrigierten Diagramm in Abbildung 25: Risk-Map 2 zudem, dass nunmehr nicht das Risiko R4, sondern R2 den höchsten Erwartungswert hat und – gemessen an diesem Kriterium – den höchsten Handlungsbedarf auslösen würde.

Ob der Erwartungswert eines Risikos allerdings überhaupt, wie häufig in der Literatur zu finden, ein geeigneter Maßstab für die Relevanz eines Risikos darstellt, wird kritisch betrachtet.[176]

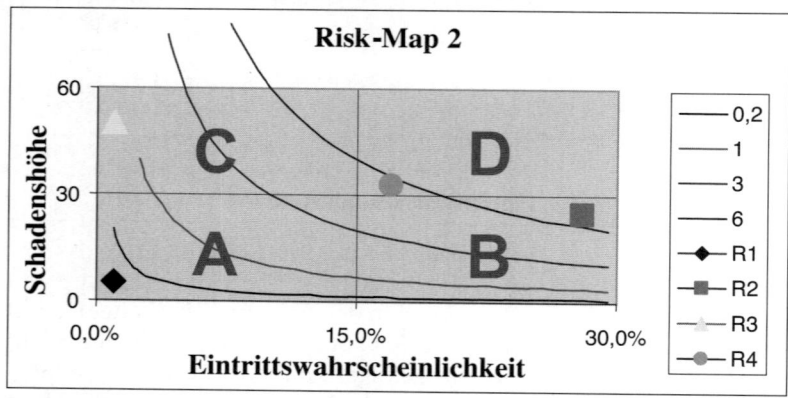

Abbildung 25: Risk-Map 2

---

[176] Um die Positionierung eines Risikos in der Risk-Map überhaupt als Priorisierung für einen Handlungsbedarf interpretieren zu können, muss unterstellt werden, dass diese Risiken alle in etwa gleich einfach verändert werden können. Für ein exogen gegebenes, völlig unveränderliches Risiko ist selbst bei einer Positionierung rechts oben im Portfolio offensichtlich der tatsächliche Handlungsbedarf exakt Null.

(2) Zweites Problem: Die Beschränkung der darstellbaren Risiken

Bei der Anwendung der Risk-Maps wird implizit davon ausgegangen, dass ein Risiko überhaupt sinnvoll durch Schadenshöhe und Eintrittswahrscheinlichkeit beschrieben werden kann. Dies gilt jedoch offensichtlich nur dann, wenn diese – und genau diese – Parameter eine adäquate (möglichst vollständige) Beschreibung eines Risikos ermöglichen. Dies trifft speziell jedoch nur für einen bestimmten Verteilungstyp von Risiken zu, nämlich für binomialverteilte Risiken.[177] Derartige binomialverteilte Risiken weisen genau zwei Zustände auf, entweder das Risiko tritt ein (dann tritt ein Schaden infolge einer Schadenshöhe ein), oder es tritt nicht ein. Tatsächlich ist jedoch der Großteil aller Risiken eines Unternehmens so nicht sinnvoll zu beschreiben. Für Zinsänderungen, Ölpreisschwankungen oder konjunkturelle Umsatzschwankungen ist sicherlich eine Normalverteilung eine sinnvollere Beschreibung des Risikos als eine Binomialverteilung. Bei Zinsveränderungen ist die Wahrscheinlichkeit ihres Eintretens offensichtlich praktisch 100 %. Prinzipiell ist bei diesem Risiko jede beliebige Veränderung der Zinsen möglich, jeweils jedoch mit unterschiedlicher Wahrscheinlichkeit und Wirkung (Schaden). Eine sinnvolle Abbildung von normal verteilten Risiken – oder der bei versicherbaren Schäden häufig vorzufindenden lognormal verteilten Risiken – ist hier nicht möglich. Grundsätzlich soll jedoch in einem Risk-Map sinnvoller Weise jede Art von Risiko abbildbar sein.[178]

Zusammenfassend lässt sich festhalten, dass es sicherlich wünschenswert wäre, sämtliche Arten von Risiken in einer Risk-Map sinnvoll abbilden zu können. Insbesondere sollte es möglich sein, die normalverteilten Risiken zu erfassen. Gerade normal verteilte Risiken sind in der Praxis sehr häufig zu finden, weil – wie der zentrale Grenzwertsatz erkennen lässt – Risiken, die sich aus einer Vielzahl von kleinen einzelnen Einflüssen durch deren Summation ergeben, näherungsweise als normal verteilt anzusehen sind. Diese Charakterisierung trifft offenkundig auf viele Risiken zu.

---

[177] Allerdings lassen sich durchaus weitere Verteilungen in einer Weise transformieren, dass sie in ähnlicher Form darstellbar sind. In diesen Fällen wird meist die (sichere) Schadenshöhe durch einen Schätzer des Erwartungswerts ersetzt. Grundsätzlich kann in einer zweidimensionalen Darstellung natürlich jede Wahrscheinlichkeitsverteilung beschrieben werden, die durch zwei Parameter charakterisiert ist. Problematisch ist es jedoch grundsätzlich, wenn Risiken dargestellt werden sollen, die durch unterschiedliche Wahrscheinlichkeitsverteilungen beschrieben werden.

[178] Theoretisch ist es möglich, ein normalverteiltes Risiko durch seinen Value-at-Risk als wahrscheinlichen Höchstschaden und das Konfidenzniveau als zugehörige Wahrscheinlichkeit zu beschreiben. Dies erfordert jedoch eine Umformung der Normalverteilung und ist zudem mit dem Problem behaftet, dass man für ein solches normalverteiltes Risiko prinzipiell – je nach vorgegebener Wahrscheinlichkeit – völlig unterschiedliche Punkte in der Risk-Map angeben kann.

Im Folgenden wird eine modifizierte Form des Risiko-Portfolios vorgestellt, welche die oben beschriebenen Probleme vermeidet.[179]

(3) Lösungsweg: Risiko-Portfolios mit Risikomaß und Lagemaß

Mit Hilfe der kostenlos verfügbaren Excel-basierenden Software „Risiko-Portfolio"[180] können quantifizierte Einzelrisiken in einem Portfolio graphisch dargestellt werden. Nach Angaben zu Schadensverteilungen werden zu jedem Risiko ein Schadenserwartungswert (Lagemaß) und ein Risikomaß ermittelt.

Der Erwartungswert für jedes Risiko wird auf der x-Achse dargestellt. Das Risikomaß auf der y-Achse, der „Höchstschadenswert" eines Risikos, wird durch den Value-at-Risk (VaR) als „wahrscheinlicher Höchstschaden" angegeben.[181] Bei dieser Risiko-Darstellung wird berücksichtigt, dass der Erwartungswert eines Risikos die im Periodendurchschnitt anfallende Ergebnisbelastung darstellt. Der Value-at-Risk stellt einen realistischen Höchstschaden dar, dessen entsprechende Verluste (unter Vernachlässigung von Diversifikationseffekten) durch Eigenkapital abgesichert werden müssen. Die somit zu berücksichtigenden kalkulatorischen Eigenkapitalkosten ergeben sich aus der Multiplikation des Value-at-Risk mit der Risikoprämie (oder dem Eigenkapitalkostensatz) des Eigenkapitals gegenüber Fremdkapital (vgl. Abschnitt 3.4.5 zum Risikowertbeitrag).

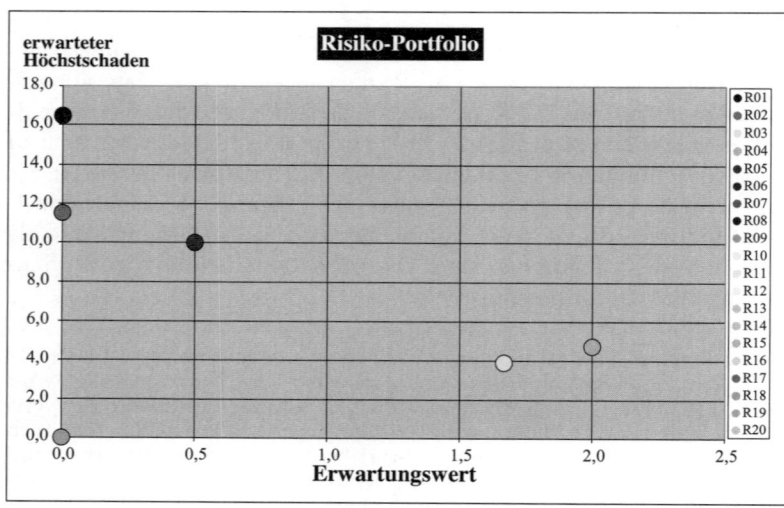

Abbildung 26: Modifiziertes Risiko-Portfolio

---

[179] Vgl. hierzu z. B. Gleißner, 2001 und Gleißner/Wolfrum, 2006.

[180] Kostenlos verfügbar ist eine Excel-Version bei RMCE und der FutureValue Group AG (info@futurevalue.de) oder in der Begleit-CD des Buches Gleißner/Romeike, 2005.

[181] Denkbar ist auch eine Verwendung des CVaR als Risikomaß.

Zur Erfassung eines einzelnen Risikos im Risiko-Portfolio wird zunächst die Art der Verteilung ausgewählt. Hierbei ist (in der Basisversion der Software) die Wahl zwischen drei Verteilungen möglich, dem Einzelschaden (Binomialverteilung), der Normalverteilung sowie der Dreiecksverteilung.

3.6 Quantitative Risikoanalyse an einem Fallbeispiel

Aufbauend auf den bisherigen Darstellungen soll nachfolgend mit einem einfachen Fallbeispiel die Quantifizierung eines Risikos, basierend auf historischen Daten, erläutert werden. Hierbei werden insbesondere die grundlegenden statistischen Verfahren kurz dargestellt, wobei hier für eine tiefer gehende Betrachtung auf die entsprechende Fachliteratur verwiesen wird.[182]

Einige grundsätzliche Anmerkungen zur Risikoquantifizierung auf Grundlage von historischen Vergangenheitsdaten sollen jedoch vorangestellt werden. Zunächst sollte man sich bei der Quantifizierung eines Risikos, basierend auf Vergangenheitsdaten, darüber Gedanken machen, ob diese Daten überhaupt genau ein Risiko beschreiben, also eines das durch eine einfache Wahrscheinlichkeitsverteilung (z. B. Normalverteilung oder Binomialverteilung) zu beschreiben ist. Häufiger findet man in der Praxis „zusammengesetzte Wahrscheinlichkeitsverteilungen". So ist es beispielsweise denkbar, dass ein zunächst identifiziertes Risiko „Ausfall von Kundenforderungen" sinnvollerweise in zwei Teilrisiken zerlegt werden sollte, die separat durch Wahrscheinlichkeitsverteilungen zu beschreiben sind, nämlich

- möglicher Ausfall eines dominierenden Großkunden (binomialverteilt, also zu spezifizieren durch Schadenshöhe und Eintrittswahrscheinlichkeit) und
- Schwankungen der Forderungsausfallquote bei Kleinkunden (z. B. zu beschreiben durch eine (abgeschnittene) Normalverteilung).[183]

Als Nächstes solle man bedenken, dass bei der Risikoquantifizierung immer nur unvorhersehbare Veränderungen maßgeblich sind. Bei der Betrachtung von Vergangenheitsdaten muss daher zunächst getrennt werden zwischen

- vorhersehbaren Veränderungen und
- unvorhersehbaren Veränderungen, bzw. Abweichungen der eingetretenen Werte von den Planwerten.

---

[182] z. B. Backhaus/Erichson/Plinke/Weiber, 2006 oder Bamberg/Baur, 2006.
[183] Siehe zu einem entsprechenden Beispiel Gleißner/Romeike, 2005.

Sofern die vorliegenden Ist-Werte mit den historischen Planwerten (Erwartungswerten) verglichen werden können, ist dies relativ einfach. Nur die (unvorhersehbaren) Abweichungen sind Grundlage für die Quantifizierung der Risiken. Wenn jedoch keine historischen Planwerte existieren, können die Abweichungen nicht direkt ermittelt werden. In diesen Fällen ist es erforderlich, im Nachhinein Schätzer für die Planwerte zu bestimmen[184]. Berechnet man mit einer Regressionsschätzung den Zusammenhang zwischen der interessierenden risikobehafteten Zielvariable ($\tilde{y}_t$) und den erklärenden (exogenen) Einflussfaktoren (Risikofaktoren), so sind gerade die sich bei dieser Regressionsrechnung ergebenden Residuen, also durch die Gleichung nicht erklärten Veränderungen, die Grundlage für die quantitative Beschreibung des Risikos (als Wahrscheinlichkeitsverteilung der Residuen) und im nächsten Schritt Basis für die Berechnung von Risikomaßen (siehe die folgende Abbildung).

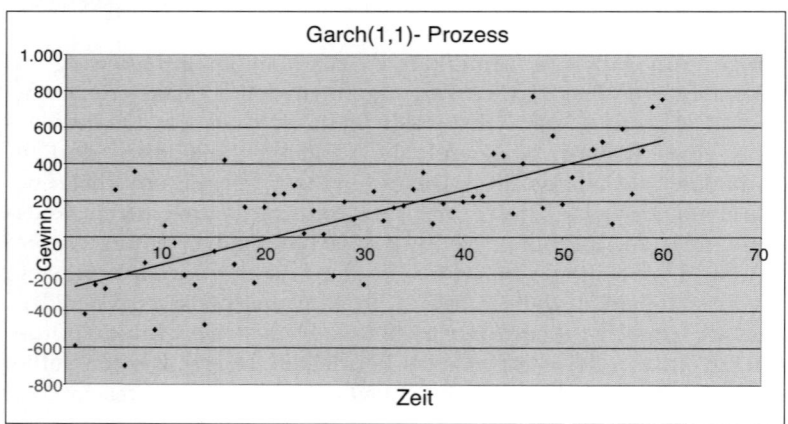

Abbildung 27: Prognose zur Risikoquantifizierung[185]

---

[184] Z. B. durch die Vorgabe einer Prognosegleichung, im einfachsten Fall einfach eine Trendgerade (Regressionsgleichung) oder ein Zeitreihenmodell (ARIMA).

[185] GARCH-Modelle (Generalized AutoRegressive Conditional Heteroscedascity) versuchen zeitliche Muster bei der Bestimmung von Volatilitäten (Risiken) zu berücksichtigen. Die Volatilitäten in den verschiedenen Zeitpunkten werden dabei als abhängig voneinander angenommen. Damit können zeit- und zustandsabhängige (bedingte) Risiken durch GARCH-Modelle beschrieben werden (Bollerslev, 1986). Bei derartigen Ansätzen ergibt sich die Prognose des zukünftigen Risikos (der Varianz) in Abhängigkeit der letzten tatsächlich eingetretenen Prognosefehler (Planabweichungen). Ein GARCH(p,q)-Prozess wird durch folgende Gleichung charakterisiert:

$$\sigma_t^2 = a_0 + \sum_{i=1}^{q} \alpha_i \times \varepsilon_{t-i}^2 + \sum_{j=1}^{p} b_j \times \sigma_{t-j}^2$$

wobei $a_0 > 0$, $a_i \geq 0$ für $i = 1, \ldots, q$ und $b_j \geq 0$ für $j = 1, \ldots, p$. ε_t bezeichnet hierbei die so genannten Störterme, eine Zufallsvariable mit Erwartungswert 0 und Stan-

Nach der Trennung von vorhersehbaren und nicht vorhersehbaren Komponenten der Veränderungen einer Zeitreihe sollte im nächsten Schritt kritisch überprüft werden, ob die betrachteten Vergangenheitsdaten auch repräsentativ für die Zukunft sind. Für unternehmerische Entscheidungen maßgeblich ist immer nur der zukünftige Risikoumfang.

Nach diesen Vorüberlegungen soll im Folgenden ein sehr einfaches Fallbeispiel dargestellt werden, bei dem auf Grundlage von historischen Daten, die als repräsentativ für die Zukunft angesehen werden, die Standardabweichung des Umsatzes als Risikomaß berechnet wird[186].

Ideale Voraussetzung für die Quantifizierung ist das Vorliegen von repräsentativen Vergangenheitsdaten, denn es ist das Ziel, durch die Auswertung möglichst objektiver Daten eine geeignete Verteilungsfunktion (bzw. Dichtefunktion) für das Risiko zu bestimmen.

Betrachtet werden soll im Folgenden anhand eines (vereinfachten) Beispiels das Risiko einer (normalverteilten)[187] Umsatzabweichung, d.h. die Möglichkeit einer Abweichung vom geplanten Umsatz.

Umsätze (in Mio. €) in der Vergangenheit									
Periode	1	2	3	4	5	6	7	8	9	10
Umsatz	100	102	105	108	110,5	113,5	116	119	121	125
Periode	11	12	13	14	15	16	17	18	19	20
Umsatz	130	131	135	138	141,5	145	150	152	155	160
Periode	21	22	23	24	25	26	27	28	29	30
Umsatz	163,5	168	172	177	180	185	190	195	200	205

Der Mittelwert wird auch weitläufig als Durchschnitt oder arithmetisches Mittel bezeichnet und ist ein Schätzer für den Erwartungswert. Er wird berechnet, indem man alle Daten (x_i) aufsummiert und durch die Datenanzahl (n) teilt. Er gibt Auskunft darüber, mit welchem Wert durchschnittlich gerechnet werden kann, wenn kein Wachstumstrend vorliegt. Dabei müssen Daten aus Vorjahren ggf. bereinigt werden, um bspw. Inflationseffekte zu berücksichtigen.

Die Formel für den Mittelwert lautet: $\tilde{x} = \dfrac{1}{n}\sum_{i=1}^{n} x_i$

Im Beispiel beträgt der Mittelwert: 146,4 Mio. €.

---

dardabweichung σ_t. In der ursprünglichen Form des GARCH-Prozesses sind die ε_t normalverteilt. Es sind aber durchaus andere Verteilungen möglich wie bspw. die t-Verteilung oder Pareto-Verteilung.

[186] Vgl. auch das Beispiel bei Wolfrum, 2001.

[187] Ob die Annahme einer Normalverteilung gerechtfertigt ist, bzw. verworfen werden muss, kann mit Hilfe so genannter Anpassungstests getestet werden.

Es ist offensichtlich, dass die Auswertung der Zeitreihe der absoluten Umsätze weder eine adäquate Einschätzung des in der nächsten Periode erwarteten Umsatzes noch des Risikos von Umsatzabweichungen liefert. Es muss zunächst eine Trendbereinigung vorgenommen werden, wobei häufig ein linearer oder ein exponentieller Trend angenommen wird[188]. Zu bilden ist somit zunächst die Zeitreihe des Umsatzwachstums, das sich wie folgt ermittelt:

$$Umsatzwachstum_t = \frac{Umsatz_t - Umsatz_{t-1}}{Umsatz_{t-1}} \qquad (3.16)$$

Umsatzwachstum (UW) in der Vergangenheit									
Periode	1	2	3	4	5	6	7	8	9	10
UW		2,00%	2,94%	2,86%	2,31%	2,71%	2,20%	2,59%	1,68%	3,31%
Periode	11	12	13	14	15	16	17	18	19	20
UW	4,00%	0,77%	3,05%	2,22%	2,54%	2,47%	3,45%	1,33%	1,97%	3,23%
Periode	21	22	23	24	25	26	27	28	29	30
UW	2,19%	2,75%	2,38%	2,91%	1,69%	2,78%	2,70%	2,63%	2,56%	2,50%

Aus dieser Zeitreihe ergibt sich ein durchschnittliches Umsatzwachstum von 2,51%. Ausgehend vom Umsatz in Periode 1 von 100 hätten sich damit folgende Umsätze ergeben, wenn dieses jährliche Umsatzwachstum exakt eingetreten wäre.

trendmäßig erwartete Umsätze in der Vergangenheit									
Periode	1	2	3	4	5	6	7	8	9	10
Umsatz	100,00	102,51	105,08	107,72	110,42	113,19	116,03	118,94	121,92	124,98
Periode	11	12	13	14	15	16	17	18	19	20
Umsatz	128,11	131,32	134,61	137,99	141,45	145,00	148,64	152,37	156,19	160,11
Periode	21	22	23	24	25	26	27	28	29	30
Umsatz	164,13	168,25	172,47	176,80	181,23	185,78	190,44	195,22	200,12	205,14

Daraus ergibt sich der erwartete Umsatz in der Planperiode zu[189]

205,14 Mio. € × (1 + 2,51%) = 210,29 Mio. €

Der im Mittel zu erwartende Umsatz (x^-), bzw. das erwartete Umsatzwachstum wird normalerweise nicht exakt eintreten. Durch zu-

---

[188] In diesem einfachen Beispiel wird von anderen Einflussfaktoren, wie bspw. der Konjunktur, abstrahiert. Die Wirkung solcher exogener Faktoren kann mittels einer Regressionsanalyse abgeschätzt werden. Zu untersuchen sind nur noch die Abweichungen, die sich nicht aus anderen Faktoren erklären lassen.

[189] Basis ist hier der trendmäßig erwartete Umsatz in der letzten Vergangenheitsperiode und nicht der tatsächliche Wert dieser Periode. Damit wird davon ausgegangen, dass die Risiken zweier Perioden unabhängig voneinander sind (deterministischer Trend); zudem wird vereinfachend die erste Periode als repräsentativ angesehen (siehe weiterführend: Regressionsmodelle). Es handelt

fällige Störungen, wie beispielsweise eine unerwartete konjunkturelle Nachfrageschwankung (Risikofaktoren), wird es zu Abweichungen kommen. Aus der Verteilung lassen sich nun auch Aussagen darüber treffen, in welchen Bandbreiten sich das Umsatzwachstum und damit der Umsatz bewegen werden. Dafür geeignet ist die Varianz oder die Standardabweichung (σ) als Risikomaß.

Basis für die Risikoquantifizierung sind die Abweichungen des in der Vergangenheit tatsächlichen Umsatzwachstums vom trendmäßig erwarteten Umsatzwachstum. Diese ermitteln sich gemäß

$$Umsatzwachstum_{t,\ Trendabweichung} = Umsatzwachstum_t - Umsatzwachstum_{durchschnittlich} \quad (3.17)$$

Umsatzwachstum in der Vergangenheit: Abweichung von Trend									
Periode	1	2	3	4	5	6	7	8	9	10
Umsatz		–0,51%	0,43%	0,35%	–0,19%	0,21%	–0,31%	0,08%	–0,83%	0,80%
Periode	11	12	13	14	15	16	17	18	19	20
Umsatz	1,49%	–1,74%	0,55%	–0,29%	0,03%	–0,03%	0,94%	–1,17%	–0,53%	0,72%
Periode	21	22	23	24	25	26	27	28	29	30
Umsatz	–0,32%	0,24%	–0,13%	0,40%	–0,81%	0,27%	0,19%	0,12%	0,06%	–0,01%

Die Varianz ist ein Maß dafür, wie die einzelnen Daten um den Mittelwert verteilt sind (wie stark die Daten um den Mittelwert streuen).

Die Varianz (σ^2) ist die mittlere quadratische Abweichung der Daten (x_i) von dem Mittelwert ($\bar{x}$).

$$\sigma^2(x) = \frac{1}{n}\sum_{i=1}^{n}(x_i - \bar{x})^2 \quad (3.18)$$

In unserem Beispiel beträgt die Varianz des Umsatzwachstums ca. 0,0042%.

Zieht man die Wurzel aus der Varianz, erhält man die Standardabweichung (σ), das gesuchte Risikomaß. Sie wird oft als mittlerer quadratischer Fehler der Einzelwerte bezeichnet. Die Standardabweichung wird in der Praxis häufiger als die Varianz verwendet, da sie die gleiche Dimension (z. B. €) wie die Messwerte hat.

$$\sigma(x) = \sqrt{\sigma_x^2} \quad (3.19)$$

In unserem Beispiel beträgt die Standardabweichung des Umsatzwachstums ca. 0,65% und ist damit ziemlich gering.

---

sich also um ein deterministisches Umsatzwachstum, um das die tatsächlichen Ausprägungen zufällig schwanken. Es sind hier aber auch andere Annahmen denkbar, bspw. dass der Startpunkt zur Bestimmung des in der nächsten Periode erwarteten Umsatzes der tatsächlich realisierte Wert der Vorperiode ist („stochastischer Trend"). Zu derartigen Verfahren siehe Hillmer, 1993, Gleißner, 1997 sowie Eckey/Kosfeld/Dreger, 1995.

Interessant ist nun der Zusammenhang zwischen der Normalverteilung und der Standardabweichung. Die Normalverteilung besitzt folgende Eigenschaft:

- ca. 68 % aller Beobachtungswerte liegen im Bereich von $\bar{x} \pm 1 \cdot \sigma$
- ca. 95,5 % aller Beobachtungswerte liegen im Bereich von $\bar{x} \pm 2 \cdot \sigma$
- ca. 99 % aller Beobachtungswerte liegen im Bereich von $\bar{x} \pm 3 \cdot \sigma$

Folgt eine Zufallsvariable X einer Normalverteilung, dann ergibt sich
das $(1-\alpha)$-Quantil gemäß $Q_{1-\alpha}(X) = E(X) + q_{1-\alpha}\sigma(X)$, wobei $q_{1-\alpha}$ das
$(1-\alpha)$-Quantil der Standardnormalverteilung bezeichnet, welches nicht
analytisch bestimmt werden kann, aber in Tabellenform vorliegt. Beispielsweise ergibt sich für $\alpha = 97{,}75\%$ das $(1-\alpha)$-Quantil der Standardnormalverteilung zu ca. $-2{,}00$ und damit aufgrund der Symmetrie der
Normalverteilung das α-Quantil zu $+2{,}00$. Damit befinden sich 95,5 %
aller Fälle innerhalb der durch diese beiden Quantile angegebenen
Bandbreite.

Dies bedeutet, dass unser Beispielunternehmen aufgrund der bisherigen Umsatzdaten mit einem durchschnittlichen Umsatzwachstum
von 2,51 % rechnen kann, das unter der Annahme einer Normalverteilung mit großer Wahrscheinlichkeit (68 %) zwischen 1,86 % und
3,16 % liegt (2,51 % ± 0,65 %). Daraus ergibt sich, dass der erwartete
Umsatz mit einer Wahrscheinlichkeit von ca. 95,5 % im Bereich zwischen 207,61 Mio. € und 212,96 Mio. € liegt[190]. Der untere Grenzwert
207,61 Mio. € kann als 2,25 %-Quantil der Umsatzverteilung aufgefasst werden.

Insbesondere im Banken- und Versicherungsbereich findet der oben
schon genannte Value-at-Risk (VaR) häufig Verwendung. Der VaR berücksichtigt explizit die Konsequenzen einer besonders ungünstigen
Entwicklung für das Unternehmen. Der Value-at-Risk ist dabei definiert
als Schadenshöhe, die in einem bestimmten Zeitraum („Halteperiode",
z. B. ein Jahr) mit einer festgelegten Wahrscheinlichkeit α („Konfidenzniveau" α, z. B. 95 %) nicht überschritten wird. Formal gesehen ist der
α-Value-at-Risk definiert als negatives $(1-\alpha)$-Quantil der betrachteten
Zufallsvariable X[191].

$$VaR_\alpha(X) = -\max(x \mid F(x) \le \alpha) = -Q_{1-\alpha}(X) \qquad (3.20)$$

---

[190] Die Werte liegen zwischen dem Erwartungswert +/– 2 Standardabweichungen, also 210,29 Mio. € * (1 ± 2 · 0,65 %). Zwischen diesen Grenzen dürfte
der Umsatz in „normalen" Jahren liegen.
[191] Es wird also das untere Quantil einer Zufallsgröße X betrachtet. Als
Risiko wird das Unterschreiten einer bestimmten Schwelle gesehen. Dies
ist der Fall, wenn man bspw. Gewinngrößen betrachtet. Charakterisiert
die Variable aber bspw. Schäden, so ist das obere Quantil von Interesse, d.h.
die Wahrscheinlichkeit, dass eine bestimmte Schwelle nicht überschritten
wird.

Hierbei bezeichnet F die Verteilungsfunktion der Zufallsvariable X. Ein 5%-Quantil stellt also bspw. die Ausprägung der Zufallsvariable X dar, unter der sich 5% aller möglichen Ausprägungen befinden.

Da der Umsatz keine Gewinn- oder Verlustgröße darstellt, also keine negativen Werte annehmen kann, wird in diesem Fall die Abweichung vom erwarteten Umsatz als Zufallsvariable betrachtet. Der Abweichungs-Value-at-Risk (DVaR, Deviation-Value-at-Risk) ergibt sich, wenn man statt einer Größe X die Differenz von X und Erwartungswert betrachtet und von der so gebildeten Zufallsgröße den Value-at-Risk betrachtet.

$$DVaR_\alpha(X) = VaR_\alpha\big(X - E(X)\big) \qquad (3.21)$$

Damit kann dann geschrieben werden

$$DVaR_\alpha(X) = -Q_{1-\alpha}\big(X - E(X)\big) = E(X) - Q_{1-\alpha}(X) = E(X) + VaR_\alpha(X) \quad (3.22)$$

Der Abweichungs-Value-at-Risk stellt ein lageunabhängiges Risikomaß dar, das die Planungssicherheit charakterisiert.

Somit ergibt sich das 5%-Quantil der (Normal-)Verteilung des Umsatzwachstums zu

$$Q_{5\%}(X) = E(X) + q_{5\%}\,\sigma(X) = 2{,}51\% + (-1{,}65) \times 0{,}65\% = 1{,}44\% \qquad (3.23)$$

Daraus resultiert ein Umsatz in Höhe von 208,09 Mio. € (= 205,14 Mio. € × (1 + 1,44%)), der mit einer Wahrscheinlichkeit von 95% nicht unterschritten wird. Damit ergibt sich der 95%-DVaR zu

$$DVaR_\alpha(X) = E(X) - Q_{1-\alpha}(X) = 210{,}29 \text{ Mio. } € - 208{,}09 \text{ Mio. } € = 2{,}20 \text{ Mio } €$$

$$(3.24)$$

Bei dieser Bestimmung von Quantilen und darauf basierender Risikomaße wie Value-at-Risk oder Deviation Value-at-Risk auf Grundlage des hier ermittelten Risikomaßes „Standardabweichung" ist zusätzlich eine Hypothese über die zu Grunde liegende Wahrscheinlichkeitsverteilung erforderlich. Im Beispiel wird von der Normalverteilung als Hypothese ausgegangen. Diese gilt es aber durch entsprechende statistische Tests zu untermauern, was hier vereinfachend vernachlässigt wird[192]. Ohne Bezug auf eine konkrete Wahrscheinlichkeitsverteilung ist lediglich der Einsatz der Cornish-Fisher-Abschätzung (siehe Abschnitt 3.4.4) oder eine Art „Worst Case Abschätzung" möglich, die mit Hilfe der sog. Tschebyscheff-Ungleichung erfolgen kann.[193]

Sollen hingegen ausschließlich bekannte historische Werte ausgewertet werden, ergibt sich das 5-Quantil zu 1,33%, da dies der zweitkleinste

---

[192] Siehe hierzu Kolmogorov-Smirnov-Test, z. B. Bamberg/Baur, 2006.
[193] Vgl. Bamberg/Baur, 2006.

Wert ist, der tatsächlich vorkommt[194]. Daraus ergibt sich ein Umsatz in Höhe von 207,88 Mio € (= 205,14 Mio. € × (1 + 1,33%)), der mit einer Wahrscheinlichkeit von 95% nicht unterschritten wird. Damit ergibt sich der 95%-DVaR basierend auf den historischen Daten zum Umsatzwachstum zu 2,41 Mio. € (= 210,29 Mio. € – 207,88 Mio €).

Im Folgenden wird noch ein zweites Beispiel vorgestellt, bei dem das in der Einleitung erläuterte Problem besteht, dass ein Risiko durch zwei verschiedene Wahrscheinlichkeitsverteilungen zu beschreiben ist. In diesem Fallbeispiel liegen Informationen über historische Schäden vor, und diese sollen benutzt werden für die Optimierung einer Versicherungslösung, speziell die Optimierung des Selbstbehalts.

Die Aufgabe besteht darin, für ein Unternehmen eine Bewertung (quantitative Beschreibung) für ein operatives Leistungsrisiko, dem möglichen Ausfall des „Simplex-Konverters", einer kritischen Komponente der Produktionsanlagen, zu bestimmen. Aus den letzten 20 Perioden sind folgende Schäden (in T €) ermittelt worden:

Periode	1	2	3	4	5	6	7	8	9	10
Schaden	1067	0	1424	0	299	1451	0	767	689	0
Periode	11	12	13	14	15	16	17	18	19	20
Schaden	1737	643	871	0	1277	1333	1605	837	0	1914

Durch welche Wahrscheinlichkeitsverteilung ist nun eine adäquate Beschreibung dieses Risikos möglich? Offensichtlich treten Schäden nicht in allen Perioden auf. Wenn Schäden auftreten, haben diese dann eine unsichere Schadenshöhe. Damit sollte dieses Risiko durch zwei Verteilungen charakterisiert werden. Zum einen durch eine Binomialverteilung, die angibt, wie groß die Wahrscheinlichkeit eines Schadens in einer Periode ist. Die Höhe eines Schadens kann dann durch eine Normalverteilung abgeschätzt werden[195].

Die Binomialverteilung (Schaden tritt ein bzw. tritt nicht ein) wird durch die Angabe der Wahrscheinlichkeit des Schadenseintritts charakterisiert. In dem Fallbeispiel beträgt diese Eintrittswahrscheinlichkeit ca. 70% (=1–6/20), da in 6 von betrachteten 20 Perioden kein Schaden zu verzeichnen war.

Die Normalverteilung zur Beschreibung der Schadenshöhe (S) wird charakterisiert durch den Erwartungswert und die Standardabwei-

---

[194] Insgesamt liegen 29 Datenpunkte für das Umsatzwachstum vor. Zur Bestimmung des 5-Prozentquantil ist der „1,45"-kleinste Wert zu bestimmen. Da dies keine natürliche Zahl ist, ist diese auf die nächste natürliche Zahl aufzurunden. Damit ist eben der zweitkleinste Wert gesucht.

[195] Hierbei gilt analog zum ersten Fallbeispiel, dass die Hypothese, eine Normalverteilung könne zur Beschreibung herangezogen werden, durch statistische Testverfahren untermauert bzw. verworfen werden kann.

chung. Diese können abgeschätzt werden durch den empirischen Mittelwert und die empirische Standardabweichung, basierend auf den in der Vergangenheit aufgetretenen Schäden. Es lässt sich hier ein Erwartungswert von 1136,71 T€ und eine Standardabweichung von 496,97 T€ ermitteln. Aus diesen Angaben lassen sich wiederum die Quantile der Verteilung abschätzen. Für das 90 %-Quantil ergibt sich bspw.

$$Q_{90\%}(S) = E(S) + q_{90\%}\,\sigma(S) = 1136,71 + 1,28 \times 496,97 = 1739 \tag{3.25}$$

Mit einer Wahrscheinlichkeit von 90 % wird der Schaden (wenn er denn eintritt) nicht größer sein als 1739 T€. Da hier eine Schadensvariable betrachtet wird, also höhere Werte ein größeres Risiko darstellen, entspricht dies auch dem Value-at-Risk (VaR) zum 90 %-Konfidenzniveau für die Schadenshöhe.

$$VaR_{90\%}(S) = Q_{90\%}(S) = 1739 \tag{3.26}$$

Der Abweichungs-Value-at-Risk (DVaR) ergibt sich bei der Betrachtung einer Schadensvariable als die Differenz von Value-at-Risk und Erwartungswert

$$DVaR_\alpha(S) = VaR_\alpha\big(S - E(S)\big) = Q_c\big(S - E(S)\big) = Q_\alpha(S) - E(S) \tag{3.27}$$

Im Fallbeispiel ergibt sich der DvaR somit zu 602,29 T€

$$DVaR_\alpha(S) = Q_\alpha(S) - E(S) = 1739 - 1136,71 = 602,29 \tag{3.28}$$

3.7 Literatur zu Spezialaspekten der Risikoanalyse

Aufgrund der Fülle dieses Themas kann im Rahmen dieses Buches nicht auf alle Spezialfelder der Risikoanalyse eingegangen werden. Im Folgenden daher einige Literaturhinweise bezüglich vertiefender Spezialaspekte:

- Albrecht, P./Maurer, R. (2005): Investment- und Risikomanagement, 2. Auflage, Schäffer-Poeschel Verlag, Stuttgart.
- Baldes, A./Deville, V. (2000): Risikocontrolling im Bereich der Kapitalanlagen einer globalen Versicherungsgruppe, in: Johanning/Rudolph (Hrsg): Handbuch Risikomanagement, Band 2, Bad Soden, S. 1051–1072.
- Böhmer, W. (2006): Informationssicherheitsmanagementsysteme im Kontext einer IT-Governance, in: Romeike/Hirschmann (Hrsg.) Rechts- und Haftungsrisiken im Unternehmensmanagement, München, S. 86–125.
- Borkovec, M./Klüppelberg, C. (2000): Extremwerttheorie für Finanzzeitreihen – ein unverzichtbares Werkzeug im Risikomanagement, in: Johanning/Rudolph (Hrsg): Handbuch Risikomanagement, Band 1, Bad Soden, S. 219–244.

- Dannenberg, H. (2006): Erkennen und Bewerten von Mitarbeiterrisiken – Entwicklung einer Verteilungsfunktion des Mitarbeiterrisikos, in: RISIKO MANAGER, 23. 2006, S. 1 und S. 4–7.
- Deutsch, H.P. (1998): Monte-Carlo-Simulationen in der Finanzwelt, in: Eller R. (Hrsg.): Handbuch des Risikomanagements – Analyse, Quantifizierung und Steuerung von Marktrisiken in Banken und Sparkassen, Stuttgart, S. 259–313.
- Erben, R. (2000): Fuzzy-Logic-basiertes Risikomanagement-Anwendungsmöglichkeiten der Theorie unscharfer Mengen im Rahmen des Risikomanagements von Industriebetrieben, Aachen, Dissertation.
- Eyerer, P./Schöch, H./Betz, M. (2000): Umweltrisiken, in: Dörner/Horváth/Kagermann (Hrsg.): Praxis des Risikomanagements – Grundlagen, Kategorien, branchenspezifische und strukturelle Aspekte, Stuttgart, S. 415–444.
- Freidank, C.H. (2000): Die Risiken in Produktion, Logistik, Forschung und Entwicklung, in: Dörner/Horváth/Kagermann (Hrsg.): Praxis des Risikomanagements – Grundlagen, Kategorien, branchenspezifische und strukturelle Aspekte, Stuttgart, S. 345–378.
- Helten, E./Hartung, T. (2002): Instrumente und Modelle zur Bewertung industrieller Risiken, in: Hölscher/Elfgen (Hrsg.): Herausforderungen Risikomanagement – Identifikation, Bewertung und Steuerung industrieller Risiken, Wiesbaden, S. 255–272.
- Huschens, S. (2000): Verfahren zur Value-at-Risk-Berechnung im Marktrisikobereich, in: Johanning/Rudolph (Hrsg.): Handbuch Risikomanagement, Bad Soden, S. 181–218.
- Kropp, M./Schubert, D. (2000): Value-at-Risk für Rohstoffpreisrisiken, in: Johanning/Rudolph (Hrsg): Handbuch Risikomanagement, Band 2, Bad Soden, S. 1239–1266.
- Kross, W. (2005): Operational Risk: The Management Perspective, in: Frenkel/Hommel/Rudolf (Hrsg.): Risk Management – Challenge and Opportunity, 2. Auflage, Heidelberg, S. 303–320.
- Lück, W. (2000): Managementrisiken, in: Dörner/Horváth/Kagermann (Hrsg.): Praxis des Risikomanagements – Grundlagen, Kategorien, branchenspezifische und strukturelle Aspekte, Stuttgart, S. 311–344.
- Meyding, T./Fabian, C.P. (2000): Rechtliche Risiken, in: Dörner/Horváth/Kagermann (Hrsg.): Praxis des Risikomanagements – Grundlagen, Kategorien, branchenspezifische und strukturelle Aspekte, Stuttgart, S. 283–310.
- Oehler, A./Unser, M. (2002): Finanzwirtschaftliches Risikomanagement, Berlin.
- Paulus, S. (2000): Risiken beim Einsatz von Informationstechnologie, in: Dörner/Horváth/Kagermann (Hrsg.): Praxis des Risikomanagements – Grundlagen, Kategorien, branchenspezifische und strukturelle Aspekte, Stuttgart, S. 379–414.

- Priermeier, T. (2005): Finanzrisikomanagement im Unternehmen – Ein Praxishandbuch, München.
- Romeike, F. (2007): Rechtliche Grundlagen des Risikomanagements, Erich Schmidt Verlag, Berlin.
- Rosenkranz, F./Missler-Behr, M. (2005): Unternehmensrisiken erkennen und managen – Einführung in die quantitative Planung, Berlin.
- van den Brink, G. (2005): Quantifizierung operationeller Risiken – Ein Weg zur Einbettung in den Management-Zyklus, in: Romeike, F. (Hrsg): Modernes Risikomanagement, Weinheim, 2005, S. 255–268.
- Wiedemann, A./Drosdzol, A./Reiss, R.D./Thomas, M. (2005): Statistische Modellierung des Zinsänderungsrisikos – Teil 1: Univariate Verteilungen und Teil 2: Multivariate Verteilungen, in: Romeike, F. (Hrsg): Modernes Risikomanagement, Weinheim, 2005, S. 57–70.
- Wieske, D. (2006): Risikoanalyse in Industrieunternehmen, Saarbrücken.
- Wittstock, M./Dahrenmöller, A. (2001): Finanzierung und Risikoabsicherung des Exports mittelständischer Unternehmen – Schriften zur Mittelstandsforschung, Stuttgart.

4. Risikoaggregation und Gesamtrisikoumfang

4.1 Einführung

Aus dem Risikoinventar kann nur abgeleitet werden, welche Risiken für sich alleine den Bestand eines Unternehmens gefährden. Um zu beurteilen, wie groß der Gesamtrisikoumfang ist (und damit die Wahrscheinlichkeit der Insolvenz durch die Menge aller Risiken), wird eine so genannte Risikoaggregation erforderlich. Bei der Verdichtung operationeller Risiken von Industrieunternehmen wird als sehr vereinfachte Annäherung an eine Risikoaggregation häufig auch die Verdichtung von Risk Maps genutzt.[196] Dieses Verfahren ermöglicht dabei keine tatsächliche Bestimmung einer Gesamtrisikoposition durch die Verbindung verschiedener Risiken, sondern lediglich das Verdichten von Risikoinformationen (bezüglich ähnlicher Risiken) über verschiedene Hierarchiestufen des Unternehmens.

Als Risikoaggregationsverfahren für finanzwirtschaftliche Risiken werden zudem meist analytische Verfahren genutzt, wie der so genannte Varianz-Kovarianz-Ansatz.[197] Unter der Annahme, dass alle Risiken durch eine Normalverteilung beschreibbar sind, können Risiken (unter Berücksichtigung ihrer Korrelationen) zu einer den Gesamtrisikoumfang beschreibenden Wahrscheinlichkeitsverteilung aggregiert werden. Für ein unternehmensweites integriertes Risikomanagement spielen derartige Verfahren jedoch keine entscheidende Rolle.[198] Die Bedeutung der analytischen Aggregationsverfahren für einen ganzheitlichen integrierten Risikomanagementansatz ist niedrig, weil

- beim umfassenden Risikomanagementansatz Risiken zu aggregieren sind, die nicht alle durch eine Normalverteilung beschrieben werden (z. B. wenn Binomialverteilung oder Dreiecksverteilung eine Rolle spielen),
- die analytischen Verfahren keinen Bezug zur Unternehmensplanung herstellen und damit weder die dort abgebildeten (nichtlinearen)

---

[196] Siehe von Metzler, 2004, S. 132–134.

[197] Siehe Hager, 2004, Priermeier, 2005 und Wolke, 2007.

[198] Sie sind höchstens geeignet, eine Teilgruppe der Risiken – eben speziell die finanzwirtschaftlichen Risiken – in einem Zwischenrechenschritt erst einmal auf eine Position zu verdichten. Selbst hier ergeben sich jedoch erhebliche Probleme, weil der Bezug zur Planung fehlt und typischerweise bestehende nicht additive Wechselwirkungen nicht berücksichtigt werden können.

Wechselwirkungen (z.B. zwischen Absatzmengen, Absatzpreisen und Materialkosten) berücksichtigen können, noch eine Beurteilung der Gesamtplanungssicherheit möglich ist und

- nichtlineare (nicht-additive) Abhängigkeiten, wie z.B. die multiplikative Verknüpfung zwischen Absatzmengen und Absatzpreisrisiken, nicht erfasst werden können.[199]

Bei einem integrierten unternehmensweiten Risikomanagement müssen damit Risikoaggregationsverfahren gewählt werden, die

- durch beliebige Wahrscheinlichkeitsverteilungen beschriebene Risiken erfassen können,
- dabei auch nicht additive (z.B. multiplikative) Verknüpfungen der Risiken berücksichtigen können und
- den Kontext zur Unternehmensplanung herstellen, da Risikomanagement letztlich die Planungssicherheit und den Eigenkapitalbedarf eines Unternehmens konsistent zur tatsächlichen Planung aufzeigen möchte.

Die genannten Anforderungen erfüllt nur die Risikosimulation (Monte-Carlo-Simulation), die deshalb in Abschnitt 4.3 näher dargestellt wird. Aufgrund der heute verfügbaren Rechenleistungen sind nahezu beliebig komplexe Planungsmodelle mit der gewünschten Exaktheit mit Hilfe dieses Risikoaggregationsverfahrens bearbeitbar, das im Kern als Analyse einer großen repräsentativen Stichprobe möglicher Zukunftsszenarien eines Unternehmens aufgefasst werden kann. Bevor jedoch die Monte-Carlo-Simulation vorgestellt wird, wird im nächsten Abschnitt aufgezeigt, welche grundlegenden Probleme bei heute noch in der Praxis oft angewendeten Verfahren der Risikoanalyse oder Risikoaggregation zu erwarten sind, beispielsweise bei der Verdichtung von Risiken auf Erwartungswerte.

---

[199] Siehe zu diesen Problemen der Verknüpfung von Absatzmengen und Absatzpreisrisiken z.B. Wolke, 2007, der selbst für dieses einfache Problem keine sinnvoll handhabbare Lösung mehr anbieten kann.

4.2 Kritik an traditionellen Verfahren der Risikoanalyse[200]

4.2.1 Ein Fallbeispiel

Für die Darstellung der Aggregationsverfahren wird ein stark verein-
fachtes Fallbeispiel, die Risikosituation der STUTTGARTER MASCHI-
NEN AG, verwendet.[201]

a) Eckdaten der STUTTGARTER MASCHINEN AG:

Umsatz:	3,0 Mrd. €
davon (deutlich) größter Einzelkunde:	0,6 Mrd. €
Übliche Schwankungsbreite des Umsatzes[202]:	4 % (Variations-koeffizient)
Variable Kosten:	50 % des Umsatzes
Erwarteter Gewinn:	0,1 Mio. €
Bilanzsumme:	2,0 Mrd. €
Eigenkapital:	0,4 Mrd. €

b) Identifizierte (binomialverteilte) Risiken:

Risiko	Wahrschein-lichkeit	Schadenshöhe (Ertrag)
1. Umsatzverlust (insb. durch Groß-kundenverlust)	5 %	300 Mio. €
2. Haftpflichtschaden	10 %	130 Mio. €
3. Zusatzkosten durch Maschinenausfall	25 %	80 Mio. €

c) Skala der Risikobewertung (Relevanzskala):

Schadensstufe		Schadenshöhe
1	„gering"	0–10 Mio. €
2	„mittel"	10–40 Mio. €
3	„hoch"	40–150 Mio. €
4	„existenzgefährdend"	150–400 Mio. €
5	„tödlich"	≥ 400 Mio. €

Die Schadensstufen (oder Relevanzwerte) werden dabei meist in Bezug
auf das verfügbare Eigenkapital und/oder ein „normalisiertes Betriebsergebnis (EBIT)" bestimmt. Schadensstufe „5" wird häufig beginnend
ab der Gesamthöhe des Eigenkapitals angesetzt. Schadensstufe 4 zeigt

---

[200] In Anlehnung an: Gleißner, 2004 c, S. 350–359.
[201] In Anlehnung an: Gleißner/Meier, 1999, S. 926–929 sowie Gleißner, 2004 c.
[202] Absatzmenge.

meist Risiken, die bereits alleine im Falle des Eintretens das Unternehmen in die Verlustzone führen. Die Schadensstufen 2 bzw. 3 werden für Risiken verwendet, die beispielsweise mindestens 5% bzw. 25% eines üblichen Betriebsergebnisses ausmachen. Bezugsgröße ist hier – wie erwähnt – ein übliches (ggf. auch branchendurchschnittliches) Betriebsergebnis, um die Relevanzskala unabhängig von den temporären Ergebnisschwankungen eines Jahres zu machen.

Nachfolgend werden nun basierend auf dieser Ausgangssituation drei „traditionelle" Risikoanalysemethoden und ihre wesentlichen Probleme dargestellt.

4.2.2 Risikoanalyse mit Schadensklassen

Bei diesem Verfahren werden Risiken hinsichtlich ihres möglichen Schadens nicht in Geldeinheiten (bzw. in €) bewertet, sondern nur in „Schadensstufen" oder „Schadensklassen" eingeteilt. In unserem Beispiel gibt es die Schadensstufen von „gering" bis „tödlich". Bei der Aggregation von Risiken wird gelegentlich mit diesen Schadensklassen weitergerechnet. Beispielsweise werden zur Beurteilung der Gesamtwirkung zweier Risiken (Aggregation) deren Schadensklassen addiert.

Ergebnis im Fallbeispiel:

1. Das Unternehmen weist ein „existenzgefährdendes" Einzelrisiko (Schadensstufe = 4) auf, nämlich den möglichen Großkundenverlust.

2. Die Summe der Risiken liegt weit im „tödlichen" Bereich (Σ *Schadensklassen* = 4 + 3 + 3 = 10)

3. Auch das gemeinsame Eintreten von „Maschinenausfall" und „Haftpflichtschaden" mit einer Summe der Schadensklassen von 6 ist alleine schon weit im „tödlichen" Bereich.

Beurteilung:

Die oben angeführten Ergebnisse 2. und 3. sind beide falsch und resultieren aus einer methodisch fehlerhaften Risikoaggregation. Schadensklassen stellen ordinale Skalen dar und können daher nicht addiert werden. Beispielsweise führt das gemeinsame Eintreten von „Maschinenausfall" und „Haftpflichtschaden" mit einem Schaden von 210 Mio. € nur zu einer aggregierten Schadensklasse von „4" und nicht – wie eine Addition der Schadensklassen vermuten würde – zu einer Schadensklasse von 5 (oder gar 6). Insgesamt ist festzuhalten, dass Schadensklassen nur für eine einfache Beurteilung von Einzelrisiken sinnvoll sind. Eine Aggregation von Risiken, die (nur) mittels Schadensklassen bewertet sind, ist im Allgemeinen nicht möglich.

4.2.3 Risikoanalyse mit Höchstschadenswerten (Worst-case-Analyse)

Bei der „Risikoanalyse mit Höchstschadenswerten" wird die Bedeutung eines Risikos anhand der maximalen Höhe der möglichen Schäden beurteilt. Teilweise sieht man zudem, dass die Schadenshöhen einzelner Risiken zur Beurteilung des Gesamtumfangs des Risikos eines Unternehmens addiert werden.

Risiko	Wahrscheinlichkeit	Schadenshöhe (Ertrag)
Umsatzverlust (insb. durch Großkundenverlust)	5%	300 Mio. €
Haftpflichtschaden	10%	130 Mio. €
Zusatzkosten durch Maschinenausfall	25%	80 Mio. €
Summe	0,125%[203]	510 Mio. €

Ergebnis im Fallbeispiel:

1. Das Unternehmen ist existenzgefährdet; das Eigenkapital (400 Mio. €) kann die Summe der Schäden aus den betrachteten Risiken, also 510 Mio. €, nicht abdecken.

2. Besondere Beachtung verdient das Risiko „Umsatzverlust/Großkundenverlust", weil es die höchste Schadenshöhe aufweist.

Beurteilung:

Dieses Verfahren vernachlässigt die Wahrscheinlichkeit des Eintretens eines Schadens. Oft ist hier überhaupt nicht klar, welche Eintrittswahrscheinlichkeit ein Risiko hat. Völlig irreführend ist die Addition der Schadenswerte, weil diese Summe eine deutliche Überschätzung der tatsächlichen Risikolage darstellt. Die Summe der Schäden zeigt die Situation, in der alle Risiken im gleichen Jahr wirksam werden, was sehr unwahrscheinlich ist. Die Wahrscheinlichkeit, dass die drei Risiken des Beispiels gleichzeitig – und damit der Schaden von 510 Mio. € eintritt – beträgt lediglich 0,125%, also 5% × 10% × 25%[204]. Bei einer größeren Zahl von Risiken geht diese Wahrscheinlichkeit gegen Null; der betrachtete Fall (Worst-Case) ist damit praktisch irrelevant.

---

[203] Unter der Annahme der Unabhängigkeit der Risiken ergibt sich die hier angegebene Summe der Risikowirkung gerade mit einer Wahrscheinlichkeit, die dem Produkt der Wahrscheinlichkeiten der drei betrachteten Einzelrisiken entspricht.

[204] Bei Annahme der Unabhängigkeit der Risiken.

4.2.4 Risikoanalyse mit Schadenserwartungswert

Die „Risikoanalyse mit Schadenserwartungswert" berechnet den Schaden, der durchschnittlich innerhalb eines Jahres in Folge eines Risikos zu erwarten ist. Dazu werden Schadenshöhe und Eintrittswahrscheinlichkeit eines Risikos miteinander multipliziert. Grundsätzlich ist dabei zu beachten, dass in Risikoerwartungswerte nur unplanmäßige Faktoren einfließen (Abweichungen vom Planwert) und, dass alle Risiken einheitlich als Wirkung auf die Erträge bewertet werden (nicht teilweise Umsatz). Als besonders relevant werden bei diesem Verfahren Risiken mit einem hohen erwarteten Schaden eingeschätzt.

Risiko	Rechnung	Erwartungs- wert
Umsatzverlust (insb. durch Großkunden- verlust)	5 % × 300 Mio. €	15 Mio. €
Haftpflichtschaden	10 % × 130 Mio. €	13 Mio. €
Zusatzkosten durch Maschinenausfall	25 % × 80 Mio. €	20 Mio. €
Summe		48 Mio. €

Ergebnis im Fallbeispiel:

1. Das Unternehmen muss mit einer risikobedingten Ergebnisbelastung von durchschnittlich 48 Mio. € rechnen. Dies kann durch das Eigenkapital problemlos getragen werden; eine Existenzgefährdung ist (scheinbar) nicht gegeben.

2. Besondere Beachtung verdient das Risiko „Zusatzkosten durch Maschinenausfall", weil es den höchsten Erwartungswert aufweist.

Beurteilung:

Zweifellos ist die Kenntnis des durchschnittlich aus einem Risiko zu erwartenden Schadens – also z. B. der Belastung des Unternehmensergebnisses – eine für betriebliche Entscheidungen wesentliche Information. Anzumerken ist, dass eine erwartungstreue Planung zu einem Erwartungswert der Risiken von Null führen würde.

Ein schwerwiegender Schwachpunkt des alleinigen Einsatzes dieses Verfahrens besteht darin, dass man aus dem Erwartungswert nicht mehr ableiten kann, welche Konsequenzen das Eintreten eines Risikos – also des Schadensfalles – hat. Seltene, aber dann schwerwiegende Risiken, werden bei dieser Sichtweise unterschätzt. So lässt sich offensichtlich insbesondere nicht mehr erkennen, ob ein Risiko bestandsgefährdende Schäden bewirken kann.

Zudem ist zu bedenken, dass die üblicherweise angewendete einfache Berechnung des Erwartungswertes als Produkt von Höchstschadenswert und Wahrscheinlichkeit nur korrekt ist, wenn die zugrunde liegende Verteilungsfunktion des Schadens bestimmte (eigentlich eher seltene) Anforderungen erfüllt. Die Verteilungsfunktion muss eine Binomialverteilung sein, die nur zwei mögliche Zustände zulässt: Schaden tritt nicht ein, oder Schaden tritt immer in genau gleicher Höhe ein (digitale Situation).[205]

Bei vielen Risiken können sich aber durchaus sehr unterschiedlich große Schäden ergeben. Beim Risiko eines Brandes differieren die Schäden beispielsweise vom „Papierkorb-Brand" bis zum katastrophalen Großfeuer. Andere Risiken wie Zinsänderungsrisiken oder Nachfrageschwankungen sind eher normalverteilt. Bei manchen Schadensverteilungen ist die Berechnung des Schadenserwartungswertes deutlich komplizierter.[206]

Ergänzend sei darauf hingewiesen, dass es durchaus eine sinnvolle Weiterentwicklung des hier betrachteten Ansatzes der Risikoaggregation mit Schadenserwartungswerten gibt. Diese basiert auf der Berechnung der Risikowertbeiträge gemäß Abschnitt 3.4.5. Die folgende Tabelle zeigt die Berechnung der Risikowertbeiträge[207] für die drei genannten Risiken und die Gesamtsumme, die auch als Gesamtrisikokosten (Total Cost-of-Risk) aufgefasst werden kann (siehe hierzu vertiefend Abschnitt 5.3).

Risiko	Rechnung	Risikowertbeitrag
Umsatzverlust (insb. durch Großkundenverlust)	(5 % + 10 %) × 300 Mio. €	45 Mio. €
Haftpflichtschaden	(10 % + 10 %) × 130 Mio. €	26 Mio. €
Zusatzkosten durch Maschinenausfall	(25 % + 10 %) × 80 Mio. €	28 Mio. €
Summe		99 Mio. €

4.3 Monte-Carlo-Simulationen zur Risikoaggregation

Allein durch eine Betrachtung einzelner Risiken kann die Unternehmensleitung noch nicht die eigentlich interessierende Frage beantworten, nämlich: Wie wirken sich diese identifizierten Risiken insgesamt für das Unternehmen aus, und wie groß ist insbesondere die Bestandsgefährdung?

[205] Oder der „Schaden" wird als Erwartungswert möglicher Schäden interpretiert, über deren mögliche Höhe dann aber nichts mehr bekannt ist.
[206] Vgl. Bleymüller/Gehlert/Gülicher, 2002, S. 42 ff.
[207] Bei einem Risikozuschlag r_z von 10 % oder für die Berechnung der „kalkulatorischen Eigenkapitalkosten" eines Risikos genutzt wird.

Diese Frage kann erst beantwortet werden, wenn die Wirkungen der Risiken unter Berücksichtigung ihrer jeweiligen Eintrittswahrscheinlichkeit, ihrer Schadensverteilung sowie ihrer Wechselwirkungen untereinander durch ein geeignetes Verfahren ermittelt werden. Die Notwendigkeit eines solchen Verfahrens wird auch von den Wirtschaftsprüfern betont, wie die folgende Stellungnahme des IDW zum KonTraG (IDW PS 340) zeigt:

„Die Risikoanalyse beinhaltet eine Beurteilung der Tragweite der erkannten Risiken in Bezug auf Eintrittswahrscheinlichkeit und quantitative Auswirkungen. Hierzu gehört auch die Einschätzung, ob Einzelrisiken, die isoliert betrachtet von nachrangiger Bedeutung sind, sich in ihrem Zusammenwirken oder durch Kumulation im Zeitablauf zu einem bestandsgefährdenden Risiko aggregieren können."

Eine Aggregation – sprich Zusammenfassung – aller relevanten Risiken ist also erforderlich. Was ist aber die – über das formale Erfüllen einer KonTraG-Pflicht hinausgehende – ökonomische Bedeutung der Risikoaggregation und wo liegt der spezielle Nutzen für die Unternehmen? Es liegt auf der Hand, dass alle Risiken gemeinsam die Risikotragfähigkeit eines Unternehmens belasten. Diese Risikotragfähigkeit wird letztendlich von zwei Größen bestimmt, nämlich zum einen vom Eigenkapital und zum andern von der Liquidität, also den verfügbaren Zahlungsmitteln (inkl. nutzbarer Kreditrahmen).

Zielsetzung der Risikoaggregation ist nun die Bestimmung der Gesamtrisikoposition eines Unternehmens, insbesondere mit Blick auf diese beiden Größen sowie eine Ermittlung der relativen Bedeutung der Einzelrisiken unter Berücksichtigung von Wechselwirkungen (Korrelationen) zwischen diesen. Dazu werden die Wahrscheinlichkeitsverteilungen einzelner Risiken zu einer Wahrscheinlichkeitsverteilung der Zielgröße des Unternehmens (z. B. Gewinn oder Cashflow) zusammengeführt. Mit dieser können dann Risikomaße für das Gesamtunternehmen berechnet werden, die den Gesamtrisikoumfang charakterisieren.

Die Beurteilung des Gesamtrisikoumfangs ermöglicht eine Aussage darüber, ob die Risikotragfähigkeit eines Unternehmens ausreichend ist, um den Risikoumfang des Unternehmens tatsächlich zu tragen und damit den Bestand des Unternehmens langfristig zu gewährleisten. Sollte der vorhandene Risikoumfang eines Unternehmens gemessen an der Risikotragfähigkeit zu hoch sein, werden zusätzliche Maßnahmen der Risikobewältigung erforderlich.

Bei der Risikoaggregation werden mittels Simulation die durch Wahrscheinlichkeitsverteilungen beschriebenen Risiken in den Kontext der Unternehmensplanung gestellt, d. h., es wird jeweils aufgezeigt, welches Risiko an welcher Position der Planung (Erfolgsplanung) zu Abweichungen führen kann. Mit Hilfe von Risikosimulationsverfahren kann dann eine große repräsentative Anzahl möglicher risikobedingter

Zukunftsszenarien berechnet und analysiert werden. Damit sind Rückschlüsse auf den Gesamtrisikoumfang, die Planungssicherung und eine realistische Bandbreite, z. B. des Unternehmensergebnisses, möglich. Technisch gesehen wird mittels der Risikoaggregation die Wahrscheinlichkeitsverteilung des Unternehmensergebnisses berechnet, und auf dieser Grundlage werden Risikomaße abgeleitet, die für unternehmerische Entscheidungen nötig sind. Aus der ermittelten risikobedingten Bandbreite des Ergebnisses kann unmittelbar auf die Höhe möglicher risikobedingter Verluste und damit den Bedarf an Eigenkapital zur Risikodeckung geschlossen werden, was wiederum Rückschlüsse auf das angemessene Rating zulässt. Auf diese Weise können auch Kennzahlen wie die Eigenkapitaldeckung bestimmt werden, die das Verhältnis des verfügbaren Eigenkapitals zum Eigenkapitalbedarf anzeigt.

Notwendig für die Bestimmung des Gesamtrisikoumfangs mittels Risikoaggregation ist also zunächst die Verbindung von Risiken und Unternehmensplanung. Jedes Risiko wirkt somit auf (mindestens) eine Position der Plan-Erfolgsrechnung (GuV) oder Plan-Bilanz und kann dort Planabweichungen verursachen. Alternativ (bzw. ergänzend) zur Zuordnung von Risiken[208] zu den Positionen der Planung kann man natürlich auch die einzelnen Planungspositionen (z. B. Kostenposition) selbst als Zufallsvariablen auffassen und durch eine Wahrscheinlichkeitsverteilung beschreiben. Ein derartiges Vorgehen bezeichnet man als eine „stochastische Planung" („mehrwertige Planung"). Dabei können Risiken beispielsweise als Schwankungsbreite um einen Planwert modelliert werden (z. B. +/− 10 % normalverteilte Absatzmengenschwankung). Zudem können jedoch auch „ereignisorientierte Risiken" (wie z. B. eine Betriebsunterbrechung durch Feuer) einbezogen werden, die in das außerordentliche Ergebnis einfließen und durch Schadenshöhe und Eintrittswahrscheinlichkeit beschrieben werden.[209] Die bereits im vorigem Kapitel erwähnten formalisierten Gefährdungsanalyse- und Entscheidungsanalyse-Techniken können hier auch zum Einsatz kommen. Mit der heute erreichten Leistungsfähigkeit von Computern ist es möglich, solche zufällig möglichen oder konditionalen Ereignisse mit dem Computer zahlreich und billig zu simulieren. Da der Kern einer solchen Simulation das Erzeugen von „Zufall" ist, hat sich der Name Monte-Carlo-Simulation eingebürgert. Ohne Simulationen gibt es nur eine einzige Chance, ein Problem mit dem Computer zu berechnen: Man benötigt eine Lösung der zugrunde liegenden Theorie (oder

---

[208] D. h. Zufallsvariablen, die durch eine adäquate Wahrscheinlichkeitsverteilung beschrieben sind.

[209] Ergänzend dazu können auch sogenannte Risikofaktorenmodelle entwickelt werden. Neben der Unternehmensplanung wird dabei ein Modell der Unternehmensumwelt mit den für das Unternehmen interessanten Variablen aufgebaut (siehe Abschnitt 4.4).

zumindest eine Näherungslösung), d. h. eine Formel.[210] Die allgemeine Vorgehensweise zur Durchführung einer Monte-Carlo-Simulation lässt sich wie folgt beschreiben:[211]

1. Erzeugen der für die Monte-Carlo-Simulation benötigten Zufallszahlen.

2. Umwandeln der Zufallszahlen in die benötigte Verteilung (z. B. Normalverteilung oder Binomialverteilung mit Schadenshöhe und Eintrittswahrscheinlichkeit).

3. Berechnung eines Szenarios der Monte-Carlo-Simulation gemäß den gezogenen Zufallszahlen und der dahinterliegenden Verteilung.

4. Wiederholen der Schritte 1, 2 und 3, bis eine ausreichende Anzahl von Simulationen (z. B. 100.000) generiert wurde, um hieraus stabile Verteilungen, statistische Kennzahlen und Risikomaße abzuleiten.

5. Auswertung: Berechnung von Mittelwert, Standardabweichung oder Quantilen, bzw. des Value-at-Risk der insgesamt simulierten Szenarien etc.

Ein Blick auf die verschiedenen Simulationsläufe (S_1 bis S_n) veranschaulicht, dass sich bei jedem Simulationslauf (Szenario) andere Kombinationen von Risikoausprägungen ergeben. Damit erhält man jeweils (unter Berücksichtigung von Wechselwirkungen zwischen den Risiken)[212] einen zufällig erzeugten Wert für die betrachtete Zielgröße (z. B. Gewinn oder Cashflow), der in diesem Beispiel in Abbildung 28 zwischen –150 (sprich: einen Verlust i. H. v. 150) und 94 (sprich: einem Gewinn i. H. v. 94) liegt. Man erkennt hier deutlich, dass der Verlust in Szenario 2 von der Produktionsunterbrechung durch den Ausfall der IT getrieben wird, während der simulierte Gewinn im Szenario 3 mit 94 über dem geplanten Gewinn von 56 liegt, weil vor allem die Materialkosten – und auch der Personalaufwand – niedriger waren als geplant.

Die Menge aller Simulationsläufe liefert eine „repräsentative Stichprobe" aller möglichen risikobedingten Zukunftsszenarien des Unternehmens, die dann analysiert wird. Aus den ermittelten Realisationen

---

[210] Wie bereits in der Einleitung zu diesem Kapitel erwähnt, sind für komplexere Unternehmensmodelle mit Risiken, die durch unterschiedliche Typen von Wahrscheinlichkeitsverteilungen beschrieben werden, keine analytischen Lösungen bekannt.

[211] In Anlehnung an Gleißner, 2001 a, siehe auch Deutsch, 1998 sowie Hoitsch/Winter, 2004.

[212] Als Maß für den linearen statistischen Zusammenhang zwischen zwei Zufallsvariablen (Risiken) dient meist der Korrelationskoeffizient. Dieser lässt sich für zwei Variablen (X und Y) berechnen als

$$\varrho_{XY} = \frac{Cov(X,Y)}{\sqrt{\sigma^2(X) \cdot \sigma^2(Y)}} = \frac{Cov(X, Y)}{\sigma(X) \cdot \sigma(Y)}.$$

Hierbei bezeichnet Cov(X,Y) die Kovarianz zwischen den beiden Zufallsvariablen X und Y. Diese kann ermittelt werden durch

$Cov(X, Y) = E\big((X - E(X))\big((Y - E(X))\big).$

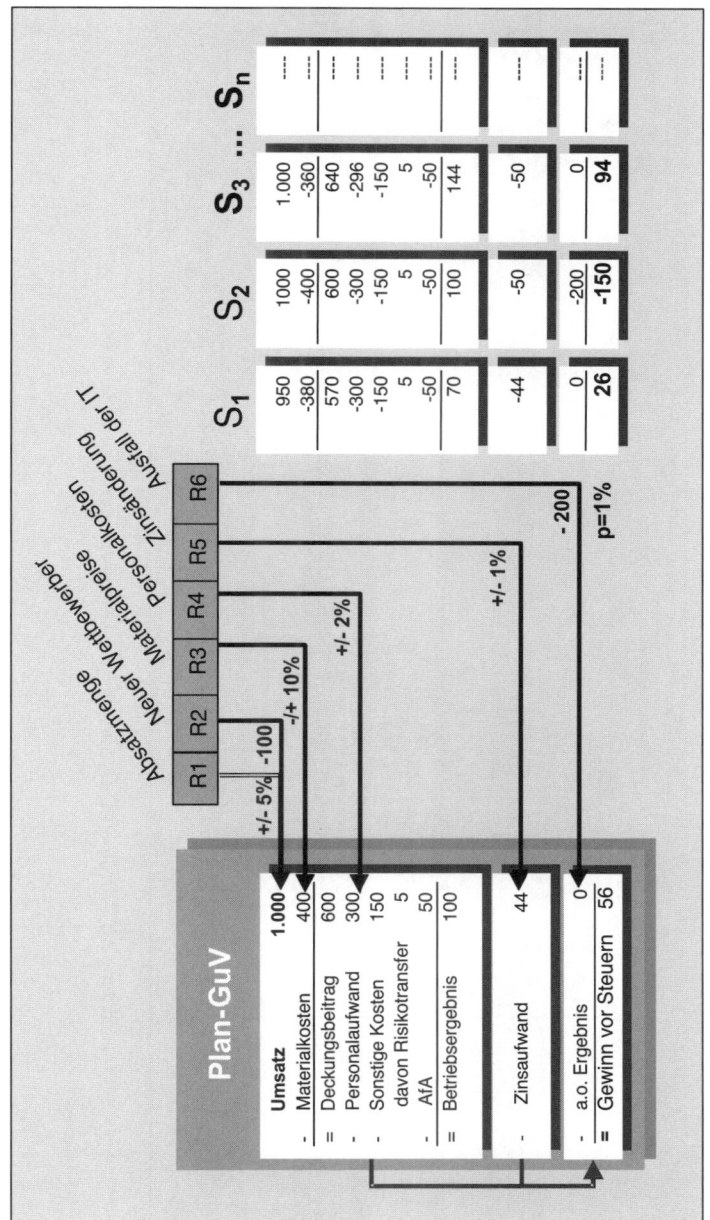

Abbildung 28: Integration der Risiken in die Unternehmensplanung

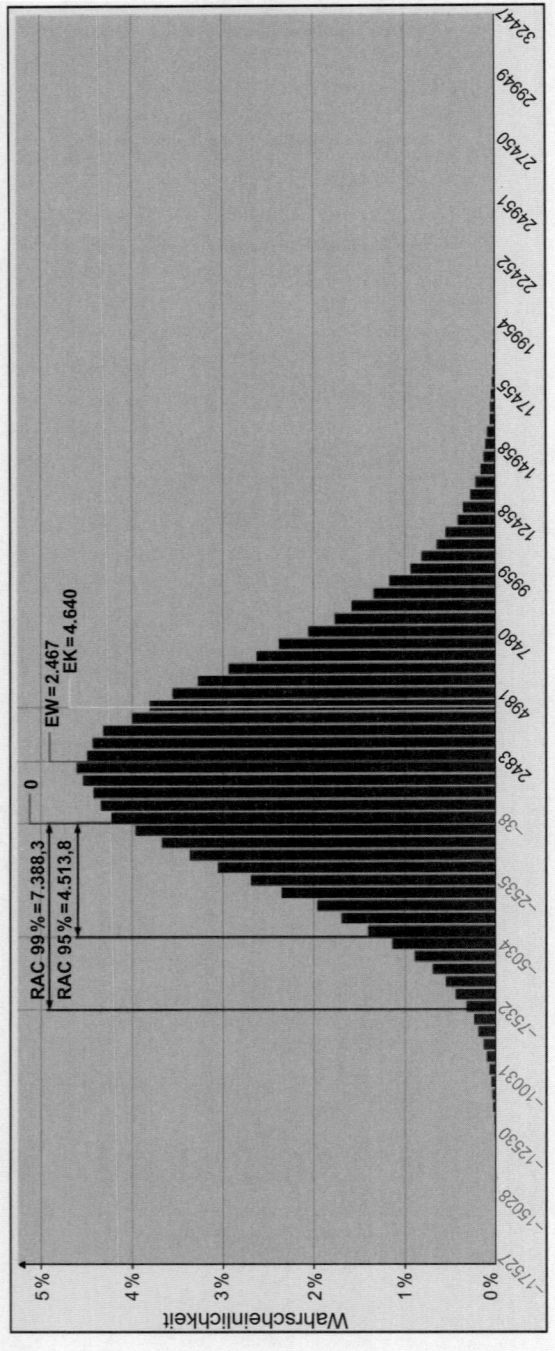

Abbildung 29: Verteilung (Dichtefunktion) des Gewinnes (Quelle: Risiko-Kompass)

der Zielgröße (z. B. Gewinn) ergeben sich aggregierte Wahrscheinlichkeitsverteilungen (Dichtefunktionen).[213] Ausgehend von der durch die Risikoaggregation ermittelten Verteilungsfunktion der Gewinne kann man unmittelbar auf die Risikomaße, wie z. B. den Eigenkapitalbedarf (RAC) des Unternehmens, schließen.[214] Zur Vermeidung einer Überschuldung wird nämlich wie erwähnt zumindest so viel Eigenkapital benötigt, wie auch Verluste auftreten können, die dieses aufzehren. Die Abbildung 29 zeigt das Ergebnis einer Risikoaggregation mit Hilfe der Software Risiko-Kompass[PlusRating].

Im obigen Fall kann davon ausgegangen werden, dass im nächsten Jahr mit einer Wahrscheinlichkeit von 99 % ein Verlust von nicht mehr als 7,4 Mio. € zu erwarten ist (RAC 99 %)[215]. Mit einer Wahrscheinlichkeit von 95 % wird ein Verlust von 4,5 Mio. € nicht überschritten. Der Erwartungswert des Gewinns vor Steuern beträgt laut Planung und unter Einbezug der Risiken etwa 2,5 Mio. €. Außer dem Eigenkapitalbedarf als Value-at-Risk-Variante lassen sich natürlich auch weitere Risikomaße berechnen.

Ergänzend können Kennzahlen wie die Eigenkapitaldeckung, also das Verhältnis von verfügbarem Eigenkapital zu risikobedingtem Eigenkapitalbedarf, abgeleitet werden. Man kann hier aus der Grafik entnehmen, dass das vorhandene Eigenkapital i. H. v. 4,6 Mio. € nur ausreicht, um 95 % der Fälle abzudecken, nicht jedoch um das 99 %-Niveau abzudecken (Eigenkapitaldeckung auf dem 99 %-Niveau ca. 63 %).

Analog lässt sich auch der Bedarf an Liquiditätsreserven unter Nutzung der Verteilungsfunktion der Zahlungsflüsse (freie Cashflows) ermitteln. Das Eigenkapital und die Liquiditätsreserven sind das Risikodeckungspotenzial eines Unternehmens, weil sie sämtliche risikobedingten Verluste zu tragen haben. Der Eigenkapitalbedarf steht zudem als Kennzahl (Risikomaß) für die Ableitung von Kapitalkostensätzen und anderen wertorientierten Kennzahlen zur Verfügung (siehe Kapitel 7).

Im Allgemeinen werden die wesentlichen Input-Informationen für die Monte-Carlo-Simulation – speziell also die Wahrscheinlichkeitsverteilungen der betrachteten Risiken – im Rahmen der Risikoquantifizierung ermittelt, wobei zum einen hierzu statistische Analysen von Vergangenheitsdaten (Zeitreihen) genutzt werden, zum anderen aber oft auch Expertenschätzungen notwendig (und auch zulässig) sind. Als Orientierungswerte für typische Schwankungen der wichtigsten GuV-

---

[213] Im Unterschied zur Kapitalmarkttheorie für vollkommene Märkte (z. B. CAP-Modell) sind hier systematische und nicht-diversifizierte unsystematische Risiken relevant, was z. B. durch Konkurskosten zu begründen ist; vgl. auch z. B. Amit/Wernerfelt (1990).

[214] Der Eigenkapitalbedarf ist abhängig von einem vorgegebenen Konfidenzniveau, das sich aus der angestrebten Ratingstufe ergibt und konsistent zum verwendeten Eigenkapitalkostensatz zu wählen ist.

[215] Quantil bzw. Value-at-Risk.

Positionen in verschiedenen deutschen Branchen kann die folgende Übersicht dienen, die auf einer Auswertung von Bundesbankdaten des Zeitraums von 1971 bis 2004 basiert.[216]

Branche	Standardabweichung			
	Umsatz	Material-aufwand-quote	Personal-aufwand-quote	Sonstiger Aufwand – Quote
Alle Unternehmen	4,25%	1,17%	0,65%	1,53%
Verarbeitendes Gewerbe	4,42%	1,96%	1,80%	1,35%
Baugewerbe	12,47%	2,48%	2,60%	1,14%
Textil- und Bekleidungsgewerbe	4,33%	1,51%	2,61%	2,27%
Herstellung von chemischen Erzeugnissen	6,71%	3,02%	1,99%	2,75%
Herstellung von Büromaschinen, Datenverarbeitungsgeräten und -einrichtungen und Elektrotechnik	7,13%	5,75%	4,61%	1,03%
Einzelhandel	7,91%	1,86%	0,61%	2,33%
Ernährungsgewerbe	3,57%	2,97%	0,87%	2,27%
Glasgewerbe, Keramik, Verarbeitung von Steinen + Erden	5,44%	2,23%	1,34%	1,00%
Großhandel und Handels-vermittlung	4,79%	1,72%	0,75%	1,02%
Herstellung von Gummi- und Kunststoffwaren	4,74%	1,68%	1,97%	1,41%
Fahrzeugbau	6,56%	4,90%	3,70%	1,51%
Metallerzeugung und -bearbeitung, Herstellung von Metall-erzeugnissen	6,71%	1,69%	1,52%	1,32%
Holzgewerbe (ohne Herstellung von Möbeln)	9,52%	2,61%	2,41%	0,95%
Maschinenbau	6,60%	2,04%	2,22%	1,18%
Papier-, Verlags-, Druckgewerbe	9,95%	2,30%	2,17%	2,76%
Medizin-, Mess-, Steuer- und Regelungstechnik, Optik	4,30%	0,69%	0,98%	1,12%
Energie- und Wasserversorgung	7,39%	1,61%	0,78%	0,71%
Handel und Reparatur von Kraftfahrzeugen	2,35%	0,86%	0,28%	0,76%
Verkehr ohne Eisenbahnen	4,97%	3,06%	2,25%	1,37%
Unternehmensnahe Dienstleistungen	4,54%	0,58%	0,55%	1,20%

Abbildung 30: Standardabweichung der wichtigsten Aufwandsquoten

---

[216] Siehe Gleißner/Grundmann, 2008, auch zu Schwankungen der Kostenquoten.

Zu erwähnen ist hier jedoch, dass in dieser Tabelle sämtliche Veränderungen erfasst sind, und nicht nur die ungeplanten, da letztere nicht abgegrenzt werden können. Zudem basiert die Auswertung auf einem Branchenaggregat, so dass der Risikoumfang eines einzelnen Unternehmens durchaus davon abweichen und insbesondere größer sein kann. Letzteres ist darauf zurückzuführen, dass beispielsweise die Umsatzschwankungen eines Unternehmens sich zusammensetzen aus den Nachfrageschwankungen in der Branche und den in den obigen Auswertungen nicht berücksichtigten Verschiebungen der Marktanteile der Unternehmen innerhalb der Branche.

Zur Risikoaggregation kann entweder vorhandene Software ergänzt werden (z.B. Excel plus Crystal Ball oder @Risk) oder spezielle Software (wie R2C-ValueCalculator, MIS RiskManagement oder Risiko-Kompass[plus Rating]) beschafft werden. Vor allem ist dabei darauf zu achten, dass die Risiken mit den jeweils passenden Verteilungsfunktionen abgebildet werden können, die Software also die jeweiligen Verteilungsfunktionen modellieren kann. So sollte aus einer Reihe unterschiedlicher Verteilungsfunktionen die jeweils passende gewählt werden können (z.B. Normalverteilung, Dreiecksverteilung, Poissonverteilung). Zudem sollte die Software in der Lage sein, mehrere zehntausend Simulationsläufe in einer angemessenen Zeit durchlaufen zu können.

4.4 Das Unternehmensumfeld: Risikofaktorenmodelle und Abweichungsanalyse

Beim bisher beschriebenen Vorgehen zur Entwicklung von Risikoaggregationsmodellen wird immer zunächst von der Unternehmensplanung ausgegangen. Dabei existieren wie erwähnt zwei (kombinierbare) Varianten, nämlich

- die unmittelbare Berücksichtigung der Planungsunsicherheit zu den einzelnen Planungspositionen (d.h. das Beschreiben einer Planungsposition durch eine Verteilung, z.B. eine Normalverteilung) oder
- die separate quantitative Beschreibung eines Risikos durch eine geeignete Verteilungsfunktion (z.B. durch Schadenshöhe und Eintrittswahrscheinlichkeit bei ereignisorientierten Risiken) und die Zuordnung dieser Risiken in einem zweiten Schritt zu den Planungspositionen, wo sie Planabweichungen auslösen können.

Mit dem „Risikofaktorenansatz" gibt es eine weitere, ebenfalls kombinierbare Variante zur Berücksichtigung von Risiken im Kontext der Planung. Neben der Unternehmensplanung wird dabei ein Modell der Unternehmensumwelt mit den für das Unternehmen interessanten

Variablen aufgebaut (z. B. Bartram, 1999). Die Unternehmensumwelt wird dabei beispielsweise durch exogene Faktoren beschrieben wie Wechselkurse, Zinssätze (für verschiedene Währungen und Laufzeiten), Rohstoffpreise, Konjunktur (z. B. mittels Produktionsindizes zur Beschreibung der Nachfrage), Tariflohnindizes etc. Für alle diese exogenen Faktoren des Unternehmensumfeldes werden Prognosen erstellt, so dass ein „Plan-Umfeldszenario" entsteht. Die Abhängigkeit der Planvariablen des Unternehmens von exogenen Faktoren wird z. B. durch Elastizitäten[217] erfasst. Diese zeigen, welche Konsequenzen eine Änderung des Risikofaktors für die Plan-Variable (z. B. Umsatz) hat. Eine Weiterentwicklung solcher Ansätze, bei der ein Unternehmen auch prozessnah in die Umwelt eingebunden wird und die Ergebnisse formalisierter Gefährdungsanalysen einbezogen werden, ist denkbar.

Die Verwendung eines Risikofaktorenmodells bringt gleich mehrere Vorteile. Zum einen vereinfacht sie wesentlich die oft schwierige Schätzung der Korrelationen (statistischen Abhängigkeiten) zwischen den betrachteten unsicheren (risikobehafteten) Planungsvariablen der Erfolgsrechnung eines Unternehmens. Wenn nämlich beispielsweise zwei unsichere Kostenarten, $\tilde{K}_1$ und $\tilde{K}_2$ jeweils (mit unterschiedlicher Elastizität) von gemeinsamen (exogenen) Risikofaktoren, z. B. $\tilde{R}_1$ und $\tilde{R}_2$, abhängen, sind diese beiden Kostengrößen damit auch korreliert. Korrelationen zwischen einzelnen Risiken bzw. risikobehafteten Planungspositionen ergeben sich damit zu einem erheblichen Teil implizit durch die Beschreibung der Abhängigkeit von exogenen Risikofaktoren des Unternehmensumfelds, wie z. B. Konjunktur, Wechselkurse und Rohstoffpreise.

Darüber hinaus schafft die Berücksichtigung von Risikofaktoren die Möglichkeit einer fundierten Abweichungsanalyse. Bei der Analyse der Abweichungen zwischen geplanten Werten, z. B. des Gewinns und dem tatsächlich eingetretenen Gewinn, kann nämlich aufgezeigt werden, welcher Teil dieser Abweichungen auf eine unvorhergesehene Entwicklung des (exogenen) Risikofaktors zurückzuführen ist, und welcher Teil durch andere Faktoren bestimmt wird – beispielsweise durch eine überplanmäßige oder unterplanmäßige Leistung (Performance) des für die entsprechenden Kennzahlen verantwortlichen Managers.

Die Möglichkeit einer derartigen Abweichungsanalyse auf Grundlage von den Risikofaktorenmodellen wird im Folgenden anhand eines Beispiels verdeutlicht.

Im einfachen Beispiel kann die von einem Unternehmen geplante Zahlung Z (Zahlungsüberschuss) als additiv abhängig von zwei exogenen

---

[217] Die Elastizität der Zielgröße Z bezüglich des exogenen Einflussfaktors X drückt aus, wie viel Prozent sich Z verändert, wenn X um 1 % verändert wird.

Risikofaktoren X_1 und X_2 und einem Restglied e angenommen werden. Dieses Restglied soll als ein vom Unternehmen bzw. der Führungskraft beeinflussbarer endogener Faktor angenommen werden. Damit ergibt sich die Zahlung definitorisch aus den drei betrachteten Faktoren, d. h., Abweichungen sind auch nur bei diesen drei Faktoren möglich. In der ex-ante-Betrachtung ergibt sich damit der risikobehaftete Planwert zu

$$Z^{Plan} = 2 \times X_1^{Plan} + X_2^{Plan} + e^{Plan} \qquad (4.1)$$

Als Planwerte sollen beispielsweise $X_1^{Plan} = 250$, $X_2^{Plan} = 350$ und $e^{Plan} = 150$ angenommen werden. Z^{Plan} ergibt sich somit zu 1000.

In der ex-post-Betrachtung am Ende der Plan-Periode sind nun Ist-Werte bekannt. Es wird ein quasi risikoloser Zustand betrachtet, bei dem nur noch Abweichungen von Interesse sind.

$$Z^{Ist} = 2 \times X_1^{Ist} + X_2^{Ist} + e^{Ist} \qquad (4.2)$$

Als Ist-Werte sollen sich ergeben haben $X_1^{Ist} = 225$, $X_2^{Ist} = 370$ und $Z^{Ist} = 990$. Die beeinflussbare Komponente e^{Ist} ergibt sich somit zu 170. Die Abweichung des Ist-Wertes vom Planwert der beeinflussbaren Größe beträgt somit +20. Entgegen des ersten Eindrucks einer negativen Planabweichung ist also eine überplanmäßige Leistung durch die Analyse festzustellen.

Eine Abweichungsanalyse insbesondere zur Performance-Beurteilung des Unternehmens/der Führungskraft darf nun nur die beeinflussbaren Faktoren heranziehen, also nicht die Abweichungen, die sich aus den exogenen Faktoren ergeben. Aus den tatsächlichen Ausprägungen der exogenen Faktoren und Planwert für den endogenen Faktor kann auch ein Sollwert für die Zielgröße, also hier die Zahlung Z, bestimmt werden.

$$Z^{Soll} = 2 \times X_1^{Ist} + X_2^{Ist} + e^{Plan} \qquad (4.3)$$

Der Sollwert für die Zahlung ergibt sich somit zu 970. Die Abweichung des Ist-Wertes vom Sollwert beträgt somit +20 bzw. +2 % des Sollwertes. Die Abweichung des Sollwerts von Planwert in Höhe von −30 stand nicht im Einflussbereich des Unternehmens bzw. der Führungskraft und darf somit auch nicht in die Performance-Beurteilung einfließen.

Zusammenfassend sind Risikofaktorenmodelle geeignet, ex ante (also zu Beginn der Planungsperiode) die Planungssicherheit einzuschätzen und auf die möglichen Faktoren von Planabweichungen hinzuweisen. Am Ende der Planperiode besteht dann (ex post) die Möglichkeit, tatsächlich eingetretene Planabweichungen auf ihre Ursachen zurückzuführen und so eine faire Unterscheidung von Planabweichungen vorzunehmen, die vom Management zu verantworten sind und solchen, die auf unerwartete Veränderungen der nicht beeinflussbaren (exogenen) Risikofaktoren zurückzuführen sind.

4.5 Fundamentalgleichung: Abschätzung des Gesamtrisikoumfangs ohne Simulation

Einerseits ist das bisher in diesem Kapitel dargestellte Risikosimulationsverfahren zwar sehr leistungsfähig, andererseits aber auch etwas aufwändig.[218] Ein Unternehmen, das zunächst ohne diesen Aufwand seine Gesamtrisikoposition überschlägig bestimmen möchte, kann sich hierzu der so genannten Fundamentalgleichung des Risikomanagements bedienen. Diese Fundamentalgleichung erläutert den Zusammenhang zwischen operativem Unternehmensrisiko – speziell Umsatzschwankungen aus Markt- und Leistungsrisiken – einerseits sowie der Kostenstruktur andererseits.[219]

Die (operative) Gesamtrisikoposition eines Unternehmens soll hier also vereinfachend nur durch zwei (allerdings besonders wichtige) der bekannten Risikofelder beschrieben werden, nämlich Marktrisiko und Leistungsrisiko. Bei der Bewertung dieser beiden Risikobereiche werden jeweils alle Markt- und Leistungsrisiken auf einer Relevanz-Skala von 1 bis 5 zu einer einzigen Zahl verdichtet. Ergänzend wird der Einfluss der Kostenstruktur (Kostenstrukturrisiko) und der Finanzierungsstruktur (Finanzstrukturrisiko) betrachtet, welche im Kontext des „strategischen Risikomanagements" von Bedeutung sind.

1. Marktrisiko

Das Marktrisiko, exakter Absatzmarktrisiko, zeigt wie schon erläutert die Risiken der Nachfrageseite. Die Einschätzung erfolgt auf Basis der identifizierten und anhand der Relevanz bewerteten einzelnen Risiken. Das Marktrisiko ist stark branchenabhängig. Es ist abhängig vom Umfang konjunktureller Absatzpreis- und Nachfragemengen-schwankungen, der Stabilität der Marktanteile und indirekt von den wesentlichen Charakteristika des Marktes (z. B. Wachstumsrate, Differenzierungsmöglichkeiten, Abhängigkeiten von Kunden und Markteintrittsbarrieren).[220]

---

[218] Da möglicherweise viele Entscheider durch die (auch mathematische) Komplexität von Risikoanalysen mittels Simulation überfordert sein könnten, wird häufig als vereinfachte Alternative lediglich die Sensitivitätsanalyse bezüglich eines besonders kritischen Einflussfaktors auf das Ergebnis oder der Vergleich von zwei oder drei Szenarien vorgeschlagen (z. B. Luhmann, 1980, S. 811).

[219] Vgl. z. B. Gleißner, 2000 a, S. 65 ff.

[220] Vgl. zur Analyse der Marktbedingungen vertiefend Gleißner, 2004 c.

2. Leistungsrisiko

Das Leistungsrisiko zeigt die Risiken der Angebotsseite bzw. der Leistungserstellung. Es wird ebenfalls anhand von Risikoinventar und Branchenvergleichswerten eingeschätzt. Es kann allerdings auch durch Prozess(kosten)modelle in Kombination mit den formalisierten Gefährdungsanalysen qualifiziert und quantifiziert werden. Abhängig ist der Umfang der Leistungsrisiken, beispielsweise der Störanfälligkeit der Fertigungstechnologie, von externen Störgrößen (z. B. Wetter) und einzelnen Schlüsselpersonen sowie dem Grad der Redundanz bestehender Produktionsanlagen.

3. Kostenstrukturrisiko

Das Marktrisiko an sich wäre für Unternehmen nicht so bedrohlich, wenn das Unternehmen im Falle eines Umsatzrückgangs auch sofort sämtliche Kosten proportional zu diesem Rückgang reduzieren könnte. Dies ist aber in der Realität nicht der Fall, so dass die Höhe der Auswirkungen des Marktrisikos auf die Unternehmensgewinne, also das so genannte Kostenstrukturrisiko, von der tatsächlich vorhandenen Kostenstruktur abhängt. Je schneller die Kosten bei rückläufigen Umsätzen abgebaut werden können (wie z. B. beim Materalaufwand), desto besser für das Unternehmen und seine Risikoposition. Je geringer also der Anteil fixer, sprich absatzmengenunabhängiger Kosten ist, desto ungefährlicher ist ein Umsatzrückgang, weshalb man etwas vereinfachend den Anteil der Fixkosten am Umsatz als Maß für das Kostenstrukturrisiko ansehen kann. Zur Ermittlung der fixen Kosten können Deckungsbeitragsrechnungen eingesetzt werden, die die variablen Kosten separat ausweisen, so dass sich die Fixkosten ergeben als Differenz zwischen Gesamtkosten und variablen Kosten. Falls man bereits zur Ermittlung des Leistungsrisikos Prozess(kosten)modelle und formalisierte Gefährdungsanalysemethoden genutzt hat, empfiehlt sich die Nutzung diese Methode zur Analyse der tatsächlichen Kostenstrukturrisken und der verschiedenen Ursache-Wirkungs-Beziehungen.

4. Finanzstrukturrisiko

Das Finanzstrukturrisiko wird entscheidend durch den Anteil an Fremdkapital bzw. das Verhältnis von Eigen- zu Fremdkapital beeinflusst. Neben der Finanzierungsstruktur gehört auch die Kapitalbindung zu den entscheidenden Einflussgrößen, wenn es darum geht, die Auswirkungen von Gewinnschwankungen auf die Rentabilität des Unternehmens zu beurteilen. Diese Auswirkungen sind bei einer geringen Eigenkapitalquote besonders gravierend, was man auch als „Financial Leverage" bezeichnet.

5. Der Gesamtrisikoumfang

Wie eingangs bereits erwähnt, ist das Gesamtrisiko eines Unternehmens also (mindestens) vom umsatzbeeinflussten Markt- und Leistungsrisiko, von der Kostenstruktur und der Finanzierungsstruktur abhängig. Wie hängen diese vier Haupt-Risikokomponenten nun miteinander zusammen? Die Markt- und Leistungsrisiken verstärken sich in etwa additiv. Zusammen beschreiben beide Risikoindikatoren Schwankungen des Umsatzes. Dieses zusammengefasste „Umsatz-Risiko" wiederum steht ungefähr in einem multiplikativen Zusammenhang mit den beiden verbleibenden Haupt-Risikokomponenten (Kostenstruktur- und Finanzstrukturrisikofaktoren).

Als Konsequenz sollten beispielsweise Unternehmen mit einem hohen Marktrisiko besonders bestrebt sein, Kostenstruktur- und Finanzstrukturrisiko zu reduzieren, um das Gesamtrisiko in akzeptablen Grenzen zu halten. Geeignete Maßnahmen dazu könnten sein, den Fixkostenanteil durch eine Reduzierung der Fertigungstiefe – z.B. also durch Outsourcing – zu senken und gleichzeitig die Eigenkapitalquote zu erhöhen.

6. Checkliste zum Gesamtrisikoumfang

Zur Einschätzung des Gesamtrisikoumfangs gilt es folgende Fragen zu beantworten:

1. Worin liegen die zentralen Marktrisiken? Wie sind die Marktrisiken (MR) zusammenfassend auf einer Skala von 1 („gering") über 3 („durchschnittlich") bis 5 („hoch") einzuschätzen?

2. Welche zentralen Leistungsrisiken gibt es? Wie sind die Leistungsrisiken (LR) zusammenfassend auf einer Skala von 1 („gering") über 3 („durchschnittlich") bis 5 („hoch") einzuschätzen?

3. Wie ist das Kostenstrukturrisiko einzuschätzen? Welchen Anteil (KSR) am Umsatz machen die Fixkosten aus?[221]

4. Wie stellt sich das Kapitalstrukturrisiko dar? Wie hoch ist der Verschuldungsgrad (VG), also das Verhältnis von Fremdkapital zu Eigenkapital?

5. Wie ist das aggregiertes Gesamtrisiko einzuschätzen? Dazu sollte man den folgenden – auf der Fundamentalgleichung des Risikomanagements beruhenden – Gesamtrisikoindikator (R) ausrechnen:

6. $R = (MR + LR) \times KSR \times (1 + VG)$ (4.4)

Hinweis: Ein durchschnittlicher Wert für das Gesamtrisiko (R) liegt bei etwa 12; Werte für R über 24 zeigen bereits eine deutlich erhöhte Risikoposition und somit Handlungsbedarf. Beispielsweise muss über eine

---

[221] Bei 40% Fixkosten ist KSR also z.B. 0,4.

flexiblere Kostenstruktur oder eine höhere Eigenkapitalquote nachgedacht werden.

Die folgende Abbildung gibt die Fundamentalgleichung grafisch anschaulich wieder. Das in dieser Abbildung dargestellte Beispielunternehmen ist von seiner Gesamtrisikoposition als befriedigend, aber nicht mehr gänzlich unkritisch anzusehen, was insbesondere durch ein ausgeprägtes Finanzstrukturrisiko (zu niedrige Eigenkapitalausstattung) maßgeblich beeinflusst wird. Die Absatzmarktrisiken (Relevanz: 2) sind eher unterdurchschnittlich und die Leistungsrisiken (Relevanz: 3) durchschnittlich.

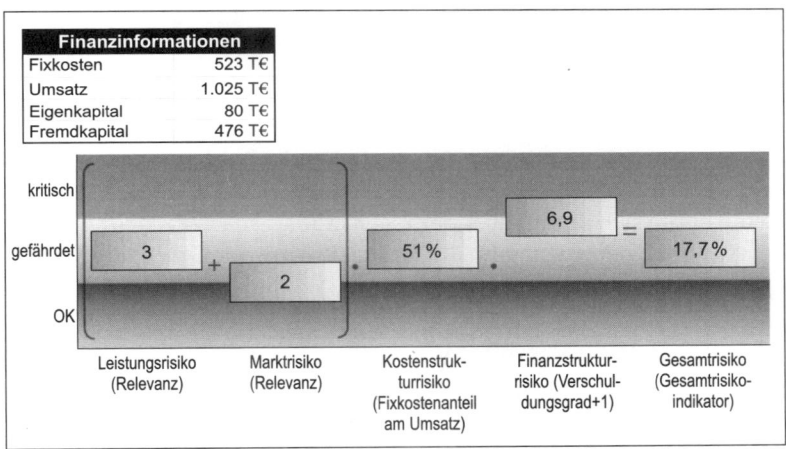

Abbildung 31: Fundamentalgleichung des Risikomanagements[222]

Aufbauend auf der „Fundamentalgleichung" kann auch eine quantitative Abschätzung von Gesamtrisikoumfang bzw. Eigenkapitalbedarf erreicht werden.

Die Abschätzung basiert auf der Idee, durch eine Variation der (ein oder zwei) wichtigsten Risikofaktoren zu einer für diese noch realistische (negative) Extremausprägung auf den dann zu erwartenden Verlust und damit den Eigenkapitalbedarf zu schließen. So lässt sich einfach ein Szenario berechnen, das beispielsweise die Konsequenz zeigt, wenn (1) der Umsatz um die maximal für realistisch gehaltenen x-% zurückgeht und gleichzeitig (2) die Materialkostenquote um y-% ansteigt.[223] Man muss sich jedoch darüber im Klaren sein, dass eine

---

[222] Die Auswertung stammt aus einem Modul der Risikomanagementsoftware „Risikomanager" (Haufe-Verlag), die auch für den Risiko- Kompass oder den Strategie-Navigator der FutureValue Group zur Verfügung steht. Vgl. in ähnlicher Form z. B. bei Gleißner/Meier, 2000.

[223] Ein einfaches kostenloses Excel-basiertes Rechenprogramm für eine derartige Ableitung des Eigenkapitalbedarfs kann unter info@futurevalue.de angefordert werden.

derartige Abschätzung – anders als die Risikoaggregation – nicht die Gesamtheit der relevanten Risiken, ihre Wechselwirkungen und Eintrittswahrscheinlichkeiten berücksichtigt. Es geht jedoch bei diesem Abschätzungsverfahren darum, eine (zunächst akzeptable) Näherungslösung zu erhalten.

Die den Eigenkapitalbedarf (EKB) bzw. Value-at-Risk bestimmende Gewinnschwankung (ΔG) lässt sich definitorisch als Differenz der Änderungen des Umsatzes (ΔU) und der Änderungen der Kosten (ΔK) ausdrücken. Unter der Bedingung, dass die fixen Kosten konstant und risikolos sind, berechnen sich im einfachsten Fall die Kostenschwankung ΔK in Abhängigkeit einer Umsatzschwankung (ΔU) und des (risikolosen) Anteils variabler Kosten (K_{var}) am Umsatz (U) wie folgt:[224]

$$\Delta K = \Delta U \times \frac{K_{var}}{U} \qquad (4.5)$$

und

$$\Delta G = \Delta U - \Delta K \qquad (4.6)$$

Damit ergibt sich unmittelbar der Eigenkapitalbedarf (EK^b) für den einfachsten Fall, bei einem gemäß Planung erwarteten Gewinn (E(G))=0, als

$$EK^{Soll} \geq \Delta U \times \left(1 - \frac{K_{var}}{U}\right) = EK^b \qquad (4.7)$$

Bei einem erwarteten Gewinn von E(G(U))>0 ist dieser vom Eigenkapitalbedarf abzuziehen, da zunächst die Gewinne sinken, bevor der Eigenkapitalbestand (der Vorperiode) angegriffen wird.

Die hier dargestellte Methodik soll nunmehr anhand eines einfachen Beispiels[225] beschrieben werden. Betrachtet werden soll die Otto Muster GmbH. Bei einer Bilanzsumme von 50 Mio. Euro (und 10 Mio. Euro verzinslichem Fremdkapital) erwartet das Unternehmen einen Umsatz von 100 Mio. Euro. Die variablen Kosten (Materialkosten) belaufen sich auf 50% des Umsatzes. Zudem sind Fixkosten in Höhe von 40 Mio. Euro prognostiziert, so dass sich ein Plan-Betriebsergebnis (EBIT) in Höhe von 10 Mio. ergibt. Die Zahlen sind in folgender kursorischer GuV zusammengefasst:

---

[224] Bei dieser einfachen Rechnung werden nur Absatzmengenschwankungen als Risiko betrachtet. Zu beachten ist, dass Absatzpreisschwankungen schwerwiegendere Auswirkungen auf den Gewinn (und damit den Eigenkapitalbedarf) haben, weil bei Absatzmengenschwankungen immer zugleich mit der Umsatzschwankung eine gegenläufige Kostenschwankung auftritt.

[225] In Anlehnung an Eayrs/Gleißner, 2006, S. 4.

	Plan
Umsatz^{Plan}	100
Materialkosten (K$_{var}$)	50
Fixkosten	40
EBIT	10

Abbildung 32: kursorische GuV

Mit Hilfe einer Risikoanalyse wird nunmehr ein „Worst-Case-Szenario" berechnet, das aus Sicht der Unternehmensleitung mit 99%iger Sicherheit nicht mehr unterschritten wird. Die Unternehmensleitung berücksichtigt dabei (vereinfachend) nur einen Risikofaktor, nämlich die Möglichkeit einer (negativen) Abweichung vom geplanten Umsatz und unterstellt, dass andere Risiken (die die Kosten beeinflussen) vernachlässigbar sind. Als „bewertungsrelevantes Worst-Case-Szenario" betrachtet die Unternehmensleitung dabei einen möglichen Umsatzrückgang um 40%, so dass sich in diesem Szenario folgende Erfolgsrechnung ergibt:

	Plan	Worst Case
Umsatz	100 —40%➤	60 ⌐–50%
Material	50	30◄
Fixkosten	40	40
Ergebnis	10	–10

Abbildung 33: Erfolgsrechnung

Man sieht unmittelbar, dass in diesem Worst Case-Szenario ein Verlust von 10 Mio. Euro eintreten würde. Entsprechend ergibt sich ein Eigenkapitalbedarf zur Abdeckung dieser Verluste in Höhe von 10 Mio. Euro, wenn das Unternehmen Eigenkapital nur für ein Planjahr vorhalten möchte, bzw. bei angenommener Vollausschüttung der Gewinne.

Der Eigenkapitalbedarf über einen Zeitraum von T Perioden („Rekapitalisierungsperiode") ergibt sich unter der Annahme unkorrelierter Normalverteilungen für den Gewinn (mit in den Perioden identischen Erwartungswerten μ=E(G) und Standardabweichungen σ), beispielsweise mittels $EK_{1...T}^{b,p} = \max_t \left(0; -\left(t\mu + q_p \sigma \sqrt{t} \right) \right)$, wobei q$_p$ das p-Quantil der Standardnormalverteilung charakterisiert.

Die hier genannte Hochrechnung mit der sog. „Wurzel-Formel"[226] ist nur eine Abschätzung und basiert auf der Hypothese, dass die einzelnen Perioden voneinander unabhängig sind und das Risiko durch eine

---

[226] Vgl. z. B. Hager, 2004.

Normalverteilung zu beschreiben ist. In diesem Fall wächst der Risikoumfang[227] von Periode zu Periode mit der Wurzel der Zeit ($\sqrt{t}$). Gemäß obiger Formel ergibt sich der Eigenkapitalbedarf über die Perioden 1 bis T als das Maximum des Eigenkapitalbedarfs jeder Periode zwischen 1 und T. Der Term t × μ (mit μ als erwartetem Ergebnis), berücksichtigt hierbei die Thesaurierung von Gewinnen, die den Eigenkapitalbedarf reduzieren.

Zu erwähnen ist an dieser Stelle jedoch, dass es für eine adäquate Abbildung und Berechnung eines mehrperiodigen Risikomaßes, speziell eines mehrperiodigen Eigenkapitalbedarfs, erforderlich ist, die intertemporale Abhängigkeit der Risiken explizit zu modellieren und im Rahmen der Monte-Carlo-Simulation zu erfassen. Hier sind insbesondere sog. Autokorrelationen maßgeblich, also die stochastischen Zusammenhänge zwischen den Ausprägungen einer Variablen in zwei verschiedenen Perioden. Für eine Abschätzung, wie sie in diesem Abschnitt beschrieben wird, gibt es jedoch noch eine einfache Möglichkeit. Will man den Eigenkapitalbedarf beispielsweise für drei Jahre berechnen, besteht eine Abschätzungsstrategie darin, diese drei Jahre als eine Periode aufzufassen, also einfach aufzuaddieren. Die oben erläuterten Überschlagsrechnungen erfolgen dann für diese aus drei Jahren zusammengesetzte Periode, wobei allerdings die Möglichkeit einer Überschuldung innerhalb dieser Periode vernachlässigt wird.

---

[227] Genauer: Der Abstand eines Quantils vom Erwartungswert (DVaR).

5. Risikobewältigung

5.1 Einführung zur Risikobewältigung

Aus der Kenntnis über die relative Bedeutung der einzelnen Risiken und den Gesamtumfang der Bedrohung, die z. B. durch die Eigenkapitaldeckung ausgedrückt wird, lässt sich Handlungsbedarf für eine gezielte Risikobewältigung ableiten. Risikobewältigungsstrategien können dabei sowohl auf das Vermeiden von Risiken, als auch auf die Begrenzung der Schadenshöhe oder die Verminderung der Eintrittswahrscheinlichkeit abzielen. Eine hohe Bedeutung im Rahmen der Risikobewältigung hat der Risikotransfer auf Dritte, mit dem wichtigen Spezialfall der Versicherung gegenüber dem Eintritt bestimmter Risiken.

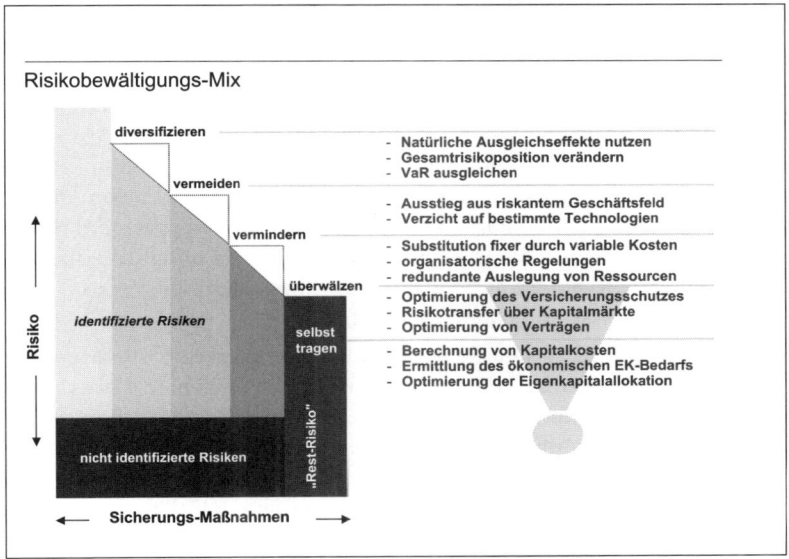

Abbildung 34: Risikobewältigung

Risikovermeidung könnte beispielsweise den Ausstieg aus einem als gefährlich identifizierten Projekt oder Geschäftsfeld bedeuten: Dieser Weg ist umso eher zu gehen, je geringer die Risikotragfähigkeit des Unternehmens ist.

Sofern diese Maßnahme nicht erwünscht oder nicht sinnvoll ist, kann als nächstmilderes Mittel die Risikoreduzierung in Betracht gezogen werden. Diese lässt sich einteilen in eine ursachenorientierte Minderung der Eintrittswahrscheinlichkeit und eine wirkungsorientierte Minderung der Schadenshöhe. Bei der ursachenorientierten Minderung wäre beispielsweise zu denken an eine verstärkte Wartung wichtiger Computersysteme zur Vermeidung von Ausfällen, während die wirkungsorientierte Minderung z. B. eine Reduzierung des Anteils fixer Kosten („Outsourcing") bedeuten könnte (um die Folgewirkungen eines unerwarteten Umsatzrückgangs zu reduzieren).

Das Überwälzen oder Transferieren von Risiken als nächste Möglichkeit kann einerseits in einer als klassisch anzusehenden Maßnahme des Risikomanagements bestehen, nämlich dem Abschluss geeigneter Versicherungen; andererseits können hier auch Instrumente des Finanzmarkts (z. B. Absicherung von Zinsänderungen mit Derivaten) zum Einsatz kommen. Zudem gibt es im Rahmen des so genannten „alternativen Risikotransfers" inzwischen neuartige, versicherungsorientierte Lösungen, mit denen beispielsweise im Sinne eines Bilanzschutzes[228] verschiedene Risiken – z. B. Naturkatastrophen und Währungsschwankungen – unter Ausnutzung ihrer Korrelationsstruktur gemeinsam und über einen Mehrjahreszeitraum abgesichert werden können („Multi-Line-Multi-Year-Lösungen"), was erhebliche Kostenvorteile bringt.[229] Dabei wird ausgenutzt, dass sich ein risikosenkender Diversifikationseffekt für ein Unternehmen ergibt, wenn Aktivitäten oder Vermögensgegenstände zusammengefasst werden, deren Erträge oder Kosten eine statistische Korrelation mit einem Wert von kleiner als eins aufweisen. Man kann so (analog einem Aktienportfolio) durch die Kombination verschiedener Tätigkeitsfelder mit unterschiedlichen, unabhängigen Risikofaktoren das Gesamtunternehmensrisiko – und damit auch die Kapitalkosten – senken.[230]

Nun lassen sich nicht alle Risiken sinnvoll eliminieren, ohne schwerwiegende Einbußen bei der Ertragskraft zu verursachen. Dabei muss auch beachtet werden, dass zwischen dem Erkennen und dem effektivem Bewältigen eines Risikos notwendigerweise etwas Zeit vergehen wird. Falls zusätzlich Ressourcen- oder Know-how-Engpässe zum Tragen kommen oder gar gleichzeitig weitere parallele Initiativen koordiniert und umgesetzt werden müssen, ist oft kurzfristig etwas Pragmatismus angesagt. Je besser in solchen Situationen priorisiert und integrativ geplant wird, desto besser und schneller werden die Risiken tatsächlich gemanagt. Da sich in vielen Fällen die Umsetzung

---

[228] Vgl. Gleißner/Neubert, 2006.
[229] Vgl. Culp, 2005 und Eichstädt, 2001.
[230] Es ist allerdings darauf zu achten, dass auch bei solchen unterschiedlichen Tätigkeitsfeldern der Grundsatz der Fokussierung auf Kernkompetenzen eingehalten wird.

etwaiger Maßnahmen in einer Projektform anbietet, muss außerdem darauf hingewiesen werden, dass das Überladen der inhaltlichen Anforderungen und die Abarbeitung von „Mega-Projekten" nicht zu empfehlen sind, denn durch solche Konstrukte schafft man sich nur zusätzliche Risiken.[231]

Ein Teil der Risiken muss also – als letzte Möglichkeit des Risikobewältigungsmixes – selbst getragen werden. Dies gilt speziell für die „Kernrisiken" (vgl. Abschnitt 2.2) eines Unternehmens, also die Risiken, die in unmittelbarem Zusammenhang mit dem Aufbau und der Nutzung seiner Erfolgspotenziale stehen oder die für eine andere Form des Risikomanagements nicht in Betracht kommt. Damit ist offensichtlich, dass eine Trennung von Kern- und Randrisiken erfolgen muss, weil sonst nicht systematisch erarbeitet werden kann, welche Risiken das Unternehmen überhaupt selbst tragen soll. Alle Risiken, die nicht zu den Kernrisiken zu zählen sind – also eben die sog. „peripheren Risiken" bzw. Randrisiken –, sollten bei akzeptablen Kosten auf andere Risikoträger transferiert werden. Durch diesen Risikotransfer hat ein Unternehmen den Vorteil, dass es mehr Risiken beim Aufbau von Erfolgspotenzialen eingehen kann, ohne das Risikodeckungspotenzial des begrenzten Eigenkapitals zu überziehen.

	Strategische Risiken	Marktrisiken	Finanz-risiken	Rechtliche Risiken	Leistungs-risiken
vermeiden	Ausstieg aus Geschäftsfeld		Derivate vermeiden		Outsourcing
vermindern	Kernkompe-tenzen aus-bauen	Neue Ge-schäftsfelder		Verträge optimieren	Maschinen redundant auslegen
begrenzen			Zinscap		Revisionspro-zesse definieren
transferieren		Rohstoffpreise absichern	Währungsswap	Haftpflichtver-sicherung	BU-Versiche-rungen
selbst tragen	Eigenkapital erhöhen		Rating-strategien entwickeln		

Abbildung 35: Risikobewältigungsmatrix

Letztendlich erfolgt die Optimierung der Risikoposition immer vor dem Hintergrund der Eigenkapital- und Liquiditätsausstattung des Unternehmens, die bekanntlich das Risikodeckungspotenzial darstellen. Die

---

[231] Vgl. Kross, 2006, Kapitel 4.

Optimierung der Risikoposition führt entweder zu einer Veränderung in der erforderlichen Eigenkapitalausstattung – oder mit dem vorhandenen Eigenkapital können mehr Kernrisiken als bisher eingegangen werden, was dem Ausbau der strategischen Erfolgspotenziale des Unternehmens zugute kommt. Die Risikooptimierung kann also durchaus auch die Empfehlung beinhalten, zusätzliche Risiken einzugehen, z. B. durch die Erhöhung der Selbstbehalte von Versicherungen.

Das schon vorgestellte Leitbild des sog. „robusten Unternehmens"[232] zeigt ein Unternehmen, das sich strategisch bewusst auf ein risikobehaftetes Umfeld einstellt und die Voraussetzungen dafür schafft, auch bei einer in den Details nicht vorhersehbaren Zukunft erfolgreich zu sein.

Die Auswirkungen von Risikobewältigungsmaßnahmen lassen sich an der folgenden vereinfachten schematischen Abbildung von Risikoaggregationsergebnissen erkennen: Durch die Kosten der Risikobewältigung wird der im Mittel zu erwartende Gewinn zwar etwas geringer, aber gleichzeitig wird die Schwankungsbreite des zu erwartenden Gewinns deutlich reduziert; insbesondere werden die bestandsgefährdenden Spitzenrisiken eliminiert. Das Risikomaß sinkt.

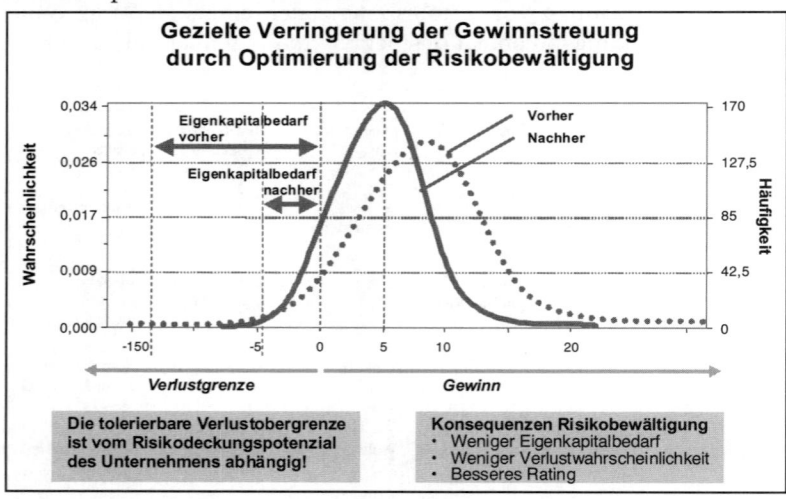

Abbildung 36: Gegenüberstellung der prognostizierten Gewinnverteilung vor und nach Risikobewältigung

Im Rahmen dieses Buches soll beispielhaft der Bereich des Risikotransfers etwas näher betrachtet werden. Es wird aufgezeigt, wie durch einen innovativen und integrierten Ansatz des Risikotransfers ein wesentlicher Beitrag zur Unternehmenswertsteigerung geleistet werden kann.[233]

---

[232] Siehe Gleißner, 2000 und Abschnitt 2.2.
[233] In Anlehnung an Gleißner, 2001 c.

5.2 Risikotransfer: Gegenwart und Zukunftsperspektiven

Unter Risikotransfer versteht man grundsätzlich alle Maßnahmen, um Risiken von einem Unternehmen auf Dritte zu übertragen. Dies umfasst traditionelle Versicherungslösungen ebenso wie die Optimierung von Verträgen mit Lieferanten oder Kunden. Auch zum Bereich des Risikotransfers gehören alle Arten der Absicherungen über die Kapitalmärkte, durch die bspw. Rohstoffpreis-, Währungs- oder Zinsänderungsrisiken an andere Marktteilnehmer übertragen werden.

Die gegenwärtige Situation bei der Gestaltung der Risikotransferpolitik in Unternehmen stellt sich folgendermaßen dar:
- In der Regel bestehen nur partielle Lösungen, d.h. Risikotransfers über die Kapital- und Versicherungsmärkte werden völlig separat betrachtet.[234]
- Bei dem dominierenden Risikotransfer mittels Versicherungen herrscht bisher oft noch die Diskussion über „Prämienhöhen" und „Vertragsklauseln" vor.

Häufig gewinnt man zusätzlich den Eindruck, dass Risikotransfer primär unter dem Gesichtspunkt der Schaffung eines „Gefühls von Sicherheit" angegangen wird. In der Praxis ist immer wieder festzustellen, dass das Versicherungsmanagement in vielen Unternehmen vom zentralen Risikomanagement abgekoppelt ist und nicht anhand ökonomischer Zielgrößen gesteuert wird. Vielfach ist das betriebliche Versicherungswesen als historisch gewachsenes Subsystem zu bezeichnen, das ein mehr oder weniger autonomes Inseldasein fristet. Insofern werden oft auch diejenigen Risiken versichert, bei denen dies in Anbetracht der Risikotragfähigkeit nicht nötig wäre.

Das heute oft übliche Vorgehen weist mehrere grundlegende Nachteile auf. Zum einen ist bekannt, dass integrierte Ansätze des Risikotransfers, also solche, die möglichst alle Arten von Risiken und Risikotransfermöglichkeiten umfassen, den partiellen Ansätzen überlegen sind. Integrierte Transferlösungen nutzen Diversifikationseffekte innerhalb des Unternehmens und helfen so die Gesamtrisikoposition des Unternehmens mit vergleichsweise geringen Kosten zu optimieren.

Ein weiteres Problem bei der Optimierung von Risikotransferlösungen, das sicherlich nicht weniger bedeutsam ist, wird in der Praxis bisher kaum beachtet. Offensichtlich strebt jedes Unternehmen eine „optimale Risikotransferlösung" an. Eine optimale Risikotransferlösung ist dabei – definitionsgemäß – diejenige, die den größten Beitrag zur Errei-

---

[234] Noch sind auch nicht alle Risiken über Märkte zu transferieren, vgl. Shiller, 2000.

chung des Unternehmensziels leistet. Beachtet man nun, dass viele Unternehmen inzwischen (sinnvoller Weise) eine am Unternehmenswert orientierte Politik verfolgen, ist offensichtlich der Unternehmenswert der einzig zulässige Maßstab zum Vergleich alternativer Risikotransferlösungen, wie z. B. Versicherungspakete. In Anbetracht dessen ist es interessant und verwunderlich, dass die meisten Versicherungslösungen primär lediglich bezüglich der Prämienhöhe verglichen werden. Für zukünftige innovative Lösungen der Risikobewältigung und speziell des Risikotransfers ist daher zu empfehlen, dass

- die optimale Lösung anhand des Maßstabs Unternehmenswert bestimmt wird,
- der Risikotransfer einen erkennbaren und nachvollziehbaren Beitrag zur Steigerung des Unternehmenswertes leistet, und dass
- Mindestanforderungen der Eigentümer an die Sicherheit (z. B. Rating) eingehalten werden.[235]

Man sollte hier klarstellen, dass Versicherungen letztlich gerade den Eigenkapitalbedarf und die Eigenkapitalkosten reduzieren, also Eigenkapital substituieren.

Für die Optimierung der Risikoposition des Unternehmens und damit für die Bestimmung einer optimalen Risikotransferlösung sind folgende Grundanforderungen erforderlich:

- Basis des Risikotransfers muss eine umfassende, fundierte Identifikation sowie eine nachvollziehbare Bewertung aller Risiken sein.
- Die Risikobewältigung basiert auf einem ganzheitlichen Ansatz, d. h. grundsätzlich sind bei der Bestimmung von Risikotransferstrategien alle Arten von Risiken, aber auch alle Arten von Risikotransferinstrumenten mit einzubeziehen, um Diversifikationseffekte zwischen den Risiken zu nutzen und suboptimale Lösungen zu vermeiden.
- Eine erste Strukturierung der Risiken hat unter Bezugnahme auf die Unternehmensstrategie zu erfolgen. Dabei sind zunächst diejenigen „Kernrisiken" abzugrenzen, die in unmittelbarem Bezug zu den Kernkompetenzen und Kernaktivitäten des Unternehmens stehen und daher vom Unternehmen selbst zu tragen sind. Alle anderen Risiken, die „Randrisiken", sind im Grundsatz geeignet, auf Dritte übertragen zu werden.
- Für den Vergleich verschiedener möglicher Risikotransferstrategien (z. B. im Speziellen verschiedene Versicherungslösungen) muss eine klare Zielgröße definiert werden: Diese ist in der Regel der Unternehmenswert; somit sollte für alle alternativen Risikotransferstrategien jeweils der Beitrag zum Unternehmenswert berechnet werden.
- Nach der Bestimmung einer Risikotransferstrategie muss abschließend überprüft werden, ob das vorhandene Eigenkapital – das Risikodeckungspotenzial des Unternehmens – ausreicht, um die verblie-

---

[235] Sog. Safety-First-Ansatz, vertiefend siehe Roy, 1952.

benen Restrisiken zu tragen, also speziell des angestrebte Ziel-Rating zu gewährleisten.

5.3 Optimierung der Risikokosten[236]

Die optimale Lösung für die Risikobewältigung eines Unternehmens lässt sich nur entwickeln, wenn sämtliche Unternehmensrisiken im Kontext der Gesamtplanung des Unternehmens betrachtet werden, da nur auf diese Weise alle bestehenden Diversifikationseffekte (wie speziell natürliche Ausgleichspositionen (Hedges)) mit der Risikotragfähigkeit des Gesamtunternehmens abgeglichen werden können.[237] Bei jeder separierenden Betrachtung gehen Informationen verloren, und es besteht die Möglichkeit, dass suboptimale Lösungen gewählt werden. Bei der Berechnung und dem Vergleich des Wertbeitrags alternativer Versicherungslösungen bietet es sich daher an, diese Alternativen im Rahmen der Risikoaggregation für das Gesamtunternehmen zu vergleichen, d. h. die Risikoaggregation einmal mit und einmal ohne die geplante Versicherungslösung durchzuführen.[238]

Trotz dieser Vorteile integrierter unternehmensweiter Risikomanagementsysteme (und speziell der Integration von Risikomanagement und Versicherungswirtschaft) werden in der Praxis häufig noch immer separierende Teillösungen berechnet, um die Komplexität zu beschränken. Einen in der Praxis bewährten (wenn auch nicht optimalen) diesbezüglichen Ansatz stellt die Optimierung (eines Teils) der Risikokosten dar. Die Verfahren zur Optimierung der Risikokosten werden im Folgenden erläutert. Sie gehen von der grundsätzlichen Überlegung aus, dass nur ein definierter Teil der Risiken betrachtet und die auf diese zielenden Risikobewältigungslösungen optimiert werden sollen. Dabei wird quasi eine Art „virtuelles Captiv" der betrachteten Risiken optimiert und mit der erforderlichen Menge an Eigenkapital unterlegt. Die unter Berücksichtigung der entsprechenden Eigenkapitalkosten berechneten Risikokosten (Total-Costs-of-Risk (TCR)) sind die Zielgröße, die bei derartigen Ansätzen minimiert wird. Die Risikokosten entsprechen gerade dem (negativen) Risikowertbeitrag, wie er in Abschnitt 3.4.5 vorgestellt wurde.

Der TCR-Ansatz hat die Aufgabe, die Kosten von Risiken und die damit verbundenen Risikobewältigungsmaßnahmen in Unternehmen transparent und steuerbar zu machen.

Mit Hilfe dieser Methodik wird es möglich, das optimale Gleichgewicht zwischen Risikoeigentragung und Risikotransfer im Rahmen

---

[236] In enger Anlehnung an Gleißner/Löffler, 2007 und Gleißner, 2002a.
[237] Vgl. RiskNET, 2007.
[238] Siehe Gleißner, 2002a und Gleißner/Neubert, 2006.

einer Risikobewältigungsstrategie zu bestimmen. Als Ergebnis steht ein in das Risikomanagement integriertes, ökonomisch plausibles und transparentes Versicherungsmanagement, das einen effektiven Beitrag zur wertorientierten Unternehmenssteuerung leistet.

Die Risikokosten hängen davon ab

- welche Risiken in die Betrachtung mit einbezogen sind und
- welche mit diesen Risiken in Verbindung stehenden Kosten berücksichtigt werden sollen.

Bei einer Optimierung des Wertbeitrags des Risikotransfers sind zunächst diejenigen Risiken zu betrachten, die grundsätzlich disponibel, also auf Dritte übertragbar sind, wie z. B.:

- Sachsubstanz- und Betriebsunterbrechungsrisiken,
- Haftpflicht- und Rückrufrisiken,
- Technische Risiken sowie
- Transport-Risiken.

Wenn dies gewünscht ist, kann der Fokus um weitere transferierbare Risiken wie Zins- und Währungsrisiken sowie Rohstoffpreisrisiken erweitert werden.

Als Kosten, die mit den einzelnen Risiken in Verbindung stehen, können bspw. folgende Positionen berücksichtigt werden:

- Kosten für interne Kontrollsysteme und die Organisation des Risikomanagements (insbesondere für präventive und reaktive Maßnahmen, wie z. B. Brandschutz und Notfallorganisation).
- Kosten für Risikotransfer und externe Dienstleistungen (z. B. Versicherungsprämien inkl. Versicherungssteuer und Entgelte für etwaige Service-Provider).
- Kosten der eigenen Administration zur Schadensabwicklung (Personal- und Sachaufwendungen inkl. Nebenkosten für ggf. vorhandenes eigenes Personal).
- Kosten der selbst getragenen Schäden (bspw. aus in Anspruch genommenen Eigenbehalten, nicht ausreichenden Deckungssummen, bewusst nicht versicherten Gefahren, etc.), sowie variable Kosten der Schadensabwicklung.
- (kalkulatorische) Kosten des Eigenkapitals, das zur Abdeckung möglicher risikobedingter Verluste erforderlich ist.

Die Berücksichtigung der Eigenkapitalkosten ist notwendig, weil das Eigenkapital eines Unternehmens in erster Linie zur Risikodeckung dient. Wenn nämlich keine risikobedingten Verluste auftreten können, benötigt ein Unternehmen eigentlich auch kein (teures) Eigenkapital. Risikotransferinstrumente im Allgemeinen bzw. Versicherungslösungen im Speziellen helfen somit Eigenkapital einzusparen – mit positiven Konsequenzen für das zukünftige Rating, weil Risikowirkungen, die negative Änderungen von Kennzahlen des Finanzratings auslösen können, abgefangen werden.

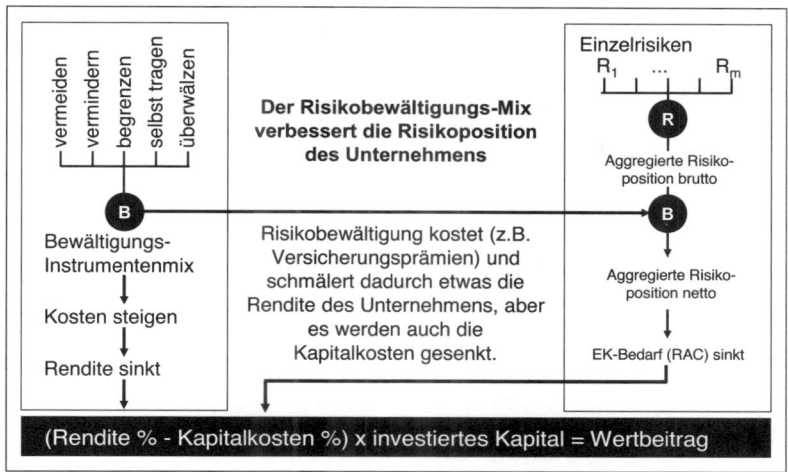

Abbildung 37: Umsetzung des TCR-Ansatzes[239]: Berechnung des Wertbeitrags

Nach der Status-quo-Betrachtung der Risikokosten (TCR) gilt es, eine oder auch mehrere alternative Risikobewältigungsstrategien zu erarbeiten, die eine Reduzierung der Risikokosten erwarten lassen. Das Spektrum möglicher Handlungsalternativen ist groß. Denkbar sind z. B. folgende Maßnahmen:[240]

- Aufgabe von Versicherungsschutz zu Gunsten der Eigentragung für bestimmte kleinere und mittlere Risiken,
- Veränderungen der Selbstbehalte von Versicherungslösungen,
- Wechsel von Versicherungsgesellschaften zur Sicherung höherer Versicherungskapazitäten bzw. günstigerer Konditionen,
- Verbindung verschiedener versicherungstechnischer Risiken in einer Versicherungslösung (Multi-Line-Multi-Year) zur Nutzung von Diversifikationswirkungen,
- Substitution klassischer Versicherungslösungen durch ART-Ansätze etc.,
- Investition in Risikoprävention bzw. Schadensverhütungsprogramme oder
- Outsourcing der eigenen Versicherungs- und Schadensadministration an einen externen Service-Provider (Effizienzsteigerung der Schadensabwicklung).

Ein Hauptpfeiler von Bewältigungsmaßnahmen, insbesondere im Bereich der Leistungsrisiken, sind Versicherungslösungen, die wie folgt zusammengestellt werden können:

---

[239] Vgl. Gleißner, 2002.
[240] Siehe Gleißner, 2000 und Gleißner/Neubert, 2006.

Versicherungssparte	Versicherung
Sachversicherungen	• Feuerversicherung • Extended Coverage • Allgefahren-Sachversicherung • Einbruchdiebstahl/Raub • Leitungswasser • Sturm, Hagel • Glas • Mietverlust
Betriebsunterbrechungs-Versicherungen (BU)	• Feuer-BU • Allgefahren-BU • Einbruchdiebstahl-BU
Technische Versicherungen	• Elektronik • Maschinen • Maschinen-Betriebsunterbrechung/Mehrkosten • Bauleistung • Montage • Baugeräte
Transport-Versicherungen	• Warenversicherung • Frachtführerhaftungsversicherung • Kollektiv-Reisegepäck • Werksverkehrs-Versicherung • Ausstellungsversicherung • Autoinhaltsversicherung • Reisewarenlager- & Musterkollektionsversicherung
Haftpflicht-Versicherungen	• Betriebs- & Produkthaftpflicht • Umwelthaftpflicht • Bodenkasko • Rückrufkostendeckung • Produktschutz-Deckungen • Vermögensschadenshaftpflicht • Directors & Officers-Versicherungen (D&O)
Rechtsschutz-Versicherungen	• Industrie-Rechtsschutz • Topmanager-Rechtsschutz • Spezielle Rahmenvereinbarungen
Unfallversicherungen	• Unfallversicherung • Mitarbeiter-Unfallversicherung
Kfz-Versicherungen	• Kraftfahrt • Kfz-Rechtsschutz/Firmen-Rechtsschutz
Sonstige Versicherungen	• Warenkreditversicherung • Ausfuhrkreditversicherung • Investitionsgüterkreditversicherung • Vertrauensschadensversicherung • Computer-Missbrauch • Kaution, Bürgschaft • Lebensversicherung • Private Haftpflichtversicherung

Abbildung 38: Versicherungslösungen

Nachfolgend wird erläutert, wie ein Risikotransferprojekt (TCR-Projekt) in einem Unternehmen durchgeführt werden kann, das den oben genannten Anforderungen entspricht. Grundsätzlich empfiehlt sich eine Vorgehensweise nach den folgenden Phasen:

1. Phase: Risikoanalyse und Risikoaggregation

Im Rahmen der Risikoanalyse werden zunächst alle für das Unternehmen maßgeblichen Risiken identifiziert und quantifiziert. Bereits hier bietet es sich an aufzuzeigen, welche Wirkungen sie für die Zielgrößen des Unternehmens (z. B. Cashflow und Unternehmenswert) haben. Auf dieser Grundlage ist es dann möglich, mittels Risikoaggregation den Gesamtumfang der Risiken, die dadurch erforderliche Eigenkapitalausstattung des Unternehmens (als Risikomaß) sowie die Schwankungsintervalle der durch die Risiken ausgelösten Abweichungen von den Planwerten der Zielgröße zu bestimmen.

2. Phase: Inventar der Risikobewältigungsinstrumente

Als nächstes sollten alle im Unternehmen bisher eingesetzten Risikobewältigungsverfahren erhoben und systematisiert werden. Insbesondere ist für jedes Transferinstrument festzuhalten, welche Risiken transferiert werden und wie hoch die Selbstbehalte und die Kosten sind.

3. Phase: Strukturierung der Risiken

Nach der Inventarisierung von Risiken und Risikobewältigungsmaßnahmen geht es zunächst darum, zu entscheiden, welche Risiken ein Unternehmen grundsätzlich selbst tragen muss. Basierend auf der Unternehmensstrategie und den dort angestrebten Erfolgspotenzialen werden dabei die „Kernrisiken" identifiziert. Für alle verbleibenden Risiken wird zunächst festgehalten, über welche alternativen Risikotransferstrategien (z. B. Versicherungen, Swaps, Vertragsoptimierung etc.) ein Risiko grundsätzlich bewältigt bzw. transferiert werden kann.

4. Phase: Festlegung eines Bewertungsmaßstabs

Um alternative Strategien und Instrumente des Risikotransfers sinnvoll vergleichen und bewerten zu können, muss zunächst ein objektiv nachvollziehbarer Bewertungsmaßstab geschaffen werden. Dieser sollte sowohl unterschiedliche Kosten als auch den unterschiedlichen Umfang von Restrisiken – und damit den Eigenkapitalbedarf – erfassen können. Hierzu bieten sich Bewertungsmaßstäbe an, die in engem Zusammenhang mit dem Unternehmenswert stehen, wie z. B. der Economic Value Added (EVA)[241]. Zudem können Mindestanforderungen

---

[241] Vgl. vertiefend Kapitel 7.3.

z. B. an das Rating, d. h. eine Obergrenze des Gesamtrisikoumfangs, formuliert werden.

5. Phase: Ermittlung des Instrumentenmixes

Auf Grundlage der Kenntnis der vorhandenen Risiken und alternativer Risikotransfermöglichkeiten ist es möglich, die verschiedenen Varianten des Risikotransfers anhand des Bewertungsmaßstabes (vgl. Phase 4) zu messen und zu vergleichen. So ist eine fundierte Auswahl der optimalen Transferstrategie und des damit verbundenen Einsatzes von Risikotransferinstrumenten möglich. Es wird hier nicht nur betrachtet, welche der verschiedenen Alternativen die geringsten Kosten hat, sondern es wird an der Zielgröße der Unternehmensstrategie – dem Unternehmenswert – gemessen.

Die Berechnung der Total Cost of Risk entspricht gerade der Berechnung des Risikowertbeitrags gemäß Abschnitt 3.4.5. Die Gesamtrisikokosten ergeben sich als Summe der in die Betrachtung einbezogenen Teilkomponenten, also beispielsweise als Summe von

- Kosten des Risikotransfers (insbesondere Versicherungsprämie),
- Arbeitskosten der Risikobewältigung und Schadensabwicklung,
- erwarteter Höhe der selbst zu tragenden Schäden (in Abhängigkeit gewählter Selbstbehalte und Deckungsgrenzen),
- kalkulatorischen Eigenkapitalkosten, also das Produkt von Risikoprämien[242] und Eigenkapitalbedarf[243].

Dabei ist für die Berechnung optimaler Risikotransferlösungen in der Regel ein Simulationsverfahren wie die Monte-Carlo-Simulation erforderlich, um den Eigenkapitalbedarf zu berechnen. Damit können die Auswirkungen verschiedener Transfermaßnahmen simuliert und verglichen werden.

Die folgende Grafik zeigt beispielhaft den Vergleich mehrerer alternativer Versicherungslösungen, die bezüglich der Gesamtrisikokosten miteinander verglichen werden. Das TCR-Verfahren wurde hier insbesondere genutzt, um den optimalen Selbstbehalt zu berechnen.

---

[242] Oder Eigenkapitalkostensatz, vgl. Abschnitt 7.3.2.4.
[243] Value-at-Risk der Schadensverteilung zum gewählten (Ziel-Rating-abhängigen) Wahrscheinlichkeitsniveau.

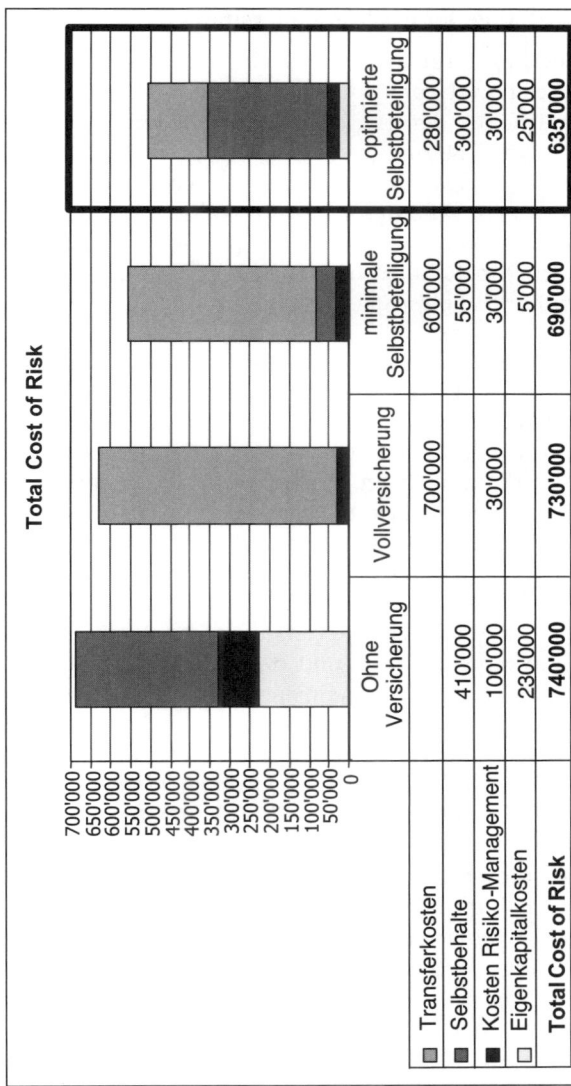

	Ohne Versicherung	Vollversicherung	minimale Selbstbeteiligung	optimierte Selbstbeteiligung
Transferkosten		700'000	600'000	280'000
Selbstbehalte	410'000		55'000	300'000
Kosten Risiko-Management	100'000	30'000	30'000	30'000
Eigenkapitalkosten	230'000		5'000	25'000
Total Cost of Risk	**740'000**	**730'000**	**690'000**	**635'000**

Abbildung 39: Kostenvergleich (Total-Cost-of-Risk)

6. Phase: Umsetzung der Risikotransferstrategie

Bei der in der Regel zunächst nur grob umrissenen Risikotransferstrategie wird es nun darum gehen, die Details auszuarbeiten. Hierzu werden Gespräche mit den verschiedenen Anbietern von Risikotransferlösungen – Versicherungsgesellschaften und Banken – geführt. Selbstverständlich mag vorab auch zu betrachten sein, dass strategische oder operative Veränderungen sinnvoll sein können. Die einzelnen Anbieter für solche Instrumente (Risikoträger) werden dabei als „Teilelieferanten" im Rahmen einer vorherbestimmten Systemlösung eines optimierten Risikotransfers verstanden.

Fazit: Hohe Risiken reduzieren i.d.R. den Unternehmenswert. Daher sollten insbesondere Risikotransferstrategien erarbeitet werden, die den Gesamtrisikoumfang reduzieren. Für einen fundierten Vergleich alternativer Strategien bieten sich nicht die traditionell betrachteten Selbstbehalte und Prämien an. Einzig sinnvolle Zielgröße ist letztendlich der Unternehmenswert. Hier lässt sich aufzeigen, welchen Beitrag zum Unternehmenswert einzelne Risikotransferlösungen leisten. Versicherungen und andere Risikotransferlösungen sollten daher nicht mehr als Kostenposition verstanden werden, sondern als Instrumente, die über eine Reduzierung des Risikoumfangs und damit des Eigenkapitalbedarfs (und damit der Kapitalkosten) einen positiven Beitrag zum Unternehmenswert leisten. Eine Optimierung der Risikoposition des Unternehmens durch einen geeigneten Einsatz von Risikotransferinstrumenten erlaubt es, dass sich Unternehmen auf diejenigen Risiken konzentrieren können, die für den Aufbau von Erfolgspotenzialen und Kernkompetenzen erforderlich sind. Durch den Transfer unwesentlicher „Randrisiken" nimmt die Fähigkeit des Unternehmens zu, Risiken in den strategisch wichtigen Bereichen, wie z.B. im Bereich der Forschung und Entwicklung, einzugehen. Eine Optimierung der Risikoposition durch eine geeignete Risikobewältigungs- und Risikotransferstrategie erlaubt den weiteren Aufbau von Erfolgspotenzialen, sichert so die Wettbewerbsposition des Unternehmens und schafft einen wesentlichen Mehrwert für die Gesellschafter.

5.4 Ansatzpunkte zur Risikobewältigung für ausgewählte Risikobereiche

Bisher wurden nur transferierbare Risiken betrachtet. Im Folgenden werden die anderen Risikofelder, wie in Kapitel 3.2 (Risikoidentifikation) dargestellt, aufgegriffen und Ansatzpunkte zur Bewältigung möglicher Risiken aufgezeigt.

Ein besonderer Schwerpunkt wird hier wieder im Bereich der strategischen Risiken gelegt, wobei speziell für die schon in Kapitel 3 vorgestellten Umfeld- und Situationstypen jeweils typische Risikobewältigungsansatzpunkte angegeben werden, die maßgeblich zu einer Stabilisierung des langfristigen Unternehmenserfolgs beitragen können. Mit kurzen checklistenartigen Übersichten (Tabellen) werden ergänzend für die wichtigsten Risiken aus den Risikofeldern Marktrisiken, Leistungsrisiken, Risiken aus Corporate Governance etc. typische Risikobewältigungsmethoden angegeben.

5.4.1 Strategische Risiken

Die Bewältigungsmaßnahmen für die allgemeinen strategischen Risiken (Bedrohung von Erfolgspotenzialen etc.) ergeben sich bereits direkt aus den Ausführungen im Kapitel 3.3.1 (z. B. Aufbau langfristig wirksamer Kernkompetenzen), weshalb an dieser Stelle nur auf die Bewältigung der speziellen Risikosituationen je nach Unternehmenstyp und Umfeldsituation einzugehen ist[244]. Im Folgenden werden deshalb tabellarisch zunächst nochmals die wichtigsten Problembereiche aufgegriffen und damit Ansatzpunkte zur Bewältigung dieser spezifischen Risiken beschrieben. Diese Angaben basieren wie auch bereits die Ausführungen in Kapitel 3.3.1 im Wesentlichen auf der genannten Studie im Auftrag des *Rationalisierungs-Kuratoriums der Deutschen Wirtschaft (RKW) e. V.*, die vom *Institut für Produktionswirtschaft und Controlling* an der *Ludwig-Maximilian-Universität München* durchgeführt wurde.[245] Weiterführende detailliertere Erläuterungen zu angemessenen Risikobewältigungsstrategien in Abhängigkeit des Unternehmens- und Situationstyps findet man bei Stroeder (2007).

---

[244] In enger Anlehnung an Gleißner/Lienhard/Stroeder, 2004. Siehe weiterführend auch Stroeder, 2007.
[245] Vgl. Küpper/Bronner/Daschmann, 1994.

5.4.1.1 Unternehmenstypen

Wachstums-Unternehmen	Markenartikel-Unternehmen
• Leistungsbedingter Eigenkapitalmangel • Fehlende Verfügbarkeit erforderlicher Ressourcen (z.B. Mitarbeiter) • Reorganisationsbedingte Risiken (z.B. Schwächen in der Aufgaben- und Kompetenzzuordnung oder beim internen Kontrollsystem)	• Beeinträchtigung der Marke durch Störfälle (z.B. Gesundheits- oder Umweltschäden) • Fehler bei der Markenpolitik (z.B. Nichterkennung von Veränderungen der Kundenwünsche oder anderer Umwelttrends) • Hohe sunkcosts im Bereich „Marketing" (Markenaufbau)
Techniker Unternehmen	**Die „Nischen"-Situation**
• Abhängigkeit von einzelnen technologischen Lösungen oder Patenten • Vernachlässigung der Marktorientierung und mangelnde Erkennung von Änderungen der Kundenwünsche • Defizite in der Fachkompetenz der Bereiche Marketing und „allgemeine Betriebswirtschaft" (Finanzen) infolge der stark ausgeprägten Besetzung von Führungspositionen mit Naturwissenschaftlern und Technikern	• Eindringen neuer Wettbewerber in die bislang lohnende Nische mit der Folge verstärkten Margendrucks • Nichterkennung von Wandlungen in den sehr spezifischen Kundenbedürfnissen. • Reduzierung der Markteintrittsbarrieren und Auflösen der Nische
Tagesgeschäft-Unternehmen	**Ein-Kopf-Unternehmen**
• Vernachlässigung langfristiger strategischer Planung • Überlastung der Unternehmensführung oft in Verbindung mit Schlüsselpersonenproblemen • Ineffiziente Abläufe, langsame Entscheidungen mit hohen Risiken sowie mangelnde Eigenverantwortung der Mitarbeiter	• Ausfall der Schlüsselpersonen führt zu kaum zu überbrückbaren Schwierigkeiten in der Unternehmensführung, in Forschung und Entwicklung oder im Bezug auf die Kundenbeziehungen • Einzelne Personen bauen im Unternehmen eine unangemessen hohe Machtposition aufgrund ihrer Unersetzlichkeit auf
Verzetteltes Unternehmen	**Ein-Standbein-Unternehmen**
• Erhöhte Kosten durch zu hohe Komplexität • Fehlende Spezialisierungsvorteile und Wettbewerbsvorteile durch viele Produkte bzw. Leistungen, für die keine adäquaten Kompetenzen verfügbar sind • Nicht erkannte Quersubventionierung zwischen Produkten oder Leistungen, die durch unterlassene Ersatz- und Erweiterungsinvestitionen langfristig zu einer Schwächung auch der leistungsfähigen Produktbereiche und Geschäftsfelder führen kann	• Plötzlicher Ausfall des einzigen Standbeins (der begrenzten Absatzregion, der wenigen Kunden oder Lieferanten bzw. Produkten) führt zu einer Existenzgefährdung des Unternehmens • Schleichende Alterung des einzigen Standbeins (Verfall von Preis- und/oder Absatzmengen) wird aufgrund mangelhafter Informations- und Frühklärungssysteme im Unternehmen nicht rechtzeitig wahrgenommen oder fehlinterpretiert als „vorübergehende Schwäche"

Abbildung 40: Risikoprofil pro Unternehmenstyp

1. Das Wachstums-Unternehmen

Da ein wachsendes Unternehmen verstärkt Finanzmittel braucht, muss die Liquidität immer im Auge behalten werden. In diesem Zusammenhang ist auch eine Anpassung der Rechtsform zu überdenken, um leichter innovative Möglichkeiten der Kapitalbeschaffung nutzen zu können.

Des Weiteren ist der gestiegenen Komplexität nicht nur durch eine Erweiterung der „Führungsmannschaft" und Veränderungen des Führungsstils Rechnung zu tragen, sondern auch durch eine Anpassung der Aufbauorganisation (hierarchische Struktur, Abteilungsbildung) und der Ablauforganisation (Informations- und Kommunikationskanäle). Hierzu gehört auch die Etablierung einer leistungsfähigen Controlling-Funktion im Unternehmen, um der Geschäftsleitung bzw. den Vorstand die nun mehr und mehr erforderlichen präzisen und aktuellen Informationen als Entscheidungsgrundlage zur Verfügung zu stellen.

Nicht zuletzt sollte sich ein wachsendes Unternehmen auch im Bereich der Fertigung seiner zunehmenden Möglichkeiten bewusst sein, denn aus verschiedenen Gründen werden nun zunehmend Kostensenkungen möglich. Zu nennen sind hier bspw. Rabatte aufgrund größerer Beschaffungsmengen, „Lerneffekte" in der Fertigung, ein mögliches Umsteigen auf modernere und rationellere Fertigungstechniken sowie größere Macht und Durchsetzungskraft auf den Absatzmärkten.

2. Das Techniker-Unternehmen

Bekanntlich liegen die entscheidenden strategischen Risiken des Techniker-Unternehmens in seiner zu starken Technik-Orientierung, bei der betriebswirtschaftliche und marktliche Gegebenheiten oft nur am Rande wahrgenommen werden. Um dies zu verändern, muss die Geschäftsleitung eine klare Fokussierung insbesondere auf die Anforderungen des Marktes vorantreiben.

Hierzu gehört – neben der eigentlichen Marktforschung zur Ermittlung der entscheidenden Kundenwünsche – auch die Erarbeitung eines in sich geschlossenen Marketingkonzepts und dessen Umsetzung durch gezielte Maßnahmen.

Des Weiteren ist die Unternehmensführung gefordert, ihre oftmals bestehenden Schwächen im betriebswirtschaftlichen Bereich auszugleichen – sei es durch die Etablierung einer entsprechenden Controlling-Funktion im Unternehmen, sei es durch gezielte und intensive persönliche Weiterbildung in wichtigen kaufmännischen Kompetenzfeldern.

3. Das Tagesgeschäft-Unternehmen

Um die typischen Risiken eines Tagesgeschäft-Unternehmens zu vermeiden, muss die Unternehmensführung letztendlich bereit sein, einen Teil ihrer bisherigen operativen Aufgaben „loszulassen". Dies kann insbesondere durch Delegation weniger wichtiger Aufgaben auf geeignete Mitarbeiter erfolgen – was im Übrigen auch meist einen sehr positiven Nebeneffekt auf die Motivation dieser Mitarbeiter hat. Unabdingbare Voraussetzung für eine erfolgreiche Aufgabendelegation ist natürlich die Einräumung einer gewissen Entscheidungsfreiheit für die Mitarbeiter.

Durch die frei werdende Zeit ergeben sich für die Geschäftsleitung mindestens zwei positive Effekte: Zum einen besteht nun die Möglichkeit, sich mehr mit strategischen Überlegungen zur langfristigen Unternehmensentwicklung zu beschäftigen, um das Unternehmen auch langfristig mit dem nötigen strategischen Weitblick führen zu können. Zum anderen bewirkt die Entlastung vom oft sehr „stressintensiven" Tagesgeschäft eine Reduktion der mentalen und physischen Belastung des Unternehmers.

Ein probates, ergänzendes Mittel kann auch die Einrichtung eines Beirats oder Aufsichtsrats sein, mit dem sich der Unternehmer bezüglich wichtiger langfristiger Fragestellungen austauschen kann.

Sollte eine Befreiung vom Tagesgeschäft aufgrund mangelnder Delegationsbereitschaft oder auch -möglichkeit nicht gelingen, muss sich der Unternehmer zumindest intensiv mit Fragen der Vertretung (im Falle eines plötzlichen Ausfalls) und der Nachfolge (zur langfristigen Kontinuität in der Unternehmensführung) beschäftigen.

4. Das Markenartikel-Unternehmen

Entwicklungen und Trends in der Branche haben entscheidende Bedeutung für das Markenprodukt, weshalb die Schaffung eines geeigneten Informations- und Planungssystems für das Unternehmen sehr wichtig ist. Hierzu gehört nicht zuletzt die ständige Aktualisierung der Preisinformationen auch bezüglich wenig bekannter Konkurrenzprodukte: Wird der Preisabstand zwischen Markenartikel und „no-name"-Produkt aus Sicht der Abnehmer zu groß, steigt die Bereitschaft zum Wechsel des Anbieters stark an. Im Bereich der Planung sind i. d. R. insbesondere die Werbeaktivitäten bedeutsam, da erfahrungsgemäß hohe Werbeausgaben nötig sind, um den ausgeprägten Bekanntheitsgrad bei den Abnehmern und das gute Image des Produkts zu behalten bzw. auszubauen.

Ferner darf die Ausrichtung auf wichtige interne Aspekte nicht vernachlässigt werden: Da in aller Regel bestimmte Produkteigenschaften, wie zum Beispiel Produktqualität, -design, -verpackung und -variation, entscheidende „Kaufargumente" aus Sicht der Kunden darstellen, müssen diese Faktoren sowohl bei der Produktpolitik als auch im Rahmen der Fertigung durch ausgeprägtes Qualitätsdenken und die Bereitschaft zu ständigen Verbesserungen berücksichtigt werden.

Entscheidend ist also letztendlich immer, dass das Markenprodukt seinen Differenzierungsvorteil beibehält und sich von den Konkurrenzangeboten deutlich abhebt.

5. Das verzettelte Unternehmen

Das typischerweise sehr „breite" Produktprogramm ermöglicht zwar, viele spezifische Kundenwünsche zu befriedigen. Auf der anderen Seite kann das Bereinigen dieses Produktprogramms, also eine Beschränkung auf die gängigsten Produktarten und -variationen, enorme Ersparnisse bei den komplexitätsbedingten Kosten im Einkaufs-, Fertigungs- und Lagerbereich bewirken. In diesem Zusammenhang sollte das Unternehmen sein Augenmerk auch auf die „Tiefe" der Fertigungsstruktur richten: Fremdaufträge sind bei solchen Fertigungsschritten sinnvoll, die aufgrund fehlender Spezialisierungsvorteile nicht wirtschaftlich im eigenen Unternehmen erledigt werden können und die auch nicht das Kerngeschäft betreffen.

Um überhaupt eine Entscheidung über die Bereinigung des zu breiten Produktprogramms treffen zu können, sind zunächst einmal detaillierte Informationen über die Gewinnbeiträge einzelner Produkte, Kundengruppen etc. notwendig. Es ist aber gerade ein typisches Kennzeichen des verzettelten Unternehmens, dass es hierüber aufgrund mangelhafter Informationssysteme keine fundierten Aussagen treffen kann. Insofern kommt dem Auf- und Ausbau eines qualitativ hochwertigen Controllingsystems eine wichtige Bedeutung zu. Noch wichtiger ist es, zu prüfen, ob die angebotenen Produkte wirklich alle zum Kompetenzprofil des Unternehmens passen.

Ganz allgemein ist die Wahrscheinlichkeit bei einem Unternehmen dieses Typs recht hoch, dass eine eindeutig festgelegte Marketing- und Vertriebsstrategie nicht vorhanden ist, weshalb auch der Bereich der strategischen Planung stärker beachtet werden sollte.

6. Das Familien-Unternehmen

Gerade in typischen Familien-Unternehmen droht die Gefahr, dass Konflikte zwischen Gesellschaftern oder Geschäftsführern das Unternehmen zerrütten. Um dies von vornherein weitgehend zu vermeiden, sind klare Regelungen im Gesellschaftervertrag bezüglich Gewinnentnahme und Geschäftsführung anzustreben. Auch sind Fragen der Unternehmensnachfolge frühzeitig und einvernehmlich unter fairer Berücksichtigung der unterschiedlichen Interessen einzelner Familienmitglieder zu behandeln.

Entscheidende Erfolgsfaktoren solcher Unternehmen sind oftmals die guten persönlichen Beziehungen der Geschäftsleitung sowohl zu den Mitarbeitern als auch zu den Kunden. Diese gilt es in jedem Fall zu erhalten, was sowohl die Anpassung des internen Führungsstils an gewandelte Mitarbeiterbedürfnisse als auch einen angemessenen Unternehmensauftritt nach außen gegenüber den Kunden erfordert.

Den letztgenannten Punkten kann allerdings das typischerweise anzutreffende starke Festhalten an Traditionen und festgefahrenen Strukturen entgegenstehen. Diese sollten daher mit Augenmaß beachtet und gegebenenfalls auch aufgebrochen werden, falls dies für den Unternehmenserfolg bei objektiver Betrachtung nötig erscheint. Besonders geeignet ist hierzu die Einrichtung (und passende Besetzung) eines Beirats als Beratungs- und Kontrollgremium. Auch die Etablierung strategischer Planungsinstrumente (z. B. einer Balanced Scorecard) kann beim Überdenken festgefahrener Strukturen bzw. einer strategischen Neuausrichtung wertvolle Dienste leisten.[246]

7. Das Ein-Kopf-Unternehmen

Der starke Einfluss des entscheidenden „Kopfes" für den Unternehmenserfolg ist für das Unternehmen nicht ohne Gefahren. Da es sich hierbei meist um den Unternehmer selbst (als ehemaliger Gründer und immer noch Inhaber des Betriebs) handelt, prägen sein starker Einfluss und der Vorbildcharakter sehr stark die Ausprägung der Erfolgspotenziale, wie z. B. eine hohe Produktqualität oder ein gutes und persönlich geprägtes Betriebsklima. Diesen positiven Einfluss gilt es einerseits zu erhalten; andererseits sollte aber der langfristige Unternehmenserfolg allmählich auf mehrere „Schultern" verteilt werden (z. B. durch zunehmende Integration talentierter Mitarbeiter oder auch evtl. vorhandener Nachkommen des Unternehmers in die Entscheidungsfindung). Diese zunehmende Einbindung und auch Delegation bestimmter Entscheidungen kann helfen zu verhindern, dass die Mitarbeiter von der bisher allgegenwärtigen Dominanz des Unternehmers „erdrückt" werden.

Sollte es sich bei dem entscheidenden Kopf nicht um den Unternehmer persönlich, sondern um einen Mitarbeiter (z. B. Leiter der Produktentwicklung oder des Vertriebs) handeln, besteht das entscheidende Risiko natürlich im Ausfall oder Weggang dieses Mitarbeiters. Dem ist sowohl durch eine gezielte Mitarbeiterbindung mit Hilfe entsprechender Anreize (wie z. B. Bezahlung, Titel, Stellung im Unternehmen, Lob, Beteiligung) als auch durch allmähliches Verteilen seiner Kenntnisse und Befugnisse auch auf andere Mitarbeiter zu begegnen.

8. Das Ein-Standbein-Unternehmen

Ein Unternehmen, bei dem ein wesentlicher Teil des Unternehmenserfolgs nur auf einem Standbein (z. B. ein Hauptprodukt oder ein zentral wichtiger Kunde) beruht, sollte natürlich vorrangig bemüht sein, seine Abhängigkeit von diesem Standbein auf ein normales Maß zu reduzieren. Dies könnte z. B. durch die Erweiterung der Produktpalette, durch die Gewinnung neuer Kunden auf den bestehenden Märkten, durch eine Neuerschließung weiterer regionaler Märkte oder eine Intensivierung des Exportgeschäfts erfolgen.

Sollte eine solche Abhängigkeitsreduzierung kurzfristig nicht möglich sein, so gilt es natürlich, die entscheidenden Erfolgsfaktoren dieses einen Standbeins genau im Auge zu behalten. Um den Absatz zu sichern, sind in aller Regel Produkteigenschaften wie Funktionalität,

---

[246] Vgl. Küpper/Bronner/Daschmann, 1994, S. 85.

Design, Preis und Qualität entscheidend. Auch eine möglichst weitgehende Variabilisierung der Kosten ist meist sinnvoll.[247]

5.4.1.2 Umfeldsituationen

Die „Branche-in-Bewegung"-Situation
- Hohe Risiken in notwendigen Entwicklungsprojekten.
- Fehleinschätzungen insbesondere technologischer Entwicklungen mit der Konseqeuenz von Marktanteilsverlusten.

Die „David-und-Golitath"-Situation
- Verlust der typischen und notwendigen Vorteile eines kleineren Unternehmens, wie z. B. persönlich geprägte, enge Beziehungen zu den Kunden oder flexible Reaktionsfähigkeit auf Marktveränderungen.
- Verlust der preislichen Wettbewerbsfähigkeit gegenüber dem Großunternehmen wegen dessen Größendegressionseffekten.

Die „Zulieferer"-Situation
- Verschlechterungen der Beziehungen zu den wenigen Abnehmer-Unternehmen mit der Folge von z. B. extremen Preisdruck.
- Beeinträchtigung oder gar Ausfall der Lieferfähigkeit (Zeit, Qualität, Menge und/oder Preis) durch eingetretene Leistungsrisiken mit der Folge eines schnellen und möglicherweise irreversiblen Verlusts der Abnehmer (Abwanderung zur Konkurrenz).
- Risiken durch Insolvenz der Hauptkunden.

Die „Nischen"-Situation
- Eindringung neuer Wettbewerber in die bislang lohnende Nische mit der Folge verstärkten Margendrucks.
- Nichterkennung von Wandlungen in den sehr spezifischen Kundenbedürfnissen.
- Reduzierung der Markteintrittsbarrieren und Auflösen der Nische.

Der „starke Wettbewerb"
- Verschlechterung der Position des Unternehmens im Markt durch Verlust von Marktanteilen (geringe Unternehmensgröße führt zu Kostennachteilen und damit zu geringerem preispolitischem Spielraum).
- Verlust von Differenzierungsmöglichkeiten durch Nachahmerprodukte und damit verschärfter Preiswettbewerb.
- Möglichkeit stark sinkender Preise und Verdrängungswettbewerb.

Der „Innovationsdruck"
- Verschlechterung der Innovationsfähigkeit des Unternehmens, z. B. durch Abwandern wichtiger Mitarbeiter aus dem F+E-Bereich zur Konkurrenz.
- Zu starke Orientierung auf das technisch Machbare ohne ausreichende Berücksichtigung der Wünsche des Marktes (Folge: Marktanteilsverluste).
- Risiko von Fehlschlägen im Forschungsbereich.

Der „Beschaffungs-Engpass"
- Risiko der Lieferunterbrechung und damit Ausfall der eigenen Produktion.
- Machtkonzentration auf Seite der Lieferanten mit der Folge steigender Beschaffungspreise.
- Erfolgreiche Integrationsstrategie eines Wettbewerbers, der einen wichtigen Lieferanten zur Integration in seine eigene Prozesskette aufkauft.

Der „Marktführer"
- Schleichender Verlust der Marktführerschaft durch aktive und ehrgeizige Wettbewerber, die die Kundenwünsche besser erkennen und umsetzen, mit der Folge eines Verlusts der bisher (aufgrund hoher Produktionsmengen) günstigen Kostenposition.
- Negative Auswirkungen des hohen Bekanntheitsgrades, wie z. B. schneller Imageverlust bei Qualitätsproblemen oder Umweltschäden.
- Unzureichende kundenindividuelle Lösung durch den Versuch, allen Kundengruppen gerecht zu werden.

Abbildung 41: Risikoprofile pro Umfeldsituationstypen

---

[247] Vgl. Küpper/Bronner/Daschmann, 1994, S. 89.

1. Die „Nischen"-Situation

Bei einer Nischen-Situation geht es letztlich darum, diese „Insel des Erfolgs" zu erhalten – sowohl durch herausragende Zufriedenheit der (zahlenmäßig relativ begrenzten) Kunden, als auch durch Vermeidung von Markteintritten neuer Wettbewerber.

Daher sind Informationen über die speziellen Kundenwünsche, Entwicklungen in der Nische und Aktivitäten der Konkurrenz (auch potenzielle Markteintrittsabsichten) von entscheidender Bedeutung. Das Unternehmen muss also ein entsprechendes Informationssystem etablieren, das ihm diese Daten sehr schnell und hinreichend genau liefern kann. Allerdings sollte das Unternehmen sich nicht nur auf zwar schnelles und flexibles, dennoch aber passives Reagieren beschränken, sondern auch aktiv Einfluss nehmen auf Entwicklungen in der Nische, da beide Faktoren den Unternehmenserfolg stark beeinflussen. Hierzu gehört auch die Weiterentwicklung der Produktqualität, da diese als wichtiges Differenzierungskriterium und auch als Markteintrittsbarriere wirkt.

Eine besondere Bedeutung kommt der Pflege der Kundenbeziehungen zu: Gerade in einer Nischen-Situation ergeben sich oft entsprechende Möglichkeiten, um über den Aufbau enger Kundenbeziehungen eine erhebliche Markteintrittsbarriere für potenzielle Konkurrenten zu schaffen. Hierzu können auch Umstellungskosten gehören, die den bisherigen Kunden beim Wechsel des Anbieters zwangsläufig entstehen würden.

2. Die „Zulieferer"-Situation

Da die „Zulieferer"-Situation sehr stark von Abhängigkeiten gegenüber den oft sehr wenigen Abnehmern geprägt ist, gilt es, diese deutlich zu reduzieren, zum einen durch eine direkte Verminderung der eigenen Abhängigkeiten, zum anderen durch eine aktive Schaffung von Abhängigkeiten bei den Kunden.

Zur Reduzierung der Abhängigkeit von den bisher wenigen Kunden sollten dringend weitere Vermarktungsmöglichkeiten gefunden werden (neue Abnehmer, neue Produkte, neue Länder). Auch sollte gerade bei der Annahme sog. „Großaufträge" darauf geachtet werden, dass das Unternehmen bestimmte Umsatz-Anteile mit einzelnen Kunden nicht überschreiten sollte.

Auf der anderen Seite kann das Unternehmen auch aktiv die Bindung der eigenen Kunden betreiben, so dass die „Erpressbarkeit" insbesondere in Bezug auf Preisforderungen deutlich reduziert wird. Hierzu gehört nicht nur die Gestaltung der persönlichen Beziehungen zu den Entscheidern bei den Kunden, sondern vor allem auch eine herausragende Positionierung bezüglich der Qualität der eigenen Produkte oder sogar eine Schaffung von Standards. Hierbei kann es auch wichtig sein, möglichst frühzeitig Entwicklungen in der Branche zu registrieren, um das eigene Produktprogramm so früh wie möglich anzupassen; deshalb kommt einem gut ausgebauten Informationssystem eine hohe Bedeutung zu.

3. Der „starke Wettbewerb"

In der heute aufgrund von gesättigten Märkten vielfach anzutreffenden Situation des „starken Wettbewerbs" hat ein Unternehmen hauptsächlich zwei Möglichkeiten, seine Ertragskraft trotz des schwierigen Umfelds positiv zu erhalten, nämlich Kosteneffizienz und Produktdifferenzierung. Gelegentlich ist auch eine „Nischenstrategie" sinnvoll. Insbesondere bei einem hohen Marktanteil im Vergleich zu den anderen Anbietern existieren i. d. R. Unternehmen mit einer relativ günstigeren Kostenposition. Als Folge einer solchen günstigeren Kostenposition ergibt sich für das Unternehmen ein größerer preispolitischer Spielraum als bei der Konkurrenz. Derartige Kostenvorteile müssen natürlich erhalten bleiben, weshalb einem leistungsfähigen Kostenrechnungssystem und vergleichsweise vorbildlichen Operations-Management eine hohe Bedeutung zukommt. Ferner sollten alle Möglichkeiten zur Rationalisierung und ggf. Modernisierung genutzt werden.

Sollten dagegen Kostenvorteile der Konkurrenz uneinholbar erscheinen, bietet es sich für das Unternehmen an, dem Preiswettbewerb durch eine gelungene Produktdifferenzierung zu entgehen. Neben der Entwicklung neuer Produkte können hierzu auch die Produktqualität oder der Service einen wichtigen Beitrag leisten. Auch die gesamte Darstellung der Produkte am Markt ist wichtig, weshalb gezielte Werbung eingesetzt werden sollte, was bis zum Auf- und Ausbau einer eigenen Marke führen kann.

4. Die „Branche-in-Bewegung"-Situation

Bei einer Situation, in der entscheidende Faktoren in ständiger Bewegung sind, kommt es natürlich zunächst auf ein frühzeitiges Erahnen von Entwicklungen und strategischen Trends in der Branche und damit auf ein entsprechend ausgerichtetes Frühaufklärungssystem an. Ferner sollte das Unternehmen für den Fall, dass Entwicklungen nicht frühzeitig erkannt werden, von vornherein auf hohe Flexibilität ausgerichtet werden, um sehr schnell die gewünschten Produkte bereitstellen zu können.

Des Weiteren sollte ein Unternehmen in einer solchen Situation auch bestrebt sein, seine Risiken durch ausgleichende Aufnahme von Leistungen in das Produktprogramm, die weniger starken Marktveränderungen unterworfen sind, zu vermindern.

5. Die „David-und-Goliath"-Situation

Um nicht mit dem (oder den) Großunternehmen über den Preis zu konkurrieren, ist eine Differenzierung der Leistungen entscheidend: Das angebotene Produkt muss sich als einzigartig von den übrigen Konkurrenzprodukten abheben. Eine solche Differenzierung kann erreicht werden über Produktqualität, Service, Flexibilität, Lieferservice, Marke, persönliche Kundenbeziehungen oder die frühzeitige Umsetzung technischer Innovationen.

Gerade die Kundennähe sollte in einer solchen Situation als typisch mittelständischer Vorteil verstanden werden. Diese kann sich äußern in persönlich geprägten Beziehungen mit den Kunden, die wichtige Dinge mit dem Chef direkt verhandeln können, in der unbürokratischen Berücksichtigung individueller Kundenwünsche oder auch in der Art der Reaktion auf Beanstandungen (Kundenservice auch nach dem Kauf). Gerade die begrenzte Betriebsgröße trägt über die leichte Durchsetzbarkeit von Entscheidungen zum schnellen Reagieren und Agieren am Markt bei.

Im Übrigen sollte ein solches Unternehmen auch die Möglichkeit in Betracht ziehen, vor dem Großunternehmen auszuweichen und in eine Marktnische abzuwandern (Nischenstrategie), um der Aufmerksamkeit oder dem Interesse des Konkurrenten zu entgehen.

6. Der „Beschaffungs-Engpass"

Die Anzahl der Lieferanten und auch das Verhältnis zu ihnen bestimmen die Abhängigkeit im Beschaffungsbereich. Die Beschaffungsabteilung sollte daher durch ein „Beschaffungsmarketing" eine gezielte Lieferantenauswahl betreiben. Ferner sollte die Beschaffungsabteilung nach „Substitut-Rohstoffen" suchen, die in der Lage sind, das knappe Einsatzgut zu ersetzen. Ebenso könnte das Unternehmen durch Umstellungen im Fertigungsprozess möglicherweise der Abhängigkeit entgehen (z.B. Umsteigen auf einen anderen Rohstoff bei Materialabhängigkeit). Sollte die Situation in einem Facharbeitermangel begründet sein, werden Werbemaßnahmen auf dem Arbeitsmarkt wichtig.

Auch sollte daran gedacht werden, verstärkt Produkte in das Produktportfolio aufzunehmen, die weniger stark oder überhaupt nicht von einem Beschaffungsengpass betroffen sind. Dies trägt insgesamt zum Risikoausgleich innerhalb des Produktprogramms bei. Schließlich ist an eine „Rückwärtsintegration" zu denken, also den Kauf eines Zulieferers.

7. Der „Innovationsdruck"

In einer solchen Situation kommt es auf zahlreiche Produktinnovationen und das Anstreben der Technologieführerschaft an, wobei ein gesundes Verhältnis zwischen „Bewährtem und Neuem" wichtig ist.

Auch die Imitation von gut gehenden Produktneuheiten der Konkurrenten kann hier eine zweckmäßige Vorgehensweise sein.

Um überhaupt zu Produktinnovationen zu kommen, sind große Anstrengungen im F&E-Bereich erforderlich; dabei dürfen gleichzeitig Prozessinnovationen (z. B. Verbesserungen bei den Fertigungsverfahren) nicht vernachlässigt werden. Die Mitarbeiter mit ihrem technischen bzw. wissenschaftlichen Sachverstand stellen daher ein wichtiges Ideenpotenzial für neue Produkte dar, das beispielsweise durch Qualitätszirkel oder das betriebliche Vorschlagswesen aktiviert werden kann. Zudem ist zu beachten, dass Innovationen nur Erträge versprechen, wenn ein ausreichender Marktzugang besteht.

Bei aller Innovationsfähigkeit dürfen aber niemals die Bedürfnisse des Marktes aus den Augen verloren werden: Starke Kunden- und Marktnähe müssen der Gefahr entgegenwirken, neue Produkte am Markt vorbeizuentwickeln, um nicht Produktinnovationen auf den Markt zu bringen, an denen der Kunde nicht interessiert ist (oder für die die Zeit noch nicht gekommen ist). Im Umkehrschluss heißt dies natürlich auch, dass das Unternehmen gerade von seinen Kunden wertvolle Hinweise auf Erfolg versprechende Innovationen erhalten kann.

8. Der „Marktführer"

Die Marktführerschaft bringt dem Unternehmen durch den hohen Marktanteil Kostensenkungspotenziale, die durch Lerneffekte, Knowhow und stärkere Marktmacht möglich werden. Um also die eigene Marktposition zu verteidigen und um mögliche neue Anbieter von einem Markteintritt abzuhalten, hat der Aufbau von Markteintrittsbarrieren, z. B. durch eine aggressive Preispolitik, hohe Investitionen in effiziente Fertigungsverfahren oder hohe Kundenloyalität, eine entscheidende Bedeutung. Gerade dem Marktführer ist durch seine beherrschende Stellung und den hohen Bekanntheitsgrad in seinem Marktsegment die Schaffung von Industriestandards oder Normen möglich, die letztendlich Wettbewerbsvorteile darstellen. Ferner sollte sich der Marktführer nicht scheuen, seine hohe Marktmacht auch bezüglich der eigenen Lieferantenbeziehungen einzusetzen (z. B. durch Einführung von Just-in-Time-Anlieferung, falls diese sinnvoll und gewünscht ist).

Da ein hoher Bekanntheitsgrad für den Fall negativer Ereignisse zum „Bumerang" für das Unternehmen werden kann, ist die Schaffung und Aufrechterhaltung eines guten Unternehmensrufs sowie eines funktionierenden Krisenmanagements für den „Fall der Fälle" von hoher Bedeutung.

5.4.2 Risiken des Absatz- und Beschaffungsmarktes (Marktrisiken)[248]

Im Folgenden sind Beispiele für Marktrisiken mit möglichen Bewältigungsmaßnahmen aufgelistet. Diese sind nur als Anregungen aufzufassen, so dass auf eine detaillierte Erläuterung – speziell der Vor- und Nachteile – verzichtet wird.

Risiko	Risikobewältigungsmaßnahmen
Verpassen von Markttrends	• Marktrecherchen durchführen • Informationsdienstleistungen benützen
Verdrängungswettbewerb	• Auf- und Ausbau von Wettbewerbsvorteilen (Service, Marke, Produktqualität) • Aufbau alternativer Märkte
Abhängigkeit von Lieferanten und Zulieferern	• Ausbau von Alternativlieferanten • Vertragliche Bindung von Lieferanten • Lieferantenbeobachtung, Lieferantenrating erstellen • Rückwärtsintegration
Abhängigkeit von Großkunden	• Vertragliche Bindung • Ausbau von mittleren Kunden und Kleinkunden • „Monitoring" und Rating von Kunden
Absatzmengen- und Absatzpreisschwankungen	• Vertragliche Vereinbarungen mit „Key Accounts" • Preis- und Rabattpolitik im Kontext der Planungsrechung erarbeiten • Reduktion von Fixkosten, um flexibel auf Umsatzschwankungen reagieren zu können
Beschaffungspreisrisiken	• Vertragliche Preisfixierung • Preisgleitklauseln in Verträgen mit Kunden • Derivate, z. B. Öl-Preis-Call

5.4.3 Finanzwirtschaftliche Risiken

Im Folgenden sind Beispiele für finanzwirtschaftliche Risiken mit möglichen Bewältigungsmaßnahmen aufgelistet.

Risiko	Risikobewältigungsmaßnahmen
Finanzielle Instabilität und Liquiditätsengpässe	• Kreditlinie von Banken sichern • Bedingte Kapitalerhöhungen vorsehen • Rating-Strategie entwickeln (vgl. Abschnitt 7.2) • Freisetzung nicht betriebsnotwendigen Vermögens beim Abbau von Forderungen und Vorräten
Zins- und Währungsschwankungen	• Natürliche Gegenpositionen im Unternehmen nutzen (z. B. Einkauf im Fremdwährungsmarkt) • Währungs-Swaps oder Futures • Zins-Obergrenze vereinbaren (Caps)

---

[248] Vgl. Gleißner/Lienhard/Stroeder, 2004.

Risiko	Risikobewältigungsmaßnahmen
Wertpapierrisiken	• Portfolio-Management (Diversifikation) • Absicherungsinstrumente (z. B. Put-Optionen)
Bonitäts- und Adressausfälle (Forderungsverluste)	• Forderungsabtretung/Factoring • Rating von Hauptkunden
Beteiligungsrisiken	• Beteiligungskäufe auf einer sorgfältigen Investitionsrechnung unter Risikogesichtspunkten basieren lassen • Regelmäßige Risikoanalyse in den Beteiligungen durchführen
Risiken bei Unternehmenskäufen	• Sorgfältige Investitionsrechnungen und „Due Dilligence" durchführen • Integration der Unternehmen in das Risikomanagement-System
Risiken aus Immobilien	• Outsourcing an Servicepartner (z. B. Sales and lease back)
Investitions- und Finanzierungsrisiken	• Moderne Investitions- und Finanzierungsrechnungen unter Berücksichtigung von Risikoaspekten durchführen (vgl. Abschnitt 7.3)

5.4.4 Politische, rechtliche und gesellschaftliche Risiken

Im Folgenden sind Beispiele für Umfeldrisiken mit möglichen Bewältigungsmaßnahmen aufgelistet.

Risiko	Risikobewältigungsmaßnahmen
Gesetzesänderungen und politische Unsicherheiten	• Informationsdienste nutzen • Mitgliedschaft in Verbänden („Lobbying")
Risiken aus gesellschaftlichen Trends	• „Monitoring" der relevanten gesellschaftlichen Trends • Berücksichtigung in Umfeld- und Unternehmensanalysen
Allgemeine Haftpflichtrisiken	• Versicherungslösungen • Vertragliche Gestaltung von AGB und sonstigen Verträgen
Produkthaftung	• Versicherungslösung • Qualitätskontrolle/QMS • Vertragliche Gestaltung von AGB und sonstigen Verträgen • Ausstieg aus Märkten mit unüberschaubaren Haftungsrisiken (z. B. USA)
Vertragsunsicherheiten und Mängel in AGB	• Regelmäßige juristische Prüfung von AGB • Klare interne Regelungen bei der Vertragsgestaltung

5.4.5 Risiken aus Corporate Governance

Im Folgenden sind Beispiele für Risiken aus Corporate Governance mit
möglichen Bewältigungsmaßnahmen aufgelistet.

Risiko	Risikobewältigungsmaßnahmen
Risiken aus der Oganisationsstruktur	• Regelmäßige Überprüfung der Organisationsstruktur („structure follows strategy")
Risiken aus Betriebsklima und Führungsstil, Demotivation	• Mitarbeiterbefragungen durchführen • Kenngrößen erarbeiten und beobachten (Frühwarnsystem) • Leitbild und Unternehmenskultur weiterentwickeln
Unzureichende Entlohnungs- und Anreizsysteme	• Anreizsysteme prüfen • Balanced Scorecard zur Strategieumsetzung aufbauen
Untreue/Fraud	• Interne Kontrollsysteme ausbauen

5.4.6 Leistungsrisiken

Im Folgenden sind Beispiele für Leistungsrisiken mit möglichen Bewältigungsmaßnahmen aufgelistet.

Risiko	Risikobewältigungsmaßnahmen
Sachanlageschaden infolge Feuer	• Präventive Feuerschutzmaßnahmen • Sprinkleranlagen, Trennwände • Ausreichende Lagerhaltung • Feuerversicherung
Betriebsunterbrechung durch Maschinenausfall	• Wartung, frühzeitige Ersatzinvestitionen • Redundante Auslegung von Maschinen • Alternativproduzenten, Lagerhaltung • Betriebsunterbrechungs-Versicherung
Ausfall von Schlüsselpersonen	• Dokumentation • Know-how-Transfer, Stellvertretung • Notfallplan erarbeiten
Gewährleistungsrisiken	• Qualitätssicherung, Ausbildung • Risikoorientierte Kalkulation (vgl. Abschnitt 5.5) • Rückrufaktionen planen • Vertragliche Gestaltung von Verträgen, AGB
Ausfall von Lieferanten	• Lagerhaltung, Frühwarnsystem • Lieferantenpanel vorsehen, bei Schlüsselprodukten Zweitlieferanten • Vertragliche Bindung zur Sicherstellung von Alternativlieferanten

Risiko	Risikobewältigungsmaßnahmen
IT-Risiken	• „Moderne" IT • Redundante Auslegung wichtiger Teile, Backup-Systeme
Arbeitsunfälle	• Ausbildung, Prävention • Sanitätsdienst • Unfallversicherung
Kalkulationsrisiken	• Qualitätssicherung und -prüfung („Vier-Augen-Prinzip"); risikoorientierte Kalkulation • Vertragsgestaltung
Risiken in der Datensicherheit	• Datenschutzkonzept, Datenbeauftragter • Notfallplan erarbeiten • Redundanzen

5.5 Fallbeispiel: Beurteilung und Bewältigung des Gesamtrisikoumfangs eines PPP-Projekts[249]

5.5.1 Einleitung: Bewältigung von Kalkulationsrisiken

Die Anwendung von Verfahren der Risikoquantifizierung und einer darauf aufbauenden Risikobewältigung wird im Folgenden anhand eines operativen Fallbeispiels dargestellt. Das Fallbeispiel zeigt dabei insbesondere die konkrete Anwendung der verschiedenen Verfahren zur Risikoquantifizierung (speziell mit der Dreiecksverteilung) und die Nutzung von Risikoinformationen für die Kalkulation. Das Beispiel befasst sich dabei speziell mit Risikomanagement im Rahmen von Projekten, wobei hier als Fallbeispiel PPP-Projekte gewählt wurden, die im Bereich der Bauwirtschaft zunehmend an Bedeutung gewinnen. Das Fallbeispiel verdeutlicht dabei, wie mit sehr einfachen Mitteln (die an die Szenariotechnik angelehnte Dreiecksverteilung) eine Risikoquantifizierung vorgenommen werden kann, und weshalb auch ganz „traditionelle" Aufgabenstellungen (wie die Kalkulation von Preisuntergrenzen in Projekten) nur durch eine adäquate Berücksichtigung von Risiken (bzw. der durch diese sich ergebenden kalkulatorischen Eigenkapitalkosten) adäquat gelöst werden können. Zudem wird ein wichtiges Prinzip der Risikobewältigung verdeutlicht: Kunden müssen die adäquaten Kosten der Risikobewältigung und die Eigenkapitalkosten über die Preise in Rechnung gestellt werden.

---

[249] Vgl. Gleißner, 2005 a.

5.5.2 Das Fallbeispiel

PPP-Projekte (Public Private Partnership) bieten durch die Optimierung der Aufgabenverteilung zwischen der öffentlichen Hand und privaten Partnern vielfältige Potenziale und interessante Zukunftsperspektiven.

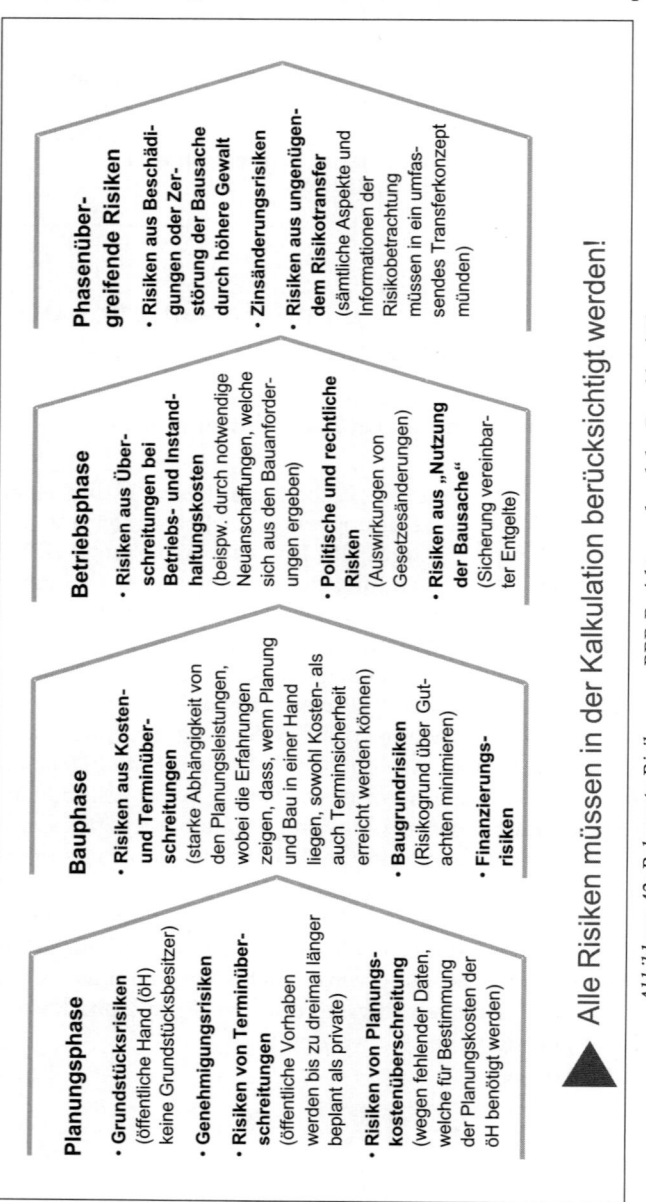

Abbildung 42: Relevante Risiken von PPP-Projekten anhand der Bauablauf-Phasen

Sie sind weit mehr als ein innovatives Finanzierungsinstrument. Sie bieten die Chance, Kompetenzen der privaten Partner zu nutzen, um z. B. Infrastrukturprojekte schnell, effektiv und kostengünstig zu realisieren – und hierbei neben der Investitionsphase (Planung und Bau) der Projekte auch die spätere Betriebsphase in der Betrachtung zu berücksichtigen. Bei einer ökonomisch optimalen Gestaltung eines PPP-Projektes sind nämlich nicht lediglich die Startinvestitionen, sondern selbstverständlich auch die späteren Betriebskosten von Interesse. Ein privater Partner, der ein Projekt für Planung, Bau und Betrieb übernimmt, wird zwangsläufig beide Aspekte berücksichtigen müssen. Vor allem durch die Aufgabenübertragung in der Betriebsphase führen PPP-Projekte zu einer erheblichen Verschiebung der Projektrisiken von der öffentlichen zu der privaten Seite.

Wesentliche Risiken der Auftragnehmer sind hier beispielsweise der mögliche Ausfall von Subunternehmern, die Änderung der Kosten für Baumaterial, unerwartete Abweichungen bei den erforderlichen Arbeitszeiten oder Pönalen bei Terminüberschreitungen.

Private Unternehmen übernehmen bei PPP-Projekten Kalkulationsrisiken in der Investitionsphase (z. B. Kosten- und Terminabweichungen), aber auch z. B. Kostenrisiken in der Betriebsphase. Aufgrund des langfristigen Charakters von PPP-Projekten und der Unvorhersehbarkeit der Zukunft haben die hier transferierten Risiken eine erhebliche ökonomische Relevanz. Die neue Risikoverteilung und die Langfristigkeit der PPP-Projekte erfordern eine adäquate Berücksichtigung der Risiken im Rahmen der Kalkulation und ein adäquates Risikomanagement.

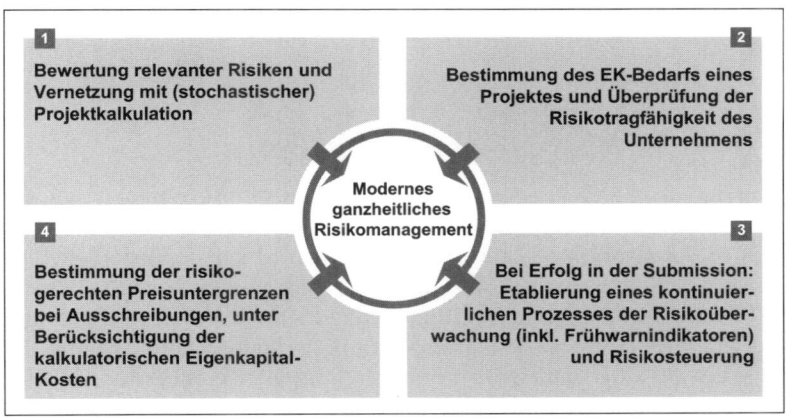

Abbildung 43: Herausforderungen an das Risikomanagement in PPP-Projekten

Schon bei der Kalkulation müssen zunächst die wesentlichen Risiken identifiziert, quantitativ bewertet und aggregiert werden. Risiken sind mögliche Ursachen für Planabweichungen, was Chancen (günstige Planabweichungen) und Gefahren (ungünstige Planabweichungen) einschließt. Der Umfang möglicher Planabweichungen muss im Rahmen der Kalkulation transparent gemacht werden, was traditionelle Kalkulationsverfahren bisher nicht gewährleisten. Eine einfache Möglichkeit einer derartigen „risikoorientierten Kalkulation" besteht darin, die Bandbreite möglicher Abweichungen vom Planwert einer Kalkulationsposition aufzuzeigen. Bei einer in der Praxis der Kalkulation bewährten Dreiecksverteilung wird dabei neben dem Planwert ein „Mindestwert" und ein „Maximalwert" spezifiziert. Wie bereits erwähnt, können anstelle von „Mindestwert" und „Maximalwert" jeweils auch Werte (Quantile) angegeben werden, die mit einer vorgegebenen Wahrscheinlichkeit nicht über- bzw. unterschritten werden.

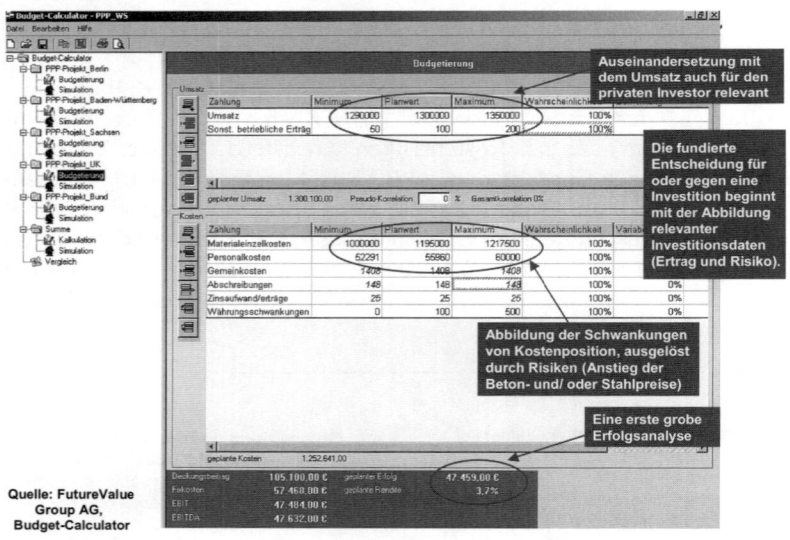

Quelle: FutureValue Group AG, Budget-Calculator

Abbildung 44: Risikoumfang bereits in Planung und Kalkulation berücksichtigen

Auf dieser Grundlage kann die Wahrscheinlichkeit für jede beliebige Ausprägung der entsprechenden Ertrags- oder Kostenposition berechnet werden (was bei einer traditionellen Szenario-Planung nicht gelingt). Zudem werden bei allen Planungspositionen neben dem Umfang der Planabweichungen auch die möglichen Ursachen festgehalten, um hier adäquate Maßnahmen der Risikobewältigung initiieren und geeignete Prozesse der Risikoüberwachung nach Projektbeginn gewährleisten zu können. Eine solche „risikoorientierte Kalkulation" suggeriert damit keine Planungssicherheit, sondern sensibilisiert für den realistischen Umfang von Planabweichungen.

Nach der Bestimmung des Risikos für die (wesentlichen) Kalkulationspositionen muss der Gesamtrisikoumfang, der sich aus der Gesamtheit aller einzelnen Risiken und ihrer Wechselwirkungen ergibt, bestimmt werden. Dies ist die größte Herausforderung im Rahmen der risikoorientierten Kalkulation, weil Risiken (anders als Umsätze und Kosten) nicht addiert werden können. Auch hier werden softwaregestützte Risikosimulationsverfahren eingesetzt, die eine große repräsentative Anzahl möglicher Szenarien der Zukunftsentwicklung (speziell der Kosten), die sich als Kombination des Eintretens bestimmter Risiken ergeben, berechnen und analysieren (vgl. zur Risikoaggregation Kapitel 4). Auf diese Weise kann der Umfang der Gesamtabweichungen bei Kosten und Ergebnis bestimmt werden. Aus dem Umfang möglicher (risikobedingter) Abweichungen des Ergebnisses kann in einem nächsten Schritt unmittelbar auf die mögliche Höhe risikobedingter Verluste aus einem Projekt geschlossen werden. So sind beispielsweise Aussagen möglich wie die folgende:

„Mit 95 %iger Sicherheit wird auch bei einer ungünstigen Kombination der Risiken der Verlust aus einem Projekt 1 Mio nicht überschreiten, und die für diese Planabweichung besonders maßgeblichen Risiken sind (1) möglicher Ausfall eines Subunternehmers und (2) Überschreitung der budgetierten Arbeitszeit im Gewerk X."

Der risikobedingt mögliche Umfang an Verlusten zeigt zugleich den Eigenkapitalbedarf eines Projekts, da Verluste im Projekt letztlich durch das Eigenkapital des betreffenden Unternehmens zu tragen sind.[250] Die Kenntnis des risikobedingten Eigenkapitalbedarfs eines Projektes ermöglicht zwei wesentliche Aussagen:

1. Es kann überprüft werden, ob ein Unternehmen (unter Berücksichtigung der bereits eingegangenen Risiken aus dem Portfolio aller Projekte) über die Risikotragfähigkeit (Eigenkapital und Liquiditätsreserve) verfügt, um das gerade kalkulierte Projekt zusätzlich durchführen zu können. Speziell wird hier geprüft, ob durch ein Projekt – bei ungünstigem Verlauf – das Rating des Unternehmens gefährdet oder gar eine bestandsbedrohende Krise ausgelöst werden kann.

2. Mit Hilfe des Eigenkapitalbedarfs (Risikokapital) kann zudem eine realistische ökonomische Preisuntergrenze für ein PPP-Projekt berechnet werden. Der adäquate Preis für die Übernahme des durch den Eigenkapitalbedarf in seiner Gesamtheit dargestellten Risikos sind genau die kalkulatorischen Eigenkapitalkosten. Diese ergeben sich als Produkt des Eigenkapitalkostensatzes (erwartete Rendite einer Vergleichsanlage)[251] und des durch den Eigenkapitalbedarf spezifizierten Risikoumfangs. Diese kalkulatorischen Eigenkapital-

---

[250] Sofern keine Haftungsbegrenzung vereinbart ist.
[251] Oder des Risikozuschlags, vgl. Abschnitt 3.4.5 zu Risikowertbeitrag.

kosten zeigen die Konsequenzen der Risikoübernahme und sind als eigenständige Kostenpositionen im Rahmen der Projektkalkulation zu berücksichtigen (vgl. Abbildung 45). Gerade in Anbetracht der erheblichen Verschiebungen von Risiken bei langfristigen PPP-Projekten kann diese Kostenkomponente eine erhebliche Bedeutung bekommen.

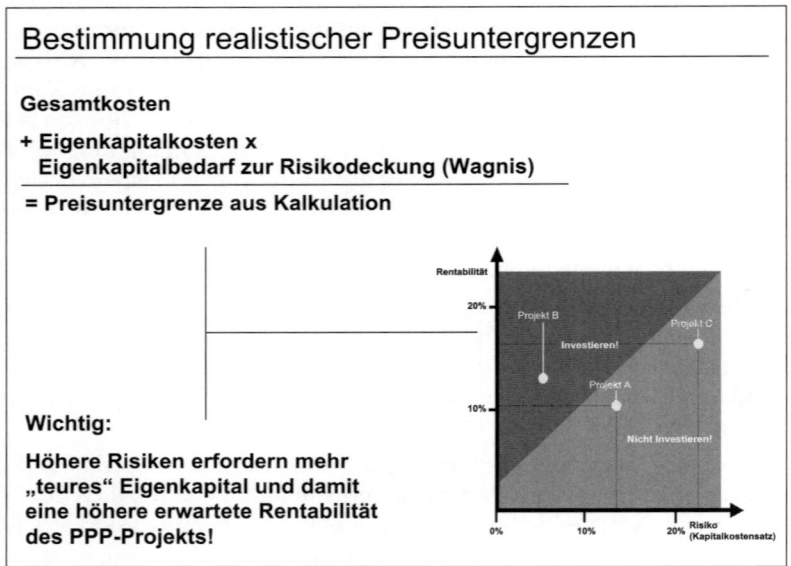

Bestimmung realistischer Preisuntergrenzen

Gesamtkosten

**+ Eigenkapitalkosten x
Eigenkapitalbedarf zur Risikodeckung (Wagnis)**

= Preisuntergrenze aus Kalkulation

Wichtig:

**Höhere Risiken erfordern mehr
„teures" Eigenkapital und damit
eine höhere erwartete Rentabilität
des PPP-Projekts!**

Abbildung 45: Rendite-Risiko-Profil und kalkulatorische Eigenkapitalkosten

Die risikoorientierte Kalkulation macht also insbesondere den Grad der Planungssicherheit (und Unsicherheit) transparent, stellt sicher, dass bei Unternehmen (Generalübernehmer) durch PPP-Projekte keine Bestandsgefährdungen entstehen und bestimmt eine ökonomisch sinnvolle Preisuntergrenze. Ähnlich den Abschreibungen kann ein Unternehmen auch bestenfalls temporär darauf verzichten, die kalkulatorischen Eigenkapitalkosten zu verdienen.

Bei der Initiierung von PPP-Projekten wird es zukünftig immer wichtiger werden, dass sich öffentliche Auftraggeber und privater Auftragnehmer hinsichtlich der Bedeutung der Verschiebung von Risiken klar werden und die Konsequenzen auch für PPP-Projekte transparent werden. Es ist zu empfehlen, ergänzend zu den Angaben einer üblichen Kalkulation auch Transparenz hinsichtlich der Risiken (Planungsunsicherheit) zu erhalten und den sich damit ergebenden Bedarf an Eigenkapital und den kalkulatorischen Eigenkapitalkosten aufzuzeigen. Es muss dabei sowohl im Interesse der Auftraggeber als auch der Auftragnehmer sein, dass der Auftragnehmer den übernommenen Risikoumfang tatsächlich auch ohne eine Gefährdung seines Ratings (bzw. der Existenz des Unternehmens) tragen kann. Eine derartige explizite Betrachtung des Gesamtrisikoumfangs von PPP-Projekten und eines Abgleichs mit der Risikotragfähigkeit der Auftragnehmer sollte zukünftig Bestandteil der Ausschreibungsphase derartiger Projekte sein.

Das Fallbeispiel verdeutlich ein wichtiges Prinzip im Umgang mit Risiken: alle Kosten der Risikobewältigung und die kalkulatorischen Eigenkapitalkosten müssen den Kunden in Rechnung gestellt werden. Unternehmen, denen das nicht gelingt, werden nicht erfolgreich sein.

6. Risikoüberwachung und die Organisation des Risikomanagements

6.1 Einleitung und Grundsätze

Da sich die Risiken im Zeitverlauf ständig verändern, ist eine kontinuierliche Überwachung der wesentlichen Risiken ökonomisch notwendig und durch das KonTraG gefordert (vgl. Abschnitt 1.6). Gemäß den Anforderungen des KonTraG (bzw. des IDW PS 340) muss daher die Verantwortlichkeit für die Überwachung der wesentlichen Risiken, einschließlich Angaben zu Überwachungsturnus und Überwachungsumfang, klar zugeordnet und dokumentiert werden. Zudem muss die Unternehmensführung eine Risikopolitik formulieren, die grundsätzliche Anforderungen in dem Umgang mit Risiken fixiert (vgl. Abschnitt 2.1). Auch die Vorgabe von Limiten und die Definition eines Berichtsweges für die Risiken sind hier zu dokumentieren. Aus Effizienzgründen wird das Risikomanagement meist durch eine geeignete IT-Lösung unterstützt (vgl. Abschnitt 6.8).

Die Gesamtheit aller Dokumentationen zum Risikomanagementsystem wird als Risikohandbuch bezeichnet (vgl. Abschnitt 6.5). Typische Inhalte sind:

- Risikopolitik (risikopolitische Grundsätze des Unternehmens),
- Aufbau- und Ablauforganisation (Verantwortlichkeiten und Vorgehensweise bei der Risikoanalyse, der Risikoaggregation, der Risikoüberwachung sowie der Berichterstattung),
- Erläuterungen und Verfahrensanweisungen (verwendete Werkzeuge wie Risikofelder, Musterberichte, Überwachungsmeldungen und dergleichen),
- Limite, d.h. Grenzen für die Akzeptanz von Risiken.

Teilweise äußern die Mitarbeiter – durchaus berechtigt – Bedenken, dass ein hoher zusätzlicher bürokratischer Aufwand für solch ein Risikomanagementsystem erforderlich zu sein scheint.[252] Durch eine straffe Organisation des Risikomanagementsystems kann unnötiger bürokratischer Aufwand jedoch konsequent vermieden werden, ohne auf die angestrebte Transparenz über die Risikosituation verzichten zu müssen, die für die Steuerung des Unternehmens notwendig ist. Das Risikomanagement wird in vielen Fällen dem Controlling bzw.

---

[252] Vgl. Gleißner/Lienhard/Stroeder, 2004, S. 99 ff.

der kaufmännischen Leitung bzw. dem Finanzvorstand zugeordnet, wodurch sich natürlich inhaltliche Einschränkungen ergeben können; insbesondere, wenn hier nicht alle nötigen Informationen vorliegen und nicht die nötigen Kompetenzen übertragen werden, die nötigen Informationen zu beschaffen.

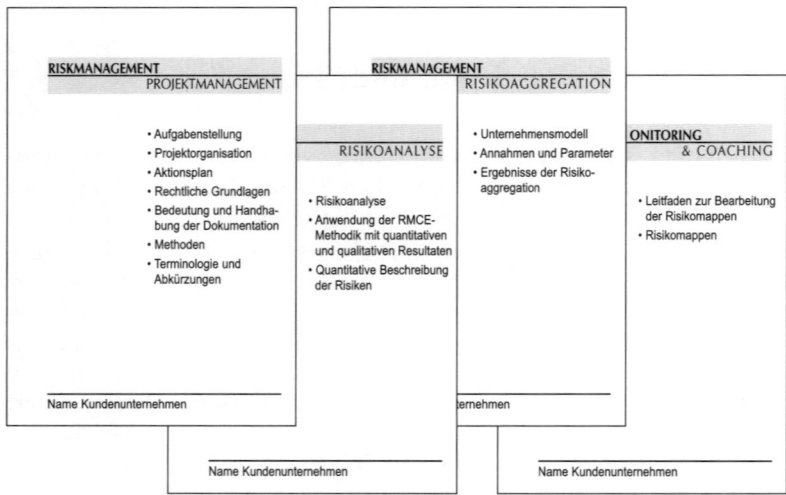

Abbildung 46: Deckblätter eines Risikohandbuchs

Einen wichtigen Teilaspekt eines Risikomanagements stellt das interne Kontrollsystem dar. Das interne Kontrollsystem trägt durch organisatorische Regelungen und die Überwachung seitens der internen Revision dazu bei, dass Arbeitsprozesse in der gewünschten Weise durchgeführt werden, und insbesondere Fehler in der Rechnungslegung sowie Untreue und Betrug durch Mitarbeiter vermieden werden. Ungeachtet der Bedeutung eines internen Kontrollsystems muss aus Perspektive eines unternehmensweiten integrierten Risikomanagements jedoch auch festgehalten werden, dass gerade die bestandsbedrohenden Risiken von Unternehmen meist nicht aus Untreue oder „Fraud" entstehen, sondern durch das Wirksamwerden strategischer Risiken und Marktrisiken. In der Praxis haben jedoch viele Unternehmen gerade im Bereich der internen Kontrollsysteme bisher wesentlich mehr Aufwand betrieben, als in allen anderen Bereichen des Risikomanagements zusammen, was durch die hier bestehenden formalen Vorgaben (z. B. den Sarbanes Oxley Act) zwar verständlich ist, aber zur Wahrnehmung eines überbürokratisierten Risikomanagementverständnisses in Unternehmen wesentlich beigetragen hat. Im schlimmsten Fall führt ein so überbetontes Kontrollsystems dazu, dass das Mittel zum Selbstzweck wird.

Das folgende Kapitel zur organisatorischen Gestaltung von unternehmensweiten Risikomanagementsystemen ist wie folgt gegliedert: Zunächst wird aufbauend auf den grundlegenden rechtlichen Vorgaben (Abschnitt 6.2) detaillierter auf die formalen Anforderungen an Risikomanagementsysteme gemäß des Prüfungsstandards IDW PS 340 eingegangen. Dieser Prüfungsstandard ist die Grundlage für die Prüfung von Risikomanagementsystemen auf Grundlage des KonTraG. Im folgenden Abschnitt 6.3 werden anschließend die beiden grundsätzlichen (kombinierbaren) Strategien für den Auf- und Ausbau von Risikomanagementsystemen vorgestellt. Zum einen wird der sog. „Risikomanagementansatz" erläutert, der zunächst einen eigenständigen Prozess der Identifikation, Bewertung, Aggregation, Steuerung und Überwachung der Risiken vorsieht. Ergänzend wird der sog. „Controllingansatz" erläutert, der den Schwerpunkt auf ein integratives Risikomanagement legt, das soweit möglich vorhandene Managementsysteme (speziell aus Controlling und Qualitätsmanagement) nutzt. Auf Grund des erheblichen Vorteils im Hinblick auf die Effizienz wird in diesem Zusammenhang vor allem erläutert, welche vielfältigen Anknüpfpunkte es gibt, Grundfunktionalitäten des Risikomanagements in bestehende Managementsysteme zu implementieren. So wird beispielsweise gezeigt, dass durch eine systematische Identifikation der unsicheren Planannahmen im Rahmen von Controlling- und Budgetierungsprozessen bereits ein erheblicher Teil der Identifikation von Risiken abgedeckt werden kann. Auch auf die Verbindung von Risikomanagement und Qualitätsmanagement sowie strategischer Planung (Balanced Scorecard) wird ergänzend hingewiesen. Abschnitt 6.5 befasst sich mit dem wichtigsten Prozess des Risikomanagements, nämlich der Steuerung und der laufenden Überwachung von Risiken, die zu einer kontinuierlichen Anpassung und Aktualisierung der Informationen über das Risiko (speziell der quantitativen Höhe) beitragen. Darauf folgend werden die wichtigsten Aufgaben und Stellen im Rahmen des Risikomanagements betrachtet. Dabei werden beispielhafte Stellenbeschreibungen des Risikomanagers oder der Verantwortlichen für die Risikoüberwachung (Risk Owner), aber auch der internen Revision, erläutert. Nach einer kurzen Abgrenzung von Risikomanagement und Frühaufklärungssystemen befasst sich Abschnitt 6.6 mit ökonomischen Strategien zur Prüfung der (betriebswirtschaftlichen) Leistungsfähigkeit von Risikomanagementsystemen. Dabei wird neben der klassischen Systemprüfung, wie sie Wirtschaftsprüfer vornehmen, vor allem auf die Strategie der „Output-Prüfung" und der „Abweichungsanalyse" eingegangen. Der Abschnitt dient insbesondere dazu, den aktuellen Status quo des eigenen Risikomanagements kritisch einzuschätzen und insbesondere Ansatzpunkt für Verbesserungen und den weiteren Ausbau zu identifizieren.

6.2 Anforderungen an die Organisation des Risikomanagementsystems

Vor den inhaltlichen Erläuterungen zur organisatorischen Gestaltung von Risikomanagementsystemen werden im Folgenden zunächst die wesentlichen formellen Rahmenbedingungen dargestellt, wobei im Schwerpunkt auf die Regelungen des IDW Prüfungsstandards 340 eingegangen wird, der als Konkretisierung der KonTraG-Anforderungen aufgefasst werden kann. Zu erwähnen ist ergänzend, dass es in vielen Fällen für Unternehmen sinnvoll und hilfreich ist, wenn man zudem die (unverbindlichen) Empfehlungen der verschiedenen existierenden Risikomanagementnormen[253] aufgreift, wie beispielsweise der empfehlenswerten Norm ONR 49000 und 49001.

Zunächst jedoch einige Erläuterungen zu IDW PS 340.

Im Prüfungsstandard des Institutes der Deutschen Wirtschaftsprüfer (IDW PS 340) sind insgesamt folgende Anforderungen an ein Risikomanagementsystem festgelegt:

1. Festlegung der Risikofelder

- Die Geschäftsleitung muss geeignete Maßnahmen treffen, insbesondere ein Überwachungssystem einrichten, damit den Fortbestand gefährdende Entwicklungen früh erkannt werden. Die Maßnahmen sind auf das gesamte Unternehmen zu erstrecken.
- Dabei sind sämtliche Prozesse und Funktionsbereiche, einschließlich aller Hierarchiestufen und Stabsfunktionen, einzubeziehen.
- Dadurch sollten Einzelrisiken oder mehrere Risiken im Zusammenwirken erfasst werden, die eine Bestandsgefährdung darstellen.
- Ergänzend sind die Bereiche Funktionen und/oder Prozesse, aus denen solche Risiken im besonderen Maß resultieren bzw. in die diese Risiken aus der Unternehmenswelt einwirken, einzubeziehen.

2. Risikoerkennung und Risikoanalyse

- Eine wirksame Risikoerfassung erfordert, dass sowohl im Vorhinein definierte Risiken als auch Auffälligkeiten oder Risiken, die keinem vorab definiertem Erscheinungsbild entsprechen, erkannt werden.
- Dies setzt die Schaffung und die Fortentwicklung eines angemessenen Risikobewusstseins aller Mitarbeiter (insbesondere in den besonders risikoanfällig eingeschätzten Bereichen) voraus.

---

[253] Siehe Winter, 2006 a.

- Die Risikoanalyse beinhaltet eine Beurteilung der Tragweite der erkannten Risiken in Bezug auf Eintrittswahrscheinlichkeit und quantitative Auswirkungen.
- Hierzu gehört auch die Einschätzung, ob Einzelrisiken, die isoliert betrachtet von nachrangiger Bedeutung sind, sich in ihrem Zusammenwirken oder durch Kumulation im Zeitablauf zu einem bestandsgefährdenden Risiko aggregieren können.

3. Risikokommunikation

- Die Risikokommunikation hat für die Funktionsfähigkeit des Früherkennungssystems eine zentrale Bedeutung. Dies setzt eine Kommunikationsbereitschaft der verantwortlichen Stellen voraus, die z. B. durch Schulungsmaßnahmen gefördert werden sollte.
- Bei nicht bewältigten Risiken muss sichergestellt werden, dass diese in nachweisbarer Form an die zuständigen Entscheidungsträger weitergeleitet werden.
- Um sicherzustellen, dass sich Einzelrisiken nicht zu einem bestandsgefährdenden Risiko kumulieren können, sind auf jeder Stufe der Risikokommunikation Schwellenwerte zu definieren, deren Überschreitung eine Berichtspflicht auslöst.
- In welchen Zeitabständen und an wen über Veränderungen der Risiken berichtet werden muss, hängt von der Art des Risikos und seiner Bedeutung für das Unternehmen ab. Bei Eilbedürftigkeit müssen jedoch förmliche Berichtsstrukturen überwunden werden.

4. Zuordnung Verantwortlichkeiten und Aufgaben

- Den Unternehmensbereichen ist die Verantwortung dafür zu übertragen, dass die auftretenden Risiken erfasst und sofort bewältigt oder an die festgelegten Berichtsempfänger weitergeleitet werden.
- Dabei sind die Verantwortlichkeiten – üblicherweise nach Hierarchieebenen – abzustufen. Es ist sicherzustellen, dass eine Rückkopplung zwischen den Unternehmensbereichen erfolgt, um der Möglichkeit einer Aggregation, der wechselseitigen Verstärkung oder der Kompensation von Einzelrisiken Rechnung zu tragen.
- Damit eine rechtzeitige Risikoerfassung gewährleistet ist, wird es i. d. R. zweckmäßig sein, die Verantwortung für die Rückkopplung den jeweils zuständigen Berichtsempfängern zu übertragen.
- Wenn keine Möglichkeit zur Risikobewältigung besteht, ist die Weiterleitung an einen übergeordneten Berichtsempfänger erforderlich.

5. Einrichtung eines Überwachungssystems

- Die Einhaltung der eingerichteten Maßnahmen zur Erfassung und Kommunikation bestandsgefährdender Risiken und ihrer Veränderung ist durch ein geeignetes Überwachungssystem sicherzustellen.

- Teilweise sind diese Maßnahmen Kontrollen, die in die Abläufe fest eingebaut sind, wie z. B. die Überwachung der Einhaltung von Meldegrenzen oder die Genehmigung und Kontrolle der Risikoberichterstattung.
- Sämtliche Maßnahmen sind Gegenstand der Prüfungen durch die Interne Revision.
- Gegenstand der Prüfungstätigkeit der Internen Revision sind u. a.:
  - vollständige Erfassung aller Risikofelder des Unternehmens
  - Angemessenheit der Maßnahmen
  - Kontinuierliche Anwendung der Maßnahmen
  - Einhaltung der integrierten Kontrollen

6. Dokumentation getroffener Maßnahmen

- Zur Sicherstellung der dauerhaften, personenunabhängigen Funktionsfähigkeit der getroffenen Maßnahmen und zum Nachweis der Erfüllung der Pflichten des Aufsichtsrates ist es erforderlich, dass die Maßnahmen einschließlich des Überwachungssystems angemessen dokumentiert werden.
- Erstellung eines Risikohandbuchs, in das die organisatorischen Regelungen und Maßnahmen aufgenommen werden.

Neben diesen Anforderungen aus dem IDW DS 340 können für Unternehmen je nach Branche weitere rechtliche Mindestanforderungen zu erfüllen sein, wie z. B. die MaRisk bei den Kreditinstituten. Darüber hinaus existieren eine Vielzahl von Verordnungen aus Arbeitsschutz und Umweltschutz sowie die – meist unverbindlichen – Risikomanagementnormen. In Anbetracht der Vielzahl von Regelungen sollte jedoch immer bedacht werden, dass eine Überbürokratisierung im Risikomanagement vermieden werden sollte. Konsequenterweise sollte grundsätzlich versucht werden, die verschiedenen formellen Anforderungen an das Risikomanagementsystem durch bereits vorhandene, leistungsfähige Managementsysteme (wie Controlling oder Qualitätsmanagement) mit abzudecken. Dies fördert die Effizienz und die Akzeptanz des Risikomanagements im Unternehmen.

6.3 Aufbau eines Risikomanagementsystems

6.3.1 Eigenständiger Risikomanagementansatz

Das in diesem Abschnitt skizzierte Vorgehen beim Aufbau und der Organisation von Risikomanagementsystemen, das von einem weitgehend unabhängigen Prozess der Risikoidentifikation und Risikoüberwachung ausgeht, wird auch als „Risikomanagementansatz" bezeichnet.[254]

Der Risikomanagementansatz ist wesentlich geprägt durch die formalen Anforderungen an ein Risikomanagement, wie speziell im KonTraG und im IDW PS 340 beschrieben. Nach Verabschiedung des KonTraG haben Unternehmen begonnen, Risikomanagementsysteme (neu) aufzubauen, die den Anforderungen des genannten Prüfungsstandards entsprechen. Dabei wurde Risikomanagement meist als eigenständiges Managementsystem verstanden, das durch unabhängige Prozesse sicherstellen soll, dass alle Risiken identifiziert, bewertet, aggregiert und regelmäßig überwacht werden. Die Risikoidentifikation wird hierbei im Wesentlichen durch separat für diesen Zweck turnusmäßig einberufene Workshops (Risk Assessments) durchgeführt. Häufig wird auch die Risikobewertung im Kontext solcher Workshops vorgenommen. Für die laufende Überwachung bereits bekannter Risiken werden Risk Owner benannt, die in festgelegten zeitlichen Abständen die Risiken betrachten, um mögliche Veränderungen des Risikoumfangs anzuzeigen – der Turnus ist dabei weitgehend losgelöst von anderen Aktivitäten der Risk Owner und anderen Managementprozessen (z. B. Budgetierung). In vielen Fällen wird für das Risikomanagement auch eine eigenständige IT-Lösung implementiert, die keinen Bezug zur Unternehmensplanung aufweist, und auch das Risikoreporting wird hier oft unabhängig von der existierenden Reporting-Struktur abgedeckt.

Als eine allgemeine Voraussetzung für die Funktionsfähigkeit eines Risikomanagementsystems kann die Schaffung einer zentralen Stelle (im Folgenden als zentrales Risikocontrolling bezeichnet) genannt werden. Darunter kann in den einzelnen Unternehmensbereichen bzw. Unterstützungsfunktionen ein dezentrales Risikomanagement (besetzt nicht nur durch die Risikoeigner bzw. Risk Owner)[255] eingerichtet werden. Die Hauptaufgabe des zentralen Risikocontrollings besteht dann darin, das Risikomanagement zu einem konsistenten und effizienten System auszubauen und die Funktionsfähigkeit des Systems zu gewährleisten – z. B. durch Koordination und Unterstützung aller Aufgaben und beteiligten Personen.

Oft kann mit einem einstufigen System eine für die zu bewältigenden Aufgaben ausreichende Struktur geschaffen werden. Einstufig meint dabei, dass das Risikomanagementsystem nur über eine zentrale Koordinationsstelle – eben das zentrale Risikocontrolling – verfügt. Direkt darunter angeordnet sind dann die Verantwortlichen für einzelne Bereiche bzw. Teilaufgaben des Systems.

---

[254] Vgl. Gleißner, 2000 sowie Mott, 2001.
[255] Eine beispielhafte Stellenbeschreibung folgt in Abschnitt 6.5.3.

Bei großen oder sehr stark verflochtenen Unternehmen mit einer entsprechend komplexen Risikolandschaft ist es empfehlenswert, ein mehrstufiges System zu gestalten. In einem solchen wird die Koordinationsaufgabe des zentralen Risikocontrollings durch vergleichbare dezentrale Stellen unterstützt, die für einen Teilbereich des Unternehmens die Koordination für das dort angesiedelte Subsystem des Risikomanagements übernehmen. Besonders häufig anzutreffen sind solche mehrstufigen Systeme in Holdingstrukturen oder vergleichbaren Organisationen, in denen eigenständig agierende und ausreichend bedeutsame Unterorganisationen (Tochtergesellschaften, Strategische Geschäftseinheiten) existieren.

Vorstellbar ist natürlich auch eine teilweise Zweistufigkeit eines Risikomanagementsystems, indem in einem Bereich ein Subsystem aufgebaut wird, während alle anderen Bereiche von einer Zentralstelle aus gesteuert und koordiniert werden. Ein solches teilweise zweistufiges System würde folgender Aufbaustruktur entsprechen:

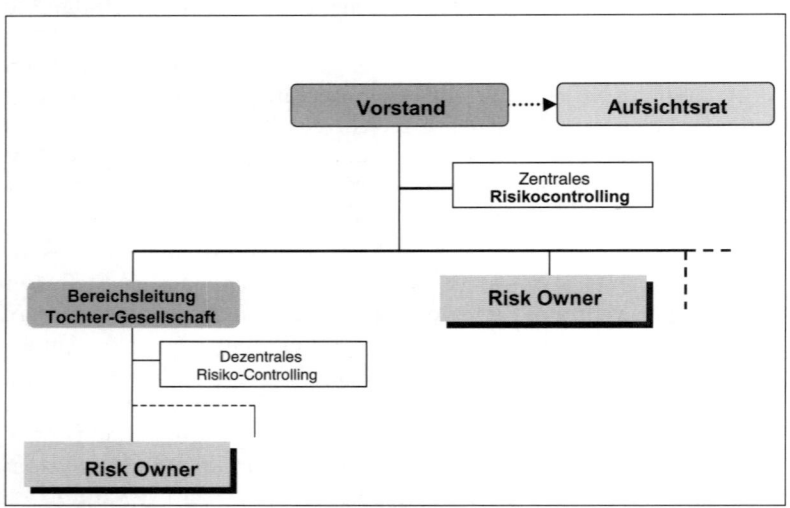

Abbildung 47: Struktur der zweistufigen Risikomanagement-Organisation mit Reportingwegen

Ein häufiges Problem bei der in Abbildung 47 abgebildeten Struktur eines Risikomanagements besteht jedoch darin, dass hier Zielkonflikte zwischen Risikoreporting und den üblichen Projekt- und Linienverantwortlichkeiten auftreten können. Im Sinne eines transparenten und möglichst unverfälschten Risikoreportings wäre es sinnvoll, wenn auch ein dezentraler Risk Owner (z. B. einer Tochtergesellschaft) seine Risikoeinschätzung unmittelbar dem zentralen Risikocontrolling zur Aufbereitung für die Unternehmensführung/den Vorstand weiterleiten würde. Teilweise sind solche Ansätze inzwischen sogar regulatorisch verankert (siehe z. B. die Best Practices für operationelle Risiken nach Basel II). Diese Umgehung der Leitung der Tochtergesellschaft verstößt jedoch gegen die sonst häufig im dezentralen Unternehmen gewählten Grundsätze einer umfassenden Erfolgsverantwortung des jeweiligen Geschäftsführers oder Vorstands. Unter Rücksichtnahme auf die umfassende Verantwortlichkeit von Geschäftsführern und Vorständen von Tochtergesellschaften (oder Leitern einzelner Profit Centern) wird in der Praxis meist vereinbart, dass die dezentralen Risk Owner zunächst ihre Risikoeinschätzung dem Leiter ihrer Tochtergesellschaft mitteilen und mit diesem abstimmen. Erst das so abgestimmte Risikoprofil wird dann an das zentrale Risikocontrolling weitergemeldet. Natürlich besteht hier das grundsätzliche Problem, dass der Verantwortliche für eine Tochtergesellschaft oder ein Profit Center die Risikoeinschätzung in seinem Sinne verändert, so dass der zentrale Vorstand nur mehr ein „bereinigtes" oder geschöntes Bild der Risikosituation der Tochtergesellschaft erhält. Langfristig ist dies nicht im Interesse auch des jeweils zuständigen Profit Centerleiters oder Geschäftsführers der Tochtergesellschaft, wenn sichergestellt wird, dass bei der Performancebeurteilung eingetretene Planabweichungen nur auf bereits mitgeteilte Risiken zurückgeführt werden dürfen. Dennoch erscheint es ergänzend sinnvoll, wenn zumindest in begründeten Ausnahmefällen die dezentralen Risk Owner eine direkte Berichtsmöglichkeit zum zentralen Risikocontrolling haben und das zentrale Risikocontrolling umgekehrt die Möglichkeit hat, sich direkt mit den dezentralen Risk Ownern in Tochtergesellschaften und Profit Centern in Verbindung zu setzen und hier Informationen direkt zu erfassen bzw. zu diskutieren.

Die Stelleninhaber der Risikocontrollingaufgaben erhalten aus dieser Aufgabe heraus keine Weisungsbefugnis gegenüber anderen Mitarbeitern. Sie haben jedoch ein ausgeprägtes Recht auf Information. Theoretisch sinnvoll erscheint eine grundlegende Trennung von Risikoverursachung und Risikoüberwachung. In der Praxis wird jedoch mindestens auf der Ebene der Risikoeigner eine Personalunion mit Linienfunktionen nahezu unumgänglich sein, wodurch eine faktische Entscheidungsbefugnis der am Risikomanagementprozess Beteiligten gegeben ist und die Trennung von Ausführung und Überwachung nur in Teilen gelingt. Insbesondere durch die Doppelfunktion von Risikoeignern als „Risikoverursacher" steigt die Bedeutung der Unabhängigkeit des zentralen Risikocontrollings.

Nach dieser Beschreibung des traditionellen separierenden Risikomanagementansatzes wird im Folgenden die Idee eines integrierten Risikomanagements dargestellt, das als „Controllingansatz" bezeichnet wird, da hier Risikomanagement in wesentlichen Teilen durch eine Weiterentwicklung bestehender Controllingsysteme im Hinblick auf eine „stochastische Planung" unterstützt wird. Klarstellend sei jedoch gesagt, dass die beiden grundlegenden Konzeptionen durchaus keine strikten Gegenpositionen darstellen, sondern jedes Unternehmen individuell Komponenten des einen und des anderen Ansatzes bei sich umsetzen kann.

6.3.2 Controllingansatz: integriertes Risikomanagement

6.3.2.1 Grundidee

Alternativ zu dem oben beschriebenen „Risikomanagementansatz" ist der so genannte „Controllingansatz" zu sehen, der nachfolgend kurz beschrieben wird und der ein weitergehend in bestehende Managementsysteme integriertes Risikomanagement zum Ziel hat.

Die Grundidee dieses Ansatzes ist die Definition, dass Risiken immer mögliche Planabweichungen darstellen und damit die Identifikation, Bewertung und kontinuierliche Überwachung der Risiken möglichst weitgehend in der Planung und im Controllingsystem, aber auch im Qualitätsmanagement des Unternehmens verankert werden sollen.[256] Bei dieser Vorgehensweise wird zunächst durchgängig nach allen Möglichkeiten gesucht, die vorhandenen Managementsysteme (Planung, Controlling, Budgetierung – aber auch Qualitätsmanagement) zu nutzen, um die Aufgaben des Risikomanagements mit abzudecken oder zumindest zu unterstützen. Jede Planung basiert auf unsicheren Annahmen über die Zukunftsentwicklung. Diese unsicheren Annahmen stellen genau diejenigen Risiken dar, die Planabweichungen auslösen könnten und deshalb im Rahmen des Risikomanagements erfasst, bewertet und gegebenenfalls durch geeignete Maßnahmen bewältigt werden müssen. Der „Controllingansatz des Risikomanagements" nutzt zunächst Informationen über unsichere Planannahmen und später tatsächlich eingetretene Abweichungen, um Risiken zu identifizieren und zu bewerten und integriert damit die Aufgabe der Identifikation und Bewertung von Risiken in die Planungs-, Controlling- und Budgetierungsprozesse. Planer und Controller werden damit zugleich Risikoeigner für diejenigen Risiken, die ihr normales Tätigkeitsfeld betreffen und dort Planabweichungen auslösen können.

Das integrierte Risikomanagement im Sinne des hier dargestellten Controllingansatzes stützt sich im Wesentlichen auf das Controlling, teilweise auch auf Treasury und Qualitätsmanagement. Derjenige Teil des Controllings, der in diesem Verständnis einen Beitrag für das Risikomanagement leistet, wird auch als Risikocontrolling bezeichnet.[257]

---

[256] Vgl. Gleißner, 2000.
[257] Vgl. Winter, 2006 a, S. 200.

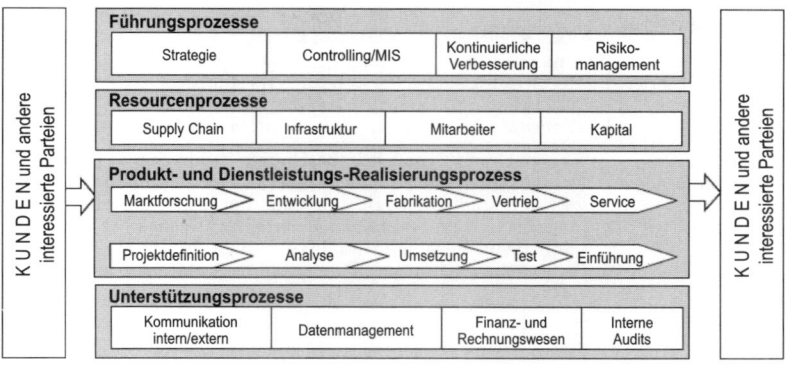

Abbildung 48: *Integriertes Risikomanagement nach ONR 49001*[258]

Ergänzend sei darauf hingewiesen, dass auch die bereits vorgestellte österreichische Risikomanagement-Norm ONR 49001 von einem integrierten Risikomanagementansatz ausgeht, bei dem Risikomanagement mit Controlling, Qualitätsmanagement und anderen Managementsystemen verbunden wird (siehe Abschnitt 1.6.8).

6.3.2.2 Risikocontrolling im Kontext des Controllings

Als Risikocontrolling wird also der Teil des Controllings verstanden, der einen Beitrag zur Sicherstellung der wesentlichen Risikomanagement-Funktionen leistet.[259] Diese Risikocontrolling-Aufgaben umfassen dabei insbesondere die Bereitstellung von Informationen für das Risikomanagement (z. B. bezüglich unsicherer Planannahmen oder eingetretener Planabweichungen) sowie die Sicherstellung der Risikoberichterstattung durch die Nutzung vorhandener Reportingwege.

Insgesamt kann man als primäres Ziel des Risikomanagements (und damit als indirektes Ziel des Risikocontrollings) die Existenzsicherung des Unternehmens auffassen.[260] Als zentrale Aufgabenfelder des Risikocontrollings ist dabei die Entwicklung (und Nutzung) geeigneter Kennzahlen (Risikomaße) und der für diese erforderlichen Verfahren (Risikomessmethoden) zu nennen.

Als gelungenes Beispiel für eine tragfähige Risikomanagementkonzeption, die auf dem Gedanken eines integrierten Risikomanagement- und Risikocontrolling-Prozesses basiert, kann der in der folgenden Tabelle abgebildete Vorschlag von Winter angesehen werden:[261]

---

[258] Quelle: Winter, 2006a.
[259] Siehe Winter, 2006a, S. 200.
[260] Siehe Winter, 2006a, S. 221.
[261] Vgl. Winter, 2006a, S. 158.

Merkmal	Ausprägung
Zugrunde gelegte Sicht der Betriebswirt-schaftslehre	• Untersuchung menschlichen Handelns unter dem Aspekt der Erziehung und Verwendung von Einkommen sowie der Reduktion der dabei auftretenden Unsicherheiten und hierzu dienender Institutionen (Regel- und Handlungssysteme)
Charakterisie-rung der Unter-nehmensumwelt und des Unter-nehmens	• Komplex und dynamisch, beschränkt-rationale und nut-zenmaximierende Akteure mit kognitiven Beschränkungen, beschränkte Ressourcen, potenziell stochastische Welt, unvollständiges und ungleich verteiltes Wissen über Sach-verhalte und Akteure Handlungsebenen des Unternehmens: Unternehmensführung, Führungsunterstützung, Ausführung
Risikobegriff	• Möglichkeit einer Zielverfehlung, wobei die Ergebnisun-sicherheit aus mangelnden Informationen über relevante Sachverhalte und/oder der mangelnden Fähigkeit, diese zu verarbeiten, resultiert • Insbesondere die Möglichkeit des Abweichens eines reali-sierten Einkommens aus einer Unternehmensbeteiligung von einem angestrebten bzw. erwarteten Einkommen
Beziehung des Risikocontrol-lings zur Unter-nehmensführung und Ansatz-punkt	• Führungsunterstützung • Manager benötigen aufgrund kognitiver Beschränkungen und ungleich verteilten Wissens Unterstützung bei der Erfül-lung der Risikomanagement-Aufgaben • Monetäre Risikoquantifizierung zur Entscheidungsunterstüt-zung und Verhaltenssteuerung ist keine triviale Aufgabe und erfordert spezielles Sach- und Handlungswissen, Arbeitstei-lung u. U. wirtschaftlicher
Ziele	• Indirekt: Beitrag zur Sicherung der Unternehmensexistenz sowie zur Sicherung und Steigerung des aus Unternehmens-aktivitäten resultierenden Zahlungsstroms für die Unterneh-mensbeteiligten • Direkt: Bereitstellung monetärer Informationen und zu deren Generierung benötigter Verfahren für das Risikomanagement zum Zwecke der Entscheidungsunterstützung und Verhal-tenssteuerung
Aufgaben	• Analyse bzw. Entwicklung geeigneter monetärer risikobezo-gener Zielgrößen und Kennzahlen • Analyse bzw. Entwicklung geeigneter Verfahren zur Gene-rierung dieser Kennzahlen und hierzu benötigter risikobezo-gener Informationen • Analyse bzw. Entwicklung geeigneter Verfahren zur Kommu-nikation und Speicherung der risikobezogenen Informationen • Anwendung der Verfahren bzw. Unterstützung bei der An-wendung dieser Verfahren
Instrumente	• Quantitative bzw. monetäre Risikobewertungs- und Risiko-informationssysteme sowie Steuerungssysteme (Risikorech-nung), allgemeine Methoden der risikobezogenen Ziel- und Systemanalyse sowie der Bewertung
Institutionen	• Aufgabenzuordnung kontextabhängig, verschiedene Risiko-controller-Rollen denkbar und sinnvoll • I. d. R. Zuordnung zu Controlling-Stellen sinnvoll, u. U. auch Schaffung spezialisierter Stellen zum Aufbau, zur Pflege und zum Betrieb quantitativer bzw. monetärer Risikobewertungs- und Risikoinformationssysteme sowie Steuerungssysteme (Risikorechnung)

Abbildung 49: Steckbrief des Vorschlags für eine tragfähige Risikocontrolling-Konzeption

Es darf in diesem Zusammenhang darauf hingewiesen werden, dass auch andere Rahmenwerke als Leitfaden für eine operative Umsetzung des Risikocontrollings genutzt werden können, die ihrerseits jeweils zusätzliche Aspekte gut abdecken. Beispielsweise liefern die so genannten „Best Practices" für das Management operationeller Risiken gemäß Basel II einen interessanten Ansatz für die Integration verschiedener Risikoarten in ein einheitliches Reporting.

6.3.2.3 Verbindungspunkte von Risikomanagement, Unternehmensplanung und Controlling

Im Folgenden sollen wesentliche Verbindungspunkte von operativem und strategischem Controlling einerseits und Risikomanagement andererseits aufgezeigt werden.[262] Die Darstellung basiert auf der oben erläuterten Grundidee, dass wesentliche Aufgaben des Risikomanagements hocheffizient unmittelbar im Rahmen der Controlling-, Planungs- und Budgetierungsprozesse eines Unternehmens mit abgedeckt werden können.

Die Entwicklung eines derartigen unternehmensweiten integrierten Risikomanagements basiert damit auf einer Weiterentwicklung der Struktur, Aufgaben und Arbeitsabläufe bereits vorhandener Managementsysteme. Die wesentlichen Ansatzpunkte für derartige Weiterentwicklungen werden nachfolgend zusammenfassend dargestellt.

(1) Risikoreduzierung durch Verbesserung der Planung

Durch eine Verbesserung der Qualität der Planung selbst lässt sich der Risikoumfang, also der Umfang möglicher Planabweichungen, reduzieren. Aufgrund des Zukunftsbezugs jeglicher Planung kann deshalb durch den Aufbau von Prognose- und Frühaufklärungssystemen (z. B. auf Grundlage von Regressionsanalysen) eine bessere (möglichst erwartungstreue) Vorhersage der zukünftig zu erwartenden Entwicklung des Unternehmens ebenso erreicht werden wie eine Reduzierung der Planabweichungen (also der Risiken). Die durch ein quantitatives Prognosesystem nicht erklärbaren Veränderungen, die Prognoseresiduen, sind dabei die Grundlage für die Risikoquantifizierung. Sie werden durch geeignete Wahrscheinlichkeitsverteilungen beschrieben und dann auf das gewählte Risikomaß abgebildet (vgl. Abschnitt 6.4).

(2) Nutzung von Planung und Budgetierung für die Risikoidentifikation

Jeder Planwert und jedes Budget basieren auf bestimmten Annahmen, z. B. bezüglich der Entwicklung von Rohstoffpreisen und Wechselkursen oder der Erfolgswahrscheinlichkeit von Akquisitionsprojekten. Viele dieser Annahmen stellen zukunftsbezogene Schätzungen dar

---

[262] In enger Anlehnung an Gleißner, 2005c. Siehe vertiefend auch Gleißner/ Romeike, 2005.

und sind damit nicht sicher. Immer wenn bei der Planung auf eine unsichere Annahme Bezug genommen wird, wird wie erwähnt automatisch ein Risiko identifiziert. Für die Vollständigkeit und auch die Effizienz der im Unternehmen identifizierten und im Risikoinventar zusammengefassten Risiken bietet sich daher an, im Planungsprozess solche risikobehafteten Annahmen explizit zu erfassen und diese Informationen dem Risikomanagement (z. B. für die Risikoaggregation) zur Verfügung zu stellen. In gemeinsamer Abstimmung zwischen Risikomanagement und Controlling kann dann auch entschieden werden, wie mit dem so identifizierten Risiko hinsichtlich seiner kontinuierlichen Überwachung umgegangen werden soll.

Sofern ein neues, ausreichend relevantes Risiko auf diesem Weg identifiziert wird, müssen die üblichen Überwachungsregelungen im Sinne eines KonTraG-konformen Risikomanagements festgelegt werden, was insbesondere die Zuordnung eines für die Risikoüberwachung Verantwortlichen und die Festlegung der Überwachungsregelungen bedeutet.

(3) Risikoquantifizierung im Kontext der Planung

Die Quantifizierung von Risiken geschieht unmittelbar bei der Planung bzw. Budgetierung. Sobald der Planwert (z. B. für ein Kostenbudget) festgelegt ist, wird zugleich angegeben, welche Ursachen zu Planabweichungen führen können (Risiken) und welchen Gesamtumfang diese Planabweichungen haben können. Implizit wird damit eine Wahrscheinlichkeitsverteilung beschrieben. Wenn eine Dreiecksverteilung gewählt wird, bedeutet dies, dass anstelle der Vorgabe eines Planwerts zukünftig drei Werte angegeben werden, nämlich

- Minimalwert (bzw. ein unteres Quantil),
- wahrscheinlichster Wert, sowie
- Maximalwert (bzw. ein oberes Quantil).

(4) Identifikation von Risiken mittels Abweichungsanalyse

Eingetretene Planabweichungen, die im Rahmen des Controllingprozesses analysiert werden, bieten weitere Ansatzpunkte für die Identifikation von Risiken. Immer, wenn eine Planabweichung auf eine Ursache zurückzuführen ist, die bisher noch nicht im Risikomanagement erfasst ist, wird ein neues Risiko identifiziert. Entsprechend ist es erforderlich, dass die Erkenntnisse aus den Abweichungsanalysen aus dem Controlling dem Risikomanagement zur Verfügung gestellt werden.

(5) Quantifizierung von Risiken auf Basis von Abweichungsanalysen des Controllings

Abweichungsanalysen des Controllings, die zum Zweck der Unternehmenssteuerung, der Performance-Beurteilung und der Initiierung von Gegenmaßnahmen durchgeführt werden, sollten regelmäßig stattfinden. Dadurch entsteht eine Zeitreihe mit Planabweichungen, die die quantitativen Konsequenzen des Wirksamwerdens von Risiken darstellen. Mittels statistischer Analysen (im einfachsten Fall der Berechnung einer Standardabweichung oder eines anderen Risikomaßes) können diese Informationen genutzt werden, um Risiken zu quantifizieren oder eine existierende quantitative Risikoeinschätzung zu überprüfen.

(6) Integration von Risikobewältigungsmaßnahmen in die allgemeine Unternehmenssteuerung

Die bei der Bestimmung von Planwerten identifizierten unsicheren Annahmen können unmittelbar aufgegriffen werden, um (sofern realistisch möglich) Maßnahmen zu initiieren, die zukünftigen Planabweichungen in ihrer Eintrittswahrscheinlichkeit oder ihrem quantitativem Umfang entgegenwirken. Derartige Maßnahmen sind Risikobewältigungsmaßnahmen, die gemeinsam mit dem Risikomanagement entwickelt werden sollten. Während viele operative und strategische Maßnahmen (z. B. der Kostenreduzierung) darauf ausgerichtet sind, bestimmte Planwerte (z. B. den Umsatz) „im Mittel" zu erreichen, helfen die Risikobewältigungsmaßnahmen, Planabweichungen zu reduzieren.

(7) Integration von Risiken in strategisches Controlling und Balanced Scorecard

Strategische Management- und Controllingsysteme (z. B. die Balanced Scorecard) werden genutzt, um die Unternehmensstrategie durch eine klare Beschreibung anhand von strategischen Zielen (Kennzahlen) sowie die Zuordnung von Maßnahmen und Verantwortlichkeiten operativ umzusetzen. Mit Hilfe der Zuordnung von Risiken zu denjenigen Kennzahlen, bei denen sie Planabweichungen auslösen können, wird eine Weiterentwicklung des traditionellen Balanced Scorecard-Ansatzes hin zu einer FutureValue™ Scorecard möglich.[263] Der Vorteil einer derartigen Verbindung besteht zum einen in der höheren Effizienz, weil die Verantwortlichen für eine bestimmte Kennzahl zugleich Risk-Owner der zugeordneten Risiken sind. Zudem wird im Rahmen einer Abweichungsanalyse eine faire Zuordnung der Verantwortlichkeit für solche Abweichungen möglich, weil Abweichungen aufgezeigt werden können, die durch „exogene" Risiken verursacht worden sind (vgl. Abschnitt 4.4). Diese können in der Regel den Verantwortlichen für eine bestimmte Kennzahl bei der Performance-Beurteilung nicht angelastet werden. Die Übertragung der Verantwortung für die Identifikation von Risiken, die eine bestimmte Kennzahl beeinflussen, an den entsprechenden Verantwortlichen für die Kennzahl erhöht die Anreize wirklich konsequent, die hier relevanten Risiken zu identifizieren. Ins-

---

[263] Vgl. Gleißner, 2004 c.

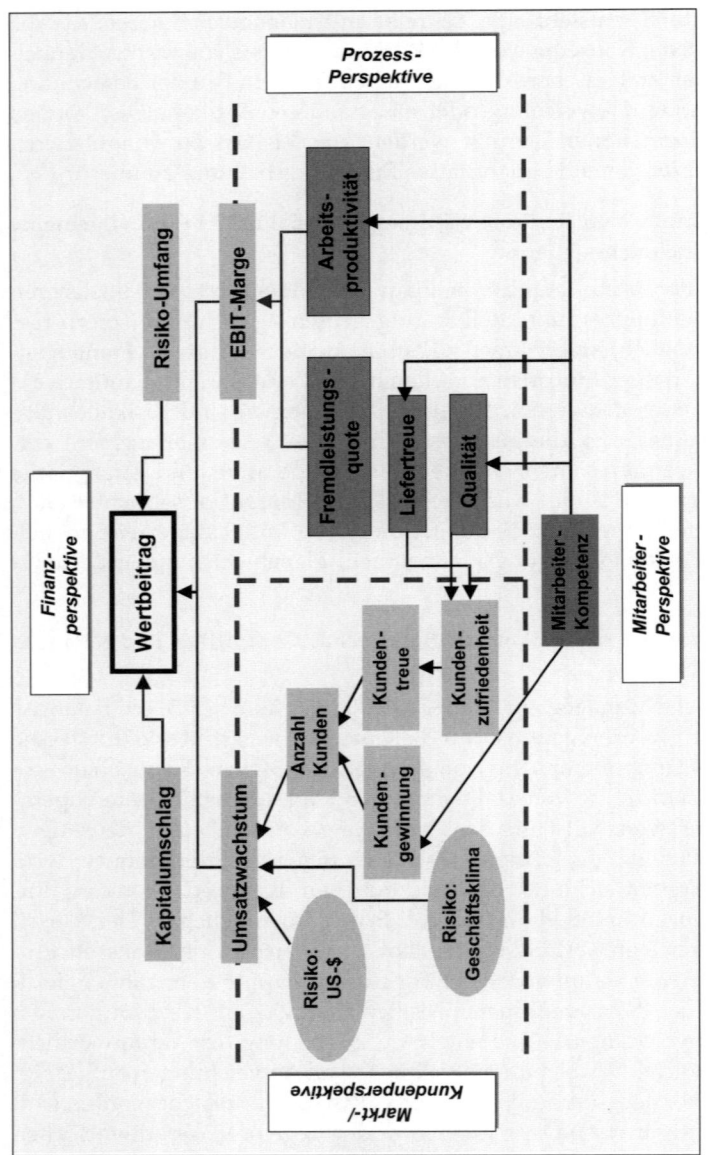

Abbildung 50: Kennzahlensystem der FutureValue^{TM}-Scorecard mit zugeordneten Risiken

gesamt erhöht ein derartiger Ansatz der Integration von Risiken in das strategische Controlling die Akzeptanz von Balanced Scorecard-Ansätzen und damit eine konsequente Ausrichtung des Unternehmens auf die von der Unternehmensführung eingeschlagenen Strategie.

(8) Nutzung von Risikoinformationen aus Treasury, Qualitätsmanagement und Sitzungen der Unternehmensleitung

In vielen Managementfunktionen und Unternehmensbereichen existieren implizit Informationen über Risiken. So verfügt das Qualitätsmanagement über Informationen bezüglich Risiken, die zu Abweichungen von der vorgesehenen Qualität führen können (z. B. durch die FMEA). Diese Informationen sind regelmäßig dem zentralen Risikocontrolling zur Verfügung zu stellen, wenn die hier identifizierten Risiken eine ausreichende Relevanz aufweisen. Dies kann beispielsweise immer dann geschehen, wenn die turnusmäßige FMEA im Rahmen der Qualitätsmanagementprozesse gemäß ISO 9001 ff durchgeführt wird.

Analog verfügt das Treasury eines Unternehmens über umfangreiche Informationen über Zins- und Währungsrisiken. Wenn im Rahmen des Treasury bereits eine Aggregation finanzwirtschaftlicher Risiken vorgenommen wird, kann diese Information (Wahrscheinlichkeitsverteilung über die Zins- und Währungsrisiken) in einem festgelegten Turnus an das zentrale Risikomanagement für die Durchführung der Risikoaggregation weitergeleitet werden.

Implizit beschäftigen sich auch die regelmäßigen Geschäftsführungs- und Vorstandssitzungen zu einem erheblichen Teil mit Unternehmensrisiken. Gerade in diesen Sitzungen wird über die langfristige Zukunftsentwicklung des Unternehmens diskutiert, zukünftige Herausforderungen werden betrachtet, Handlungsalternativen abgewogen und potenzielle Aktivitäten der Wettbewerber sowie Markttrends eingeschätzt. Da bei allen diesen zukunftsorientierten Fragen implizit Risiken diskutiert werden, bietet es sich an, am Ende jeder Geschäftsführungs- bzw. Vorstandssitzung grundsätzlich einen Tagungsordnungspunkt vorzusehen, bei dem alle Risiken zusammengefasst und im Hinblick auf ihre Relevanz eingeschätzt werden. Sofern hier neue Risiken identifiziert wurden, die bisher im Rahmen der Risikoüberwachung nicht betrachtet werden, sollten diese Informationen dem zentralen Risikocontrolling übergeben werden, so dass hier die erforderlichen Prozesse implementiert werden, die eine kontinuierliche Überwachung dieser Risiken in der Zukunft gewährleisten.

Die genauen Ansatzpunkte zeigen, dass ein unternehmensweites Risikomanagement prinzipiell alle Stellen und Systeme umfassen kann – und sollte.

6.3.2.4 Integration der Prozesse von Controlling und Risikomanagement

Wie an den oben aufgezeigten Beispielen deutlich wurde, lassen sich wesentliche Aufgaben zur Unterstützung des Risikomanagements unmittelbar in die Controlling-Prozesse, aber auch in das Qualitätsmanagement integrieren. An diesen Stellen wird eine hocheffiziente Übernahme von originären Risikomanagement-Aufgaben (z. B. der Identifikation und der Bewertung) durch das Controlling möglich, was dort kaum zusätzlichen Arbeitsaufwand auslöst. Zudem wird sichergestellt, dass gerade die im Controlling implizit sowieso vorhandenen Informationen über Risiken konsequent genutzt werden. Mit dem Controlling wird damit (ähnlich wie dies auch für das Qualitätsmanagement möglich ist) ein sowieso im Unternehmen etabliertes Managementsystem für die Aufgabenstellung des Risikomanagements genutzt, was einen erheblichen Beitrag für die anzustrebende Integration des Risikomanagements in alle Prozesse und Funktionen eines Unternehmens ermöglicht.

Insgesamt lässt sich festhalten, dass Controlling und Risikomanagement in einer engen Wechselbeziehung stehen. Durch die Übernahme wesentlicher Aufgaben des Risikomanagements durch das Controlling lässt sich hocheffizient und unbürokratisch ein leistungsfähiges Risikomanagement etablieren. Der zentralen Stabsfunktion des „Risikocontrollers" bleiben in diesem Zusammenhang vor allem die Koordination und die Methodenentwicklung für das Risikomanagement sowie in der Regel sehr risikospezifische Aufgaben, wie die Ableitung von Gesamtrisikoumfang und Eigenkapitalbedarf mit Hilfe der Risikoaggregation (Monte-Carlo-Simulation).

Neben der Effizienzsteigerung des Risikomanagements profitiert auch das operative und strategische Controlling von dieser engeren Verbindung mit dem Risikomanagement. In Planungs- und Budgetierungsprozessen lassen sich nämlich neue Risiken identifizieren, die dem Risikomanagement mitgeteilt werden. Umgekehrt sollten natürlich auch Erkenntnisse des Risikomanagements über Risiken, die z. B. im Rahmen von Risk-Assessments oder Prozessanalysen identifiziert wurden, dem Controlling mitgeteilt werden. Denn auch diese Risiken können Planabweichungen verursachen, die für das Controlling interessant sind. Zudem erhält das Controlling mit den zusätzlichen Erkenntnissen des Risikomanagements über den aggregierten Gesamtrisikoumfang erstmalig die Chance, die tatsächlich erreichbare Planungssicherheit realistisch einzuschätzen, zufallsbedingte und statistisch signifikante Abweichungen (orientiert an ihrem Umfang) zu unterscheiden und Risiken und Erträge gegeneinander abzuwägen. Die so verfügbaren zusätzlichen Informationen über den aggregierten Risikoumfang können dann weiterführend, z. B. im Rahmen wertorientierter Steuerungssysteme, genutzt werden, indem über den Risikoumfang auf den Bedarf

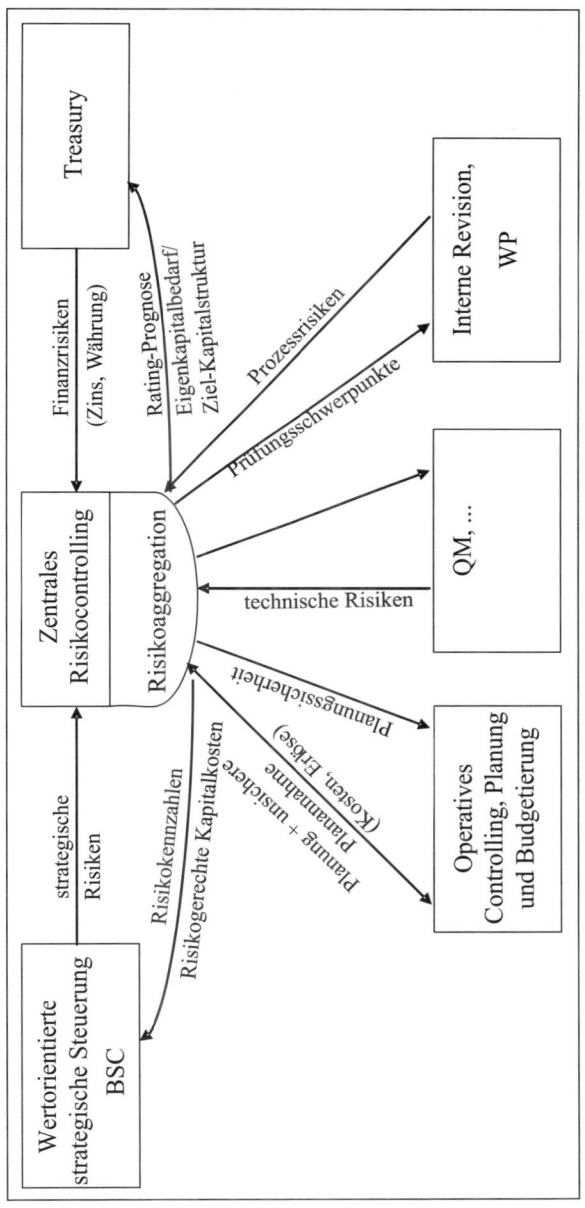

Abbildung 51: Zentrales Risikocontrolling[264]

an Eigenkapital zur Abdeckung möglicher Verluste und damit den Kapitalkostensatz (Diskontierungszinssatz) als zentralen Werttreiber geschlossen wird (vgl. Kapitel 7).

Das Zusammenspiel von Risikomanagement und Controlling führt zu einer Übernahme wesentlicher Risikomanagement-Basisaufgaben durch vorhandene Managementsysteme des Unternehmens, was zu einer hohen Effizienz der Erfüllung von Risikomanagement-Aufgaben bei gleichzeitig erhöhter Aussagefähigkeit der Risikoinformation insgesamt beiträgt. Dies erhöht zugleich die Akzeptanz des Risikomanagements. Die Zukunft des Risikomanagements werden integrierte Managementsysteme sein, die Risikomanagement im Wesentlichen als Aufgabe und weniger als eigenständige Organisationseinheit verstehen.

6.4 Risikomanagement- und Frühaufklärungssysteme

Auch Risikomanagement und Frühaufklärungssysteme eines Unternehmens stehen in einem engen Zusammenhang, den viele Unternehmen aber nicht adäquat berücksichtigen. Häufig wird einfach angenommen, dass Frühaufklärungssysteme über zukünftige Risiken informieren. Diese Sichtweise wird jedoch den tatsächlichen, komplexeren Zusammenhängen zwischen beiden Managementsystemen nicht gerecht. Die Aufgaben und Gestaltungsvarianten von Frühaufklärungssystemen sollen hier nur knapp zusammengefasst werden.[265]

Die primäre Aufgabe von Frühaufklärungssystemen (und speziell der Untergruppe der quantitativen Prognosesysteme) besteht darin, eine möglichst fundierte Vorhersage der zukünftigen Entwicklung einer die Unternehmensführung interessierenden Größe zu erstellen. Derartige Größen können für die Unternehmung relevante Umfeldfaktoren (z. B. Rohstoffpreise, Nachfrage, Wechselkurse), unmittelbar die Zielgrößen des Unternehmens (z. B. Umsatz, Gewinn oder Cashflow) oder aber prozessuale und technische Kennzahlen sein. Die Frühaufklärungssysteme erstellen damit Prognosen über die bei heutigem Informationsstand zu erwartende zukünftige Entwicklung, damit die verantwortlichen Entscheidungsträger im Unternehmen sich in ihren heutigen Entscheidungen und Handlungen adäquat an den Herausforderungen der Zukunft orientieren können. Damit besteht jedoch die primäre Aufgabe üblicher Frühaufklärungssysteme darin vorherzusagen, was „im Mittel" passieren wird – eben nicht darin, darüber zu informieren, welchen Umfang mögliche Abweichungen von diesen Prognosen (also Risiken) haben werden. Frühaufklärungs- und Prognosesysteme schaf-

---

[265] Siehe weiterführend Gleißner/Füser, 2000.

fen somit die Grundlagen für die Planung und damit für das Risikomanagement, die sich mit dem Umfang möglicher Abweichungen (der Planungs- oder Prognosegenauigkeit) befassen. Beide Aspekte sollten nicht miteinander verwechselt werden.

6.5 Bausteine und Regelungen eines Risikohandbuchs

Im Folgenden werden wesentliche Bausteine und Regelungselemente eines Risikomanagementsystems dargestellt. Dabei werden zum einen die wichtigsten Prozesse der Risikoüberwachung und des Risikoreportings beschrieben, die als Vorlagen für Risikohandbücher, also Arbeitsanweisungen, dienen können. Ergänzend werden Aufgabenbeschreibungen (Stellenbeschreibungen) der wichtigsten Funktionsträger im Risikomanagement beispielhaft dargestellt. Anzumerken ist, dass – in unterschiedlicher Ausprägung – die hier beschriebenen Konzeptionen (spezifisch angepasst) sowohl nützlich sind, wenn man einen traditionellen separierten Risikomanagementansatz für das eigene Unternehmen wählt, als auch für den integrierten Risikomanagementansatz („Controllingansatz").

6.5.1 Das Identifikationsverfahren für Risiken

Ausgehend von den Risikofeldern ist das Verfahren zur Identifikation neuer Risiken für jedes einzelne Risikofeld festzulegen. Dabei soll so weit wie möglich auf bestehende Systeme zurückgegriffen werden. Bei den Strategischen Risiken und Marktrisiken sowie bei den Leistungsrisiken hat sich die Risikoidentifikation mittels Workshops bewährt. Bei den Finanzmarktrisiken, gesellschaftlichen und politisch/rechtlichen Risiken sowie Risiken aus Corporate Governance sind oft bereits wesentliche Teile abgedeckt und entsprechende Organisationseinheiten in den Unternehmen vorhanden. Anlässlich von Vorstands- oder Geschäftsführungssitzungen sind die wichtigsten angesprochenen Einzelrisiken jeweils zu erfassen.

6.5.2 Überwachung der Risiken

Die Verfahren für die permanente Überwachung von ganzen Risikofeldern und wichtigen bekannten Einzelrisiken sind festzulegen und zu dokumentieren. Dadurch soll sichergestellt werden, dass sowohl neue Risiken, aber auch Veränderungen bereits identifizierter Risiken frühzeitig erkannt werden. Im Einzelnen ist Folgendes festzulegen:

- Überwachungsturnus,
- Meldeturnus,
- auszuwertende Informationen,
- Bewertungsverfahren,
- Verantwortlichkeiten.

Bei gravierenden Veränderungen sind ad-hoc-Meldungen an Risiko-controller sowie Projektmanager und Linienvorgesetzte auszulösen. Dafür sind Schwellenwerte zu definieren, die sich an der Relevanz-skala orientieren sollten. Ad-hoc-Meldungen werden typischerweise ausgelöst, wenn

- schwerwiegende Risiken, die noch nicht inventarisiert sind, neu erkannt werden;
- Risiken, die bereits inventarisiert wurden, nun plötzlich einzutreten drohen oder Indikatoren aus dem Frühwarnsystem entsprechende Meldewerte erreicht haben;
- Risiken sich realisiert haben, also ein wesentlicher Schaden eingetreten ist (z. B. plötzlicher Kundenausfall).

6.5.3 Risikoberichte

Für die Funktionsfähigkeit und Transparenz innerhalb des Risikoma-nagementsystems ist es wichtig, dass ein geeignetes Berichtswesen ent-wickelt und implementiert wird. Insbesondere sind wichtige und nicht bewältigte Einzelrisiken sowie festgelegte Sicherheitsziele (diese ent-sprechen den Limiten) bis zum Vorstand bzw. der Geschäftsführung zu berichten. Gleiches gilt bei Nichterreichen der Ziele des Risikoma-nagements.

Risikoberichte sollen Auskunft über wesentliche Einzelrisiken sowie deren Veränderungen geben. Bestandteil der Berichte sind auch Früh-warnindikatoren sowie die durch ein geeignetes Risikomaß beschrie-bene Gesamtrisikoposition des Unternehmens. Nachfolgend ist ein solcher Risikobericht für ein Einzelrisiko dargestellt:

Betriebsunterbrechung z. B. infolge Brand	
Übersicht	
Risikobeauftragter	Herr Schwarz
Relevanz	3
Risikokategorie	Leistungsrisiken
Erfasst am	11.5.2006
Beschreibung/Wechsel-wirkungen mit anderen Risiken	Produktionsunterbrechung infolge Ausfall der Stanzma-schine. Reparatur oder Neuanschaffung innerhalb von 3 Monaten möglich. Wechselwirkung in den Produktbe-reichen Automobil und Rohre.
Bisherige Handhabung ist	Zu intensivieren

Bewertung des Risikos	
Höchstschaden	Totalschaden infolge Brand. 4 Monate Ausfall. Konsequenzen: Kunden brechen weg, Ersatzbeschaffung der Maschine, Umsatzverlust 4 Monate. Dadurch auch Mehraufwendung im Marketing durch Neuakquisition, 15.000,00 T€, alle 50 Jahre
Mittelschaden	Ausfall 1 Monat. Auswirkungen wie Höchstschaden. Es muss jedoch kaum mit Kundenverlusten gerechnet werden. Deshalb auch keine Mehrkosten im Marketing notwendig. 1.500,00 T€, alle 10 Jahre
Kleinschaden	5 Tage Ausfall. Durch Überstunden können 50% „gerettet" werden. 400,00 T€, tritt alle 2 Jahre ein.

Überwachung	
Verantwortlich – Risikoüberwachung/-bewertung	Herr Schwarz
Verantwortlich – Unabhängige Prüfung	Herr Müsiger, Controlling
Routinemäßiger Überwachungs- und Bewertungszyklus	Zweimonatlich
Beschreibung der Messgröße und Ermittlungsverfahren	Maschinenbezogene Statistiken und Quervergleiche von Maschinenproduzenten. Wartungsintervall über die Qualitätssicherung, die in der Einführungsphase ist.
Frühwarnindikatoren	Wartungsintervalle (Ist-Wert 100)
Dokumentation und Weiterbearbeitung	Herr Schwarz, Risikoeigner

Präventive Maßnahme 1	
Bezeichnung	Betriebsunterbrechungsversicherung
Zielsetzung	Finanzielle Entschädigung nach 3 Tagen Unterbrechung
Art der Bewältigung	mit Projekt, Verhandlungen mit Versicherungsmakler, Betriebsunterbrechungs-Analyse
Wirkungsweise	Überwälzen
Beschreibung/Wechselwirkungen	In Sachversicherung integrieren, Gesamtrisikokosten berücksichtigen, Selbstbeteiligung optimieren unter Berücksichtigung des verfügbaren Eigenkapitals
Einführungskosten	25 T€
Freigegeben von … am	Herr Schwarz, Risikoeigner am 31.10.2006
Durchführung von … bis	1.1.2007 bis auf weiteres durch Herrn Schwarz, Risikoeigner
Feststellung der Einsatzfähigkeit, am	Herr Müsiger, Controlling, 31.12.2006

Abbildung 52: Beispiel eines Risikoberichts (Quelle: Risiko-Kompass)

Neben dieser internen Berichterstattung ist für viele Unternehmen auch die externe Berichterstattung an die Anteilseigner zu beachten, die u. a. im DRS 5 geregelt ist. Hier hat sich gezeigt, dass viele Unternehmen die Anforderungen des DRS 5 noch nicht umgesetzt haben bzw. Spielräume vor allem bei der quantitativen Risikoberichterstattung nutzen (siehe 6.6.3).[266]

6.5.4 Zuordnung von Verantwortlichkeiten

Die praktische Implementierung jedes Risikomanagements erfordert konkrete Stellen, bzw. Personen für einzelne Verantwortungsbereiche zu benennen.[267] Die Gesamtverantwortung für das Risikomanagement trägt die Geschäftsführung, bzw. der Vorstand. Die Überwachung von Risikofeldern und wichtigen Risiken sollte möglichst dezentral durch sog. Risikoverantwortliche oder Risk Owner organisiert werden. Dabei ist es nahe liegend, Fachexperten mit Linienfunktionen, die sich in ihrer täglichen Arbeit mit einem Risikobereich beschäftigen, zugleich zu Aufgabenträgern zu benennen. Eine grundlegende Trennung von Risikoverursachung und Risikoüberwachung, und dadurch objektive Betrachtung der Risikosituation, wäre natürlich anzustreben[268]. Die Doppelfunktion der Risk Owner gewährleistet andererseits aber auch die fachkundige Beurteilung der Risiken und reduziert vor allem den Arbeitsaufwand.

Das zentrale Risikocontrolling unterstützt die Geschäftsführung und Risk Owner. Neben der allgemeinen Steuerung und Begleitung des Risikomanagement-Prozesses übernimmt das Risikocontrolling die wichtige Funktion, die Ergebnisse fachkundig auf Plausibilität zu prüfen und zusammenzufassen. Gelingt hier zugleich die Trennung von Funktion und Verantwortung (Stabsfunktion des Risiko-Controllers), so wird dem Grundsatz der Trennung von Funktion und Überwachung in Risikomanagement-Systemen in aller Regel adäquat Genüge getan.

6.5.5 Stellenbeschreibungen im Risikomanagement

Die folgenden Beschreibungen umschreiben die Aufgaben der im Bereich des Risikomanagements beteiligten Mitarbeiter. Es sind dies der Risikobeauftragte, der Risiko-Controller, die Risikoverantwortlichen („Risk Owner") sowie die unabhängige Prüfinstanz.

---

[266] Vgl. die Ergebnisse der Untersuchung der RMCE RiskCon für die Geschäftsberichte 2003 bei Gleißner/Berger/Rinne/Schmidt, 2005 bzw. Berger/Gleißner, 2007 für Ergebnisse auf Basis der Geschäftsberichte 2005.

[267] Siehe Vogler/Gundert, 1998.

[268] „Organisatorische und funktionale Tennung", vgl. die MaRisk der Banken.

6.5.5.1 Der Risikocontroller oder Risikomanager

Das Risikocontrolling trägt die gesamte operative Verantwortung für den Risikomanagement**prozess** und übernimmt damit die Aufgabe, das Risikomanagement zu einem effizienten System auszubauen und die Funktionsfähigkeit des Systems insgesamt wie folgt zu gewährleisten: Das Risikocontrolling

- legt zusammen mit der Geschäftsführung die Verantwortlichkeiten, speziell für die Risikoüberwachung, fest,
- führt die Organisation und die Prozesse des Risikomanagements im Unternehmen ein,
- legt die operativen Ziele des Risikomanagements fest,
- definiert Schwellenwerte, ab denen Einzelrisiken gemeldet und bearbeitet werden müssen,
- moderiert wichtige Risikoanalyse-Workshops,
- erarbeitet und vereinheitlicht Methoden im gesamten Risikomanagementsystem,
- erstellt Dokumentenvorlagen und andere Werkzeuge,
- entwickelt ein geeignetes Berichtswesen,
- sammelt und kommentiert die Einzel-Risikoberichte, und prüft diese auf Plausibilität und Vollständigkeit,
- erstellt den Risikobericht (für Unternehmensleitung und Wirtschaftsprüfer),
- unterstützt alle beteiligten Personen bei deren Aufgaben,
  - beim Erstellen von periodischen Überwachungsmeldungen,
  - bei der quantitativen Einschätzung von Risiken,
  - bei der Erarbeitung von Bewältigungsmaßnahmen,
- übernimmt koordinierende Aufgaben,
  - beim Zusammenfassen mehrerer Teilrisiken entlang einer Prozesskette oder innerhalb eines Teilbereichs der Unternehmung zur Gesamtsicht,
  - durch Berücksichtigung von Querschnittsfunktionen (Unterstützungsprozesse wie IT, Personal, Qualitätssicherung),
  - bei bereichsübergreifenden Risikobewältigungsmaßnahmen,
- entwickelt Krisen- und Notfallstrategien,
- bestimmt Gesamtrisikoumfang und Eigenkapitalbedarf durch Risikoaggregation.

6.5.5.2 Der Risikobeauftragte der Geschäftsleitung

Der Risikobeauftragte gehört zur Geschäftsleitung bzw. zum Vorstand; das Risikomanagement ist seinen Führungsbereichen zugeordnet („Chief Risk Officer"). Er steuert und kontrolliert das Gesamtsystem in enger Zusammenarbeit mit dem Risikocontroller. Auch wenn meist ein Mitglied von Geschäftsführung und Vorstand als Sparrings-Partner des zentralen Risikocontrollers bzw. Risikomanagers sich primär um das Risikomanagement des Unternehmens kümmert, ist zu bedenken, dass letztlich die Gesamtverantwortung für das Risikomanagement grundsätzlich bei allen Mitgliedern der Unternehmensführung liegt (und alle Mitglieder auch grundsätzlich persönlich Haftungsrisiken ausgesetzt sind). Der Risikobeauftragte

- ist gesamtverantwortlich für das Risikomanagement-System,
- benennt Risiko-Controller und die Risiko-Verantwortlichen,
- legt Grundlagen der Methoden fest,
- entscheidet über besonders wichtige Risikobewältigungsmaßnahmen
- vertritt das Thema Risikomanagement im Führungsgremium.

6.5.5.3 Die Risikoverantwortlichen („Risk Owner")

Jeder Risikoverantwortliche kümmert sich um die Überwachung von Risikofeldern und Einzelrisiken und „managt" die wichtigsten Risiken im Unternehmen. Der Risikoverantwortliche

- identifiziert und analysiert die Risiken in dem von ihm verantworteten Risikofeld,
- überwacht und bewertet regelmäßig relevante Einzelrisiken und erstellt die Einzelrisikoberichte,
- erstellt periodische Überwachungsberichte über Risikofelder,
- stößt Risikobewältigungsmaßnahmen an bzw. setzt sie um,
- erstellt ad-hoc-Berichte bei neuen Risiken, wenn Risiken einzutreten drohen oder bei eingetretenen Schäden.

6.5.5.4 Unabhängige Prüfinstanz/Interne Revision

Der gesamte Prozess des Risikomanagements sollte von einer unabhängigen Instanz regelmäßig dahingehend untersucht werden, ob das System in der Praxis funktionsfähig ist. Diese unabhängige Prüfinstanz kann z.B. die interne Revisionsstelle, ein Aufsichtsratmitglied oder ggf. ein Mitglied des Beirates sein. Die Aufgabe besteht im Wesentlichen darin,

- Verbesserungspotenziale zu identifizieren und das Risikomanagementsystem periodisch auf den Prüfstand zu stellen,
- identifizierte Lücken aufzuzeigen und Verbesserungen vorzuschlagen,
- Grundsätze und Standards mitzugestalten, ggf. zu überwachen und weiterzuentwickeln,
- die Einhaltung von internen Regelungen wie bspw. „4-Augen-Prinzip" oder Kompetenzregelungen begleitend zu überwachen.

Die unabhängige Prüfung kann auch extern von Wirtschaftsprüfern oder auf Risikomanagement-Leistungen spezialisierten Beratungsunternehmen durchgeführt werden.

6.5.5.5 Aufsichtsrat

Der Aufsichtsrat als Kontrollgremium der Eigentümer und der Belegschaft überwacht u. a. die Entscheidungen des Vorstands. Für die bedeutsamen Risiken aus strategischen Planungen bzw. Entscheidungen des Vorstands ist eine gesonderte Kontrolle durch den Aufsichtsrat sinnvoll.

Zentrale Aufgabe des Aufsichtsrats ist die Überwachung des Vorstands. Um den jeweiligen Aufgaben nachgehen zu können, bedarf es ausreichender Informationen. Die Mindestanforderungen des Informationsbedarfs des Aufsichtsrats sind durch gesetzliche Regelungen über die Berichtspflicht des Vorstands nach § 90 AktG definiert worden. Explizit erwähnt werden hier Informationen über

* die beabsichtigte Geschäftspolitik
* die Unternehmensplanung und Abweichungen von dieser Planung
* die Rentabilität, insbesondere des Eigenkapitals
* die Lage der Gesellschaft und
* Geschäfte von erheblicher Bedeutung für die Rentabilität und Liquidität.

Diese Punkte umfassen Zukunftsthemen wie die künftige Geschäftspolitik (Strategie) und die Planung, Informationen über in der Vergangenheit Erreichtes (Lage der Gesellschaft und Rentabilität) – und nicht Erreichtes –, sowie Informationen über risikoreiche Geschäfte, also Ursachen für mögliche zukünftige Planabweichungen.

6.6 Prüfung der Leistungsfähigkeit eines Risikomanagementsystems

6.6.1 Drei Prüfstrategien

In der Praxis wird man kein Risikomanagement finden, das ideal alle Anforderungen und Wünsche erfüllt. Um den tatsächlichen Status des Risikomanagements einschätzen zu können, sind Prüfstrategien erforderlich, die insbesondere das Risikomanagement im Hinblick auf den ökonomischen Mehrwert untersuchen. In diesem Abschnitt werden derartige Prüfstrategien vorgestellt.[269] Zudem wird checklistenartig aufgezeigt, welche typischen Problembereiche in der Praxis anzutreffende Risikomanagementsysteme häufiger aufweisen, und es wird erläutert, wie eine Leistungssteigerung des Risikomanagements fokus-

---

[269] In enger Anlehnung an Gleißner/Meier, 2006.

siert und orientiert an den jeweiligen Schwachstellen erreicht werden kann.

Prinzipiell können drei Ansatzpunkte für eine schnelle und effiziente Prüfung des Risikomanagements unterschieden werden, die es z.B. dem Aufsichtsrat oder der internen Revision erlauben, unkompliziert die Leistungsfähigkeit des Risikomanagementsystems zu hinterfragen.

1. Die System-Tests, die formale Anforderungen an das Risikomanagementsystem prüfen (und oft von Wirtschaftsprüfer übernommen werden),

2. Die Output-Tests, die hinterfragen, ob diejenigen Informationen dem Vorstand und dem Aufsichtsrat angeboten werden, die ein Risikomanagementsystem liefern sollte, wie z.B. der aggregierte Gesamtrisikoumfang (Eigenkapitalbedarf),

3. Die Abweichungs-Tests, die überprüfen, ob eingetretene Planabweichungen auf im Vorhinein bekannte Risiken zurückgeführt werden können.

Üblicherweise werden „**Systemtests**" durchgeführt, die die Einhaltung bestimmter formeller Anforderungen des Kontroll- und Transparenz-Gesetzes (KonTraG), des Deutschen Rechnungslegungsstandards 5 oder das auf Grundlage des KonTraG entwickelten Prüfungsstandards 340 hinterfragen. Es geht hier um die Dokumentation von Prozessen zur Identifikation und kontinuierlichen Überwachung der Risiken, zur Quantifizierung und Aggregation von Risiken oder zum Berichtswesen. Das Einhalten formaler Vorschriften sagt allerdings wenig über den ökonomischen Nutzen aus.

Ergänzend bieten sich deshalb so genannte „**Output-Tests**" an, die überprüfen, ob die Unternehmensführung diejenigen Informationen erhält, die durch ein Risikomanagement bereitgestellt werden sollten. Diese Informationen umfassen insbesondere eine Liste derjenigen strategischen Risiken, die als Bedrohung der zentralen Erfolgspotenziale des Unternehmens besondere Bedeutung haben, eine quantifizierte Aussage über den Gesamtrisikoumfang (etwa Bedarf an Eigenkapital zur Abdeckung möglicher risikobedingter Verluste) sowie Aussagen über die risikobedingte Bandbreite möglicher zukünftiger Planabweichungen (Planungssicherheit) und risikogerechte Kapitalkostensätze (Diskontierungszinssätze).

Derartige Informationen sind geeignet, um bei wesentlichen Entscheidungen den Risikoumfang zu berücksichtigen. Ein weitergehender Test der praktischen Leistungsfähigkeit des Risikomanagements besteht damit einfach darin, sich zu fragen, an welcher Stelle Risikoinformationen tatsächlich in wesentliche Entscheidungen (Investitionen, Finanzierungsentscheidungen oder Akquisitionen) eingeflossen sind.

Das Risikomanagement möchte eben nicht nur Transparenz über den Risikoumfang bieten, sondern eine Optimierung der Risikobewältigung ermöglichen, damit Unternehmen auch in Anbetracht der Unvorhersehbarkeiten der Zukunft erfolgreich agieren.

Neben dieser zukunftsorientierten Prüfung des Risikomanagement-Outputs bietet sich noch eine dritte Prüfstrategie für das Risikomanagement an. Hierbei wird überprüft, ob in der abgelaufenen Periode das Risikomanagement tatsächlich funktioniert hat („**Abweichungs-Tests**"). Dieser Test ist sehr einfach – aber sehr aussagefähig: Für alle wesentlichen Planabweichungen eines Unternehmens wird hinterfragt, ob die diesen zugrunde liegenden Ursachen tatsächlich im Vorhinein bereits als Risiken bekannt waren. Man darf nicht vergessen: Risiko beschreibt definitionsgemäß die Möglichkeit einer Planabweichung. Sieht man von simplen Rechenfehlern ab, sollte es in einem Unternehmen keine Planabweichungen geben, die nicht auf im Vorhinein bekannte Risiken zurückgeführt werden können.

6.6.2 Ansatzpunkte für die Leistungssteigerung des Risikomanagementsystems – eine Zusammenfassung[270]

Aus den Erfahrungen vieler Unternehmen lassen sich Ratschläge für eine gezielte Prüfung und Verbesserung des Risikomanagementsystems erarbeiten.[271] Diese sollen dazu beitragen, das Risikomanagement möglichst effizient zu nutzen und die checklistenartig zusammengefassten und nach den Phasen des Risikomanagement-Prozesses gruppierten Fehler zu vermeiden. Dabei werden die wichtigsten Teilaufgaben im Risikomanagement noch einmal knapp zusammengefasst.

6.6.2.1 Risikoidentifikation

Die Risikoidentifikation stellt den ersten Schritt eines Risikomanagementprojektes dar. Dieser Phase obliegt die vom KonTraG geforderte systematische Identifikation aller auf das Unternehmen einwirkenden Risiken – insbesondere der bestandsgefährdenden Risiken. Verschiedene Fehler können bei der Risikoidentifikation in der Unternehmenspraxis beobachtet werden:

- Keine fokussierte, hierarchische Systematik zur Risikoidentifikation
- Fehlender Bezug zur Unternehmensstrategie und den Erfolgsfaktoren: Grundsätzlich sollte systematisch abgeleitet werden, welche Risiken die Erreichung der maßgeblichen strategischen Ziele gefährden bzw. Erfolgspotenzial bedrohen.

---

[270] In enger Anlehnung an Gleißner/Mott/Schenk, 2007.
[271] Siehe Gleißner/Meier, 2006.

- Fehlende Auswertung von Planabweichungen und unsicheren Planannahmen für das Risikomanagement: Jede unsichere Planannahme, die in Controlling, Unternehmensplanung oder Budgetierung verwendet wird (z. B. bezüglich des zukünftigen Dollarkurses), zeigt ein Risiko, das im Rahmen der Identifikation der Risiken zu berücksichtigen ist.

6.6.2.2 Risikoanalyse/Risikoquantifizierung

Die in der Identifikationsphase erfassten Risiken werden im Rahmen der Risikoanalyse hinsichtlich ihrer Eintrittswahrscheinlichkeit und ihrer quantitativen Auswirkungen bewertet. Im Folgenden werden einige schwerwiegende Fehler bei Risikoanalysen dargestellt:

- Fehler bei der Abgrenzung von Risiken: Doppelzählung durch sich überschneidende Risiken
- Verwechslung von Risiken mit (1) sicheren Schäden oder (2) erwarteten Veränderungen
- Fehlende Begründung der Risikobewertung und damit mangelnde Transparenz
- Fehlende oder mangelhafte Berücksichtigung von inhaltlichen Abhängigkeiten und Korrelationen
- Nicht adäquate quantitative Beschreibung des Risikos: Für jedes Risiko ist zur quantitativen Beschreibung eine geeignete Wahrscheinlichkeitsverteilung zu wählen. Anstelle der in der Praxis häufig einheitlich verwendeten Binomialverteilung (d. h. Beschreibung durch „Schadenshöhe" und „Eintrittswahrscheinlichkeit") können andere Verteilungen häufig besser geeignet sein, so z. B. die Normalverteilung (für hoch aggregierte Risiken, wie z. B. Umsatzschwankungen oder Rohstoffpreisveränderungen) oder die Lognormalverteilung (für Schäden aus operativen Risiken).
- Fehlende Festlegung eines geeigneten Risikomaßes: Um die einzelnen (gegebenenfalls durch unterschiedliche Wahrscheinlichkeitsverteilungen beschriebenen) Risiken miteinander vergleichen und priorisieren zu können, ist ein einheitliches Risikomaß erforderlich (z. B. VaR, Eigenkapitalbedarf).

6.6.2.3 Risikoaggregation

Zielsetzung der Risikoaggregation ist die Bestimmung der Gesamtrisikoposition der Unternehmung sowie der relativen Bedeutung der Einzelrisiken. Dabei sind Wechselwirkungen durch Risikosimulationsverfahren explizit zu berücksichtigen. Hierzu werden Wirkungen der Einzelrisiken auf die im Unternehmen genutzten Planungsmodelle bezogen (beispielsweise der GuV) und eine große Anzahl möglicher risikobedingter Zukunftsszenarien des Unternehmens berechnet und analysiert. Dabei gibt es oft die folgenden Problembereiche:

- Aggregation von Einzelrisiken ohne Bezugnahme zur Unternehmensplanung: Risiken führen letztendlich zu Abweichungen der tatsächlichen von den geplanten Unternehmensergebnissen. Für einen ökonomisch sinnvollen Umgang mit Risiken ist es daher erforderlich, dass die einzelnen Risiken in den Kontext einer Unternehmensplanung gestellt werden.

- Fehlende Berechnung des Gesamtrisikoumfangs: Der aggregierte Gesamtrisikoumfang – beispielsweise ausgedrückt als Value-at-Risk – gibt an, wie hoch der Eigenkapitalbedarf für das Unternehmen ist, um die ermittelten Risiken zu tragen. Wird eine Risikoaggregation und damit eine Berechnung des Eigenkapitals nicht vorgenommen, ist die fundierte Beurteilung der Angemessenheit der Eigenkapitalausstattung nicht möglich und der Grad der Bestandsgefährdung eines Unternehmens nicht bestimmbar.

6.6.2.4 Risikobewältigung

Es genügt natürlich nicht, Risiken nur zu analysieren. Es müssen auch geeignete Maßnahmen ergriffen werden, die Risikoposition des Unternehmens zu optimieren – nicht jedoch zu minimieren, da dadurch gleichzeitig auf Chancen verzichtet würde. Ziel ist also die Risikoreduktion auf ein „akzeptables" Maß an Restrisiko, das die Risikotragfähigkeit des Unternehmens nicht übersteigt. Hierbei werden häufig die folgenden Fehler gemacht:

- Ausschließliche Betrachtung von Versicherungslösungen
- Fehlende oder nicht stimmige Definition des „akzeptablen" Restrisikos bzw. der vom Ziel-Rating abhängigen Risikotragfähigkeit
- Fehlende Abgrenzung von Kern- und Randrisiken: Kernrisiken sind Risiken, die im unmittelbaren Zusammenhang mit dem Aufbau bzw. mit der Nutzung von Erfolgspotenzialen stehen und kaum sinnvoll auf Dritte übertragen werden können. Durch den Transfer aller anderen „peripheren Risiken" (= Randrisiken) kann ein Unternehmen mehr Risiken beim Aufbau von Erfolgspotenzialen eingehen, ohne das Risikodeckungspotential des vorhandenen Eigenkapitals zu überziehen.

6.6.2.5 Risikoüberwachung und Gestaltung des Risikomanagementsystems

Wirksames Risikomanagement erfordert dessen Verankerung in den Geschäftsprozessen und Managementsystemen des Unternehmens sowie die Einbeziehung aller Mitarbeiter bei der Umsetzung. Die sich ständig ändernden Umweltbedingungen wirken auch auf die Risikosituation des Unternehmens ein. Das Risikomanagementsystem hat daher durch organisatorische Regelungen – insbesondere eine klare Verantwortungszuordnung – sicherzustellen, dass Risiken frühzeitig identifiziert und regelmäßig bewertet werden. Schwierigkeiten tauchen oft bei folgenden Aspekten auf:

- Fehlende Schwerpunktsetzung und vermeidlicher bürokratischer Aufwand bei der Risikoüberwachung
- Fehlende Verbindung mit bestehenden Organisations-, Controlling-, Planungs- und Berichtssystemen: Risikomanagement wird teilweise als eigenständiges System verstanden. Besser ist es demgegenüber, das Risikomanagement – soweit möglich – mit den vorhandenen Systemen zu vernetzen. Dieses bedeutet, dass beispielsweise die Informationen aus dem Controlling (z.B. unsichere Planannahmen) oder aus dem Qualitätsmanagement (z.B. aus FMEA) genutzt werden.
- Mangelhafte Dokumentation im Risikomanagement: Ein nachvollziehbares Risikomanagementsystem benötigt eine ordentliche, für Dritte (zum Beispiel Wirtschaftsprüfer) verständliche Dokumentation.
- Unklare Aufgabenzuordnung im Risikomanagement und Fehlen eines Verantwortlichen für das Gesamtsystem: Für alle maßgeblichen Risiken, die regelmäßig zu überwachen sind, sollte ein Verantwortlicher („Risk Owner") eindeutig benannt werden und eine verantwortliche Stellung für das Gesamtsystem.
- Unbefriedigende Einbindung der Mitarbeiter ins Risikomanagement: Nicht selten existiert ein Risikomanagementsystem nur auf dem Papier. Die Mitarbeiter – oft einschließlich der Führungskräfte – engagieren sich nicht für das Risikomanagement und sehen dessen Bedeutung als unwesentlich an; es mangelt an einer angemessenen Risikokultur.
- Fehlende Nutzung von im Unternehmen verfügbaren Risikoinformationen bei wesentlichen Entscheidungen unter Unsicherheit, wie z.B. Investitionsentscheidungen, der Wahl zwischen alternativen strategischen Handlungsoptionen, der Beurteilung verschiedener Risikotransferstrategien oder die Bestimmung der Finanzierungsstruktur (angemessene Eigenkapitalausstattung).
- Probleme im Projektmanagement. In der Praxis ist oft zu beobachten, dass größere Maßnahmen zur Risikoreduktion als Projekt umgesetzt werden. Dies hat den Vorteil einer einheitlichen Steuerung und Abrechnung. Allerdings darf man dabei nicht vergessen, dass durch die Organisationsform „Projekt" Einschränkungen entstehen können; z.B. hat ein Projektleiter meist volle Verantwortung, aber nur eingeschränkte Entscheidungsgewalt, und durch Projekte wird ein zusätzlicher administrativer Aufwand geschaffen.

Die folgende Tabelle liefert eine Checkliste mit typischen Problemfeldern des Risikomanagements:

	1.1	Fokussierte und hierarchische Systematik zur Risikoidentifikation
1) Risikoidentifikation:	1.2	Bezug zur Unternehmensstrategie: Bedrohung von Erfolgsfaktoren
	1.3	Erfassung unsicherer Planannahmen aus Controlling und Planung
	1.4	Auswertung von Planabweichungen zur Risikoidentifikation
	2.1	Klare, überschneidungsfreie Abgrenzung von Risiken
	2.2	Abgrenzung von Risiken und sicheren Schäden
	2.3	Begründungen für die Risikobewertung dokumentiert
2) Risikoanalyse / Risikoquantifizierung:	2.4	Berücksichtigung der Wirkungsdauer von Risiken
	2.5	Quantitative Beschreibung der Risiken durch geeignete Wahrscheinlichkeitsverteilungen (z. B. Normal- oder Dreiecksverteilung)
	2.6	Geeignetes Risikomaß (z. B. Value-at-Risk) zur Priorisierung von Risiken
	2.7	Erfassung der Abhängigkeit zwischen wichtigen Risiken (Korrelationen)
	3.1	Aggregation statt Addition der wichtigsten Risiken
3) Risikoaggregation:	3.2	Aggregation von Einzelrisiken mit Bezug zur Unternehmens- planung (Monte-Carlo-Simulation)
	3.3	Berechnung des Gesamtrisikoumfangs (Eigenkapitalbedarf) / Bezug zum Rating und Finanzplanung
	3.4	Definition eines risikoorientierten Erfolgsmaßstabs (Performancemaß)
	4.1	Betrachtung unterschiedlicher Risikobewältigungsmaßnahmen
	4.2	Beachtung unternehmerischer Entscheidungsrisiken (Managementrisiken)
4) Risikobewältigung:	4.3	Abgrenzung von Kern- und Randrisiken
	4.4	(Quantitative) Frühaufklärungssysteme / Prognosesysteme
	4.5	Abwägung von Risiken und Ertrag bei Entscheidungen (z. B. Investitionen)
	5.1	Schwerpunktsetzung bei wichtigen Risiken zur Vermeidung bürokratischen Aufwands
	5.2	Verbindung mit bestehenden Organisations-, Planungs- und Berichtssystemen (insb. Controlling, BSC, QMS)
	5.3	Vollständige und verständliche Dokumentation der Prozesse im Risikomanagement
5) Risikoüberwachung und Gestaltung des Risikomanagementsystems:	5.4	Klare Aufgabenzuordnung im Risikomanagement
	5.5	Benennung eines Verantwortlichen für das Gesamtsystem
	5.6	Organisatorische Trennung zwischen Risikomanagement und Interner Revision
	5.7	Einbindung der Mitarbeiter ins Risikomanagement / Risikokultur
	5.8	Festlegen von Risikopolitik und Limitsystem

Abbildung 53: Checkliste zur Leistungsfähigkeit des Risikomanagements[272]: Anforderungen und potentielle Problemfelder

---

[272] In Anlehnung an Gleißner/Meier, 2006.

6.6.3 Zustand von Risikomanagement und Risikoreporting in Deutschland

Im letzten Abschnitt wurden Ansatzpunkte für potenzielle Verbesserungen und die Leistungsbeurteilung des Risikomanagements vorgestellt. Empirische Untersuchungen zeigen, dass in der Praxis deutscher Unternehmen tatsächlich in den oben genannten Problemfeldern erheblicher Handlungsbedarf besteht. Im Folgenden werden daher einige empirische Ergebnisse zum Risikomanagement in Deutschland kurz zusammengefasst.

Die empirische Untersuchung von Winter zum Stand des Risikocontrollings in Deutschland[273] verdeutlicht, dass das Risikocontrolling einen Risikomanagementansatz unterstützen soll, der im Wesentlichen auf eine Fortbestands- und Erfolgspotenzialsicherung, die Förderung des Risikobewusstseins der Mitarbeiter und die Erfüllung gesetzlicher Mindestanforderungen ausgerichtet ist. Relativ viele der befragten Führungskräfte (41,3 %) schätzen dabei den Beitrag des Risikomanagements zum Unternehmenserfolg nur als mäßig, 37,6 % sogar nur als gering oder sehr gering ein. In dieser Hinsicht wundert es nicht, das Risikomanagement auch nur mit vergleichsweise wenig Aufwand in den Unternehmen betrieben wird und relativ einfache Instrumente (Checklisten, Risk-Maps etc.) zum Einsatz kommen. Auch die Integration der Risikomanagementprozesse in bestehende Planungs- und Kontrollprozesse ist weniger ausgeprägt[274], und das wichtigste Motiv für die Einführung formalisierter Risikomanagementsysteme sind noch immer die gesetzlichen Bestimmungen. Ähnlich wie viele andere Studien zum Risikomanagement[275] zeigt auch die Studie von Winter, dass insbesondere die mangelhafte Risikoaggregation als zentraler Schwachpunkt der Anwendung von Risikomanagement in der Unternehmenspraxis aufzufassen ist: Da gerade jedoch die Kenntnis der Gesamtrisikoposition (wie in Kapitel 4 ausgeführt) für die größten Teile des Nutzens der Risikomanagement-Aktivitäten verantwortlich ist, verwundert es nicht, dass gerade ein solcher Mehrwert des Risikomanagements bisher oft nicht generiert werden kann.

Grundlage der im Folgenden vorgestellten Untersuchung zum Risikomanagement ist das 1998 verabschiedete „Gesetz zur Kontrolle und Transparenz im Unternehmensbereich" (KonTraG).[276] Diese Anforderungen des KonTraG – bzw. die Präzisierung im entsprechenden Prü-

---

[273] Vgl. Winter, 2006, S. 201–215.

[274] Siehe Winter, 2006 a, S. 209.

[275] Vgl. Gleißner/Berger/Rinne/Schmidt, 2005 und Berger/Gleißner, 2007 sowie Kajüter/Winkler, 2004, Dobler, 2004, Denk/Exner-Merkelt/Ruthner, 2005 und Gebhardt/Mansch, 2005.

[276] Vgl. Gleißner/Berger/Rinne/Schmidt, 2005.

fungsstandard des IDW (Institut der Deutschen Wirtschaftsprüfer) im IDW PS 340 – sollte in den Unternehmen inzwischen umgesetzt sein. Zur Risikoberichterstattung wurde vom deutschen Standardisierungsrat (DSR) der deutsche Rechnungslegungsstandard Nr. 5 (DRS 5) erarbeitet, der 2001 bekannt gemacht wurde und für alle Unternehmen, die zur Aufstellung eines Konzernlageberichts verpflichtet sind, verbindlich ist. Die Studie hat aus diesem Grunde die Risikoberichterstattung in den Geschäftsberichten von hundert börsennotierten Unternehmen untersucht. Ausgehend von einer Untersuchung im Jahr 2001 wurden über einen Zeitraum von fünf Jahren die Risikoberichte der im damaligen DAX 100 gelisteten Unternehmen analysiert. Später wurde die Studie erweitert.

Ziel der Studie war es, den Stand der Risikoberichterstattung allgemein darzustellen, Veränderungen im Zeitverlauf aufzuzeigen und die Risikosituation der untersuchten Aktiengesellschaften auf Grundlage der berichteten Risiken zeitpunktbezogen bzw. über einen längeren Zeitraum zu analysieren. So waren erstmals Aussagen bspw. über die TOP-Risiken und die Risikosituation möglich. Daneben wurde gezeigt, wie der (publizierte) Stand der Risikomanagementsysteme einzuschätzen ist.

Die Analyse der Unternehmensrisiken ergab, dass die Unternehmen vor allem Risiken aus dem Finanzbereich im Risikobericht darstellen, wohingegen Risiken aus der Strategie oder Corporate Governance kaum angegeben werden. Am häufigsten werden Risiken aus Zinsen und Währungen (84 % aller Unternehmen) vor Risiken aus Derivaten (77 %) bzw. dem rechtlichen und politischen Umfeld (73 %) genannt. Im Mittel werden dabei etwa 9 Risiken pro Unternehmen berichtet, wobei sich der Anteil der gravierenden Risiken im Zeitverlauf etwas verringert hat.

Die Analyse des Informationsgehalts und der Risikomanagementsysteme wirft einige Fragen auf. Deutlich mehr als die Hälfte der Unternehmen (62 %) legen in ihren Berichten nicht oder unzureichend dar, wie Risiken analysiert und bewertet werden (2005: „Bewertung" im Mittel mit 1,3 von maximal 3 möglichen Punkten vergeben). Vor allem erwähnen mehr als 80 % der Unternehmen keine Aggregation der Risiken. Wie dann die Gesamtrisikoposition ermittelt wird, bleibt so für die Adressaten der Risikoberichte unklar.

Zusammenfassend kann über den untersuchten Zeitraum eine leichte Verbesserung des Informationsgehalts festgestellt werden, allerdings auf niedrigem Niveau: 2003 im Mittel 7,2 von 15 möglichen Punkten gegenüber 4,9 Punkten im Jahr 2002.[277]

---

[277] Vgl. Berger/Gleißner, 2006 und 2007.

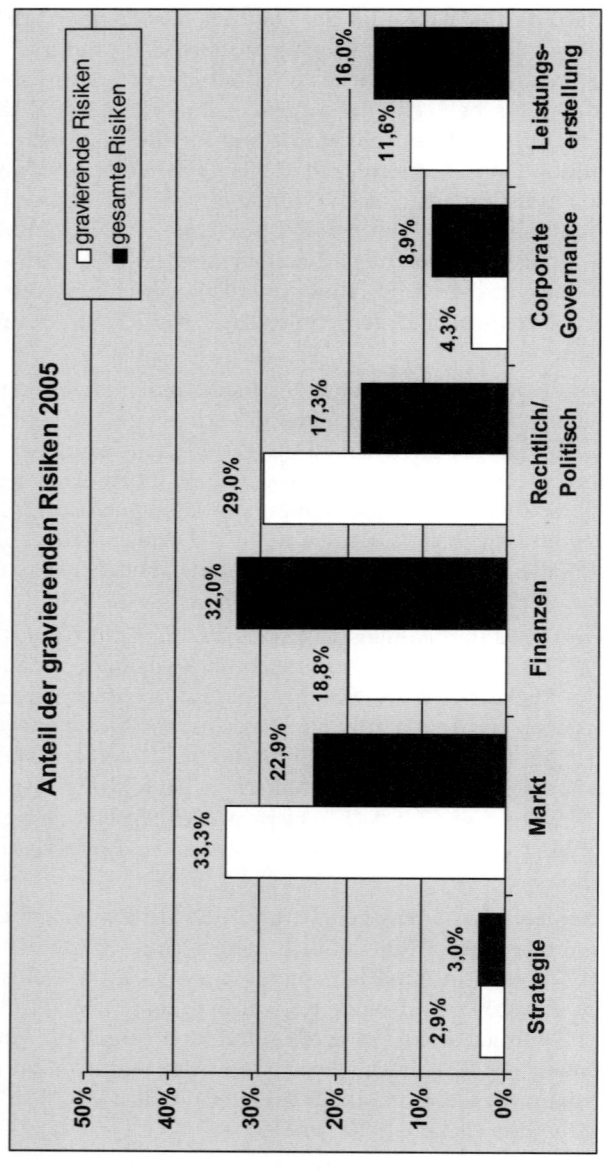

Abbildung 54: Verteilung aller Risiken und der gravierenden Risiken im HDAX

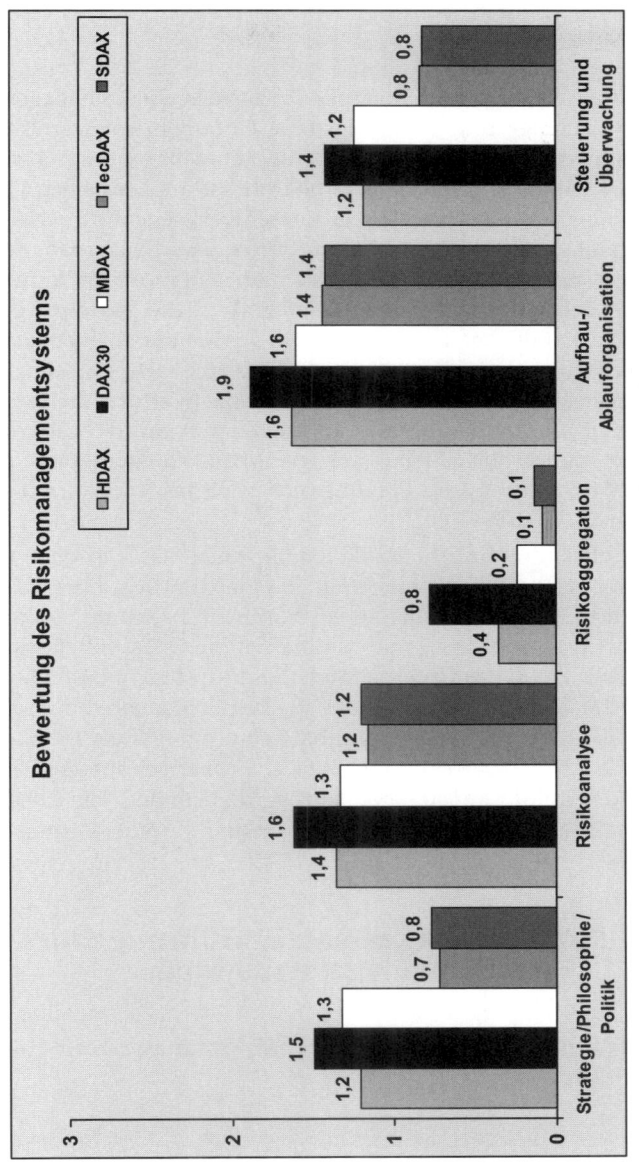

Abbildung 55: Vergleich der Risikokategorien der untersuchten Segmente

6.6.4 Zusammenfassung

Insgesamt ist festzuhalten, dass der Erfolg des Risikomanagements – nämlich die Steigerung des Erfolgs bzw. Unternehmenswertes durch Verbesserung der Risikoposition des Unternehmens – durch eine Reihe häufig beobachtbarer Fehlerquellen bedroht ist. In sämtlichen Phasen eines Risikomanagementprojektes gibt es schwerwiegende methodische Gefahrenquellen. Diese können dazu führen, dass Risikomanagement in der Praxis trotz massiven Einsatzes an Zeit- und Mitarbeiterressourcen keinen befriedigenden Erfolg zeigt und oft die gesetzten Erwartungen nicht erfüllt. Anzustreben ist, dass das Risikomanagement Aussagen liefert über den Gesamtrisikoumfang (Eigenkapitalbedarf), die Berechnung risikogerechter Kapitalkostensätze (wertorientierte Unternehmensführung) unterstützt und letztlich damit eine Abwägung von erwarteten Erträgen und Risiken bei wichtigen Entscheidungen unterstützt. Zudem sollte es die Planungssicherheit zeigen und möglichst verbessern.

Bei einem leistungsfähigen Risikomanagement kann zudem insbesondere der größte Teil der eingetretenen Planabweichungen (z. B. bei Umsatz und Ergebnis) auf bereits im Vorhinein bekannte Risiken zurückgeführt werden. Dies ist der ultimative Praxistest für das Risikomanagement. Wenn das Unternehmen diesen Test nicht besteht, ist die ökonomische Leistungsfähigkeit des Risikomanagements in Frage zu stellen. Die Unternehmensführung hat dann ein starkes Indiz dafür, dass die Fähigkeiten des Unternehmens zur Beherrschung der Unwägbarkeiten der Zukunft noch verbessert werden können. Die Checkliste in diesem Abschnitt zeigt diese Ansatzpunkte für Verbesserung.

6.7 Projektmanagement: Einführung eines Risikomanagementsystems

6.7.1 Gestaltungsalternativen für Risikomanagement-Projekte

Sowohl die erstmalige Implementierung eines unternehmensweiten Risikomanagementsystems als auch der Systemausbau erfordert eine Projektplanung und eine zentrale Projektleitung. Da Risikomanagement als Querschnittsfunktion im Prinzip alle Organisationseinheiten (z. B. Tochtergesellschaften) und Funktionsbereiche eines Unternehmens betrifft, sind hier vielfältige Abstimmungen erforderlich, und es ist sicherzustellen, dass von der Unternehmensführung selbst die Bedeutung des Themas Risikomanagement klargestellt wird und die notwendigen Kompetenzen für den Aus- und Aufbau des Risikomanagements dem jeweiligen Projektleiter zugeordnet werden.

Im Folgenden werden einige Überlegungen zur Umsetzung von Projekten im Risikomanagement kurz zusammengefasst. Dabei wird zunächst im ersten Unterabschnitt auf den „traditionellen" Aufbau eines Risikomanagements eingegangen, der ausgehend von einer durchgängigen systematischen Identifikation der Risiken über Risikobewertung und Risikoaggregation im letzten Schritt Organisationsregeln für das Risikomanagement zusammenfasst, die einer kontinuierlichen Überwachung der wesentlichen Risiken dienen. Ergänzend wird im folgenden Unterabschnitt ein alternativer Vorgehensweg skizziert. Dieser geht von der Annahme aus, dass die wesentlichen Unternehmensrisiken bereits bekannt sind und durch das Risikomanagement daher ohne einen umfassenden Identifikationsprozess relativ schnell zunächst die Bestimmung des Gesamtrisikoumfangs (Risikoaggregation) gewährleistet werden soll, da mit diesen Zusatzinformationen ein wesentlicher Teil des Nutzens des Risikomanagements (z. B. Ratingprognosen und die Bestimmung des Eigenkapitalbedarfs für die Finanzierungsplanung) erzielt werden kann. Bei dieser Projektvariante wird anschließend ein hoch effizienter Weg für die Weiterentwicklung des Risikomanagements gewählt, nämlich die möglichst konsequente Nutzung bestehender Managementsysteme, speziell des Controllings.

Die Einführung eines Risikomanagement-Systems ist vergleichbar mit anderen internen Projekten und erfordert ein gewisses Maß an Koordinations- und Steuerungsaktivitäten, um eine termin-, inhalts- und kostengerechte Zielerreichung zu gewährleisten. Deshalb sollte auch die Einführung eines Risikomanagement-Systems als klar definiertes Projekt geführt und strukturiert abgearbeitet werden.

Für die Projektarbeit wird oft externe Beratungsleistung hinzugezogen. Sinnvollerweise wird auch der eigene Wirtschaftsprüfer möglichst frühzeitig in das Projekt eingebunden, wenn formale Anforderungen (KonTraG) erfüllt werden sollen. Damit können nicht nur die erforderlichen Inhalte aus Sicht der Wirtschaftsprüfung berücksichtigt, sondern auch dessen Kenntnisse über das Unternehmen genutzt werden. Vorsicht geboten ist natürlich in der Frage, wie viel Redundanz und wie viele zusätzliche Kontrollmaßnahmen ein Unternehmen tatsächlich umsetzen möchte.

Ist die grundsätzliche Entscheidung für die externe Unterstützung gefallen, gibt es zwei Möglichkeiten, wie diese ausgestattet werden kann:

* Der Berater stellt sein methodisches Wissen zu den Arbeitsschritten zur Verfügung, ohne an der inhaltlichen Erarbeitung der Risikoinformationen beteiligt zu sein („Coaching-Modell").

- Der Berater erhebt gemeinsam mit den Mitarbeitern des Unternehmens die benötigten Informationen, dokumentiert Ergebnisse selbst und übernimmt eigenständig Teilaufgaben („Berater-Modell").

Zudem ist gemäß den Überlegungen aus Kapitel 6. (genauer 6.2 und 6.3) zur Organisation des Risikomanagements zu unterscheiden zwischen

- dem „Risikomanagementansatz" (als weitgehend separiertem Organisationssystem) und dem
- „Controllingansatz", also dem integrativen Verbinden von Risikomanagement mit Controlling (aber auch Qualitätsmanagement, Treasury etc.).

Im Folgenden wird zunächst ein möglicher Projektablauf für den eigenständigen Risikomanagementansatz dargestellt. Anschließend wird (Abschnitt 6.7.4) kurz die Projektskizze für einen alternativen Weg zum integrierten Risikomanagement dargestellt, bei dem unterstellt wird, dass wesentliche Informationen über die Risiken bereits existieren und durch den Ausbau des Risikomanagements im Kontext der Planung ausgewertet werden sollen, um

- Informationen über den (aggregierten) Gesamtrisikoumfang des Unternehmens zu erhalten und
- dauerhaft Controllingfunktionalitäten für die Identifikation und Bewertung des Risikos zu nutzen.

Gerade bei der Planung von Risikomanagementprojekten sind die im ersten Kapitel bereits erwähnten Umsetzungshemmnisse besonders zu beachten. Der Erfolg eines Projekts zum Aus- oder Aufbau des Risikomanagementsystems ist wesentlich davon abhängig, dass

- eindeutig geklärt wird, was Risiko ist (insbesondere sollten Risiken nicht mit Fehlern oder Schäden verwechselt werden, sondern als mögliche Planabweichungen aufgefasst werden),
- der Nutzen des Risikomanagements für das Unternehmen klargestellt wird,
- auf die psychologisch bedingte Aversion von Menschen, sich mit Risiko zu beschäftigen, explizit hingewiesen wird und
- aufgezeigt wird, wie auch scheinbar schwierige Aufgaben im Risikomanagement (z. B. die Risikoquantifizierung) durch bekannte und bewährte Instrumente effizient lösbar sind.

6.7.2 Das Projektteam und dessen Aufgaben

Je nach Unternehmensgröße gehören folgende Mitarbeiter zum Projektteam, deren Aufgabenbereiche kurz erläutert werden.[278]

---

[278] In Anlehnung an Gleißner/Lienhard/Stroeder, 2004.

Mentor

Ein Vertreter der Unternehmensleitung („Mentor") ist als sog. Risikobeauftragter verantwortlich für das Risikomanagementsystem auf Ebene der Unternehmensführung. Ihm obliegt es, das Projekt zu starten, es zu kommunizieren und zu fördern. Der „Mentor" sollte nicht verwechselt werden mit dem „Auftraggeber" oder „Kunden" des Projektes; diese Rollen können, müssen aber nicht übereinstimmen.

Projektleiter

Wegen der thematischen Nähe des Risikomanagements zum Controlling empfiehlt es sich meist, das Projekt in diesem Bereich anzusiedeln und die interne Projektleitung mit einem Mitarbeiter aus diesem Bereich zu besetzen. In manchen größeren Unternehmen wird die Projektleitung jedoch auch von der internen Revision übernommen. In diesen Fällen sollte bereits während der Projektplanung der Übergang des Risikomanagements in andere Verantwortungsbereiche vorgesehen werden. Bei externer Begleitung des Projektes sind Absprachen zwischen der internen und externen Projektleitung notwendig. Sie planen und steuern gemeinsam den Ablauf des Projekts.

Zu den Aufgaben gehören z. B. die Erstellung des Projektplans, die Koordination der Termine, die Vor- und Nachbereitung der Workshops, die Sicherstellung der Dokumentation sowie das Ausarbeiten der Ergebnispräsentationen.

Mitarbeiter im Projekt

Selten können alle relevanten Mitarbeiter eines Unternehmens in das Projekt eingebunden werden. Gleichwohl müssen sie Informationen über das Projekt und die daraus erwünschten Verhaltensänderungen im Umgang mit Risiken erhalten. Aus diesem Grunde kann bei komplexeren Projekten ein Team gebildet werden, das mit Führungskräften und Fachspezialisten aus den Funktionsbereichen, Abteilungen oder Prozessen (z. B. aus Controlling, Finanzwesen oder Produktion) besetzt ist. Ihre Aufgabe besteht darin, Fachwissen mit einzubringen und die Querverbindungen zu ihren Abteilungen herzustellen.

6.7.3 Projektablauf

Ein Projektablauf für ein Unternehmen gliedert sich meist in sechs Phasen. Je nach Unternehmen und Schwerpunktsetzung sind spezifische Anpassungen vorzunehmen; beispielsweise können auch Iterationen zwischen den Phasen 2 und 5 gewünscht sein, damit das System adäquat fokussiert wird. Das Resultat ist eine erste Einschätzung über die Risikosituation des Unternehmens sowie ein funktionierendes Risikomanagementsystem. Die Phasen werden jeweils bspw. mittels Checklisten vorbereitet.

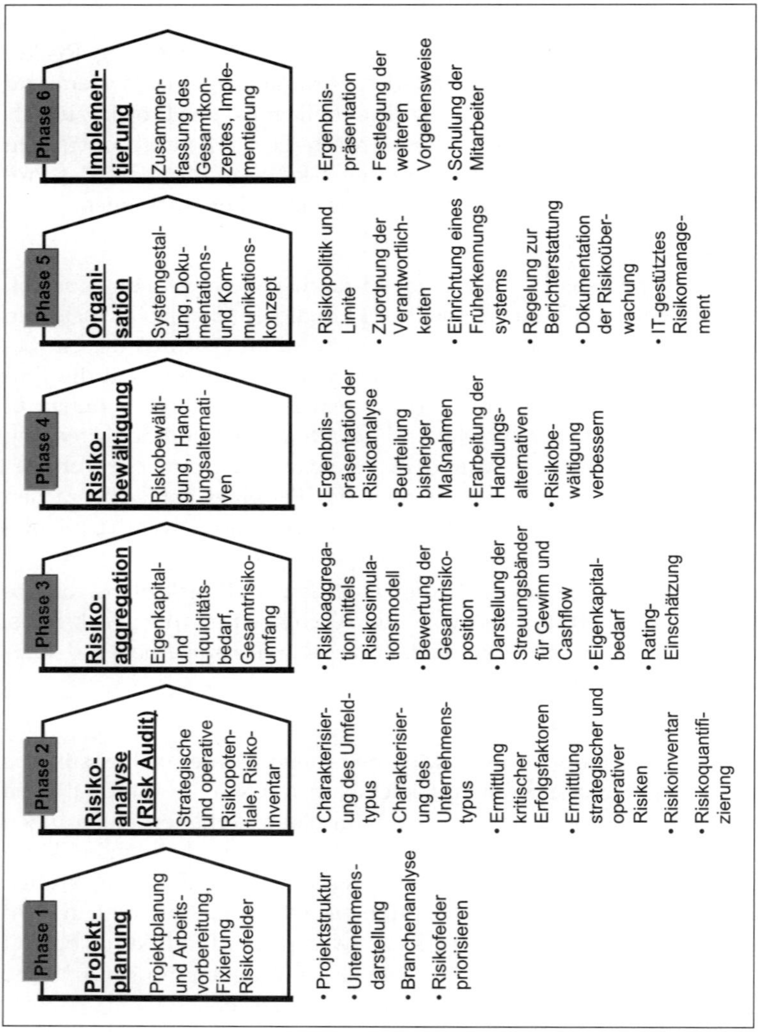

Phase 1 — Projektplanung

Projektplanung und Arbeitsvorbereitung, Fixierung Risikofelder

- Projektstruktur
- Unternehmensdarstellung
- Branchenanalyse
- Risikofelder priorisieren

Phase 2 — Risikoanalyse (Risk Audit)

Strategische und operative Risikopotentiale, Risikoinventar

- Charakterisierung des Umfeldtypus
- Charakterisierung des Unternehmenstypus
- Ermittlung kritischer Erfolgsfaktoren
- Ermittlung strategischer und operativer Risiken
- Risikoinventar
- Risikoquantifizierung

Phase 3 — Risikoaggregation

Eigenkapital- und Liquiditätsbedarf, Gesamtrisikoumfang

- Risikoaggregation mittels Risikosimulationsmodell
- Bewertung der Gesamtrisikoposition
- Darstellung der Streuungsbänder für Gewinn und Cashflow
- Eigenkapitalbedarf
- Rating-Einschätzung

Phase 4 — Risikobewältigung

Risikobewältigung, Handlungsalternativen

- Ergebnispräsentation der Risikoanalyse
- Beurteilung bisheriger Maßnahmen
- Erarbeitung der Handlungsalternativen
- Risikobewältigung verbessern

Phase 5 — Organisation

Systemgestaltung, Dokumentations- und Kommunikationskonzept

- Risikopolitik und Limite
- Zuordnung der Verantwortlichkeiten
- Einrichtung eines Früherkennungssystems
- Regelung zur Berichterstattung
- Dokumentation der Risikoüberwachung
- IT-gestütztes Risikomanagement

Phase 6 — Implementierung

Zusammenfassung des Gesamtkonzeptes, Implementierung

- Ergebnispräsentation
- Festlegung der weiteren Vorgehensweise
- Schulung der Mitarbeiter

Abbildung 56: Projektablauf

(1) Projektplanung

Das Projektmanagement begleitet den gesamten Prozess. Das Modul beginnt unmittelbar mit der Entscheidung, ein Risikomanagement-System einzuführen und endet frühestens dann, wenn der erste Durchlauf der Risikoüberwachung abgeschlossen ist. Risikomanagement ist insgesamt als ständig wiederkehrender Prozess im Unternehmen zu verankern, so dass mit der Phase der Umsetzung der Zyklus mit der Risikoanalyse von neuem beginnt.

Zunächst werden insbesondere die Risikofelder definiert, die genauer bezüglich Risiken analysiert werden sollen, und der Umfang der Arbeiten für die Risikoanalyse wird festgelegt (Priorisierung). Die weiteren Aufgaben bestehen in der Planung des gesamten Projektablaufs (Festlegung eines Rahmenterminplans mit den wesentlichen Inhalten) sowie der Schwerpunktsetzung bei den Schlüsselaktivitäten (Risikoidentifikation, Risikobewertung, Risikoaggregation und organisatorische Gestaltung des Risikomanagementsystems).

(2) Risikoanalyse (Risk Audit)

In dieser Phase werden alle maßgeblichen Risiken des Unternehmens identifiziert und anschließend quantifiziert. Hierzu werden unterschiedliche Verfahren angewendet. Für die Analyse von Finanzmarktrisiken kann anstelle eines Workshops auch die Analyse von bereits vorliegendem Informationsmaterial erfolgen (Jahresabschlussanalyse), während bei der Identifikation von strategischen Risiken und Leistungsrisiken primär Workshops eingesetzt werden. Häufig bietet es sich an, die Risikoanalyse mindestens zweistufig aufzubauen. Zuerst werden im Rahmen von Workshops die Risikofelder analysiert und die wichtigsten Risiken identifiziert. In einem zweiten Schritt werden zusätzliche statistische Daten ausgewertet oder auch Kurzinterviews durchgeführt, um eine präzisere Beurteilung und quantitative Bewertung der Risiken zu erreichen. Bei der Risikoanalyse wird der Risikoumfang unter Berücksichtigung der im Unternehmen gegenwärtig eingesetzten Risikobewältigungsmaßnahmen (z. B. bestehende organisatorische Regelungen oder Versicherungslösungen) eingeschätzt („Nettomethode"). Die Risiken werden in der Phase der Risikobewertung mittels einer unternehmensspezifischen Relevanzskala erstmalig eingeschätzt. Die Relevanz-Bewertung dient als Abbruchkriterium für eine vertiefende Analyse, um den Aufwand insgesamt gering zu halten. Im nächsten Schritt werden Risiken (z. B. mit Relevanzen von 3, 4 oder 5) intensiver untersucht und quantifiziert. Ergebnis der Risikoanalyse ist ein Risikoinventar, das die wichtigsten Risiken des Unternehmens zusammenfasst.

(3) Risikoaggregation

Die Risikoaggregation ermöglicht Aussagen über den Gesamtrisikoumfang des Unternehmens. Die Risikoaggregation erfordert dabei die Integration der Risiken in die Unternehmensplanung, um den Umfang risikobedingter Planabweichungen und somit möglicher Verluste zu zeigen (Eigenkapitalbedarf).

(4) Risikobewältigung

Aus den gewonnenen Erkenntnissen über Art und Umfang der Risiken sind Handlungsalternativen der Risikobewältigung abzuleiten. Ziel ist, die Risikosituation zu optimieren. Zunächst wird bezüglich der einzelnen Risiken der Handlungsbedarf bestimmt, der sich aus dem Umfang des Risikos und der Bewertung der Angemessenheit der heute vorhandenen Risikobewältigungsmaßnahmen ergibt. Im Rahmen der Analyse (siehe (2)) werden immer schon erste Ansatzpunkte für eine Verbesserung des Umgangs mit einem Risiko aufgedeckt, die nunmehr aufgegriffen und diskutiert werden. Hier ergeben sich erste unmittelbare Vorteile des Risikomanagements, z.B. Reduzierung der Kosten der Risikobewältigung.

(5) Organisation

Jedes Unternehmen benötigt ein organisiertes System, das die aktuelle Situation und die Veränderungen der Risikosituation anzeigt und der Unternehmensführung transparent macht.

Die Grundzüge der Risikopolitik werden zunächst festgelegt. Hier werden die grundsätzlichen Anforderungen an das Risikomanagement des Unternehmens definiert, die die Basis für alle Regelungen der organisatorischen Gestaltung darstellen. Die Verantwortlichkeiten werden geklärt:
- Wer trägt die Gesamtverantwortung?
- Wer ist zuständig für die laufende Überwachung von Risikofeldern und von relevanten Einzelrisiken (Risk Owner)?

Die Regeln zur Risikoüberwachung werden fixiert und das Berichtswesen bestimmt. So entsteht das Risikohandbuch.

(6) Umsetzung

Die Vorgehensweise zur Implementierung und zur dauerhaften Verankerung des Systems wird neu festgelegt. Damit einher geht auch der Übergang von der Projektorganisation in die Unternehmensorganisation (Tagesgeschäft). In der Implementierungsphase sollen die Mitarbeiter begleitet und geführt werden. Es ist wichtig, dass die Mitarbeiter über das Risikomanagement-System informiert und bei Bedarf auch geschult werden. Ziel ist es, das Risikomanagement im Unternehmen zu verankern und insbesondere ins Tagesgeschäft – d.h. ins Bewusstsein der Mitarbeiter – zu integrieren.

Die Umsetzung (IT) erfolgt mit Hilfe von Software, die sowohl die Risikoanalyse als auch die Bewertung und Aggregation der Risiken bis hin zur Berichterstattung unterstützt.[279] Es handelt sich dabei oft um eine Lösung, die Risikomanagement- und Rating-Prognosen sowie simulationsbasierte Unternehmensbewertung unterstützen kann.

6.7.4 Projektplan zum Aufbau eines Risikomanagementsystems – ein alternativer Weg

Nach der kurzen Darstellung des „konventionellen" Weges zum Aufbau des Risikomanagementsystems, das weitgehend abgestützt ist auf eine eigenständige Struktur, wird im Folgenden kurz skizziert, wie in nur wenigen Tagen der Ausbau des Risikomanagements in Anlehnung an bestehende Controllingsysteme möglich ist. Der Start ist hier jedoch weder die Idertifikation von Risiken noch die Anpassung von Organisationsregeln, sondern die erstmalige Bestimmung des Gesamtrisikoumfangs, da gerade hier ein erheblicher Mehrwert im Risikomanagement erreicht werden kann – und speziell dieser Arbeitsschritt in vielen Risikomanagementsystemen von Unternehmen bisher noch nicht durchgeführt wurde.

(1) Berechnung des Gesamtrisikoumfangs und des Eigenkapitalbedarfs, sowie Ableitung des Ratings und der Kapitalkosten

Zur Vorbereitung eines ersten Workshops wird die operative Unternehmensplanung in eine geeignete Simulationssoftware übernommen.[280] Zudem werden die vorhandenen Informationen über die Unternehmensrisiken ausgewertet und in der Software erfasst. Die gewonnenen Informationen dienen zur Beurteilung der Risikoposition und der Planungssicherheit.

Im zweiten Schritt werden die Berechnung des Gesamtrisikoumfangs, die Darstellung der Planungsunsicherheiten und der wesentlichen Ergebnisse durchgeführt.

Die Datenerfassung wird – gemeinsam mit den relevanten Mitarbeitern z. B. des Controllings – in einem Workshop vorgenommen. Schwerpunkt des Workshops ist die Interpretation und Beurteilung der ermittelten Ergebnisse: Risikoinventar, Eigenkapitalbedarf, Finanzrating, Ratingprognose, Wertbeitrag der Risiken, Kapitalkostensatz, Wertkennzahlen, usw. Dabei wird auch eine Beurteilung der relativen Bedeutung einzelner Risiken möglich, was eine Priorisierung der weiteren Risikoanalyse ermöglicht (vgl. (2)).

---

[279] Z. B. dem Risiko-Kompass von RMCE und AXA, MIS Risk Management oder R2C mit dem Zusatzmodul R2C_ValueCalculator von Schleupen und der FutureValue Group.
[280] Z. B. den „Strategie-Navigator" – mit integriertem „Risiko-Kompass".

(2) Durchführung einer vertiefenden Controlling-orientierten Risiko-analyse mittels statistischer Analysen

Bei der Controlling-orientierten Vorgehensweise erfolgt eine weitere Identifikation von Risiken anhand der Analyse historischer Plan-Ist-Abweichungen. Diese wird ergänzt, um Risiken aus aktuell (unsicheren) Planungsannahmen. Aus der Analyse historischer Plan-Ist-Abweichungen ist es möglich

* Rückschlüsse auf die hinter der Abweichung stehenden Risiken zu ziehen (Risikoidentifikation)
* Auswirkungspotenziale von Risiken abzuschätzen (Risikobewertung).

Basis für eine fundierte Analyse der vergangenen Unternehmensdaten ist die Zeitreihenanalyse. Z. B. kann die Analyse der vergangenen Umsätze unterscheiden nach Ländern, Produkten oder Branchen, aber auch nach Preis- und Mengeneffekten erfolgen. Konkret wird auf Basis von historischen Daten über die Entwicklung von Umsätzen und (von der Umsatzentwicklung abhängiger) Kosten eine Regressionsanalyse durchgeführt, wobei auch externe Einflussfaktoren (z. B. die Entwicklung des Sozialprodukts) als erklärende Variablen berücksichtigt werden können. Mit Hilfe einer Regressionsanalyse wird eine Gleichung für die Prognose der zu erklärenden Variablen (z. B. Umsatz) berechnet, bei der die Summe der quadrierten Prognosefehler (Residuen) minimiert wird[281]. Zu beachten ist, dass im Allgemeinen die Anwendung dieses Verfahrens nur möglich ist, wenn sog. „stationäre Zeitreihen" vorliegen, also insbesondere keine Trends mehr bestehen, was im einfachsten Fall durch Differenzenbildung[282] zu erreichen ist.[283] Zur quantitativen Beschreibung des Risikos werden dann diese Prognoseresiduen verwendet. Aus der damit berechneten Wahrscheinlichkeitsverteilung, üblicherweise eine Normalverteilung, können im nächsten Rechenschritt die gewünschten Risikomaße abgeleitet und die Risikoaggregation überarbeitet werden.

(3) Erarbeitung eines Vorgehensplans zur Integration und Vernetzung von Risikomanagement und Controlling/operativer Planung (Budgetierung)

In einem zweiten Workshop – welcher ebenfalls insbesondere mit den relevanten Mitarbeitern des Controlling durchgeführt wird – wird diskutiert,

* welche Arbeitsprozesse im Controlling angepasst werden müssen, um sämtliche unsicheren Planannahmen konsequent an das Risikomanagement (für Quantifizierung und Aggregation) zu melden,

---

[281] Man spricht hier von einer Kleinste-Quadrate-Schätzung.
[282] Also die Umwandlung der Zeitreihen in Wachstumsraten.
[283] Siehe hierzu z. B. Backhaus et al, 2006.

- welche Prozesse angepasst werden müssen, um sämtliche durchgeführten Abweichungsanalysen im Hinblick auf die dabei identifizierten Risiken auszuwerten,
- auf welchen Berichtswegen im Controlling identifizierte Risiken (unsichere Planannahmen, Ursachen für eingetretene Planabweichungen) dem Risikomanagement (konkret welcher Stelle und in welchem Detaillierungsgrad) mitgeteilt werden,
- welche quantitativen Informationen über die Risikohöhe weiterzugeben sind (speziell welche Verteilungsfunktion zu wählen ist; z. B. Dreiecksverteilung mit (1) Mindestwert, (2) wahrscheinlichstem Wert und (3) Maximalwert),
- welche Berichtswege und Schwellenwerte für die Risikoberichtserstattung von Controlling zu Risikomanagement zu vereinbaren sind,
- welche Formblätter, Checklisten und sonstige Hilfsmittel für die Risikomanagement-unterstützenden Tätigkeiten im Controlling erforderlich sind,
- in welcher Form die Informationsflüsse zwischen Controlling (Unternehmensplanung, Budgetierung) und Risikomanagement IT-gestützt werden,
- welche Rückkopplung der Informationen des Risikomanagements an das Controlling (dort identifizierte Risiken, Gesamtrisikoumfang bzw. Planungssicherheit) vorzusehen ist,
- welche Prozesse (gemeinsam) zwischen Controlling und Risikomanagement zu vereinbaren sind, um identifizierten Risiken durch adäquate Risikobewältigungsmaßnahmen zu begegnen (z. B. Risikotransfer auf den Versicherungs- oder Kapitalmarkt),
- welche im Controlling und Unternehmensplanung vorhandenen statistischen Daten (z. B. über vergangene Abweichungen) ausgewertet werden sollen, um die Risikoquantifizierung zu unterstützen,
- welche Daten in Controlling, Planung und Risikomanagement zukünftig ergänzend erhoben werden sollen, um (nachvollziehbar) Transparenz über die Entwicklung der Risiken und die daraus sich ergebenden Schäden (bzw. Planabweichungen) zu erhalten,
- in welchen konkreten Arbeitsschritten die Verbindung von Risikomanagement und Controlling/Unternehmensplanung/Budgetierung etabliert werden soll (Projektplan).

Die wesentlichen Ergebnisse der Diskussion werden anschließend zusammengefasst.

(4) Identifikation und Bewertung der strategischen Risiken und Präsentation der Ergebnisse zu Gesamtrisikoumfang und Kapitalkosten

Ein dritter Workshop ist dann mit der Führung des Unternehmens vorgesehen. Inhalte dieses Workshops sind

- Darstellung der Grundlagen eines Controlling-orientierten Risikomanagementsystems,

- strukturierte Diskussion der Strategie und ihrer Erfolgspotenziale sowie die Identifikation und Relevanzeinschätzung bezüglich der wesentlichen strategischen Risiken,
- die Vervollständigung des Risikoinventars aus dem ersten Workshop, vor allem mit den strategischen Risiken,
- die kritische Diskussion der wesentlichen Annahmen der Simulation zur Berechnung der Gesamtrisikoposition (z. B. Bandbreiten bezüglich der Entwicklung wesentlicher Umsatz- und Kostenpositionen) und
- Darstellung der (ggf. überarbeiteten) Berechnung von Gesamtrisikoumfang, Darstellung der Planungsunsicherheiten und des Eigenkapitalbedarfs sowie Diskussion der wesentlichen Ergebnisse, insbesondere der Konsequenzen der Risikowirkungen auf die Finanzierungskosten, die Finanzierungsstruktur und das Rating.

Auch bei dieser Vorgehensweise sollte eine Abstimmung mit den zukünftigen Risikoeignern und dem operativ Verantwortlichen für die Risikosteuerung und Risikobewältigung nicht vernachlässigt werden. Ebenso ist die Erstellung eines Risikohandbuchs zu empfehlen.

6.7.5 Zusammenfassung und Schlussbemerkungen

Damit der Start des Risikomanagements gelingt und auch der nachhaltige Erfolg sichergestellt wird, ist es wichtig, dass die Unternehmensführung klare Zielvorstellungen hat, den Handlungsrahmen vorgibt und das Projekt hundertprozentig mitträgt. Durch Setzen von Prioritäten und eine Betonung der Nachhaltigkeit in Bezug auf Termine und Qualität amortisiert sich die Startinvestition in das Risikomanagement zumeist sehr schnell. Dadurch wird auch die Grundlage für eine erfolgreiche Implementierung der Aktivitäten in das Tagesgeschäft geschaffen: „Better decisions for the right reasons!"

Die gewonnene Transparenz über das Unternehmen und seine Zusammenhänge verbessert nachhaltig die Steuerungsmöglichkeiten und versetzt die Führungskräfte dadurch in die Lage, das Unternehmen wesentlich ziel- und zukunftsgerichteter zu lenken. Mit Risikomanagement kann somit erreicht werden, dass die Planungssicherheit deutlich erhöht und das Rating sowie die Zukunftsfähigkeit des Unternehmens insgesamt nachhaltig verbessert werden. Um diese Vorteile zu generieren, sind klar strukturierte Projekte zum Ausbau der Risikomanagementsysteme nötig. Gestaltungsvarianten für derartige Projekte wurden in diesem Abschnitt vorgestellt.

6.8 IT-Systeme und Software zur Unterstützung des Risikomanagements[284]

6.8.1 Nutzen einer IT-Unterstützung[285]

Ein Risikomanagementinformationssystem (RMIS) ist ein IT-gestütztes, daten-, methoden- und modellorientiertes Entscheidungsunterstützungssystem für das Risikomanagement, das relevante Informationen zeitgerecht und formal adäquat zur Verfügung stellt und somit eine Unterstützung bei der Entscheidungsvorbereitung bietet. Es erfasst und verarbeitet in der Regel sowohl interne Daten aus den betrieblichen Informationssystemen (etwa aus Rechnungswesen oder Controlling), als auch externe Daten (etwa Informationen aus öffentlich zugänglichen Datenbanken).[286]

Durch den Einsatz eines RMIS können dabei mehrere Schwachstellen vermieden werden, die bei der Umsetzung des Risikomanagements in der Praxis auftreten. Zu derartigen Schwachstellen zählen u. a.:

- eine fehlende oder unvollständige Risikoerfassung (Risikoinventar),
- der fehlende Überblick über die Risikolage eines Unternehmens (aggregierter Gesamtrisikoumfang),
- die redundante und inkonsistente Erfassung und Speicherung von Daten,
- fehlende bzw. gestörte Informations- und Kommunikationswege sowie -abläufe,
- eine über Risiken nicht ausreichend informierte Unternehmensleitung,
- eine verzögerte oder nicht risikogerechte Entscheidungsfindung.

Das Risikomanagement beschäftigt sich primär mit dem „Management" von Informationen. Ein „Risk Manager" sieht sich bei seiner alltäglichen Arbeit mit einer Fülle von unterschiedlichen Informationen konfrontiert, die ihm meist unkoordiniert und unvollständig zur Verfügung gestellt werden. In vielen Fällen existieren die für das Risikomanagement erforderlichen Daten bereits in unterschiedlichen Unternehmensbereichen. Eine wesentliche Anforderung an ein IT-gestütztes Risikomanagement besteht deshalb u. a. darin, einen reibungslosen Informations- und Kommunikationsfluss zwischen den am Risiko-

---

[284] Zum Thema „Risikomanagement-Software" sind zusätzliche Informationen auch im Internet unter http://www.werner-gleissner.de/buch/Grundlagen-des-Risikomanagements-im-Unternehmen_Kapitel-Risikomanagement-Software.html zu finden.

[285] In enger Anlehnung an Gleißner/Romeike, 2005.

[286] Vgl. Erben/Romeike, 2002.

management beteiligten Organisationseinheiten und betrieblichen Funktionsträgern zu gewährleisten.

6.8.2 Anforderungen an ein IT-gestütztes Risikomanagement

Entsprechend den unterschiedlichen individuellen Bedürfnissen der einzelnen Unternehmen variieren auch die Anforderungen an ein RMIS. Deshalb ist die Ermittlung der betriebswirtschaftlichen Anforderungen ein zentrales Problem bei der Auswahl bzw. Entwicklung und Implementierung eines IT-gestützten Risikomanagementsystems. Trotzdem lassen sich einige grundlegende Anforderungen definieren:

*   Um das Risikomanagement rechnerbasiert unterstützen zu können, reicht die Speicherung vergangener und aktueller Daten (etwa Schadensdaten, Daten über Risikolage und Wirksamkeit der risikopolitischen Maßnahmen) nicht aus. Vielmehr sollte das IT-gestützte Risikomanagementsystem den gesamten Risikomanagement-Prozess, also die Risikoanalyse, die Risikoaggregation, die Erfassung und Beurteilung von risikopolitischen Handlungsalternativen, die Abschätzung der Auswirkungen der geplanten Maßnahmen und den Soll-Ist-Vergleich zur Erfolgskontrolle umgesetzter Maßnahmen, unterstützen.
*   Ein IT-gestütztes Risikomanagementsystem sollte möglichst in die bestehende IT-Landschaft eines Unternehmens integriert werden, bzw. über passende Schnittstellen zu anderen Bestandteilen des betrieblichen Informationssystems, etwa zum betrieblichen Rechnungswesen, verfügen.[287] Die Vorteilhaftigkeit eines integrierten Systems ergibt sich zusätzlich daraus, dass der Risikomanager an allen Entscheidungen teilhaben sollte, welche die Risikolage des Unternehmens tangieren. Eine weitere wichtige Anforderung besteht in der Implementierung geeigneter Kommunikationsschnittstellen (etwa E-Mail), um den Informations- und Kommunikationsfluss zwischen den am Risikomanagement beteiligten Funktionen sicherstellen zu können. Von zentraler Bedeutung ist auch ein flexibler Aufbau, damit das IT-gestützte Risikomanagementsystem den kontinuierlichen Unternehmensveränderungen (etwa durch Akquisition eines Unternehmens) angepasst werden kann. Um die Anforderungen der unterschiedlichen Benutzergruppen (u. a. der Risikomanager und der Unternehmensleitung) optimal berücksichtigen zu können, sollte ein IT-gestütztes Risikomanagement auch verschiedene Sichten auf die Daten anbieten.
*   Um die Auswirkungen von Risikoeintritten oder die Wirksamkeit geplanter risikopolitischer Maßnahmen nachvollziehen zu können,

---

[287] Sinnvoll sind insbesondere XML-Schnittstellen und Schnittstellen zu Excel.

ist es schließlich wünschenswert, dass das IT-gestützte Risikomanagementsystem aufgrund der Komplexität der Aufgabe die Modellierung und Simulation von Szenarien gestattet. Dazu ist es erforderlich, Wahrscheinlichkeitsverteilungen erfassen und mit ihnen rechnen zu können.

Die wichtigsten möglichen Anforderungen an ein IT-gestütztes Risikomanagementsystem lassen sich also folgendermaßen zusammenfassen:

Betriebswirtschaftliche und methodische Anforderungen
• Erstellung eines Risikoinventars als Gesamtübersicht der Risiken
• Priorisierung von Risiken (z. B. nach Relevanz)
• Zuordnung eines für die Überwachung zuständigen Risikoverantwortlichen (Risk Owner)
• Zuordnung der wichtigsten organisatorischen Regelungen – speziell zur Risikoüberwachung (z. B. Überwachungsturnus etc.)
• Strukturierte Erfassung sämtlicher wesentlicher Risikobewältigungsmaßnahmen (z. B. auch sämtliche Versicherungen)
• Zuordnung von Risikobewältigungsmaßnahmen zu jedem Risiko, die die Möglichkeiten für die Verminderung oder den Transfer dieses Risikos beschreiben („Maßnahmecontrolling")
• Flexibilität hinsichtlich der Art der quantitativen Beschreibung von Risiken (z. B. mittels Normalverteilung oder nach Schadenshöhe und Eintrittswahrscheinlichkeit)
• Zuordnung von Risiken zur Unternehmensplanung („Welche Planabweichungen werden durch die Risiken verursacht?")
• Die Korrelation von Risiken – sowohl über die Zeit (Autokorrelationen) als auch zwischen den Risiken – sind funktional abzubilden, so dass sie bei der Simulation berücksichtigt werden können
• Die aggregierte Auswirkung aller Risiken auf die Zielgrößen des Unternehmens (wie z. B. den Gewinn oder den Free Cashflow) sind mittels Simulation zu ermitteln
• Berechnung des Eigenkapitalbedarfs, anderer Risikokennzahlen (CVaR), erforderlicher Liquiditätsreserven sowie eines risikoadjustierten Kapitalkostensatzes für eine wertorientierte Unternehmensführung
• Nutzung von Risikoinformationen, z. B. für Investitionsrechnung, Ratingprognosen etc.
Technische Anforderungen
• Möglichkeit der Abbildung von Konzernstrukturen
• System-Logiken zur Abbildung von Work-Flows (Arbeitsprozesse)
• Verfügbarkeit von aktuellen Daten zu jedem beliebigen Zeitpunkt
• Schnittstellen für Datenimport und -export

Technische Anforderungen *(Fortsetzung)*
• Bereitstellung eines dezentralen und anwenderorientierten Risiko-Reportings (risikospezifische E-Mails im Rahmen der Ad-hoc-Berichterstattung, verdichtete Reports für Geschäftsführung bzw. Vorstand)
• (Revisionssichere) Aufzeichnung der Datenhistorie sämtlicher Risiken und Risikoüberwachungstätigkeiten
• Autorisierungs- und Datenschutzkonzepte
Investitionssicherheit, Service und Kosten
• Stabilität, Innovationskraft und zukünftige Strategie des Softwareanbieters
• Referenzkunden
• Kosten für Lizenzen
• Customizing
• Einführung, Schulung, Wartung

Abbildung 57: Anforderungen an ein IT-gestütztes Risikomanagementsystem aus betriebswirtschaftlicher und methodischer Sicht[288]

6.8.3 Fallbeispiele für eine IT-Umsetzung: Risiko-Kompass[289] und Strategie-Navigator

Der Risiko-Kompass ist ein Software-basiertes Hilfsmittel, das die Unternehmensführung beim Risikomanagement und bei der Einschätzung des eigenen Ratings („indikatives Rating") unterstützt – aber zugleich eine Vielzahl weiterer, flankierender Funktionalitäten aufweist. Da für die Beurteilung des Ratings eines Unternehmens bekanntlich Erkenntnisse über die finanzielle Situation, die Erfolgspotenziale, die Branche und insbesondere auch die Risiken erforderlich sind, unterstützt der Risiko-Kompass (www.Risiko-Kompass.de) eine umfangreiche Unternehmensanalyse (inklusive detaillierter Jahresabschlussanalyse). Die Software bietet darüber hinaus auch Hilfestellung bei der Erstellung einer risikoorientierten Unternehmensplanung („stochastische Planung").

---

[288] Siehe Gleißner/Romeike, 2005, S. 245.

[289] Teilweise in enger Anlehnung an Gleißner/Schmidt, 2007. Als Beispiel für eine konzernweite RMIS-Lösung auf Basis von MIS-Risikomanagement sei auf Hempel/Gleißner, 2006 verwiesen. Derartige komplexe Systeme weisen weitere Funktionen auf, z. B. bezüglich dezentraler Nutzung, Datenschutz und Autorisierung und revisionssicherer Aufzeichnung historischer Daten.

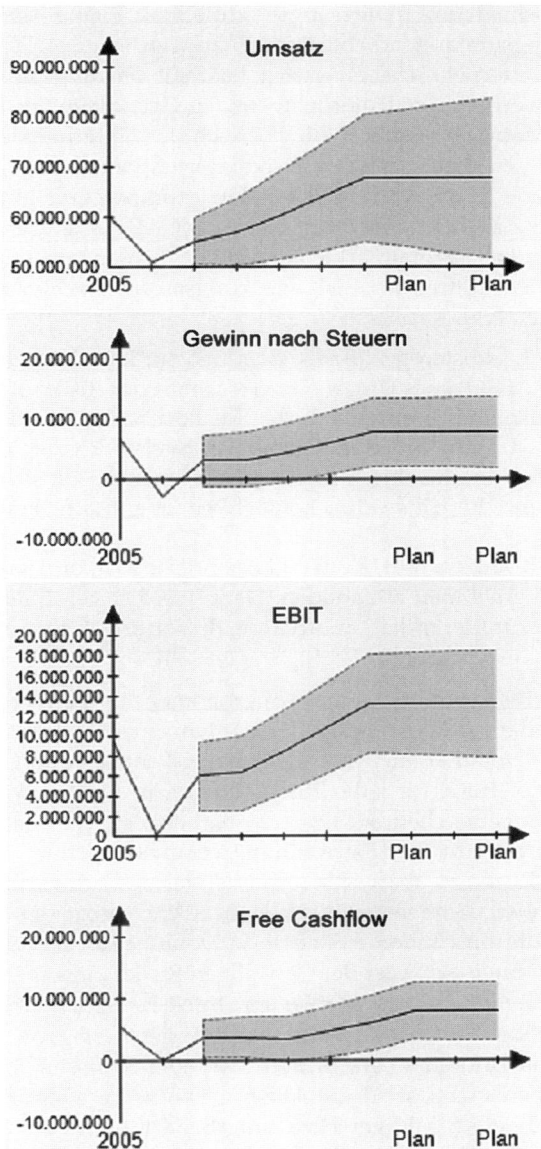

Abbildung 58: Planungssicherheit einer simulationsbasierten Bewertung grafisch verdeutlicht[290]

---

[290] Aus dem „Strategie-Navigator" der FutureValue Group AG, einer Software, die neben strategischem Controlling (Balanced Scorecard) speziell Risikoinformationen für simulationsbasierte Bewertung und Ratingprognosen nutzt.

Durch verschiedene Erweiterungsmodule zum Risiko-Kompass kann der Leistungsumfang erheblich ergänzt werden. Das Zusatzmodul (add-in) „Unternehmensbewertung" enthält leistungsfähige Verfahren zur Bewertung des Unternehmens auf Grundlage der Discounted Cashflow-Methode, wobei die im Bereich der Unternehmensplanung erfassten Daten ebenso wie die Risikoinformationen ausgewertet werden. Ergänzend zur traditionellen Bewertungstechnik (mit der Ableitung von Kapitalkostensätzen über das CAPM) kann auch der für unvollkommene Kapitalmärkte (speziell bei Fehlen von Kapitalmarktinformationen) hilfreiche „Risikodeckungsansatz der Bewertung" genutzt werden (vgl. Kapitel 7.3).

Durch ein Checklisten-gestütztes Verfahren zur Identifikation der maßgeblichen Risiken eines Unternehmens schafft der Risiko-Kompass zunächst Transparenz hinsichtlich der Risikosituation (Risikoinventar). Alle für das Unternehmen maßgeblichen Risiken können dabei (auch unterschieden in einzelne unabhängige Szenarien) hinsichtlich Schadenshöhe und Eintrittswahrscheinlichkeit quantitativ bewertet werden.

Der Risiko-Kompass hilft, KonTraG-orientierte Risikomanagementsysteme in Unternehmen abzubilden. Dazu werden verschiedene Funktionalitäten zur Identifikation, Analyse, Bewertung, Überwachung und Steuerung von Risiken zur Verfügung gestellt.

Da sich die Risikosituation eines Unternehmens im Zeitverlauf ändert, unterstützt der Risiko-Kompass den Aufbau eines Risikomanagementsystems, das orientiert an den Vorgaben des Kontroll- und Transparent-Gesetzes (KonTraG) für jedes Risiko erfasst, in welcher Weise dieses laufend zu überwachen ist. Dabei wird beispielsweise jedem Risiko zugeordnet, wer für die Überwachung verantwortlich ist, in welchem Turnus das Risiko zu überwachen ist und welche Frühwarnindikatoren kritische Entwicklungen bezüglich eines Risikos anzeigen. Für das Risiko relevante und schon existierende Dokumente (z. B. QM-Richtlinien, etc.) können als Datei dem jeweiligen Risiko zugeordnet werden, was den schnellen Zugriff auf relevante Infos ermöglicht und eine doppelte Erfassung vermeidet. Werden Schwellenwerte von definierten Frühwarnindikatoren überschritten, die eine kritische Entwicklung des Risikos anzeigen, wird die Anzeige von grün („kein Handlungsbedarf") auf gelb („baldiger Handlungsbedarf") bzw. rot („sofortiger Handlungsbedarf") umgestellt. Um den Umgang mit einem Risiko zu unterstützen und auf eine Optimierung der Risikoposition hinzuwirken, wird zudem ein Controlling von präventiven und reaktiven Maßnahmen hinsichtlich jedes Risikos angeboten und in einer To-Do-Liste zusammengefasst.

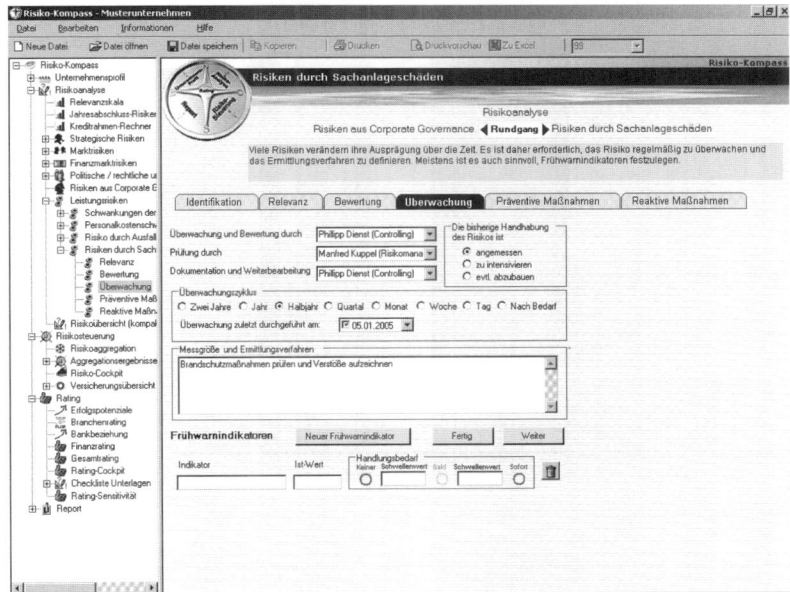

Abbildung 59: Darstellung der Überwachung eines Risikos

Risiko	Relevanz	Letzte Überwachung	Überwachungszyklus	Tage überschritten	Frühwarnindikator
Risiken durch Abhängigkeit von einzelnen Lieferanten	3	01.03.2005	Quartal	165	
Beschaffungsmarktrisiken (Preis), Materialkostenschwankungen	3	03.01.2005	Halbjahr	132	
Risiken durch Absatzmengenschwankungen	4	03.01.2005	Halbjahr	132	◉ gelb
Risiken durch Absatzpreisschwankungen	4	03.01.2005	Halbjahr	132	● grün
Risiken aus der Produkthaftpflicht	4	09.05.2005	Quartal	95	◉ gelb
Risiken durch Forderungsausfälle	3	31.07.2005	Monat	73	
Währungsrisiken	2	01.08.2005	Monat	72	
Zinsänderungsrisiken	3	01.08.2005	Monat	72	
Risiken durch Abhängigkeit von einzelnen Kunden	4	13.12.2004	Jahr	−27	● rot

Abbildung 60: To-do-Liste im Risikomanagement

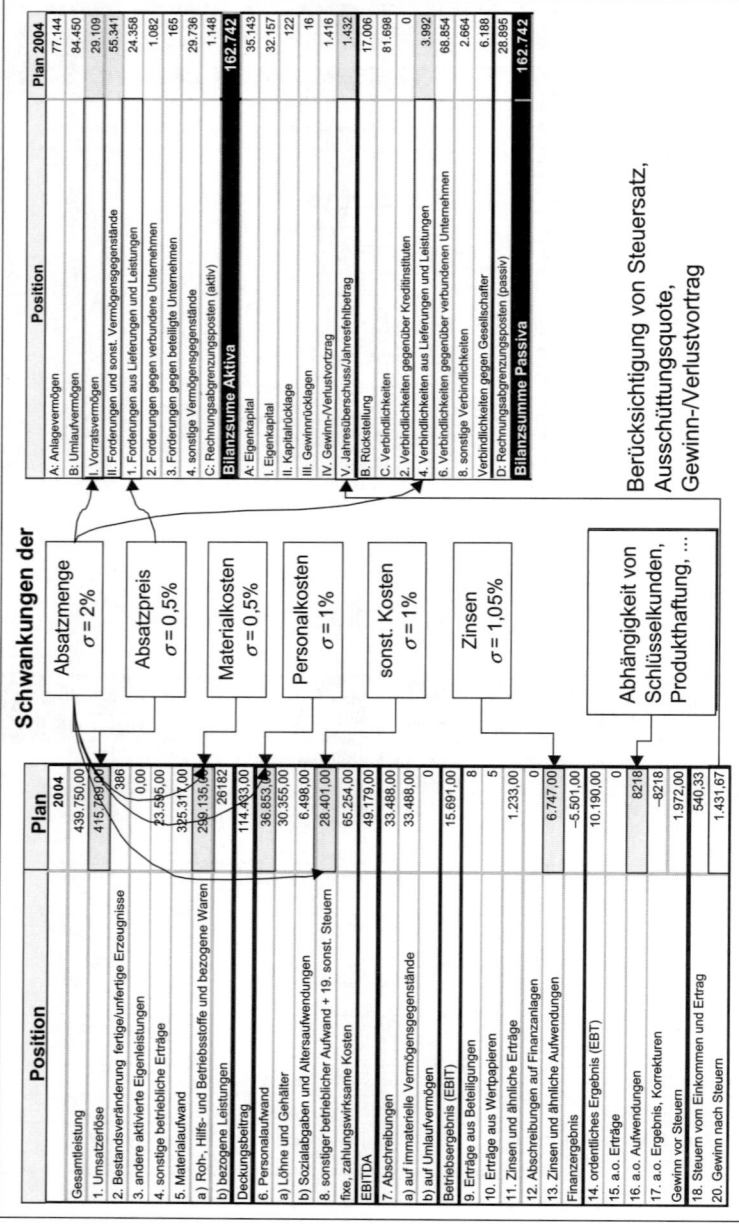

Abbildung 61: Unternehmensmodell im Risiko-Kompass

Die Risikoaggregation sollte mindestens einmal jährlich durchgeführt werden. Als Zeitpunkt empfiehlt sich i. d. R. das Ende des vorausgehenden Geschäftjahres oder der Anfang des zu betrachtenden Geschäftsjahres, wenn die Arbeiten zum Jahresabschluss beendet und die Planung und Budgetierung des Folgejahres aufgestellt sind, da diese Daten als Grundlage für die Risikoaggregation benötigt werden (vgl. vertiefend Kapitel 4).

Nicht direkt zuordenbare, außerordentliche Schadenswirkungen von Risiken (z. B. Haftpflichtfälle) werden dabei in der Position „außerordentliches Ergebnis" zusammengefasst. Auf diese Weise können mittels Risikoaggregationsverfahren Bandbreiten für die wichtigsten Plangrößen – beispielsweise das Betriebsergebnis (EBIT) – berechnet werden. Dabei wird mit Hilfe dieser Technik auch der risikobedingte Eigenkapitalbedarf für eine angestrebte Ratingstufe berechnet und die Wahrscheinlichkeit für den kompletten Verzehr des tatsächlich vorhandenen Eigenkapitals und eine Illiquidität berechnet.

Konkret ist im Risiko-Kompass das Unternehmensmodell gemäß Abbildung 61 zu Grunde gelegt, mit den dargestellten Beziehungen der simulierten Größen von Plan-GuV und Plan-Bilanz.[291]

Für die Darstellung und den Vergleich der Risikoposition bietet sich das sog. Risiko-Cockpit an (*siehe Abb. 62*).

An dieser Stelle können die wichtigsten Risiko-Kennzahlen berechnet und mit den Vorperioden verglichen werden. Aus diesen Ergebnissen können wichtige Informationen für die Entscheidungsunterstützung gewonnen werden. Es kann beispielsweise gezeigt werden, ob zur Deckung der vorhandenen Risiken das Eigenkapital ausreicht. Der Liquiditätsbedarf und die Wahrscheinlichkeiten für Überschuldung oder Illiquidität geben Aufschluss über das angemessene Rating (gemäß Planung) und insgesamt die Stabilität des Unternehmens.

Diese Risikokennzahlen und deren Auswertungen sowie das aktualisierte Risikoinventar bieten sich als Bestandteile eines regelmäßigen Risiko-Reportings an die Unternehmensführung an. Des Weiteren sollten auch die neuen Einzelrisiken sowie Veränderungen bei den bestehenden Risiken im Report aufgeführt werden.

Die folgende Tabelle fasst beispielhaft zusammen, welche Prozessschritte im Risikomanagement zu bestimmten Zeitpunkten durch die verschiedenen in dem Risikomanagementprozess involvierten Personen (Stellung) mit Hilfe einer Software, wie dem Risiko-Kompass, durchzuführen sind.

---

[291] Siehe Gleißner/Schmidt, 2007.

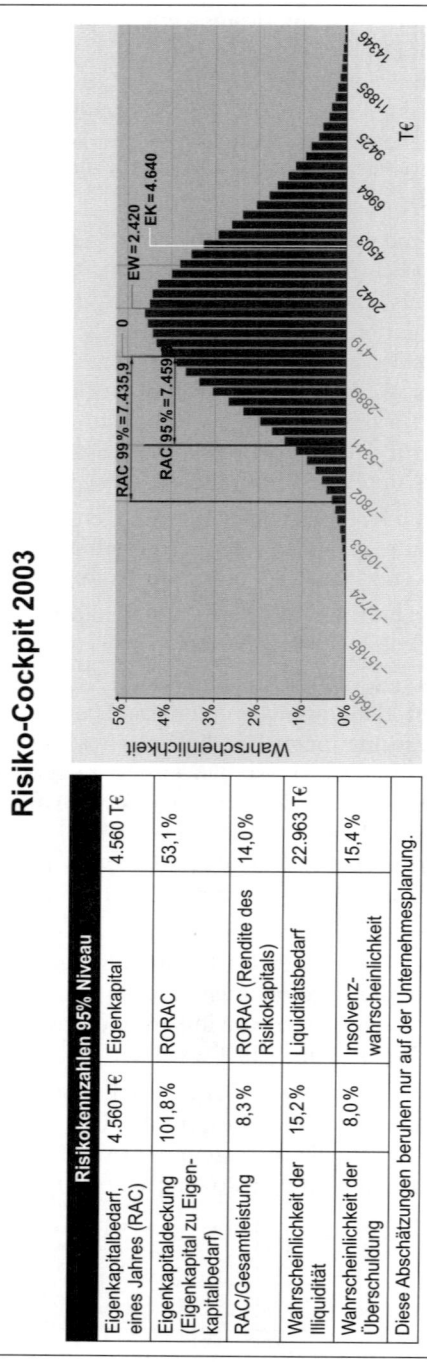

Abbildung 62: Risiko-Cockpit (Ausschnitt)

Prozessschritt	Vorgehensweise mit Risiko-Kompass	Person	Zeitpunkt/ Turnus
Identifikation und Bewertung neuer Risiken			
Identifikation	Checkliste Risikoanalyse	Geschäftsführung, Fachexperten, Risikomanager	jedes Quartal
Relevanzeinschätzung	Risikoanalyse, Relevanz	Geschäftsführung, Fachexperten, Risikomanager	jedes Quartal
Bewertung	Risikoanalyse, Bewertung	Geschäftsführung, Fachexperten, Risikoverantwortlicher	jedes Quartal
Regelungen zur fortlaufenden Überwachung	Regelungen bei den jeweiligen Risiken erfassen	Risikomanager, Risikobeauftragte	jedes Quartal
Maßnahmen zur Risikobewältigung	Regelungen bei den jeweiligen Risiken erfassen	Risikobeauftragte, Risikomanager	jedes Quartal
Überprüfung und fortlaufende Überwachung bestehender Risiken			
Überprüfung bestehender Risiken	Risikoanalyse, Risiko-Inventar	Risikobeauftragte in Absprache mit dem Risikomanager	Jährlich
Überprüfung der Regelungen zur Überwachung bestehender Risiken	Verantwortlichkeiten, Prüfung, Überwachungszyklus, etc.	Risikomanager in Absprache mit den Risikoverantwortlicher	Jährlich
Laufende Überwachung bestehender Risiken	aktuelle Angaben zur Handhabung und Frühwarnindikatoren	Risikoverantwortlicher	Kontinuierlich gemäß Überwachungszyklus
Überprüfung des Versicherungsschutzes	Versicherungsübersicht	Versicherungsbeauftragter; ggf. Risikoverantwortlicher und Risikomanager	Jährlich, Kündigungsfristen berücksichtigen

Prozessschritt	Vorgehensweise mit Risiko-Kompass	Person	Zeitpunkt/ Turnus
Bestimmung der aktualisierten Gesamtrisikoposition			
Risikoaggregation	Durchlaufen der Aggregation im Risiko-Kompass	Risikomanager	jährlich, nach Erstellung der Planung und (Neu-) Bewertungen der Risiken
Risikoreporting	Informationen aus dem „Risiko-Cockpit" an die Geschäftsleitung berichten	Risikomanager	jährlich, nach aktualisierter Risikoaggregation und orientiert am Turnus des Managementreportings
Dokumentation der aktualisierten Risikoinformationen			
Dokumentation	Archivierung der in den Risiko-Kompass eingegebenen Informationen, Ausdruck, ggf. Weiterverarbeitung in einem Risikomanagement-Handbuch	Risikobeauftragte, Risikomanager	jährlich, nach Bedarf

Abbildung 63: Tabellarische Zusammenfassung[292]

Neben der Unterstützung und organisatorischen Verankerung des Risikomanagements bietet der Risiko-Kompass weitere Funktionalitäten, die für die Zukunftssicherung eines Unternehmens wesentlich sind und spezielle Berührungspunkte zum Risikomanagement aufweisen.

Eine Jahresabschlussanalyse, die auch auf in der Software generierte Plan-Jahresabschlüsse angewendet werden kann, zeigt die wesentlichen Informationen zu Kapitalbindung, Liquidität, Rentabilität und Finanzrisiko.

Eine wesentliche Fähigkeit des Risiko-Kompasses besteht darin, die Unsicherheiten in einer chancen- und risikoorientierten („stochastischen") Planung explizit aufzuzeigen. So können wichtige Plangrößen – beispielsweise der erwartete Umsatz des nächsten Jahres – explizit Risiken zugeordnet werden, welche die realistische Bandbreite für diese Kennzahlen beschreiben (Verteilungsannahme). Auf diese Weise wird es durch eine Aggregation der betrachteten Risiken (Monte-Carlo-Simulation) möglich, die Planungssicherheit und den Gesamtrisikoumfang des Unternehmens zu bewerten.

---

[292] Vgl. Gleißner/Rinne, 2004.

Die folgenden Erläuterungen zeigen – am Beispiel einer Software – die enge Beziehung von Risiko zu Rating und Unternehmensplanung.

Zur Vorbereitung auf das Rating gemäß Basel II fasst der Risiko-Kompass plus Rating die Bewertung der Erfolgspotenziale, das Risikoinventar und die ratingrelevanten Finanzkennzahlen der Jahresabschlussanalyse („Finanzrating") mit einer Bewertung der Branchenattraktivität zusammen, um so eine Abschätzung der Rating-Stufe des Unternehmens (indikatives Rating) zu erreichen (zur Methodik: Abschnitt 7.1).[293]

Das Ratingverfahren im Risiko-Kompass basiert auf den „klassischen" Teilbereichen P1 Finanzrating, und P3 Perspektiven (Erfolgspotenziale, Branchenrating, Bankbeziehung). Zusätzlich fließen die Risiken und Ergebnisse der Simulation der Risiken im Kontext der Unternehmensplanung (Teilbereich P2) mit ein. Die Verdichtung erfolgt im „Gesamtrating". Abbildung 64 zeigt den RiKo-Rating-Ansatz im Überblick.

Beim „Finanzrating" handelt es sich um die bekannte Bewertung von Kennzahlen, die auf der traditionellen Jahresabschlussanalyse basieren und Aussagen zur Vermögens-, Ertrags- und Liquiditätslage zulassen. Diese Daten haben neben der Verfügbarkeit vor allem den Vorteil

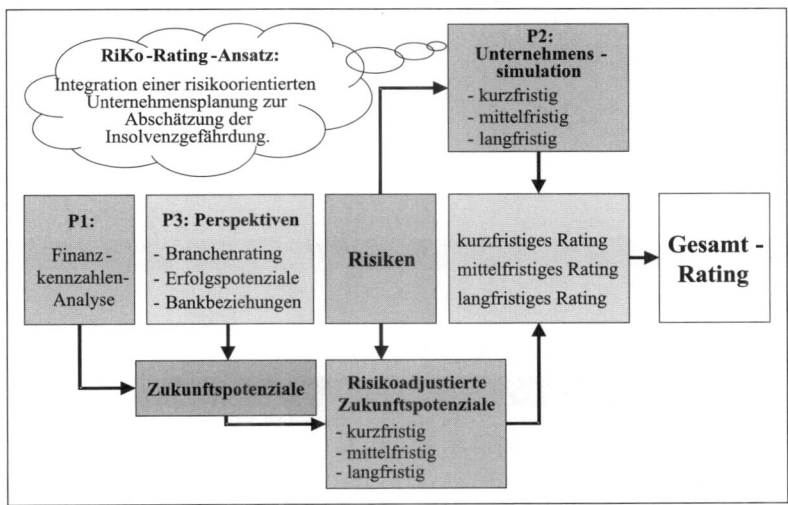

Abbildung 64: Der RiKo-Rating-Ansatz im Überblick

---

[293] Das hierbei zugrunde gelegte Verfahren orientiert sich auch an den Erkenntnissen eines Forschungsprojektes, das die WIMA GmbH, unterstützt durch die FutureValue Group AG mit der TU Dresden (IAWW), durchgeführt hat. Im Rahmen einer Initiative des Sächsischen Ministeriums für Wirtschaft und Arbeit (SMWA) in den Jahren 2001 bis 2004 sollten sächsische Mittelständler bei der Vorbereitung auf das bankinterne Rating unterstützt werden, siehe Blum/Gleißner/Leibbrand, 2005.

der Objektivität und des quantitativen Charakters. Für eine zukunftsorientierte Bonitätsprüfung sind die gewonnenen Daten jedoch nicht
ausreichend. Bei der Beurteilung der Ausfallwahrscheinlichkeit (bzw.
der Kreditwürdigkeit) müssen nämlich Aussagen zur zukünftigen
Entwicklung des Unternehmens gemacht werden; die Kennzahlen der
Jahresabschlussanalyse beruhen jedoch auf Vergangenheitswerten. Es
werden Kennzahlen genutzt, die sich im Rahmen empirischer Analysen als (langfristige) Insolvenz-Indikatoren erwiesen haben (siehe
z. B. Altman-Z-Score). Zudem erlauben Kennzahlen wie die Eigenkapitalquote auch Rückschlüsse auf die Risikotragfähigkeit eines Unternehmens. Die gewonnenen Kennzahlen werden im sogenannten
Finanzrating (Bilanzrating) verdichtet, wie Abbildung 65 zeigt. Das
Finanzrating wurde dabei so konstruiert, dass es eine Vielzahl üblicher
Ratingansätze (z. B. der Kreditinstitute und Ratingagenturen) im Mittel
gut abbildet („Benchmark-Rating"). Die Kennzahlen werden im Anhang erläutert.

Finanzrating 2004

Kennzahlen	CCC	B	BB	BBB	A	Wert
wirtschaftliche Eigenkapitalquote	<10%	>10%	>20%	>35%	>60%	12,1%
dynamischer Verschuldungsgrad (a)	>8	<8	<4	<1	<0,01	2,9
Zinsdeckungsquote	<1	>1	>2,5	>4	>9	4,3
operative Marge (EBIT-Marge)	<0%	>0%	>5%	>10%	>15%	12,3%
Kapitalrückflussquote	<5%	>5%	>10%	>15%	>25%	30,8%
Gesamtkapitalrendite (ROCE)	<0%	>0%	>5%	>10%	>20%	27,7%
Quick-Ratio	<60%	>60%	>90%	>140%	>200%	65,2%
Verbindlichkeitenrückflussquote	<−10%	>−10%	>0%	>10%	>20%	34,9%
Finanzrating 2004			⬤			**2,6**

Rating-Prognose 2005

Kennzahlen	CCC	B	BB	BBB	A	Wert
wirtschaftliche Eigenkapitalquote	<10%	>10%	>20%	>35%	>60%	30,1%
dynamischer Verschuldungsgrad (a)	>8	<8	<4	<1	<0,01	2
Zinsdeckungsquote	<1	>1	>2,5	>4	>9	4,3
operative Marge (EBIT-Marge)	<0%	>0%	>5%	>10%	15%	12,3%
Kapitalrückflussquote	<5%	>5%	>10%	>15%	>25%	31,4%
Gesamtkapitalrendite (ROCE)	<0%	>0%	>5%	>10%	>20%	28,2%
Quick-Ratio	<60%	>60%	>90%	>140%	>200%	65,2%
Verbindlichkeitenrückflussquote	<−10%	>−10%	>0%	>10%	>20%	39,1%
Rating-Prognose 2005				⬤		**2,0**
erwartete Veränderung des Zinsaufwandes durch Ratingveränderung −87,07 T€						

Abbildung 65: Finanzrating mit Rating-Prognose-Abbildung

Zur Generierung des Rating-Urteils aus den einzelnen Kriterien bzw. Teilratings werden die Bewertungen zum Finanzrating, zu den Bankbeziehungen, zum Branchenrating und zu den Erfolgspotenzialen insgesamt mit statischen Gewichten versehen und zu einer Gesamtkennzahl – dem „Zukunftspotenzial" – addiert. Diese Teilratings, alle gemessen auf einer Skala zwischen 1 und 5, haben ihren Schwerpunkt in der Bestimmung bzw. Prognose des erwarteten Ertragsniveaus. Die Bewertung des Zukunftspotentials kann unmittelbar in eine Rating-Note umgesetzt werden.

Schließlich gilt es im Rahmen der Bestimmung des (indikativen) Rating-Urteils die individuellen Risiken zu bewerten, die den Erfolg des Unternehmens potenziell gefährden können. Die Checklisten-geführte Identifikation der Unternehmensrisiken mündet dabei nicht nur in einer Relevanzbewertung (auf einer Skala von 1 bis 5). Der Risiko-Kompass ermöglicht zudem – wie erwähnt –, für jedes Risiko auch eine quantitative Beurteilung (z. B. hinsichtlich Schadenshöhe und Eintrittshäufigkeit) vorzunehmen, wobei verschiedene denkbare Schadensszenarien unterschieden werden können. Wo sinnvoll, bietet der Risiko-Kompass darüber hinaus auch die Möglichkeit, Risiken als Schwankungen bzw. Planabweichungen (normal verteilte) zu beschreiben.

Es lässt sich mit Hilfe einer stochastischen Unternehmensplanung unmittelbar auf die Wahrscheinlichkeit der Überschuldung bzw. Zahlungsunfähigkeit eines Unternehmens schließen (P2) (vgl. weiterführend Abschnitt 7.1).

Die aus dem Unternehmensplanungsmodell (Simulation) abgeleiteten Erkenntnisse hinsichtlich des Ratings können mit den „traditionellen" Rating-Kriterien auf Wunsch verbunden werden. Insofern bietet der Risiko-Kompass sowohl die Möglichkeit, ein bankennahes, traditionelles Rating abzubilden, als auch innovative, zukunftsorientierte Rating-Einschätzungen auf Basis der Planung des Unternehmens selbst anzuzeigen. Beim bisherigen Stand der von Kreditinstituten implementierten Ratingverfahren ist Letzteres aber vor allen Dingen für die Unternehmensführung selbst von großer Bedeutung, um die Konsequenzen ihrer Zukunftsplanung und der Risiken – die die Kreditinstitute bestenfalls rudimentär berücksichtigen – auf die zukünftige Entwicklung ihrer Ratings rechtzeitig anzuzeigen.

Insgesamt ist der Risiko-Kompass als Instrument konzipiert, das durch integrierte Instrumente der Unternehmensleitung bei der Identifikation, der Bewertung und dem Umgang mit den Risiken hilft. Ergänzend bietet der Risiko-Kompass mit Hilfe einer risikoorientierten Unternehmensplanung (Risikoaggregationsverfahren) zudem die Möglichkeit, den Gesamtrisikoumfang (und damit das Rating) bei verschiedenen möglichen Zukunftsszenarien im Sinne einer zukunftsorientierten, auf der Unternehmensplanung aufbauenden Rating-Prognose einzuschätzen, und so Chancen gegen Gefahren (Risiken) abzuwägen.

So kann die Unternehmensleitung die Auswirkungen verschiedener Maßnahmen auf die Rating-Note simulieren (Rating-Prognose). Auch das Ratingänderungsrisiko, das bei einer Verschlechterung der Konditionen im Extremfall zur Insolvenz, mindestens aber zu gestiegenen Finanzierungskosten führt, kann so abgeschätzt werden. Nötigenfalls können Maßnahmen zur Verbesserung des Ratings vorgenommen werden, zum einen über die Verbesserung des Zukunftspotenzials, und zum anderen über die Reduzierung der Gesamtrisikoposition. Die Existenz des Ratingänderungsrisikos zeigt die Wichtigkeit einer solchen Rating-Prognose, um auf drohende Änderungen rechtzeitig reagieren zu können (vgl. dazu Abschnitt 7.1).

Am Beispiel der vorgestellten Software wird deutlich, dass Risikoinformationen prinzipiell immer erhoben werden, um mögliche Konsequenzen für die zukünftige Unternehmensentwicklung – hier aufgezeigt für das Rating – einzuschätzen und darauf reagieren zu können. Eine Risikomanagement-Software sollte dazu beitragen, die Risikoinformationen entscheidungsorientiert bereitzustellen. Die methodischen Grundlagen für die Nutzung von Risikoinformationen für Rating, wertorientierte Unternehmensführung, Akquisitation oder Investitionsrechnung werden im folgenden Kapitel näher betrachtet.

7. Risikomanagement, Rating und wertorientierte Unternehmensführung

7.1 Nutzung der Risikoaggregation zur Rating-Prognose

Risiko und Risikomanagement spielen auch beim Rating eine sehr große Rolle, weil die Risiken eines Unternehmens offensichtlich die Insolvenzwahrscheinlichkeit, aber auch die wahrgenommenen Kreditrisiken einer Bank maßgeblich mitbestimmen. Gemäß dem sogenannten „Basel II-Akkord" müssen Banken und Sparkassen für ihre Kredite je nach Risikogehalt des jeweiligen Engagements unterschiedlich viel Eigenkapital vorhalten. Die Banken erstellen daher Ratings, die die Risiken (erwartete Ausfallwahrscheinlichkeit) beschreiben und sollten dabei – stärker als die bisherigen Kreditwürdigkeitsprüfungen – die langfristigen strategischen Zukunftsperspektiven eines Unternehmens berücksichtigen. Vor allem sind die Ratings objektiver geworden, was durch eine stärkere Gewichtung (historischer) Finanzkennzahlen erreicht wurde. Unternehmen mit „schlechtem" Rating werden schlechtere Kreditkonditionen erhalten und u.U. auch einen geringeren Kreditrahmen zur Verfügung gestellt bekommen. Die eingehendere Beschäftigung der Kreditinstitute mit den – insbesondere im Jahresabschluss sichtbaren – Risiken ihrer Kreditnehmer hat bereits den Druck auch auf die mittelständische Wirtschaft erhöht, sich präventiv ebenfalls intensiver mit den eigenen Risiken auseinanderzusetzen und frühzeitig „Rating-Strategien" zu entwickeln, die auch zukünftig einen adäquaten Kreditrahmen zu wettbewerbsfähigen Konditionen gewährleisten. Das Rating ist dabei abhängig von[294]

- dem im Mittel erwarteten Ertragsniveau,
- den Risiken, also den möglichen Abweichungen vom erwarteten Ertragsniveau,
- der Risikotragfähigkeit (Eigenkapital und Liquiditätsreserven) sowie
- der Transparenz und der Glaubwürdigkeit des Unternehmens aus Sicht der Kreditinstitute.

Das Rating eines Unternehmens beschreibt aus der Perspektive eines Gläubigers die Ausfallwahrscheinlichkeit (Probability of Default, PD),

---

[294] Herleitung in Gleißner, 2002.

die weitgehend mit der Insolvenzwahrscheinlichkeit (Wahrscheinlichkeit für Überschuldung oder Illiquidität) übereinstimmt.

Es bietet sich zunächst an, eine Ersteinschätzung der zu erwartenden Rating-Einstufung des Unternehmens („indikatives Rating") – gestützt auf Finanzkennzahlen – durchzuführen. Die nachfolgende Abbildung zeigt typische Kennzahlen eines Finanzratings; sie sollten auch im internen Kennzahlensystem des Controllings verankert werden.[295]

Finanzrating

Kennzahlen	CCC	B	BB	BBB	A	Wert
wirtschaftliche Eigenkapitalquote	<10%	>10%	>20%	>35%	>60%	20,1%
dynamischer Verschuldungsgrad (a)	>8	<8	<4	<1	<0,01	9,9
Zinsdeckungsquote	<1	>1	>2,5	>4	>9	1,1
operative Marge (EBIT-Marge)	<0%	>0%	>5%	>10%	>15%	3,4%
Kapitalrückflussquote	<5%	>5%	>10%	>15%	>25%	11,3%
Gesamtkapitalrendite (ROCE)	<0%	>0%	>5%	>10%	>20%	7,0%
Quick-Ratio	<60%	>60%	>90%	>140%	>200%	55,5%
Freier Cashflow/Verbindlichkeiten	<−10%	>−10%	>0%	>10%	>20%	8%

Finanzrating

Abbildung 66: Beispielhaftes Finanzrating
(Quelle: Risiko-Kompass/Future Value™ Strategie-Navigator)

Die oben dargestellten Kennzahlen zeigen insgesamt ein Rating zwischen „B" (= schlechte Bonität, hohes Risiko) und „BB" (= vertretbare Bonität, erhöhtes Risiko). Das Finanzrating zeigt besondere Schwachpunkte beim dynamischen Verschuldungsgrad, bei der Liquidität und bei der Ertragskraft (EBIT-Marge) auf.

Das Rating mittelständischer Unternehmen durch ihre Kreditinstitute ist im Wesentlichen bestimmt durch quantitative Faktoren. Mit etwa 60 bis 80 % haben insbesondere die Finanzkennzahlen die größte Bedeutung in der Ratingnote. Das überrascht; schließlich wird beim Rating die Wahrscheinlichkeit für die Überschuldung oder die Illiquidität eines Unternehmens erfasst. Beide Insolvenzgründe lassen sich fast vollständig auf das Wirksamwerden von Risiken zurückführen, die nicht an Kunden weitergegeben werden können (z. B. Großkundenverlust, Fehlinvestitionen, Rohstoffpreiserhöhungen). In den heute angewendeten Ratingverfahren spielen jedoch diese originären Unternehmensrisiken – und auch das Risikomanagementsystem eines Unternehmens – im Vergleich zu anderen Kriterien nur eine völlig untergeordnete Rolle.

Wie lässt sich dieser (scheinbare) Widerspruch erklären? Um dies zu beantworten, muss man zunächst einmal die drei primären Determinanten der Insolvenzwahrscheinlichkeit betrachten. Diese sind die

---

[295] Eine genaue Erläuterung der Kennzahlen ist im Anhang zu finden.

Ertragskraft, die Risikotragfähigkeit (Eigenkapital und Liquiditäts-reserve) und eben die Risiken, die Abweichungen vom erwarteten Ertragsniveau beschreiben.[296] Die heute üblichen Ratingverfahren beurteilen im Wesentlichen nur die Ertragskraft (z. B. durch die Ge-samtkapitalrendite) und die Risikotragfähigkeit (z. B. durch die Eigen-kapitalquote) eines Unternehmens – und unterstellen implizit einen (branchen-) durchschnittlichen Risikoumfang. Die daraus abgeleitete Folgerung, eine erhöhte Ertragskraft oder erhöhte Risikotragfähigkeit führt tendenziell zu niedrigerer Insolvenzwahrscheinlichkeit (besse-rem Rating), ist natürlich richtig, aber nur in der Tendenz. Unterneh-men mit vergleichsweise niedrigem Risikoumfang erhalten bei den heutigen Verfahren tendenziell zu schlechte Ratings im Vergleich zu Unternehmen mit einem überdurchschnittlichen Risikoumfang.

Kann ein Unternehmen unter diesen Bedingungen durch den Ausbau des Risikomanagements eine Verbesserung seines Ratings erwarten? Kurzfristig nicht – langfristig aber sehr wohl. Tatsächlich zeigen sich be-stimmte Risiken implizit doch im klassischen Finanzrating. Die Finanz-kennzahlen und damit das Rating werden nämlich genau durch diejeni-gen Risiken maßgeblich bestimmt, die im letzten Geschäftsjahr wirksam geworden sind und entsprechend die Finanzkennzahlen (negativ) be-einflusst haben. Unternehmen, die im letzten Jahr „Glück hatten", er-halten damit tendenziell zu gute Ratings, diejenigen, die „Pech hatten", zu schlechte, weil durch das Finanzrating die zufällig im letzten Jahr eingetretenen Risiken (oft unangebracht) in die Zukunft fortgeschrieben werden. Risikobewältigung trägt damit dazu bei, die Wahrscheinlichkeit und die quantitativen Auswirkungen zukünftiger Risiken zu reduzieren, was zu einer Stabilisierung des Ratings und damit letztlich zur Absiche-rung des Finanzierungsspielraum und der Kreditkonditionen beiträgt.

Um die Konsequenzen der verschiedenen möglichen Maßnahmen im Rahmen einer Ratingstrategie beurteilen zu können, ist der Einsatz so-genannter „stochastischer Ratingprognosen" erforderlich. Bei diesem Simulationsverfahren wird die Zukunft des Unternehmens, basierend auf der Unternehmensplanung und den Risiken, die Planabweichungen auslösen können, viele tausend Mal durchgespielt (Monte-Carlo-Simu-lation). Es wird also die gleiche Methodik genutzt, wie bei der Risi-koaggregation (Kapitel 4). Die neue Generation der Ratingtechniken von Kreditinstituten der „Nach-Basel II-Generation" nutzt inzwischen, ergänzend zu den traditionellen (vergangenheitsorientierten) Finanz-ratings, derartige simulationsbasierte Ratingverfahren.

Zusammenfassend wird damit klar: Der Risikoumfang ist tatsächlich – neben Ertragskraft und Risikotragfähigkeit – zentrale Determinante der Ausfallwahrscheinlichkeit von Unternehmen. Im aktuell vorlie-

---

[296] Vgl. Gleißner, 2002.

genden Rating durch ein Kreditinstitut erkennt man aber nur diejenigen Risiken, die zufälligerweise im letzten Jahr eingetreten sind. Für
die nachhaltige, zukünftige Stabilisierung des zukünftigen Ratings hat
die Risikobewältigung jedoch eine zentrale Bedeutung.

Da eine Insolvenz von Unternehmen gerade durch die Auswirkung
gravierender Risiken ausgelöst werden kann, sollte die Betrachtung
von Risiken auch im Kontext des Ratings eine besondere Bedeutung
haben. Im Folgenden werden daher die Bedeutung von Risiken und Ri-
sikomanagementaktivitäten für das Rating eines Unternehmens, und
damit die Finanzierungskonditionen noch etwas genauer erläutert.

Während traditionelle Ratingverfahren beispielsweise mit Hilfe der
Jahresabschlussanalyse auf Basis historischer Daten („Finanzrating")
indirekt auf Insolvenzwahrscheinlichkeit und Rating schließen, bieten
Ratingsimulationen und die Risikoaggregation ergänzend die Möglichkeit der direkten Ableitung von Ratings.[297] Die Risikoaggregation
berechnet unmittelbar, in wie viel Prozent aller analysierten risikobedingten Zukunftsszenarien des Unternehmens durch risikobedingte
Verluste Überschuldung oder Illiquidität eintritt. Diese Information
lässt sich also unmittelbar in eine Insolvenzwahrscheinlichkeit und
damit in eine Ratingstufe umsetzen. Ergänzend zu traditionellen Ra-
tingmethoden lässt sich somit eine zusätzliche Fundierung des Ratings
erreichen, die die Grundlage für Gespräche mit dem Kreditinstitut und
die Entwicklung einer Ratingstrategie bietet. Der Vorteil der direkten
Ableitung eines Ratings gegenüber den vergangenheitsorientierten
Jahresabschlussanalysen besteht darin, dass bei der Risikosimulation
unmittelbar Bezug genommen wird auf die Unternehmensplanung
(also die Zukunft) und diejenigen Risiken, die die Planabweichungen
auslösen können. Im klassischen Finanzrating (Bilanzrating) sieht man
nur die Risken (implizit), die zufällig im letzten Jahr eingetreten sind.

Zwingend notwendig sind derartige zukunftsorientierte „Ratingprognosen" offensichtlich immer dann, wenn die im letzten Jahresabschluss ausgedrückte Historie eines Unternehmens deutlich von der
Zukunftsplanung abweicht (z. B. wegen geplanter Großinvestitionen).
Hier bieten Ratingprognosen auf Basis der Simulation der Planung
die Möglichkeit, wahrscheinliche kritische Entwicklungen des Ratings
vorherzusehen, was eine rechtzeitige Modifikation der Planung oder
Initiierung geeigneter Maßnahmen ermöglicht.

Zu unterscheiden sind dabei (1) „deterministische Ratingprognosen",
bei denen aufgrund der Unternehmensplanung auf das zukünftig zu
erwartende Rating geschlossen wird (indem aus der Unternehmensplanung Finanzkennzahlen abgeleitet werden, die das Rating bestimmen)
und (2) „stochastische Ratingprognosen", welche zusätzlich Risiken

---

[297] Vgl. Gleißner, 2002 und Blum/Gleißner/Leibbrand, 2005.

berücksichtigen und damit auch Bandbreiten für die Entwicklung des zukünftigen Ratings mit prognostizieren.[298] Letztere können Finanz-kennzahlen-basiert sein oder die „direkte" Ableitung der Insolvenz-wahrscheinlichkeit ermöglichen.

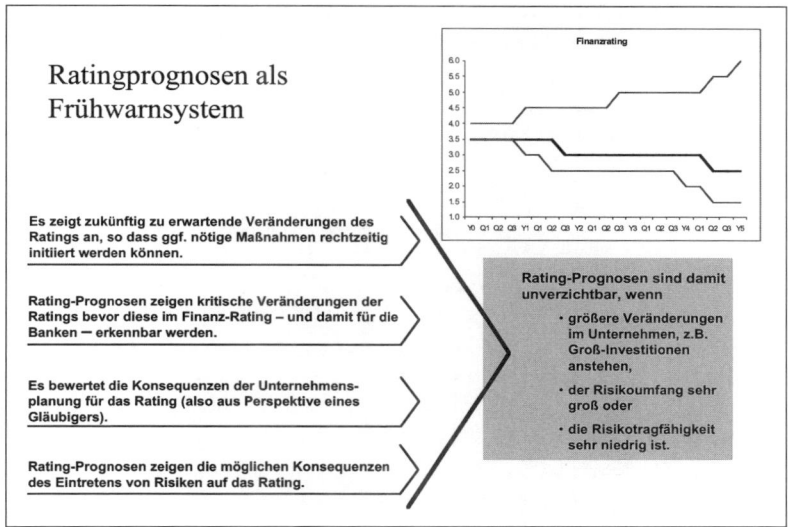

Abbildung 67: Ratingprognosen zeigen Konsequenzen der Unternehmensplanung

Auf diese Weise wird die Unternehmensführung in die Lage versetzt, das zukünftig zu erwartende Rating gezielt zu steuern – es ist nicht notwendig, zu warten, bis Probleme (z. B. das Wirksamwerden von Risiken) tatsächlich eingetreten sind und für die Banken im Kreditra-ting auch erkennbar werden. Speziell kann ermittelt werden, welche Bedeutung zusätzliche Aktivitäten der Risikobewältigung zur Stabili-sierung des Ratings haben.

7.2 Ableitung einer Rating-Strategie[299]

Die Entwicklung einer Rating-Strategie fängt mit einem „Rating-Check"[300] an, der aufzeigt, welche Rating-Einstufung ein Unterneh-men zu erwarten hat und welche zukünftige Entwicklung des Ratings

---

[298] Zur Methodik vgl. Gleißner/Füser, 2003 und vertiefend Gleißner/Leib-brand, 2004.

[299] Teilweise in Anlehnung an Gleißner, 2005.

[300] Vgl. z. B. die kostenlose Software „QuickRater", zu beziehen unter info@ futurevalue.de. Weitere Softwarelösungen werden erläutert in Gleißner/Ever-ling, 2007.

zu erwarten ist („Ratingprognose"). Zudem wird ermittelt, welche „kritischen Ratingkriterien" diese Einstufung maßgeblich bestimmen. Diese Ergebnisse können als Grundlage für die Ableitung dezidierter Maßnahmen zur Optimierung des Ratings dienen.[301]

Die Rating-Strategie zur Sicherung der zukünftigen Ratings basiert auf Maßnahmen, die den folgenden „Säulen" zugeordnet werden können (siehe Abbildung 68).

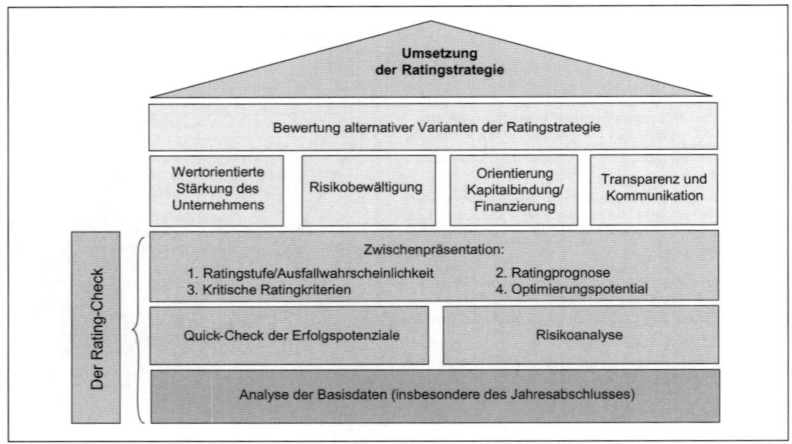

Abbildung 68: Module eines Rating-Advisory-Ansatzes
(Quelle: FutureValue Group AG)

(1) Maßnahmen zur Stärkung des Unternehmens dienen dazu, das erwartete Ertragsniveau und somit den Wert des Unternehmens zu fördern. Bedeutsam sind hier Maßnahmen zur Stärkung des Vertriebs, Aktivitäten des Kostenmanagements, aber auch die Verbesserung der strategischen Ausrichtung, z. B. durch eine präzisere Fokussierung des Unternehmens auf attraktive Geschäftsfelder. Im Rahmen der strategischen Überlegungen werden insbesondere folgende Aspekte diskutiert, die die Zukunftsperspektiven und damit das Rating maßgeblich bestimmen:[302]

• Was sind die bestehenden und zukünftigen Kernkompetenzen?
• Auf welche Geschäftsfelder mit welchen belegbaren Wettbewerbsvorteilen konzentriert sich das Unternehmen?
• Welche zentralen Wertschöpfungsaktivitäten bestimmen den zukünftigen Erfolg?
• Welche strategische Stoßrichtung befolgt das Unternehmen (Wachstum, Risikoreduzierung, Renditesteigerung)?

---

[301] Vgl. Gleißner/Füser, 2003.
[302] Siehe Gleißner, 2004c und Abschnitt 3.3.1.

Am Ende dieses Prozesses steht eine stimmige, fundierte und umsetz-
bare Strategie. Sie zeigt konkret, wie durch einen Aufbau von Kernkompetenzen für den Kunden wahrnehmbare Wettbewerbsvorteile,
zukünftige Gewinne und Liquidität („freie Cashflows") generiert werden, die die Kapitaldienstfähigkeit und damit das Rating – und meist
zugleich auch den Unternehmenswert – bestimmen (vgl. dazu Kapitel 2).

(2) Optimierung von Kapitalbindung und Finanzierung: Durch die
Erarbeitung und Umsetzung von Maßnahmen zum Abbau von Forderungen und Vorräten kann die Verschuldung gesenkt werden. Eine
Verbesserung der Finanzplanung und der Finanzierungsstruktur reduziert Finanzierungsspitzen und Finanzierungskosten. Zudem wird geprüft, welche alternativen Finanzierungsmöglichkeiten (z. B. staatliche
Fördermittel, mezzanines Kapital oder Wagniskapital) bestehen.

(3) Bewältigung von Spitzenrisiken: Besonders gravierende Risiken des
Unternehmens sollten dahingehend überprüft werden, ob sie durch
geeignete Bewältigungsmaßnahmen in ihrer Eintrittswahrscheinlichkeit oder Schadensauswirkung gemildert werden können. Besonders
interessant sind in diesem Zusammenhang der Transfer von Risiken,
die die Ertragslage wesentlich negativ beeinflussen könnten auf Dritte
(z. B. eine Versicherungsgesellschaft), die Substitution fixer durch variable Kosten oder die Initiierung organisatorischer Bewältigungsmaßnahmen. Das Risikomanagement des Unternehmens beeinflusst durch
die gewählten Risikobewältigungsmaßnahmen sowohl den Umfang
der Risiken als auch das erwartete Ertragsniveau, da Letzteres auch
durch die Risikokosten mitbestimmt wird (vgl. Kapitel 5). Das Risikomanagement hat somit neben der Optimierung von Kapitalbindung
und Finanzierung und ertragssteigernden Maßnahmen eine zentrale
Bedeutung bei der Erarbeitung von Rating-Strategien.

**(4) Verbesserung der Transparenz und der Kommunikation des Unter-
nehmens:** Schließlich muss überprüft werden, inwieweit die heute
im Unternehmen implementierten Planungs-, Steuerungs- und Controllingsysteme geeignet sind, Transparenz über die gegenwärtige
Situation und die erwartete Zukunftsentwicklung des Unternehmens
zu bieten. Bei der Analyse bestehender Schwachpunkte werden die
vorhandenen Führungssysteme (z. B. Rechnungswesen und Controlling) nötigenfalls verstärkt und neue Steuerungssysteme (z. B.
Risikomanagement oder Balanced Scorecard für die Umsetzung der
Unternehmensstrategie) ergänzt. Der Ausbau derartiger Systeme fördert die Steuerungsfähigkeit des Unternehmens und wird von den fi-
nanzierenden Banken deshalb per se als vorteilhaft angesehen. Zum
Schluss gilt es, eine Kommunikationsstrategie mit der Hausbank zu
erarbeiten, die insbesondere regelt, welche Informationen der Hausbank zu welchem Termin zur Verfügung gestellt werden. Es gilt dabei

vor allem die Zuverlässigkeit und Glaubwürdigkeit des eigenen Unternehmens und der übermittelten Daten zu untermauern und Kreditverhandlungen präzise vorzubereiten. Beispielsweise hat hier die Übermittlung der eigenen Unternehmensstrategie nicht nur vertrauensbildenden Charakter, sondern ermöglicht es einem Kreditinstitut überhaupt erst, die Zukunftsperspektiven eines Unternehmens fundiert einschätzen zu können.

Zusammenfassend ist festzuhalten, dass der Risikoumfang eines Unternehmens (zusammen mit der Risikotragfähigkeit) die Ausfallwahrscheinlichkeit und damit das Rating eines Unternehmens maßgeblich bestimmt. Bei dem heute implementierten Ratingverfahren der Kreditinstitute werden bisher jedoch meist nur diejenigen Risiken erfasst, die tatsächlich (zufällig) im letzten Betrachtungsjahr wirksam geworden sind und die Finanzkennzahlen entsprechend beeinflusst haben. Mit neuen Verfahren der simulationsbasierten Ratingprognosen, die die gleiche Technologie nutzen wie die Risikoaggregationsverfahren, kann jedoch die Konsequenz der zukünftigen Risiken (und Risikobewältigungsmaßnahmen) für das Rating aufgezeigt werden. Insbesondere ist es möglich zu prognostizieren, in welcher Bandbreite sich das zukünftige Rating eines Unternehmens risikobedingt entwickeln wird, womit Krisendiagnose und Krisenprävention möglich werden. Vor allem ist die Ratingprognose das adäquate Instrument, um den Beitrag von Risikobewältigungsmaßnahmen (siehe Kapitel 5) für die Stabilisierung des Ratings aufzuzeigen.

7.3 Risikomanagement und wertorientierte Unternehmensführung

7.3.1 Das Paradigma der Wertorientierung

Risikomanagement möchte insbesondere einen Beitrag dazu leisten, dass die Unternehmensführung Transparenz über den Risikoumfang bekommt, um bei Entscheidungen unter Unsicherheit die jeweils erwarteten Erträge und die zugehörigen Risiken gegeneinander abwägen zu können. Wie bereits in Kapitel 1 erläutert, ist gerade der Unternehmenswert ein sinnvoller Erfolgsmaßstab eines Unternehmens, da in dieser Kennzahl zukünftig erwartete Erträge (bzw. Cashflows) und Risiken erfasst werden. Die Risiken sind dabei berücksichtigt entweder durch einen Risikozuschlag auf den Zins einer risikolosen Anlage (Risikozuschlagmethode), also in den Kapitalkosten, oder durch einen Risikoabschlag von den erwarteten Erträgen. Da Risikoinformationen damit für die Bewertung von Unternehmen oder strategischen Handlungsalternativen und insgesamt die praktische Umsetzung der Idee einer wertorientierten Unternehmensführung zwingend notwendig sind, ist das Risikomanagement als Informationslieferant eine tragende Säule jeder wertorientierten Unternehmensführungskonzeption. Aufgrund des Informationsvorsprungs durch das eigene Risikomanagement gegenüber dem Kapitalmarkt ist die Fundierung von Kapitalkosten, Unternehmenswert oder Performancemaßen (wie dem Economic Value Added EVA) auf Basis unternehmensinterner (und damit planungskonsistenter) Risikoinformationen eine naheliegende Weiterentwicklung gegenüber traditionellen Methoden, wie speziell dem Capital Asset Pricing-Modell (CAPM).[303]

In diesem Abschnitt wird nunmehr die Grundidee einer wertorientierten Unternehmensführung näher erläutert, um auf dieser Grundlage insbesondere die Bedeutung von unternehmensinternen Risikodaten und des Risikomanagements in diesem Kontext zu verdeutlichen.

Einen wichtigen Anstoß für das wertorientierte Management stellte die Veröffentlichung von Rappaport dar, der den „Unternehmenswert" – Shareholder-Value – als Erfolgsmaßstab und Steuerungsgröße für Unternehmen etablierte. Bei den Shareholder-Value-Ansätzen von Rappaport (1986) und Copeland/Koller/Murrin (1993) wird mit der Anwendung von Varianten der Discounted-Cashflow-Verfahren insbesondere das Ziel verfolgt, einen geeigneten Maßstab zur Bewertung (oder zum Vergleich) unternehmerischer Aktivitäten (speziell von Investitionen) zu erhalten.[304]

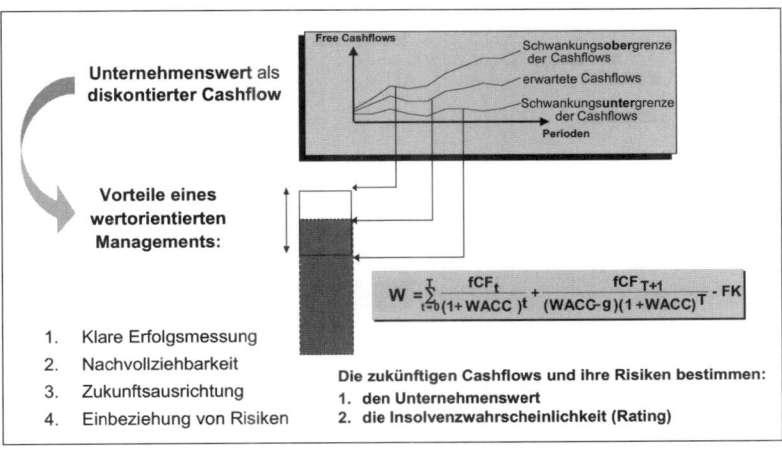

Abbildung 69: Unternehmenswert als diskontierter freier Cashflow

---

[303] Vgl. Franke/Hax, 2004.
[304] Zu den Methoden vgl. Peemöller, 2005.

Der Unternehmenswert (Zukunftserfolgswert), der sich als Summe der risikogerecht diskontierten zukünftig erwarteten Cashflows (Zahlung) berechnet, lässt sich dabei im Wesentlichen in Abhängigkeit von drei primären Werttreibern erklären, nämlich

- Kapitalrendite,
- Kapitaleinsatz[305], bzw. dessen Wachstumsrate sowie
- Kapitalkostensatz, also der dem Risiko angemessenen Mindestanforderung an die erwartete Kapitalrendite (WACC).

Die folgende Abbildung verdeutlicht das Zusammenspiel dieser drei primären „Werttreiber" bei der Erklärung des Wertbeitrags (oder des ähnlichen Economic-Value-Added (EVA)).

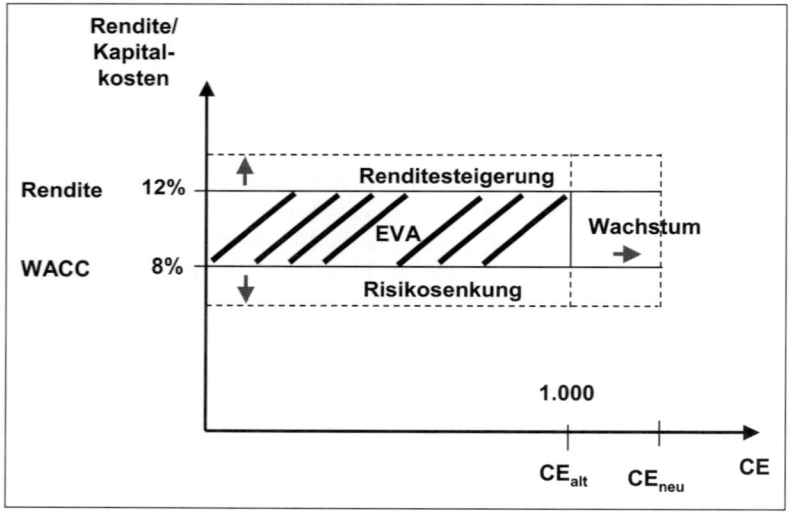

Abbildung 70: Strategische Richtungen zur Steigerung des Unternehmenswertes

Um einen positiven Wertbeitrag (in einer Periode) zu erzielen, ist es erforderlich, dass die Kapitalrendite (ROCE) oberhalb der Kapitalkosten (WACC) liegt. Der in einer Periode erzielte Wertbeitrag ergibt sich als Produkt dieser Differenz der Rendite und der Kapitalkosten einerseits und des Kapitaleinsatzes (CE) andererseits. Eine positive Entwicklung des Unternehmens aus Sicht des wertorientierten Managements ergibt sich ceteris paribus damit, wenn[306]

---

[305] Dieser ist im Wesentlichen abhängig von der Umsatzentwicklung.

[306] Anzumerken ist ergänzend jedoch, dass eine Steigerung des Unternehmenswerts dadurch nur erreicht wird, wenn diese Veränderungen der Werttreiber so noch nicht von den Eigentümern erwartet worden sind. Sämtliche erwartete Veränderungen der drei Werttreiber sind im aktuellen Börsenwert bei einer rationalen Preisbildung am Kapitalmarkt bereits berücksichtigt.

• die Rentabilität gesteigert,
• das Risiko und damit der Kapitalkostensatz gesenkt, oder
• das eingesetzte Kapital erhöht wird (Wachstum).

Die Steuerung eines Unternehmens, speziell gestützt auf die drei genannten Werttreiber, wie sie beispielsweise dem EVA-Konzept zu
Grunde liegen, hilft dabei, die Grundidee einer wertorientierten Unternehmensführung leicht zu kommunizieren und in die Praxis umzusetzen.

Leider zeigt sich bei näherer Betrachtung der heute im Unternehmen
implementierten wertorientierten Steuerungssysteme, selbst wenn sie
„moderne" Konzeptionen wie EVA[307], Wertbeitrag oder Discounted
Cashflow verwenden, dass noch gravierende methodische Defizite bestehen[308], speziell bei der Fundierung der Diskontierungszinssätze (Kapitalkosten, WACC), die risikogerechte Renditeerwartungen darstellen
sollen. In diesem Zusammenhang ist insbesondere auf die Bedeutung
von Risiko und Risikomanagement im Kontext der wertorientierten
Unternehmensführung einzugehen. In den folgenden Unterabschnitten
wird insbesondere aufgezeigt, dass die aus dem Risikomanagementprozess abgeleiteten Risikoinformationen die maßgebliche Grundlage sein
sollten für die Bestimmung der Kapitalkostensätze, einem der zentralen Werttreiber im wertorientierten Management. Das Risikomanagement wird damit zu einem wichtigen Baustein jeder wertorientierten
Unternehmensführung. Die Verwendung der mit den bestverfügbaren
Informationen auf Grundlage des Risikomanagementprozesses des
Unternehmens abgeleiteten Risikoinformationen stellen damit eine
(bessere) Alternative im Vergleich zur Verwendung von Kapitalmarktdaten für die Bestimmung von Kapitalkostensätzen dar. Anstelle der
Einschätzung des Kapitalmarktes hinsichtlich der Risikosituation des
Unternehmens werden damit unternehmensinterne Daten verwendet,
was sicherstellt, dass die Risikoeinschätzung und die der wertorientierten Unternehmensführung zu Grunde liegenden Planungsdaten
(z.B. bezüglich zukünftiger Cashflows) konsistent sind. Dies ist bei der
Verwendung von Kapitalmarktdaten nicht gewährleistet. Zudem wird
die Verwendung von internen Informationen des Risikomanagements,
der Informationsvorsprung der Unternehmensführung gegenüber dem
Kapitalmarkt[309] genutzt, was für eine möglichst hohe Qualität von Entscheidungen unter Unsicherheiten natürlich nahe liegend ist.

---

[307] Vgl. Stern/Shiely/Ross, 2001.
[308] Vgl. z.B. Hering, 1999 und Gleißner, 2004c, S.318–325.
[309] „Insider-Informationen".

7.3.2 Risiko, Rendite und Kapitalkosten – die Grundlagen von Bewertung und CAPM[310]

Höhere Risiken erfordern höhere erwartete Renditen. Dies ist das zentrale Grundprinzip für rationale betriebswirtschaftliche Entscheidungen[311] (vgl. Kapitel 1). Risiken beschreiben dabei die möglichen Planabweichungen infolge der Unvorhersehbarkeit der Zukunft, also z. B. den Umfang möglicher Abweichungen von der erwarteten Rendite.

Ohne Verwendung der (meist nicht bekannten) Risikonutzenfunktionen einzelner Menschen, die auch den Vergleich unsicherer Zahlungen ermöglichen würden, kann man eine Investition mit Bezug auf den anonymen Kapitalmarkt bewerten. Dabei benötigt man zur Berechnung von Kapitalkosten ein Risikomaß sowie den Marktpreis bezogen auf dieses Risikomaß (d. h. die Veränderung der erwarteten Rendite pro Einheit des Risikomaßes).

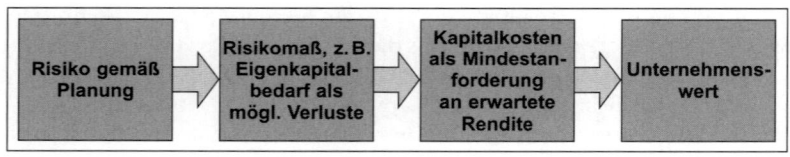

Abbildung 71: Vom Risiko zum Wert[312]

Der Risikoumfang z. B. einer Investition kann dabei auf eine Kennzahl, ein Risikomaß, verdichtet werden. In der Praxis übliche Risikomaße sind z. B. die Standardabweichung, der BETA-Faktor des CAPM, der Value-at-Risk oder der Eigenkapitalbedarf, der den möglichen Umfang risikobedingter Verluste beschreibt. Um den Risikoumfang leichter mit den erwarteten Renditen vergleichen zu können, wird das Risikomaß zur Berechnung der Kapitalkostensätze (Diskontierungszinssätze) genutzt. Diese drücken die erforderliche Mindesthöhe der (bedingten) erwarteten Rendite aus, die bei einem bestimmten Risikoniveau erforderlich ist. Sie ermöglichen damit einen Vergleich der zu beurteilenden Investitionen mit einer risikoäquivalenten Alternative am Kapitalmarkt.

Kapitalkosten sind als Diskontierungszinssatz für die zukünftig erwarteten Erträge oder Cashflows ein „Werttreiber", also eine der Determinanten des Bar- bzw. Unternehmenswerts. Der (sichere) Wert in Periode 0 $\left(W_0(\tilde{Z})\right)$ ergibt sich dabei als Summe der mit diesen risiko-

---

[310] In enger Anlehnung an Gleißner, 2006.
[311] Wenn wie üblich von Risikoaversion ausgegangen wird.
[312] Vgl. Gleißner, 2006.

adäquaten Kapitalkostensätzen k diskontierten zukünftig erwarteten Zahlungen $(E(\tilde{Z}))$[313]

$$W_0(\tilde{Z}) = \sum_{t=1}^{T} \frac{E[\tilde{Z}_t]}{(1+k)^t} \tag{7.1}$$

Der Kapitalwert entspricht dem Vermögenszuwachs bei Durchführung der Investition.

Der Kapitalkostensatz erfasst dabei das bewertungsrelevante Risiko, das sich bei jeder Entscheidung aufgrund von Unvorhersehbarkeit der Zukunft einstellt und sich im Umfang möglicher Planabweichungen manifestiert („Planungsunsicherheit"). Der Risikoumfang der Investition (bzw. deren Zahlungen) und der Preis des Risikos drücken sich in der Höhe des Diskontierungszinssatzes k aus[314].

Kruschwitz/Löffler (2005) empfehlen zur Präzisierung des Begriffs der Kapitalkosten diese als (sichere) bedingte erwartete Renditen aufzufassen und damit gemäß folgender Gleichung zu definieren:

$$k_t = \frac{E[\tilde{Z}_{t+1} + \tilde{W}_{t+1} \mid F_t]}{W_t} - 1 \tag{7.2}$$

wobei gilt:

$$W_t = \textit{Unternehmenswert zum Zeitpunkt } t \tag{7.3}$$

$$F_t = \textit{Verfügbare Information zum Zeitpunkt } t \tag{7.4}$$

Nur in einem Einperiodenmodell stimmen erwartete Renditen und Diskontierungszinssätze überein – nicht aber in einem Mehrperiodenmodell.

Die korrekte Berechnung der Kapitalkosten, die für jedes Unternehmen, jeden Geschäftsbereich und sogar jede Investition unterschiedlich sind, ist notwendig, um genau diejenigen Investitionen durchzuführen, die den Wert eines Unternehmens steigern.

---

[313] Hier werden vereinfachend konstante Kapitalkosten angesetzt und von negativen Zahlungen abstrahiert (vgl. Spremann, 2004, S. 253–295 und Gleißner, 2005a, S. 223–228). Alternativ kann der Wert als mit dem risikolosen Zins diskontierte Summe der Sicherheitsäquivalente (berechenbar mittels risikoadjustiertem Wahrscheinlichkeitsmaß) bestimmt werden. Siehe vertiefend Kruschwitz/Löffler, 2005 und Abschnitt 1.4.

[314] Anzumerken ist, dass die WACC-Methode tendenziell dann zu empfehlen ist, wenn der Verschuldungsgrad eines Unternehmens zu Marktwerten konstant bleibt. Bei einer autonomen Finanzierung, also konstantem Fremdkapitalbestand, bietet sich dagegen der APV-Ansatz (Adjusted-Present-Value) an (vgl. Kruschwitz/Löffler, 2005). Vgl. zu weiteren Problemen und Fehlerquellen der Unternehmensbewertung Baecker/Gleißner/Hommel, 2007.

Die Kapitalkosten einer Investition im Volumen (Wert) von CE (= Capital Employed) setzen sich dabei aus den Kosten des für die Finanzierung erforderlichen Fremdkapitals (FK) und den Kosten des Eigenkapitals (EK) zusammen. Die Gesamtkapitalkosten (k_{WACC}) lassen sich in einem vollkommenen Kapitalmarkt nach folgender Gleichung in Abhängigkeit der Marktwerte von Eigenkapital (EK) und Fremdkapital (FK) bestimmen, wobei der Steuersatz s die Steuervorteile des Fremdkapitals zeigt.

$$k_{WACC} = k_{EK} \frac{EK^M}{EK^M + FK^M} + k_{FK} \frac{FK^M}{EK^M + FK^M}(1-s) \qquad (7.5)$$

Dabei stellt k_{FK} die Fremdkapitalkosten und k_{EK} die Eigenkapitalkosten dar, wobei Letztere oft aus historischen Aktienrenditen mittels CAPM (Capital Asset Pricing Modell), d.h. in Abhängigkeit des BETA-Faktors (β), als Maß für das systematische (unternehmensübergreifende) Risiko, r_0 als risikoloser Zins und r_m^e der erwarteten Rendite als Marktportfolio (etwa Aktienindex) berechnet werden. Dabei gilt:[315]

$$k_{EK} = r_0 + (r_m^e - r_0) \times \beta \qquad (7.6)$$

Zur Bestimmung des Werts einer Reihe unsicherer Zahlungen wird hier also zunächst die unsichere Zahlung $\tilde{Z}_t$ durch deren Erwartungswert $E(\tilde{Z}_t)$ ersetzt, also eine Wahrscheinlichkeitsverteilung auf eine statistische Größe (erster Moment) verdichtet. Im zweiten Schritt wird dieser Erwartungswert dann mit einem als sicher betrachteten (meist als konstant angenommenen[316]) Zinssatz (Kapitalkostensatz) k diskontiert:[317]

$$W(\tilde{Z}_t) = \frac{E(\tilde{Z}_t)}{(1+k)^t} \qquad (7.7)$$

Bei dieser so genannten Risikoprämienmethode (Risikozuschlagsmethode) wird der risikolose Zinssatz r_0, der die Zeitpräferenz zeigt, um einen Risikozuschlag r_z erhöht, so dass gilt $k = r_0 + r_z$. Dieser Risikozuschlag ist abhängig vom Risikoumfang der Zahlungsreihe (z.B. also ß) und einem Marktpreis für Risiko (der Marktrisikoprämie $r_p = r_m^e - r_0$). Letztere ist eine Marktgröße, die die Risikoaversion der Marktteilnehmer zeigt.

Das Unternehmensrisiko kann bei der Bewertung außer durch einen Zuschlag beim Kapitalkostensatz (Risikoprämienmethode oder Zinszuschlagsmethode) auch durch einen Abschlag bei erwarteten zukünftigen Zahlungen berücksichtigt werden.[318] Bei der Sicherheitsäquivalent-Methode werden die zukünftig erwarteten Ergebnisse auf

---

[315] Das β selbst ist theoretisch wieder linear vom Verschuldungsgrad abhängig, was jedoch empirisch nicht gut belegt ist, vgl. Steiner/Bauer, 1992.
[316] Siehe hinsichtlich der notwendigen Voraussetzungen Schwetzler, 2000 und Fama, 1977.
[317] Vgl. Spremann, 2004 und Abschnitt 1.4.
[318] Vgl. Siepe, 1998 sowie Kapitel 1.

Sicherheitsäquivalente transformiert und diese dann mit dem risikolosen Zinssatz diskontiert (vgl. Abschnitt 1). Die Sicherheitsäquivalente eines unsicheren Ertrages weisen dabei aus Sicht des Investors den gleichen Nutzen aus wie die unsichere Zahlung selbst. Durch die Verwendung der Sicherheitsäquivalente wird eine unsichere Zahlung (eine Verteilungsfunktion) in einen sicheren Betrag überführt.[319] Grundsätzlich gilt damit:

$$W\left(\tilde{Z}_t\right)=\frac{S\ddot{A}\left(\tilde{Z}_t\right)}{\left(1+r_0\right)^t}=\frac{E\left(\tilde{Z}_t\right)}{\left(1+r_0+r_z\right)^t} \tag{7.8}$$

Es existieren Bewertungsfälle, bei denen ein Kapitalkostensatz, der aus einem risikolosen Zinssatz und einem (konstanten) Risikozuschlag zusammengesetzt ist, nicht angewendet werden darf. Bewertungsfehler treten auf, wenn der Erwartungswert der Zahlungen im Vergleich zu den Risiken (Standardabweichungen) klein ist[320]. Das Problem besteht hier in der Diskontierung negativer Zahlungen. Im Diskontierungszinssatz soll sich (neben der Zeitpräferenz) die Risikoeinstellung der Investoren widerspiegeln. Das Sicherheitsäquivalent einer Zahlung mit negativem Erwartungswert wird kleiner als der Erwartungswert sein, während bei einer Diskontierung mit einer (positiven) Risikoprämie sich (fälschlich) ein diskontierter Wert ergibt, der größer als der Erwartungswert ist.

Bei einem unvollkommenen Kapitalmarkt sind die Kapitalkosten einer (nicht börsennotierten) Sachinvestition mit Investitionsvolumen CE[321] (in $t = 0$) von einem aus unternehmensinternen Daten bestimmten Risikomaß, z. B. vom „Eigenkapitalbedarf" (Value-at-Risk), abhängig. Ein höherer Bedarf an teurem (risikotragendem) Eigenkapital erhöht dabei tendenziell die Gesamtkapitalkosten. Dieser Zusammenhang wird in Abschnitt 7.3.2.3 vertiefend erläutert – nach einigen Erläuterungen zu Gründen für die Fehleinschätzung der risikoabhängigen Kapitalkosten.

7.3.2.1 Fehleinschätzung von Kapitalkosten – drei Gründe[322]

In der Praxis hört man häufig von Kapitalkostensätzen in einer Bandbreite von 10 bis 15 %, was die Mindestanforderungen an die Rendite vorgibt. Tatsächlich sind derartige Kapitalkostensätze jedoch oft wesentlich zu hoch, so dass zu befürchten ist, dass Unternehmen viele an sich sinnvolle und wertsteigernde Investitionen unterlassen – mit negativen Konsequenzen auch für die Beschäftigung und die Wettbewerbsfähigkeit.

---

[319] Dies ist möglich durch die Verwendung der Risikonutzenfunktion U, also $S\ddot{A}(\tilde{Z}) = U^{-1}\left(E\left(U(\tilde{Z})\right)\right)$, oder mittels risikoadjustierter Wahrscheinlichkeiten aus Kapitalmarktdaten (siehe Timmreck, 2006, S. 97–130).
[320] Vgl. Spremann, 2004.
[321] Capital Employed.
[322] In enger Anlehnung an Gleißner, 2006.

Im Folgenden werden die drei Hauptgründe für die Überschätzung der Kapitalkosten zusammengefasst:

1. Historische statt zukünftige Eigenkapitalkosten (Marktrisikoprämie): Der Eigenkapitalkostensatz wird meist bestimmt als diejenige Rendite, die eine Investition in ein Aktienportfolio in den (z. B.) letzten 25 Jahren erbracht hätte. Je nach exakter Abgrenzung des Betrachtungszeitraums erhält man so durchaus Werte von 10 bis 15 %. Für eine heute zu beurteilende Investition sind jedoch die zukünftig zu erwartenden Renditen eines Aktienportfolios (wie des DAX, des STOXX oder des MSCI World) als Vergleichsmaßstab relevant, und diese werden deutlich niedriger liegen. Die Überschätzung der Eigenkapitalkosten bei Verwendung historischer Aktienrenditen der letzten 20 (bis sogar 50) Jahre ist schon seit langem als „Equity Premium Puzzle" (Mehra/Prescott, 1985) bekannt. Die gemessen an der fundamentalen Gewinnentwicklung der Unternehmen zu hohen Renditen aus einer Aktienanlage (Kursgewinne und Dividenden) resultieren im Wesentlichen aus einem Anstieg des Bewertungsniveaus, was Abbildung 72 für die USA zeigt[323]. Dieser lässt sich offensichtlich nicht einfach in die Zukunft fortschreiben. Eine realistische Schätzung für die Eigenkapitalkosten erhält man, wenn man die Dividendenrendite von Aktien, die erwartete Inflationsrate und das reale Wirtschaftswachstum addiert, wobei das Dividendenwachstum langfristig sogar niedriger als das Wirtschaftswachstum ist. Auf diese Weise errechnen sich erwartete Aktienrenditen in Höhe von etwa 8 % bzw. real 5 % bis 6 %, was etwa auch denjenigen Renditen entspricht, die auf sehr lange Sicht (100 und mehr Jahre) tatsächlich an den Börsen zu erwirtschaften waren.[324]

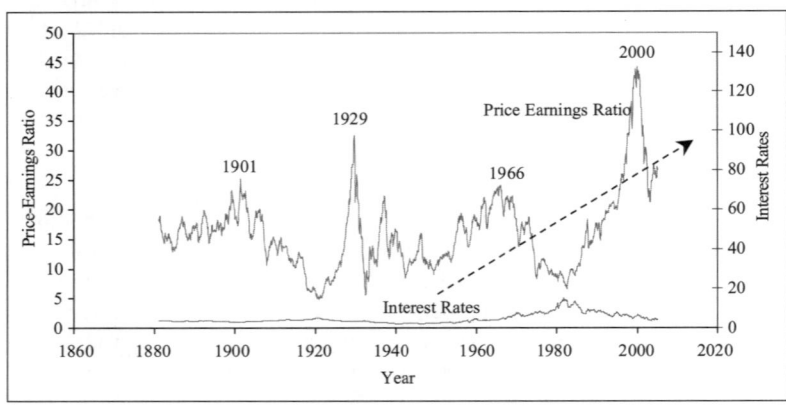

Abbildung 72: Zunahme des Bewertungsniveaus[325]

---

[323] In den letzten 20 Jahren insbesondere infolge sinkender Inflationsraten und Kapitalmarktzinsen.

[324] Siehe Arnott/Bernstein, 2002.

[325] Quelle: Shiller, http://www.econ.yale.edu/~shiller/ (10-Jahres-PER).

2. Fehlende Berücksichtigung einer (möglichen) Insolvenz bei den Fremdkapitalkosten

Die Ermittlung der Fremdkapitalkosten erscheint besonders einfach, weil die vertraglich vereinbarten Fremdkapitalzinssätze (oder die Renditen von Anleihen) natürlich bekannt sind. Für die Berechnung der Kapitalkosten sind jedoch nicht die vertraglichen Fremdkapitalzinsen maßgeblich, sondern die Fremdkapitalkosten, also die erwartete Rendite der Fremdkapitalgeber.[326] Die vertraglichen Fremdkapitalzinssätze werden über den Fremdkapitalkosten liegen, weil die Möglichkeit berücksichtigt werden muss, dass ein Unternehmen bei einer Insolvenz nicht (vollständig) zahlt. Fremdkapital ist damit immer etwas günstiger, als die vertraglichen Fremdkapitalzinsen dies ausdrücken. Der Unterschied ist abhängig von der Ausfallwahrscheinlichkeit (dem Rating) eines Unternehmens. Bei einem mittelstandsüblichen Rating von „BB" beträgt diese Ausfallwahrscheinlichkeit rund 1 % bis 2 %. Für eine verbesserte Abschätzung der Fremdkapitalkosten muss diese Ausfallwahrscheinlichkeit (unter Berücksichtigung von Sicherheiten) von den vertraglichen Fremdkapitalzinsen abgezogen werden, um richtige Fremdkapitalkostensätze, zum Beispiel für die Investitionsbewertung, zu gewinnen.

Da im Falle einer Insolvenz die Fremdkapitalgeber nicht mehr den (vollständigen) Einsatz zurückerhalten, sondern nur die Recovery Rate (RR), ergibt sich als erwartete Fremdkapitalrendite (Fremdkapitalkosten) bei einem vertraglich vereinbarten Fremdkapitalzinssatz (k_{FK}^0) und einer Ausfallwahrscheinlichkeit p der folgende Fremdkapitalkostensatz (k_{FK}):

$$k_{FK} = (k_{FK}^0 + 1) \times (1 - p) + p \times RR - 1 \qquad (7.9)$$

3. Fehleinschätzung des Risikoumfangs

Noch immer wenden viele Unternehmen den durchschnittlichen Kapitalkostensatz eines Unternehmens für die Bewertung aller Investitionen und Projekte an, was zu Fehlbewertungen führt, weil sich die Risiken natürlich unterscheiden. In der Konsequenz werden gerade vergleichsweise risikoarme Projekte und Investitionen nicht realisiert. Erforderlich ist hier eine investitionsspezifische Berechnung von Risikoumfang und damit Kapitalkostensatz.

Speziell bei der in der Praxis noch üblichen Ableitung von Kapitalkosten, basierend auf CAPM, ist Vorsicht angebracht. Dieses Modell unterstellt, dass der Kapitalmarkt über die gleichen Informationen verfügt wie die Unternehmensführung, dass keine Konkurskosten existieren, und dass alle Investoren perfekt diversifizierte Portfolios aufweisen, in denen unternehmensspezifische Risiken damit keine Rolle spielen (und

---

[326] Siehe Vettinger/Volkart, 2002.

deshalb im β nicht erfasst werden). Entsprechend zeigen Kapitalkostensätze auf Grundlage des CAPM (bestenfalls) die Meinung des Kapitalmarkts hinsichtlich der Risiken eines Unternehmens – nicht aber die tatsächliche Risikosituation. Aufgrund dieser Schwächen wundert es nicht, dass in empirischen Untersuchungen schon seit rund 15 Jahren das CAPM empirisch fast durchgängig widerlegt wird.[327]

Diese Probleme des CAPM basieren auf der grundlegenden Annahme der traditionellen Kapitalmarkttheorie, dass die Märkte vollkommen und damit informationseffizient seien. Konkurskosten, Transaktionskosten, asymmetrisch verteilte Informationen, begrenzt rationales Verhalten und nicht diversifizierte Portfolios zeigen aber, dass die grundlegenden Annahmen in der Realität leicht zu falsifizieren sind.[328] Somit besteht das Problem, dass die heute üblichen Verfahren zur Bestimmung der Kapitalkosten die gravierenden Konsequenzen unvollkommener und unvollständiger Kapitalmärkte nicht berücksichtigen. Bei unvollkommen diversifizierten Portfolios der Investoren und Informationsdefiziten der Investoren gegenüber der Unternehmensführung erscheint es wenig plausibel, dass der Beta-Faktor ein adäquates Risikomaß darstellt, das die zukünftig erwartende Rendite eines Vermögensgegenstandes prognostizieren lässt.

Die folgende Abbildung fasst die zentralen Probleme der Theorie vollkommener Kapitalmärkte zusammen.

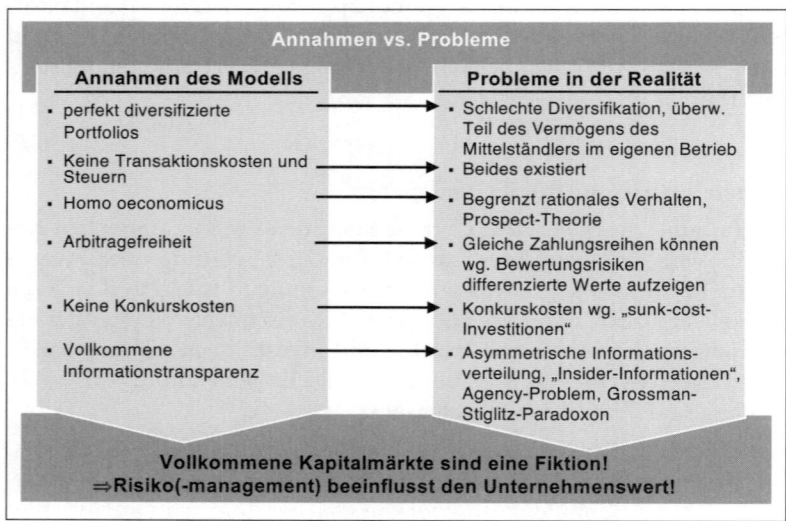

Abbildung 73: Probleme der Theorie vollkommener Kapitalmärkte

---

[327] Siehe z. B. Fama/French, 1992, Ulschmid, 1994, Zimmermann, 1997 und Fernandez, 2004.
[328] Vgl. Shleifer, 2000, Haugen, 2002 und Kerins/Smith/Smith, 2004.

Gerade bei der Bewertung von Sachinvestitionen, wenn keine adäquaten Kapitalmarktdaten zur Verfügung stehen, ist es sinnvoll, den Kapitalkostensatz konsistent aus den Daten und dem Risikoprofil der Investitionsrechnung abzuleiten. Entsprechend ist das Maß für das aggregierte Gesamtunternehmensrisiko maßgeblich für die Bewertung eines Unternehmens, wobei hier auch Risikodiversifikationseffekte mit dem Portfolio eines Investors berücksichtigt werden können.

7.3.2.2 Neue Ansätze zur Bestimmung von Kapitalkosten

Inzwischen gibt es neue Methoden zur Schätzung von Kapitalkosten, die vor allem an den Problemen des CAPM ansetzen:[329]

1. Ergänzend zum Beta-Faktor (β) werden weitere systematische Risikofaktoren berücksichtigt. Im Drei-Faktoren-Modell von Fama/French (1993), einer Variante der APT, sind diese Faktoren das Buchwert-Kurs-Verhältnis und die Unternehmensgröße (Börsenwert).
2. Anstelle der statistischen Analyse historischer Renditen wird eine zukunftsorientierte Kapitalkostenschätzung vorgenommen („implizite Kapitalkosten"). Diese wird berechnet als derjenige interne Zinssatz, bei dem sich aus den von Finanzanalysten prognostizierten zukünftigen Erträgen gerade der Börsenkurs ergibt. Dies setzt jedoch die Kenntnis des Werts voraus.[330]
3. Neben der Standardabweichung und dem Beta-Faktor werden auch andere Risikomaße genutzt, die wegen der Verlustaversion der Menschen die möglichen negativen Planabweichungen stärker gewichten (der Value-at-Risk, der CVaR und LPMs).[331]
4. Mit Hilfe der Methode der Replikation wird ein Weg zur Bestimmung des Werts unsicherer Zahlungsreihen gegangen, der kein Bewertungsmodell und keine Kapitalkostensätze erfordert. Um den Wert der unsicheren Zahlungsreihe zu bestimmen, wird diese nachgebildet aus Zahlungsreihen $\tilde{Z}_1$ bis $\tilde{Z}_n$, deren Preis bekannt ist (arbitragefreie Kapitalmärkte).[332]
5. So genannte „ad hoc-Faktormodelle", die auf ökonometrischen Untersuchungen basieren, berücksichtigen bei der Erklärung erwarteter Renditen beliebige Determinanten, die nicht als Risikofaktoren interpretiert werden. Sie geben damit das Prinzip auf, dass höhere erwartete Renditen nur durch höhere (erwartete) Risiken zu rechtfertigen seien.[333]
6. Bei Verzicht auf die Annahme vollkommener Kapitalmärkte werden Kapitalkostensätze unmittelbar aus messbaren Risikoinformationen

---

[329] Übernommen aus Gleißner, 2006b.
[330] Siehe Daske/Gebhard, 2006.
[331] Siehe Albrecht/Maurer, 2005, S. 112.
[332] Siehe Spremann, 2004 und Kruschwitz/Löffler, 2005.
[333] Siehe Haugen, 2002.

der Zahlungsreihe (gemäß Planung) abgeleitet. Vom Kapitalmarkt ist damit nur die Bestimmung des Marktpreises des Risikos erforderlich, nicht aber die Bestimmung des Risikomaßes (z. B. des Eigenkapitalbedarfs). Derartige Ansätze berücksichtigen damit die Verfügbarkeit überlegener Informationen über die Zahlungsreihe (z. B. bei der Unternehmensführung gegenüber dem Kapitalmarkt) und gegebenenfalls auch die Bewertungsrelevanz nicht diversifizierter unternehmensspezifischer Risiken.[334]

7.3.2.3 Risikodeckungsansatz: Ableitung der Kapitalkosten aus Planungsdaten

Der letztgenannte Ansatz (6.) wird hier noch etwas näher dargestellt, weil er die Bedeutung der Daten aus der Risikoanalyse zeigt. Zur Berechnung des Kapitalkostensatzes (WACC) in Abhängigkeit des Eigenkapitalbedarfs als Risikomaß wird z. B. die folgende Formel herangezogen[335]:

$$k_{WACC}^{mod} = k_{EK} \frac{Eigenkapitalbedarf}{Gesamtkapital} + k_{FK} \frac{Gesamtkapital - Eigenkapitalbedarf}{Gesamtkapital} \times (1 - s) \ (7.10)$$

Ein zunehmendes Risiko mit einem höheren Bedarf an „teurem" Eigenkapital führt zu steigenden Gesamtkapitalkostensätzen WACC, weil $k_{EK} > k_{FK}$. Der Eigenkapitalbedarf (EKB) als Risikomaß und die Eigenkapitalkosten sind abhängig von der durch die Fremdkapitalgeber maximal akzeptierten Ausfallwahrscheinlichkeiten (p).[336] Um die Einzelrisiken – systematische und nicht diversifizierte unsystematische – eines Unternehmens zum Eigenkapitalbedarf zu aggregieren, muss mittels Simulationsverfahren (Monte-Carlo-Simulation) eine große repräsentative Stichprobe möglicher risikobedingter Zukunftsszenarien der Unternehmensentwicklung ausgewertet werden, was Rückschlüsse auf den Umfang risikobedingter Verluste zulässt (vgl. Kapitel 4).[337] So wird abgeleitet, welcher Bedarf an Eigenkapital zur Risikodeckung be-

---

[334] Siehe Gleißner, 2005 b und 2006 a.

[335] Siehe Gleißner, 2005 b.

[336] Anzumerken ist ergänzend, dass der „Eigenkapitalbedarf" nicht zwangsläufig auf Grundlage eines VaR abgeleitet werden muss, sondern dass auf Grund der in Abschnitt 3.4.4 genannten konzeptionellen Vorteile eine Berechnung auch auf Grundlage eines CVaR denkbar ist. Im Folgenden wird weiter nur von Eigenkapitalbedarf (oder Risikokapital) gesprochen – unabhängig davon, ob dieser quantilsbezogen (VaR) abgeleitet wurde, oder ob ein CVaR zu Grunde liegt. Betrachtet wird hier zudem vereinfachend der Fall der Neugründung eines Unternehmens (bzw. die Durchführung einer Investition), bei der kein Kaufpreis berücksichtigt werden muss. Im Allgemeinen erhöht sich der Eigenkapitalbedarf zur Deckung möglicher Verluste um einen darüber hinaus zu zahlenden (oder realisierbaren) Kaufpreis, so dass sich im Spezialfall eines vollkommenen Kapitalmarkts (mit Preis gleich fundamentalen Wert) die „traditionelle" Formel der Gesamtkapitalkosten (WACC) des Miles-Ezzel-Modells (1980) ergibt.

[337] Vgl. Gleißner, 2004 b und 2005 b.

steht, um eine vorgegebene (vom Zielrating abhängige) Insolvenzwahrscheinlichkeit (p) nicht zu überschreiten.[338] Für den Eigenkapitalbedarf ist ein „passender" Eigenkapitalkostensatz zu berechnen, der ebenfalls von p abhängig ist. Eine einfache Abschätzung wird möglich, wenn man die Alternativinvestition zum Unternehmen also eine Anlage des Eigenkapitals in das Marktportfolio (Aktien) unterstellt.[339] Dabei wird berechnet, welche erwartete Rendite das Investment in einem Aktienportfolio (Marktportfolio) hätte, wenn dieses aufgrund eines Einsatzes von Fremdkapital die gleiche Ausfallwahrscheinlichkeit (oder LPM_1) aufweisen würde (Opportunitätskosten).[340]

Im einfachsten Fall (d. h. bei Verzicht auf Simulationsverfahren) kann für ein „Worst-Case-Szenario" ermittelt werden, wie hoch hier die risikobedingten Verluste sind, die mit einer vorgegebenen, vom Zielrating abhängigen Wahrscheinlichkeit nicht überschritten werden. Die möglichen Verluste entsprechen dem „Eigenkapitalbedarf" als Maß für alle nichtdiversifizierten Risiken. Beispielsweise bei einer (einperiodigen) Investition im Volumen von 10 Mio. Euro, die maximal 3 Mio. Euro Verlust zur Folge haben, und damit zu (ca.) 7 Mio. Euro durch Fremdkapital finanziert werden kann,[341] ergeben sich mit Gleichung (8.10) (bei 10 % Eigenkapitalkosten, 4 % Fremdkapitalkosten und Vernachlässigung von Steuern) folgende Gesamtkapitalkosten als Mindestanforderung an die erwartete Rendite:

$$k_{WACC}^{Risikoadjustiert} = 10\% \times \frac{3\ Mio.}{10\ Mio.} + 5\% \times \frac{10\ Mio. - 3.\ Mio.}{10\ Mio.} = 6,5\% \qquad (7.11)$$

Diese risikogerechten Kapitalkosten können für die Bewertung genutzt werden. Die (Steuern vernachlässigende) Bewertung einer Zahlungsreihe $\tilde{Z}_t$ mit einem Eigenkapitalbedarf EK^{Bedarf} (von $\tilde{Z}$) soll im Folgenden auch für eine Sicherheitsäquivalent-Variante (also ohne Umweg über k_{WACC}) dargestellt werden. Um die vorgegebene (präferenzabhängige) Insolvenzwahrscheinlichkeit p (und damit eine bestimmte Ratingstufe) einzuhalten, wird für das Eigenkapital genau der mittels Risikoaggregation zum Konfidenzniveau $(1-p)$ bestimmte Eigenkapitalbedarf (EK^{Bedarf}) gesetzt, was die Finanzierungsstruktur determiniert.[342]

---

[338] Vgl. Gleißner, 2006 b.

[339] Vgl. Gleißner, 2006 b.

[340] Vgl. dazu ergänzend den Exkurs in Abschnitt 7.3.2.4.

[341] Genauer $FK^{max} = \dfrac{Mindestrückzahlung\ (zum\ Konfidenzniveau\ p)}{1 + k_{FK}^0}$

[342] Vgl. Herleitung bei Gleißner, 2005 b. Anzumerken ist hier insbesondere, dass bei der Sicherheitsäquivalent-Variante ein durch eine Investition (oder ein neues Unternehmen) erst geschaffener Netto-Barwert als bereits existent (und z. B. durch den Verkauf realisierbar) angesehen wird, was eine Verzinsungserwartung in Höhe der Eigenkapitalkosten zur Folge hat. Bei der WACC-Variante wird dagegen implizit von einer Verzinsung eines (potentiell) durch eine Investition geschaffenen

Durch diesen Ansatz erhält man den gesuchten Barwert W einer Zahlung in Periode t in Abhängigkeit des Eigenkapitalbedarfs (Risikokapital) wie folgt:[343]

$$
W\left(\tilde{Z}_t\right) = \frac{S\ddot{A}\left(\tilde{Z}_t\right)}{\left(1+r_0\right)^t} = \frac{E\left(\tilde{Z}_t\right) - EK_t^{Bedarf} \times r_z}{\left(1+r_0\right)^t} \tag{7.12}
$$

Für die Berechnung des Unternehmenswertes werden also die erwarteten Zahlungen um die (zusätzlichen) kalkulatorischen Zinsen auf den Eigenkapitalbedarf gemindert.[344] Dabei stellt r_z die Risikoprämie von Eigenkapital gegenüber Fremdkapital dar und r_0 den Zins einer risikolosen Anlage.

Der Wert der Zahlungsreihe $\tilde{Z}$ (z. B. eines Unternehmens) lässt sich alternativ zur Risikoprämien-Darstellung (mit $k = r_0 + r_z$) damit wie folgt in der Sicherheitsäquivalentvariante beschreiben:

$$
W\left(\tilde{Z}\right) = \sum_{t=0}^{\infty} \frac{E\left(\tilde{Z}_t\right) - r_z \times EK_t^{Bedarf}}{\left(1+r_0\right)^t} \tag{7.13}
$$

Üblicherweise wird bei der Bewertung, wie bisher dargestellt, zunächst der Wert jedes einzelnen Perioden-Cashflows (Zahlung) bestimmt[345] und die entsprechenden periodenbezogenen Werte werden dann aufaddiert.[346] Eine interessante Alternative, die hier zumindest zu erwähnen ist, ist die Bewertung auf Grundlage einer Endwert-Verteilung. Dabei wird unterstellt, dass das Unternehmen am Ende des Planungszeitraums (T) verkauft (bzw., sofern günstiger, liquidiert) wird. Der Wert basiert auf der Wahrscheinlichkeitsverteilung der in der Periode T ausschüttbaren Zahlungen, wobei eine Abschätzung des Terminal Values z. B. auf Grundlage der einfachen Gordon-Wachstumsmodelle erfolgt, also:

$$
\tilde{W}_T = \frac{\tilde{Z}_T\,(1+g)}{k-g} \,^{347} \tag{7.14}
$$

Netto-Kapitalwerts in Höhe der durchschnittlichen Kapitalkosten ausgegangen. Schließlich gilt es zu prüfen, ob im Risikomaß (Eigenkapitalbedarf) neben der Höhe der potentiellen Verluste auch der potentielle Kaufpreis des Unternehmens berücksichtigt werden muss. Aus Sicht eines Käufers eines Unternehmens (im Gegensatz zum Investor, Gründer), muss ein Kaufpreis (in einem vollkommenen Markt identisch mit dem Wert) zusätzlich berücksichtigt werden, weil schon bevor das Unternehmen Verluste erleidet, ein Sinken des Wertes zu erwarten ist.

[343] Vgl. Gleißner, 2005 b und 2006 b.

[344] Der Netto-Kapitalwert einer Investition wird hier mit dem Eigenkapitalkostensatz (nicht mit k_{WACC}) verzinst.

[345] Sei es mit der Risikozuschlagmethode oder der Sicherheitsäquivalentmethode.

[346] Siehe zum Thema der Aggregationsreihenfolge Ballwieser, 2004, S. 71.

[347] Siehe hierzu z. B. Wiese, 2006, der weiterführend auch die Berücksichtigung einer unsicheren Wachstumsrate darstellt.

Diese Wahrscheinlichkeitsverteilung des Endwerts $\tilde{Z}_T^*$, die $\tilde{W}_T$ enthält, ergibt sich aus der kompletten Simulation der Unternehmenszukunft über alle Perioden von $t = 0$ bis T, wobei implizit alle stochastischen Abhängigkeiten innerhalb einer Periode, aber auch zwischen den Perioden (z. B. Autokorrelationen) erfasst werden. Bei einem derartigen Vorgehen ist die Unsicherheit im Rahmen der Bewertung nur einmal, nämlich in Periode T, zu erfassen. Konkret geschieht eine Transformation der möglichen Rückzahlungen durch die Bildung eines Sicherheitsäquivalents, das bei Unkenntnis der Nutzenfunktion angenähert werden kann durch einen Risikoabschlag, der auf Grundlage der Wahrscheinlichkeitsverteilung (mit dem Risikomaß $R(Z_T^*)$ berechnet wird.

$$W_0 = \frac{S\ddot{A}(Z_T^*)}{(1 + r_0)^T} = \frac{E(Z_T^*) - \lambda \times R(\tilde{Z}_T^*)}{(1 + r_0)^T} \tag{7.15}$$

Die Erfassung des Risikos geschieht also in einer Periode, so dass das Sicherheitsäquivalent – wie üblich – nur mit dem risikolosen Zinssatz r_0 auf die Gegenwart abgezinst werden muss.

7.3.2.4 Exkurs: Berechnung ratingabhängiger Eigenkapitalkosten

Für den Eigenkapitalbedarf (zum Konfidenzniveau $\alpha = 1 - p$) ist ein „passender" Eigenkapitalkostensatz nötig.[348] Eine einfache Abschätzung der zu erwartenden Eigenkapitalrendite (Eigenkapitalkosten) in Abhängigkeit der vom Gläubiger akzeptierten Ausfallwahrscheinlichkeit (Rating) p (= PD) erhält man, indem man berechnet, welche erwartete Rendite das Investment in ein Aktienportfolio (Marktportfolio) hätte, wenn dieses aufgrund eines Einsatzes von Fremdkapital die gleiche Ausfallwahrscheinlichkeit (LPM_0) aufweisen würde. Dieser notwendige Anteil des Eigenkapitals kann in Abhängigkeit der erwarteten Rendite des Marktportfolios (r_m^e), der Standardabweichung dieser Rendite (σ_m) und der akzeptierten Ausfallwahrscheinlichkeit aus dem unteren Quantil der erwarteten Rendite des Marktportfolios (zur gegebenen Wahrscheinlichkeit) ermittelt werden:

$$a = -(r_m^e - q_p \times \sigma_m) \tag{7.16}$$

Dabei drückt a den Eigenkapitalanteil am Portfolio (EK^{Bedarf} in Prozent des Investments) aus, der bei einer Normalverteilung der Rendite nötig ist, so dass die Ausfallwahrscheinlichkeit p erreicht wird.

---

[348] Allgemein gilt es für jedes für die Bewertung genutzte, mittels Risikoaggregation berechnete Risikomaß eine passende Renditeerwartung (Preis) aus Marktdaten oder volkswirtschaftlichen Modellen zu schätzen.

Damit erhält man folgende ratingabhängige Eigenkapitalkosten:[349]

$$k_{EK,p} = r_{EK,p}^e = \frac{Erwartete\ Portfoliorendite - Fremdkapitalzinsaufwand}{Anteil\ des\ Eigenkapitals\ am\ Portfolio}$$ (7.17)

$$= \frac{r_m^e - (1 - a) \times k_{FK}^P}{a}$$

also $$r_{EK,p}^e = \frac{V_m^e - k_{FK}^P\ (-(r_m^e - q_p \times \sigma_m))}{(q_p \times \sigma_m - r_m^e)}$$ (7.18)

Dabei ist $r_{EK,p}^e$ die erwartete Eigenkapitalrendite zum Konfidenzniveau p und q_p der Wert der invertierten Verteilungsfunktion der Standardnormalverteilung zum Konfidenzniveau p. Zudem gibt k_{FK}^p die Rendite des Fremdkapitals bei akzeptierter Ausfallwahrscheinlichkeit p an. Für

- $p = 0,5\%$ (d. h. $q_p = -2,576$),
- $k_{FK}^p = r_0 = 4\%$,
- $\sigma_m = 20\%$ und
- $r_m^e = 8\%$

erhält man beispielsweise eine erwartete Eigenkapitalrendite von:

$$r_{EK,p}^e = 0,132\ also\ 13,2\%\ und\ entsprechend\ r_{z,p} = 9,2\%.$$ (7.19)

7.3.3 Verbindung von Risikomanagement und wertorientierter Unternehmensführung

Als Fazit ist festzuhalten, dass durch die Überschätzung der zukünftig zu erwartenden Renditen aus Aktienanlagen, der fehlenden Bereinigung der Fremdkapitalkosten um die Insolvenzwahrscheinlichkeit (Rating) sowie eine einheitliche und undifferenzierte Erfassung des Risikoumfangs von Investitionsprojekten sich erhebliche Fehleinschätzungen der Anforderungen an die erwartete Rendite von Investitionsprojekten ergeben. Je nach Risikogehalt (Eigenkapitalbedarf) dürften im Mittel Kapitalkostensätze für die Beurteilung einer Investition in einer Größenordnung von 6% bis 10% angemessen sein.

Nur unter besonderen Bedingungen lassen sich deutlich höhere Kapitalkostensätze rechtfertigen. Höhere Kapitalkostensätze ergeben sich bei Unternehmen, die viele Investitionsmöglichkeiten mit hohen erwarteten Renditen haben, aber zugleich im Hinblick auf die Durchführung

---

[349] Vgl. vertiefend Gleißner, 2006a; speziell gilt für dieses Referenzportfolio $\beta = \frac{1}{a}$.

von Investitionen (z. B. durch ein begrenztes Eigenkapital) restringiert sind. Für die Priorisierung der Projekte ist es hier sinnvoll, höhere Renditeanforderungen zu formulieren. Höhere Kapitalkostensätze ergeben sich zudem bei einer geringen Diversifikation des Vermögens der Eigentümer eines Unternehmens, weil dann auch unsystematische (unternehmensspezifische) Risiken bei der Berechnung der Kapitalkosten berücksichtigt werden müssen.[350] Beide genannten Gründe für höhere Kapitalkosten sind insbesondere bei mittelständischen Unternehmen zu erwarten. Oft ist jedoch davon auszugehen, dass durch unrealistisch hohe Anforderungen an die Rendite eine Vielzahl an sich wertsteigernder Investitionen unterbleibt. Dies beeinträchtigt das Unternehmenswachstum, die Wertentwicklung und ist auf volkswirtschaftlicher Ebene eine mögliche Ursache für eine Investitionsschwäche der Wirtschaft.

Um eine tatsächlich wertorientierte Unternehmenssteuerung zu ermöglichen, ist es erforderlich, die prognostizierten Renditen und die Risiken (mit dem Kapitalkostensatz) gegeneinander abzuwägen. Die Kapitalkostensätze sind als verdichtetes Maß für den Risikoumfang das Bindeglied zwischen wertorientiertem strategischem Management und dem Risikomanagement. Eine der zentralen, häufig noch nicht gelösten Aufgaben eines wertorientierten Controllings besteht damit darin, auch den Kapitalkostensatz als einen berechen- und steuerbaren Werttreiber aufzufassen, der (genau wie z. B. „Rendite") konsistent aus der Unternehmens- bzw. Investitionsplanung abzuleiten ist.

Der wichtigste Schritt für die bessere Fundierung von Unternehmenswerten und die Weiterentwicklung von wertorientierten Steuerungssystemen einerseits und eine risikoadäquate Unternehmensbewertung andererseits, ist somit die Ableitung fundierter Kapitalkostensätze. Methodisch ist dies ein durchaus mit überschaubarem Arbeitsaufwand lösbares Problem.

Der Eigenkapitalbedarf eines Geschäftsfeldes (als Risikomaß) – und damit die Kapitalkosten und der EVA – hängt vom Risiko ab, was eine Integration des Risikomanagements in eine wertorientierte Unternehmensführung erfordert. Bei einem Unternehmen mit mehreren, unterschiedlich riskanten Geschäftsfeldern kann man den Eigenkapitalbedarf (Risikodeckungspotential) jedes Geschäftsfeldes aus dem Risikoumfang (Value-at-Risk) bestimmen und daraus dessen Kapitalkosten und den Wertbeitrag (z. B. EVA oder Discounted Cashflow (Unternehmenswert)) ableiten. Die nachfolgende Grafik zeigt diese Vorgehensweise im Überblick:

---

[350] Siehe Kerins/Smith/Smith, 2004.

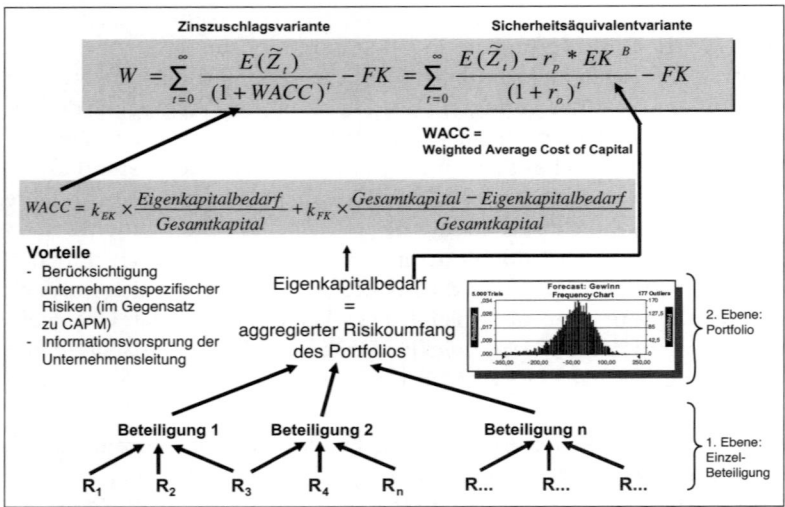

Abbildung 74: Zusammenhang zwischen Eigenkapitalbedarf und Wertbeitrag

Mit Hilfe des hier skizzierten „Risikodeckungsansatzes" der Bewertung kann das wertorientierte Management auf ein solides Fundament gestellt werden, und die Qualität unternehmerischer Entscheidungen (z. B. bei Investitionen, Impairmenttests oder M&A-Aktivitäten) wird durch die Berücksichtigung individueller Rahmenbedingungen („Subjektivitätsprinzip der Bewertung") verbessert. Zudem erhält das unternehmensweite Risikomanagement die Aufgabe, die es im Kontext von Unternehmensplanung und wertorientiertem Management haben sollte: den Umfang möglicher Planabweichungen (also die Planungssicherheit) zu ermitteln, um auf dieser Grundlage (planungskonsistente) risikoadjustierte Kapitalkostensätze, Sicherheitsäquivalente oder Wertbeiträge zu berechnen.

7.3.4 Ein Fallbeispiel zur Risikobewältigung im Kontext des wertorientierten Managements

Die Verbindung von Risikomanagement und wertorientierter Unternehmensführung geschieht also durch die Fundierung der Kapitalkostensätze über die Informationen des Risikomanagements. Diese Verbindung von wertorientierten Managementsystemen und Risikomanagement ist durch geeignete IT-Systeme (mit der Fähigkeit der Monte-Carlo-Simulation) relativ einfach möglich. Die praktische Ableitung von Kapitalkostensätzen wird nachfolgend anhand eines (vereinfachten) Fallbeispiels beschrieben.[351]

---

[351] In Anlehnung an Gleißner/Berger, 2004.

7.3.4.1 Das fiktive Unternehmen

Ein Unternehmen stellt Automobilteile an einem Standort in Deutschland her. Mit 380 Mitarbeitern wird davon ausgegangen, im nächsten Jahr einen Umsatz von 54,5 Mio. € zu erwirtschaften. Die Bilanzsumme beträgt 31,8 Mio. €, das Eigenkapital rund 4 Mio. €.

1. Umsatzerlöse	54.526.500 €
Gesamtleistung	**54.526.500 €**
4. sonstige betriebliche Erträge	0 €
Betriebsleistung	**54.526.500 €**
5. Materialaufwand	26.428.500 €
6. Personalaufwand	14.269.000 €
8. sonstiger betrieblicher Aufwand	7.894.500 €
Betriebsergebnis (EBIT)	**3.534.500 €**
13. Zinsen und ähnliche Aufwendungen	1.804.000 €
Finanzergebnis	**−1.804.000 €**
Ergebnis der gewöhnlichen Geschäftstätigkeit	**1.730.500 €**
15. Außerordentliche Erträge	0 €
Außerordentliches Ergebnis	**0 €**
18. Steuern vom Einkommen und Ertrag	692.200 €
Gewinn nach Steuern	**1.038.300 €**

Abbildung 75: Fallbeispiel: Plan-Gewinn- und Verlustrechung des nächsten Jahres

Bei der Betrachtung des Wertbeitrags, also der Differenz der prognostizierten Kapitalrenditen zu den risikogerechten Kapitalkosten, steht in diesem Beispiel der Eigenkapitalbedarf (Risk Adjusted Capital) – vereinfachend – eines Jahres im Mittelpunkt, da dieser die Höhe des Kapitalkostensatzes maßgeblich beeinflusst. Der Kapitalkostensatz wiederum ist zur Berechnung des Unternehmenswertes von Bedeutung. Zudem kann mit Hilfe der Methode des Sicherheitsäquivalents auch direkt aus dem Eigenkapitalbedarf einer Periode auf den Wertbeitrag geschlossen werden.

7.3.4.2 Wertbeitragsberechnung auf Basis der Kapitalkosten

Zur Berechnung des Kapitalkostensatzes (bzw. WACC – Weighted Average Cost of Capital, sprich den durchschnittlichen, gewichteten Kosten des Kapitals) wird die folgende Formel herangezogen:[352]

---

[352] Der Eigenkapitalkostensatz wird dabei auf den ermittelten Eigenkapitalbedarf angewendet. Das restliche, nicht risikotragende Kapital (Gesamtkapital – Eigenkapitalbedarf) wird lediglich mit dem Fremdkapitalkostensatz bewertet, weil es keine Risikoprämie benötigt. Auf die Betrachtung der Steuer wird hier aus Vereinfachungsgründen verzichtet. Eine Kreditfinanzierung (Fremdkapital) beinhaltet auch einen steuerlichen Vorteil, da die Kosten hierfür voll angesetzt werden können und dies die Steuerbelastung senkt. Ebenfalls vernachlässigt wird ein möglicher Kauf- bzw. realisierbarer Verkaufspreis – es wird also eine (zunächst) unverkäufliche Neugründung eines Unternehmens betrachtet.

$$k_{WACC}^{modifiziert} = k_{EK} \times \frac{Eigenkapitalbedarf}{Gesamtkapital} + k_{FK} \times \frac{Gesamtkapital - Eigenkapitalbedarf}{Gesamtkapital} \qquad (7.20)$$

k_{EK} entspricht dem Eigenkapitalkostensatz (Annahme für das gewählte Zielrating: 10 %)[353], k_{FK} dem Fremdkapitalkostensatz (Annahme: 6 %). Als Gesamtkapital wird – vereinfachend – die Bilanzsumme (31,8 Mio. €) eingesetzt. Steuern werden hier nicht betrachtet. Der Eigenkapitalbedarf[354] (7,4 Mio. €) wird dem Ergebnis der Risikoaggregation auf dem 99,5 %-Niveau aus entnommen und ist damit nicht durch das vorhandene Eigenkapitel (4 Mio. €) gedeckt – das angestrebte Rating (p = 0,5 %) wird also verfehlt. Die Berechnung des Kapitalkostensatzes ergibt somit:

$$Kapitalkostensatz = 10\% \times \frac{7,4\ Mio.\ €}{31,8\ Mio.\ €} + 6\% \times \frac{31,8\ Mio.\ € - 7,4\ Mio.\ €}{31,8\ Mio.\ €} = 6,9\% \qquad (7.21)$$

Der Kapitalkostensatz von 6,9 Prozent bedeutet für das Unternehmen in der Praxis, dass (bei konstanten einheitlichen Risiken) nur diejenigen Investitionen, die eine Rendite erwarten lassen, die über diesem Kapitalkostensatz liegt, auch einen positiven Beitrag zum Unternehmenswert bringen. Dazu werden die entsprechenden Werte (Betriebsvermögen, Gesamtkapitalrendite und Kapitalkostensatz) in die oben dargestellte Gleichung eingesetzt und der Wertbeitrag ermittelt.

Als Kapitalrendite (ROCE) wird das EBIT aus der Plan-GuV eingesetzt (3,5 Mio. €) und zum geplanten gebundenen betriebsnotwendigen Kapitel (CE, vereinfachend die Bilanzsumme) i. H. v. 31,8 Mio. € in Relation gesetzt, was zu einer Kapitalrendite von 11,0 % führt. Der Wertbeitrag (WB) beträgt demnach:

$$WB = Kapitalbindung \times (Kapitalrendite - Kapitalkostensatz) \qquad (7.22)$$

$$= CE \times \left(ROCE - k_{WACC}^{modifiziert}\right) = EBIT - k_{WACC}^{modifiziert} \times CE \qquad (7.23)$$

$$= 31,8\ Mio.\ € \times (11,0\% - 6,9\%) = 1,3\ Mio.\ € \qquad (7.24)$$

Eine andere Möglichkeit besteht darin, den Wertbeitrag nicht über die Ableitung des Kapitalkostensatzes indirekt zu ermitteln, sondern direkt über das Risikomaß Eigenkapitalbedarf (Risikokapital) EK^{Bedarf}. Dies ist nachfolgend dargestellt.

7.3.4.3 Wertbeitrag auf Basis des Sicherheitsäquivalents

Es soll nun auf diesem zweiten Weg ermittelt werden, welcher Wertbeitrag (WB) in einem Jahr zu erwarten ist. Der Wertbeitrag entspricht

---

[353] Vgl. Gleißner, 2006 a und die Herleitung in Abschnitt 7.3.2.4.
[354] Es wird vereinfachend nur der Eigenkapitalbedarf (auf Basis der Value-at-Risk der Gewinne) eines Jahres betrachtet.

weitgehend dem bekannten EVA (Economic Value Added). Dazu wird die folgende Formel herangezogen:

$$WB = CE \times \left(ROCE - k_{WACC}^{modifiziert}\right) \tag{7.25}$$

Dies führt mit der Multiplikation der erwarteten Kapitalrendite (ROCE^e), also EBIT^e/CE, zu

$$WB = EBIT^e - CE \times k_{WACC}^{modifiziert} \tag{7.26}$$

Die Formel zur Berechnung der modifizierten Kapitalkosten (k$_{WACC}^{modifiziert}$) wird nun in die obige Gleichung 7.26 eingesetzt und umgeformt[355]:

$$WB = EBIT^e - r_0 \times CE - r_z \times EK^{Bedarf} \tag{7.27}$$

Das Produkt $r_Z \cdot EK^{Bedarf}$ stellt die „kalkulatorischen Zusatzkosten" des zur Risikotragung notwendigen Eigenkapitals dar, wobei r_Z wiederum die Risikoprämie (Risikozuschlag) repräsentiert.

Es werden dabei zusammenfassend die folgenden Annahmen getroffen:

- die Fremdkapitalkosten (k_{FK}) entsprechen dem risikolosen Zins (r_0) i. H. v. 6 %
- der Risikozuschlag (r_Z) i. H. v. 4 % ergibt sich aus der Differenz von Eigenkapitalkosten (k_{EK}=10 % für p = 0,5 %) und risikolosem Zins (6 %).
- Für das Gesamtkapital/Capital Employed (CE) wird vereinfachend die Bilanzsumme (31,8 Mio. €) angesetzt.

Der Wertbeitrag berechnet sich demnach wie folgt:

$$WB = EBIT^e - r_0 \times CE - r_z \times EK^{Bedarf}$$
$$= 3,5\ Mio.\ € - 6\% \times 31,8\ Mio.\ € - 4\% \times 7,4\ Mio.\ € = 1,3\ Mio.\ € \tag{7.28}$$

7.3.4.4 Wertbeitrag einer Versicherung

Bei dem Vergleich alternativer Risikotransferstrategien werden häufig in erster Linie die direkten Kosten, also bspw. die Versicherungsprämien, verglichen. Wesentlich ist jedoch, dass jede Art des Risikotransfers (im Prinzip sogar jede unternehmerische Maßnahme) insbesondere über zwei Wirkungswege den Unternehmenswert beeinflusst, zum einen über die Beeinflussung der Höhe der Risiken und zum anderen über die Beeinflussung der Kosten (und damit der Rendite). Risikotransfers reduzieren den Eigenkapitalbedarf.

Betrachtet man bspw. zwei verschiedene Versicherungslösungen, nämlich eine Variante A mit niedriger Prämie und hohem Selbstbehalt mit einer Variante B ohne Selbstbehalt und hoher Prämie, so erkennt man diese beiden Wirkungswege. Bei Variante A mit den hohen Selbstbehal-

---

[355] Die Höhe des Eigenkapitalbedarfs ist dabei vom Zielrating abhängig, also von der Ausfallwahrscheinlichkeit, die die Gläubiger noch zu akzeptieren bereit sind. Ein BBB-Rating entspricht etwa p = 0,5 %

ten muss das Unternehmen ein bestimmtes Maß an Verlusten in Kauf nehmen. Dies bedingt allerdings, dass – zur Risikodeckung – gedanklich eine bestimmte Menge an Eigenkapital vorgehalten werden muss. Diese zusätzlichen Mittel sind mit den Eigenkapitalkosten zu verzinsen. Das risikotragende Eigenkapital weist dabei grundsätzlich höhere Kosten auf als das Fremdkapital. Die Versicherungslösung A hat damit zwar relativ niedrige direkte Belastungen (Versicherungsprämien), dafür aber einen höheren Bedarf an Eigenkapital, folglich auch steigende Kosten. Bei Variante B verhält es sich genau umgekehrt.

Um nun zu entscheiden, welche der beiden Versicherungsvarianten des genannten Beispiels wirtschaftlicher ist, benötigt man offensichtlich einen Maßstab, der die direkte Wirkung auf die Kosten einerseits und auf den Eigenkapitalbedarf (und damit die Kapitalkosten) andererseits erfasst. Die entsprechende Zielgröße, die beide Aspekte umfasst, sind der Unternehmenswert bzw. der Unternehmenswertbeitrag, was methodisch gerade den Risikokosten entspricht (vgl. zu Risikowertbeitrag und den TCR-Ansatz die Abschnitte 3.4.5 und 5.3).

Die Fortsetzung des Fallbeispiels zeigt, wie man den Wertbeitrag einer Versicherung berechnen kann.

Die oben angegebene Wertbeitragsformel kann nun herangezogen werden, um den Wertbeitrag einzelner Risikobewältigungsmaßnahmen zu ermitteln. Nehmen wir an, die bisher beschriebene Situation beschreibt die Unternehmensplanung des Managements für ein Szenario ohne Versicherungsschutz, um bspw. herauszufinden, ob das Unternehmen auch ohne Versicherungsschutz überleben würde. Nachdem nun klar war, dass die Eigenkapitalausstattung nicht ausreichen würde (die Eigenkapitaldeckung betrug nur ca. 4 Mio. €/7,4 Mio. € = 54%), überlegt sich das Management, eine Versicherung gegen das größte Risiko, den Ausfall der Produktion, abzuschließen. Durch diese Maßnahme würde sich der Eigenkapitalbedarf, wie eine erneute Durchführung der Risikoaggregation ergibt, auf 3 Mio. € verringern. Die Eigenkapitaldeckung beträgt jetzt über 100%.

Die Frage ist nun, welchen Wertbeitrag dieses Szenario hätte. Dazu wird das erwartete EBIT um die Versicherungskosten[356] (Annahme: 100.000 €) vermindert, da dies einen Aufwand darstellt, der den Gewinn schmälert. Das erwartete EBIT (3,4 Mio. €) und der neu ermittelte Eigenkapitalbedarf i. H. v. 3 Mio. werden nun in die folgende Gleichung eingesetzt:

$$WB = EBIT^e - r_0 \times CE - r_z \times EK^{Bedarf}$$
$$= 3,4 \text{ Mio. } € - 6\% \times 31,8 \text{ Mio. } € - 4\% \times 3,0 \text{ Mio. } € = 1,4 \text{ Mio. } € \qquad (7.29)$$

---

[356] Exakter: erwartete Zusatzkosten der Versicherung, also unter Berücksichtigung der Zahlungen im Schadensfall.

Der Wertbeitrag liegt nun bei 1,4 Mio. € anstelle der 1,3 Mio. € ohne Versicherungsschutz. Es wird somit deutlich, dass eine Verminderung des Risikos (und damit des Kapitalkostensatzes) unmittelbar eine Erhöhung des Wertbeitrags (jeder Periode) mit sich bringen würde, während umgekehrt eine Erhöhung des Risikos – und damit des Eigenkapitalbedarfs und des Kapitalkostensatzes – eine Verringerung des Wertbeitrags mit sich bringen würde. Die Frage ist hier, ob der negative Effekt der Minderung des Gewinns durch die Versicherungsprämie kleiner ist als der risikomindernde Effekt aus der Versicherung. Damit lässt sich der Wertbeitrag einer Versicherung – oder anderer Risikotransfermaßnahmen – abschätzen.

Insgesamt gilt es festzuhalten, dass für eine fundierte Bewertung alternativer Risikotransferstrategien die Versicherungsprämien allein als Maßstab völlig untauglich sind. Grundsätzlich ist es erforderlich, neben der Betrachtung der Kostenwirkung für alternative Versicherungslösungen auch die Wirkungen auf den Risikoumfang und damit den Eigenkapitalbedarf zu erfassen. Letztendlich bietet es sich daher an, direkt den Wertbeitrag von verschiedenen Risikotransferlösungen zu bestimmen. Es wird nämlich kaum ein Unternehmen geben, dessen primäre Zielsetzung die Minimierung der Kosten ist; vielmehr wird die Steigerung des Unternehmenswertes als Erfolgsmaßstab angestrebt.

7.4 Integrierte wertorientierte Steuerungssysteme

Abschließend sei im Zusammenhang mit dem unternehmensweiten Risikomanagement noch ein Ausblick auf die Zukunft auch der Unternehmenssteuerung gegeben, der sich unter dem Stichwort „Integrierte wertorientierte Steuerungssysteme" zusammenfassen lässt.[357]

Was versteht man unter einem integrierten wertorientierten Steuerungssystem? Hierunter ist ein System zur Unternehmenssteuerung zu verstehen, das die beiden Hauptkomponenten des Unternehmenswertes – nämlich die freien Cashflows (Erträge) und die Diskontierungszinssätze (Kapitalkosten) – durch zwei miteinander verbundene Untersysteme, nämlich die Planung mit Balanced Scorecard und das Risikomanagementsystem, fundiert herleitet.

Eine Balanced Scorecard ist ein strategisch ausgerichtetes Steuerungssystem, das der Unternehmensführung bei der Kommunikation und der Umsetzung der Unternehmensstrategie hilft. Ihr Ziel ist es, ausgehend von der Entwicklung einer Vision die zugehörige Strategie operativ umsetzbar und messbar zu machen. Die Entwicklung der Balanced Scorecard erfolgte vor dem Hintergrund, dass bisher in Kennzahlen-

---

[357] Quelle: Gleißner, 2003, Gleißner, 2004c sowie Gleißner, 2000.

systemen finanzielle Größen dominierten. Durch diese können zwar Ergebnisse beschrieben werden, aber deren Ursachen und besonders deren zukünftige Entwicklung – die das Unternehmen ja besonders interessiert – können oft nicht beurteilt werden. Insbesondere strategische Erfolgspotenziale (z. B. innovative Prozesse oder hochqualifizierte Mitarbeiter) bleiben völlig unbeachtet. Um dem entgegenzuwirken, werden neben den üblichen Kennzahlen aus der Finanzperspektive (z. B. zur Rentabilität), die primär eben nur die Ergebnisse der unternehmerischen Tätigkeit zeigen, nun auch Kennzahlen einbezogen, die künftig diese finanziellen Kennzahlen beeinflussen. Hierzu wird die Geschäftslogik des Unternehmens mit Hilfe von vier Perspektiven abgebildet, nämlich der Mitarbeiterperspektive, der Marktperspektive, der Prozessperspektive und schließlich der Finanzperspektive. Eine Balanced Scorecard zeigt somit die in der Markt- und Prozessperspektive befindlichen direkten Werttreiber des Unternehmenswerts sowie deren Bestimmungsfaktoren aus der Mitarbeiterperspektive, die insoweit auch als vorgelagerte Werttreiber verstanden werden können. Diese beeinflussen die Umsätze und die (zahlungswirksamen) Kosten – und somit letztendlich die den Unternehmenswert bestimmenden Free Cashflows (Zahlungsströme), was in der operativen Planung dargestellt wird.

Das Risikomanagement wiederum als zweites Element eines solchen integrierten wertorientierten Steuerungssystems findet seinen Platz bei der Ermittlung des Eigenkapitalbedarfs durch Aggregation der Unternehmensrisiken (siehe Kapitel 4) und bei der Ermittlung der angemessenen Kapitalkosten (siehe Kapitel 7.3). Durch wertorientierte Risikomanagementsysteme, die mit strategischen Unternehmenssteuerungssystemen verbunden sind, werden damit die notwendigen Voraussetzungen geschaffen, um die Konsequenzen geplanter strategischer Maßnahmen auf den Unternehmenswert über alle Wirkungswege – Kapitalkosten und Cashflows – transparent zu machen. Damit tragen sie letztlich zu einer besseren Fundierung wichtiger unternehmerischer Entscheidungen bei.

Die folgende Abbildung stellt abschließend die Zusammenhänge innerhalb eines solchen integrierten wertorientierten Steuerungssystems graphisch dar.

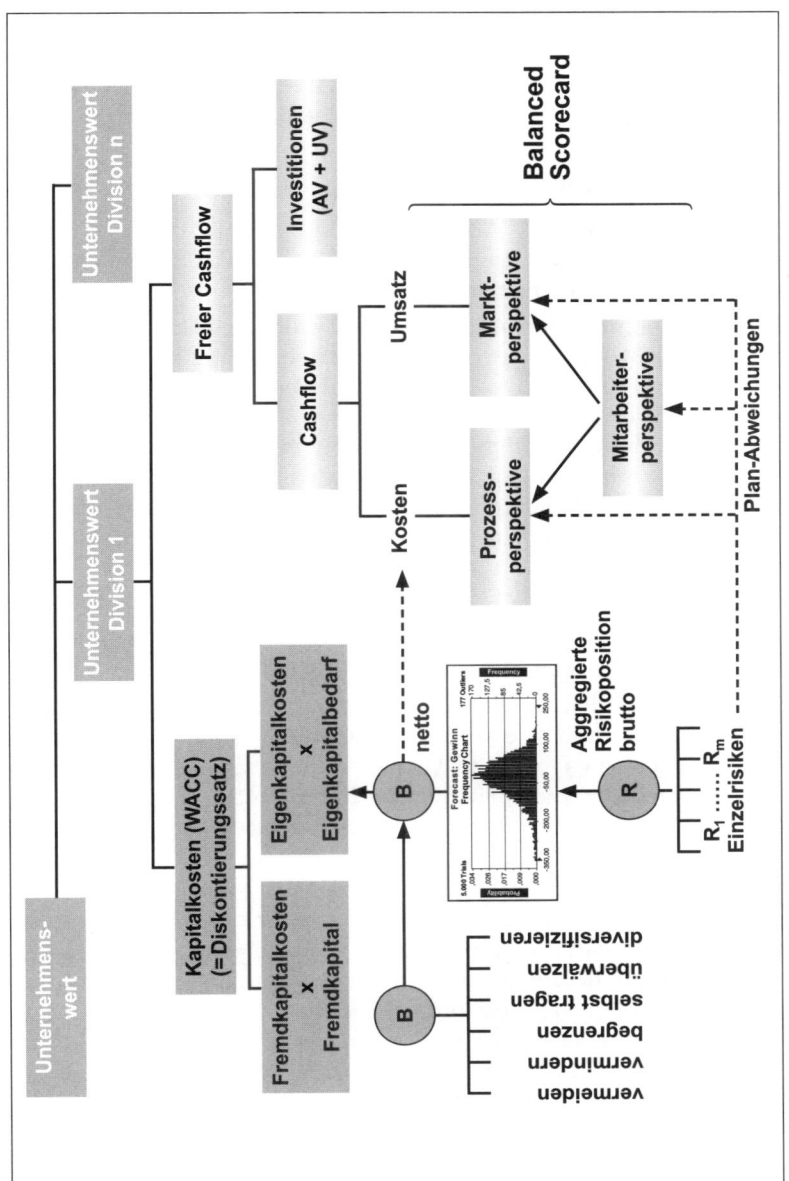

Abbildung 76: Integrierte Unternehmenssteuerungssysteme[358]

7.5 Fazit: Kernthesen der Wertorientierung und ihre Konsequenzen für ein unternehmensweites Risikomanagement[359]

Es lassen sich nun zusammenfassend folgende Thesen für ein wertorientiertes Risikomanagement formulieren:

(1) Strategisches Oberziel und Erfolgsindikator des Unternehmens ist der nachhaltig geschaffene Unternehmenswert

Alle unternehmerischen Aktivitäten, insbesondere also auch alle Aktivitäten im Risikomanagement, sind letztlich bezüglich genau eines Kriteriums zu beurteilen, nämlich des Unternehmenswertes. Beispielsweise impliziert dies, dass jede Risikobewältigungsmaßnahme (z. B. die Entscheidung über den Risikotransfer mittels Versicherung) hinsichtlich ihrer Sinnhaftigkeit nur entschieden werden kann, wenn man sie nicht alleine anhand von Umsatz oder Kostenwirkungen beurteilt, sondern den Unternehmenswertbeitrag ermittelt (was methodisch gar nicht so schwierig ist).

(2) Gemessen wird der Erfolg an objektiven, finanziellen Kennzahlen wie dem Discounted free Cashflow (DfCF), der primär von Wachstum, Rentabilität und Kapitalkosten (Risiko) abhängt.

Berechnet man den Unternehmenswert mit Hilfe eines Discounted free Cashflow-Modells, erkennt man unmittelbar die Bedeutung des Risikomanagements im Kontext einer wertorientierten Unternehmensführung. Der Unternehmenswert ist hierbei nichts anderes als die auf den heutigen Zeitpunkt abdiskontierten erwarteten zukünftigen Geldströme (freie Cashflows) des Unternehmens, wobei der Diskontierungszinssatz von der Unsicherheit der Zukunftsprognosen (dem Risiko) abhängt. Bei einem derartigen Unternehmenssteuerungssatz ist es somit die primäre Aufgabe des Risikomanagements, einen risikoabhängigen Diskontierungszinssatz (Kapitalkostensatz) für die zukünftig erwarteten Cashflows zu bestimmen und diesen durch geeignete Maßnahmen zu optimieren. Der Diskontierungszinssatz wird grundsätzlich von allen nicht diversifizierten Risiken, denen ein Unternehmen ausgesetzt ist, beeinflusst. Mit Hilfe von Risikoaggregationsverfahren ist es möglich zu berechnen, wie viel Eigenkapital ein Unternehmen zur Deckung dieser Risiken benötigt, was schließlich wiederum die Berechnung eines Diskontierungszinssatzes (Kapitalkosten) ermöglicht. Hohe Risiken erfordern einen relativ großen Bedarf an teurem Eigenkapital, um die durch Risiken möglicherweise entstehenden Verluste auffangen zu können.

---

[359] In Anlehnung an Gleißner, 2002 b und das FutureValue™-Konzept, Gleißner, 2004 c.

**(3) Marktattraktivität, Marktführerschaft, Prozesseffizienz und vertei-
digungsfähige Kernkompetenzen sind die entscheidenden Erfolgsfaktoren.**

Da Marktattraktivität (insbesondere Nachfragewachstum, Markte-
trittsbarrieren und Differenzierungsmöglichkeiten), Marktführerschaft
(Wettbewerbsvorteile), Prozesseffizienz und Kernkompetenzen – wie
empirische Untersuchungen belegen – die entscheidenden Erfolgsfaktoren sind, ist es eine zentrale Aufgabe der Risikoanalyse, Bedrohungen
dieser Erfolgsfaktoren rechtzeitig zu identifizieren. Risikomanagement
unterstützt Unternehmensführung und strategische Planung bei der
Entwicklung von Strategien zur Abwehr solcher Bedrohungen.

**(4) Die Unternehmensstrategie regelt und koordiniert alle Aktivitäten
der langfristigen Erfolgssicherung, deren Umsetzung ein strategisches Kennzahlensystem steuert.**

Eine Strategie ist nur dann für den unternehmerischen Erfolg ausschlaggebend, wenn sie tatsächlich im operativen Tagesgeschäft umgesetzt
wird. Strategische Kennzahlen- und Managementsysteme, wie die Balanced Scorecard, unterstützen die Umsetzung von Strategien, indem
sie diese durch Kennzahlen – mit Ist- und Soll-Werten – konkretisieren
und den Kennzahlen Maßnahmen und verantwortliche Personen zu-
ordnen. So werden heute Erfolgsfaktoren – wie Kundenzufriedenheit
und Kundentreue – gezielt gesteuert, die für die zukünftigen (finanziellen) Ergebnisse maßgeblich sind. Eine der wesentlichsten Aufgaben
der Verantwortlichen im Risikomanagement ist es, bei der Entwicklung
desjenigen Teils der Unternehmensstrategie mitzuwirken, der sich mit
den Risiken befasst. Dieser Teil der Unternehmensstrategie wird Risikopolitik genannt. Die Risikopolitik formuliert Grundsätze des Unternehmens zum Umgang mit Risiken und legt so die Rahmenbedingungen für den Aufbau von Risikomanagementsystemen fest. Zentrale
Aussagen der Risikopolitik beziehen sich dabei auf Entscheidungskriterien für das Abwägen von erwarteter Rendite und Risiko, Obergren-
zen für den Gesamtrisikoumfang und Limite für Einzelrisiken. Da die
Umsetzung einer Unternehmensstrategie im Tagesgeschäft am besten
durch ein kennzahlengestütztes Steuerungssystem, wie eine Balanced
Scorecard, realisiert werden kann, muss das Risikomanagement für
eine solche Balanced Scorecard geeignete Kennzahlen berechnen, die
über die Entwicklung der Risikosituation informieren. Zudem werden
die Risiken der Kennzahl zugeordnet, bei der sie Planabweichungen
auslösen können („FutureValue^{TM}-Scorecard").

(5) Wertorientierte strategische Steuerung basiert auf fundierten Annahmen über die Abhängigkeiten von Erfolgsfaktoren und Unternehmenswert („Geschäftslogik").

Jede fundierte Unternehmensstrategie basiert auf einer Geschäftslogik („Strategy Map"), die die Annahmen über den gegenwärtigen Wirkungszusammenhang der maßgeblichen Erfolgfaktoren zusammenfasst. Nur die Kenntnis dieser „Spielregeln" des Marktes erlaubt eine zielorientierte Unternehmensführung. Die Herausforderung einer strategischen Frühaufklärung besteht darin, zu überwachen, ob diese Geschäftslogik weiterhin ihre Gültigkeit hat, oder ob bereits Tendenzen zu erkennen sind, dass – beispielsweise wegen technologischer Innovationen – die „Spielregeln" des Marktes sich verändern.

(6) Das Kapital wird konsequent in die Bereiche mit der relativ höchsten Wertgenerierung gelenkt.

Um das Kapital in Geschäftsfelder mit der höchsten Wertgenerierung lenken zu können, ist es zwingend erforderlich – neben der üblichen Rentabilitätsbetrachtung –, auch die Risikosituation jedes potentiellen Geschäftsfeldes zu analysieren. Das Risikomanagement hat zudem die Aufgabe zu ermitteln, wie viel Eigenkapital das Unternehmen für die einzelnen Tätigkeitsbereiche gebunden hat, um risikobedingt mögliche Verluste in diesen Bereichen abdecken zu können. Je größer der Eigenkapitalbedarf zur Abdeckung möglicher Verluste (Eigenkapital-Allokation), desto höher der Kapitalkostensatz (Diskontierungszinssatz), also die Anforderung an die erwartete Rentabilität. Erst eine Verbindung von traditionellem Controlling und Risikomanagement erlaubt eine fundierte Bewertung des Wertbeitrags von Geschäftseinheiten, der für eine Portfolioplanung von großer Bedeutung ist.

(7) Kunden- und Mitarbeiterzufriedenheit sind nie Selbstzweck.

Was für Kunden- und Mitarbeiterzufriedenheit gilt, lässt sich analog für sämtliche Aktivitäten des Risikomanagements sagen: Sie sind nie Selbstzweck, wenngleich eine Verbesserung der Kunden- und Mitarbeiterzufriedenheit oder der Risikosituation oft sinnvoll ist. Auch „Kundenzufriedenheit", die wesentlich zur Kundentreue beiträgt, ist letztlich nur sinnvoll, wenn die zufriedenen Kunden die angebotenen Leistungen adäquat honorieren, was über eine Verbesserung der Gewinnmarge („Werttreiber") den Unternehmenswert positiv beeinflusst. Insbesondere ist es nicht Aufgabe des Risikomanagements, die Risikoposition des Unternehmens zu minimieren, weil dies zugleich unternehmerische Chancen eliminieren würde. Unternehmertum ist ohne Risiko nicht denkbar.

(8) Alle wesentlichen Maßnahmen im Unternehmen müssen konsequent bezüglich ihrer Wirkung auf den Unternehmenswert geprüft werden.

Wie bereits erwähnt, gilt dieser Grundsatz selbstverständlich auch für alle von den Verantwortlichen des Risikomanagements initiierten Risikobewältigungsmaßnahmen, die beispielsweise auf eine Vermeidung, Verminderung, Begrenzung oder den Transfer von Risiken auf Dritte abzielen können. Häufig beinhalten solche Maßnahmen nämlich sowohl eine Wirkung auf den Risikoumfang, als auch auf die Kosten bzw. Erträge. Beide Aspekte müssen also gegeneinander abgewogen werden. Risikobewältigung kann dabei sogar erwartete Kosten reduzieren, z. B. potentiell erwartete Konkurskosten oder Finanzierungskosten – aber auch die Umsatzerlöse steigern, weil die Menge der finanzierbaren Investitionen beeinflussbar wird.

(9) Selbstverantwortung und angemessene unternehmerische Freiheit kompetenter Mitarbeiter sind wichtige Stützen des unternehmerischen Erfolgs.

Auch wertorientierte Strategien werden von Menschen umgesetzt, die sowohl die Fähigkeit als auch den Spielraum für Aktivitäten benötigen, die einen wesentlichen Erfolgsbeitrag aufweisen. Beim Aufbau von Risikomanagementsystemen, insbesondere denjenigen, die primär KonTraG-Anforderungen erfüllen sollen, ist darauf zu achten, dass diese nicht die unternehmerischen Freiheiten und die Selbstverantwortung der Mitarbeiter unadäquat einschränken. Das Risikomanagementsystem soll Mitarbeiter zu einem bewussten Umgang mit Risiken anhalten, aber keinesfalls das Eingehen von Risiken unterbinden. Eine Aufgabe des Risikomanagements ist es daher, im Unternehmen eine Risikokultur aufzubauen, die ein bewusstes Nachdenken über Risiken fördert und zugleich Risiko als unvermeidliche Komponente unternehmerischen Handelns verdeutlicht. Oft ist es hierbei sinnvoll, bestehende interne Kontrollsysteme durch geeignete Anreizsysteme zu ersetzen, die ein risikoorientiertes Handeln im Sinne der Unternehmensziele belohnen. Notwendige Voraussetzung ist dabei, dass Transparenz über die Risikosituation des Unternehmens geschaffen wird.

(10) Die Vergütung der Mitarbeiter im Unternehmen wird am Beitrag zum Unternehmenswert ausgerichtet.

Wenn man die Vergütung (Prämien) der Mitarbeiter am Unternehmenswert ausrichtet, damit sie sich in einer Weise verhalten, die dem obersten Unternehmensziel dienlich ist, führt dies zwangsläufig dazu, dass man – neben den Konsequenzen der Aktivitäten von Mitarbeitern auf den Ertrag – auch die Konsequenzen für das Risiko beurteilen muss. Bei Banken ist es längst üblich, die Leistung (und damit auch die Leistungsvergütung) von Wertpapierhändlern durch Kennzahlen zu messen, die sowohl Ertrag als auch Risiko berücksichtigen (z. B. Sharpe Ratio). In Industrie und Handel sind derartige risikoorientierte Vergütungssysteme bisher kaum vertreten. Hier gibt es jedoch viel Potential für eine innovative Gestaltung von Prämiensystemen. Gewährleistet werden sollte zumindest, dass bei der Leistungsbeurteilung (Performancemessung) bei Planabweichungen differenziert wird zwischen solchen, die auf exogene Risikofaktoren zurückzuführen sind, und solchen, die die jeweiligen Führungskräfte zu verantworten haben.

8. Zusammenfassung

Inzwischen ist akzeptiert, dass ein unternehmensweites Risikomanagement weit mehr ist als das (selbstverständliche) Einhalten gesetzlicher Vorschriften (z. B. aus Arbeits- und Umweltrecht), das Abschließen von Versicherungen und das Erstellen von Notfallplänen. Risikomanagement ist ein alle Funktionsbereiche umfassender und integrierter Prozess der Identifikation, Bewertung, Aggregation, Steuerung und Überwachung aller Risiken, die Abweichungen von den gesetzten Zielen auslösen können.

Die Erfahrung hat gezeigt, dass viele Vorstände, Unternehmer, Führungskräfte und andere Mitarbeiter im Bereich des Risikomanagements wirkliches Neuland betreten. Trotz der offensichtlichen Relevanz der Risiken (z. B. als Ursachen von Unternehmenskrisen) werden sie in der Praxis oft wenig systematisch betrachtet. Psychologen sehen hinter dieser Tatsache ein grundsätzliches Problem: Menschen haben eine Aversion, sich mit dem Thema „Risiko" auseinanderzusetzen und betrachten die durch ein Risiko möglichen Schäden erst, wenn sie bereits eingetreten sind. Manche Unternehmer sehen eine intensive Auseinandersetzung mit Risiken sogar als Hemmnis bei der Realisierung unternehmerischer Chancen.

Fakt ist jedoch, dass erfolgreiches Unternehmertum gerade durch ein konsequentes Abwägen von Chancen und Gefahren gekennzeichnet ist. Natürlich ist Unternehmertum ohne Risiken undenkbar. Erfolgreiche Unternehmer gehen somit nicht zwangsläufig weniger Risiken ein. Sie beschäftigen sich jedoch so intensiv mit denjenigen Risiken, die wesentliche Abweichungen von der erwarteten Zukunftsentwicklung auslösen können, dass für das Unternehmen ein optimales Risikoprofil erreicht wird. Vor allem wird durch ein derartiges unternehmerisches Risikomanagement vermieden, dass der Gesamtumfang der eingegangenen Risiken die Risikotragfähigkeit des Unternehmens – Eigenkapital und Liquiditätsreserven – überschreitet, was eine Beeinträchtigung des Ratings und letztlich eine Insolvenzgefährdung des Unternehmens auslösen kann.

Um Risiken – genau wie zukünftig erwartete Erträge – in unternehmerischen Entscheidungen konsequent berücksichtigen zu können, müssen bestimmte Voraussetzungen im Unternehmen geschaffen werden. Dabei steht am Anfang in vielen Fällen sicherlich ein kultureller Veränderungsprozess. Unternehmensführung und alle Mitarbeiter müssen zunächst dafür sensibilisiert werden, dass die Existenz von

Risiken keinesfalls gleichzusetzen ist mit Managementfehlern. Die Mitarbeiter müssen lernen, risikobewusst zu denken und zu handeln. Flankierend ist dabei auch der Aufbau organisierter Risikomanagementsysteme, die die vorhandenen Planungs- und Controllingsysteme ergänzen, unvermeidlich. Selbst in mittelständischen Unternehmen ist ein derartiger Aufbau durchaus mit einem überschaubaren Aufwand zu realisieren. Notwendig ist es, Verfahren einzuführen, die eine Identifikation, Bewertung und laufende Überwachung der wesentlichen Risiken sicherstellen. Soweit möglich, sollte das Risikomanagement dabei vorhandene Organisationssysteme (z. B. das Qualitätsmanagement, die Planung oder einfach die regelmäßigen Geschäftsführungssitzungen) nutzen. Jede Unternehmensführung benötigt insbesondere regelmäßig eine Übersicht über alle wesentlichen oder gar bestandsbedrohenden Risiken, die den Erfolg des Unternehmens als Ganzes gefährden könnten. Zudem muss mit Hilfe der Risikoaggregationsverfahren, die den Gesamtrisikoumfang und den Eigenkapitalbedarf bestimmen, regelmäßig berechnet werden, wie groß die Planungssicherheit und die Stabilität (das angemessene Rating) des Unternehmens ist. Auf diese Weise werden zwangsläufig Risikomanagement und Unternehmensplanung miteinander verbunden. Das Risikomanagement leistet so einen Beitrag, um die vorhandenen Planungsaktivitäten des Unternehmens weiterzuentwickeln, indem der realistische Umfang von (möglichen) Planabweichungen nunmehr explizit angezeigt wird. Die Risikoanalyse ist zudem ein notwendiger Baustein jeder wertorientierten Unternehmensführung, weil es die Risikoinformation für die Berechnung risikogerechter Kapitalkosten liefert, die der Kapitalmarkt (CAPM) nicht haben kann.

Wie beurteilt man nun die Qualität des Risikomanagements? Der ultimative Praxistest für das Risikomanagement besteht darin, festzustellen, ob die eingetretenen Planabweichungen auf im Vorhinein bekannte Risiken zurückgeführt werden können. Risikomanagement schafft Transparenz über die Planungssicherheit und trägt dazu bei, diese zu verbessern.

Die Fähigkeiten im Risikomanagement sind bei einer unvorhersehbaren Entwicklung des Unternehmensumfeldes ein zentraler Erfolgsfaktor. Es trägt bei zur Krisenvermeidung, sichert Rating und Finanzierung und hilft, Investitionsalternativen oder Projekte risikogerecht zu beurteilen. Insgesamt unterstützt Risikomanagement die zentrale unternehmerische Aufgabe eines fundierten Abwägens von erwarteten Erträgen und Risiken bei wichtigen Entscheidungen, z. B. durch die Berechnung eines Erfolgsmaßstabes (wie den Unternehmenswert) auf Basis der unternehmensinternen Risikoinformationen. Dies schafft die Voraussetzung für die Entwicklung „Robuster Unternehmen".

9. Anhang: Definitionen der Kennzahlen des Finanzratings

Eigenkapitalquote

Das Insolvenzrisiko eines Unternehmens hängt – vernachlässigt man zunächst die Möglichkeit der Zahlungsunfähigkeit – entscheidend von der Eigenkapitalausstattung ab, da das Eigenkapital (oft nach Abzug immaterieller Vermögenswerte berechnet) als Risikodeckungspotenzial das gesamte Unternehmensrisiko zu tragen hat. Alle Verluste eines Unternehmens belasten primär das Eigenkapital. Die Eigenkapitalquote als Verhältnis von Eigenkapital zu Gesamtkapital ist somit ein wichtiges Maß für die Sicherheit und Kreditwürdigkeit eines Unternehmens. Gefordert wird oft eine Eigenkapitalquote von mindestens 20 % oder 30 %, zu der die stillen Reserven kalkulatorisch ergänzend hinzukommen, da sie als zusätzliches Risikodeckungspotenzial interpretiert werden können, aber von Kreditinstituten meist nicht in der Kennzahlenanalyse berücksichtigt werden können. Ihre Angemessenheit ist jedoch nur durch einen Vergleich mit dem dazugehörigen Risikoumfang präzise zu beurteilen (Risikoaggregation). Die Eigenkapitalquote zeigt zudem an, in welchem Umfang sich der Unternehmer selbst an der Finanzierung und am Risiko seines Unternehmens beteiligt.

$$Eigenkapialquote = \frac{Eigenkapital}{Bilanzsumme} \tag{9.1}$$

Im Rahmen eines Ratings spielt die Eigenkapitalquote eines Unternehmens eine wichtige Rolle. Sie gilt als Maß für die Sicherheit und Kreditwürdigkeit eines Unternehmens.

Return On Capital Employed (ROCE)

Der Return on Capital Employed (ROCE) bezeichnet eine international verbreitete Variante des Return on Investment (ROI), also der Kapitalrendite, bei der das EBIT (Earnings before Interest and Taxes) als betriebliches Ergebnis eines Unternehmens auf das betriebsnotwendige Kapital, den buchmäßigen Kapitaleinsatz, bezogen wird (Capital Employed).

$$ROCE = \frac{EBIT}{Capital\ Employed} = \frac{betriebliches\ Ergebnis}{betriebsnotwendiges\ Kapital} \tag{9.2}$$

Zinsdeckungsquote

Die Zinsdeckungsquote misst die Fähigkeit eines Unternehmens, den Zinsaufwand für Verbindlichkeiten zu erwirtschaften. Sie wird durch Division des Betriebsergebnisses (EBIT) durch den Zinsaufwand berechnet. Eine niedrige Zinsdeckung kann einen zu hohen Fremdkapitalanteil anzeigen. Je höher die Deckung, desto größer die Sicherheit.

$$Zinsdeckungsquote = \frac{EBIT}{Zinsaufwand} \qquad (9.3)$$

In Abgrenzung zur Kapitaldienstdeckungsquote, die auch Tilgungszahlungen berücksichtigt, wird bei der Zinsdeckungsquote lediglich beurteilt, ob die zu leistenden Zinszahlungen erbracht werden können.

Zinsaufwendungen sind die Vergütungen für die Überlassung von Fremdkapital (z. B. für Bankkredite, Schuldscheindarlehen, Hypotheken sowie Diskontaufwendungen für Wechsel). Zu den zinsähnlichen Aufwendungen rechnet man Kreditprovisionen, Bereitstellungsgebühren, Avalprovisionen sowie das Disagio bzw. die Abschreibungen auf ein aktiviertes Disagio.

EBIT-Marge

Sie wird auch Operative Marge, Betriebsmarge oder Operative Gewinnspanne genannt und gibt die prozentuale Umsatzrendite ohne Berücksichtigung des Finanzergebnisses an, indem der EBIT (Earnings before Interest and Taxes) ins Verhältnis zum Umsatz gesetzt wird. Als relative Kennzahl ist die EBIT-Marge gut geeignet, die Ertragskraft verschiedener Unternehmen unabhängig von deren Finanzierungsstruktur miteinander zu vergleichen.

$$EBIT\text{-}Marge = \frac{EBIT}{Umsatz} \qquad (9.4)$$

Neben der Umsatzrendite ist der Sicherheitsgrad ein weiterer Indikator für die Nachhaltigkeit der Erträge.

Kapitalrückflussquote

Die Kapitalrückflussquote, ein Verwandter des CFROI, ergibt sich als Quotient von EBITDA (Cashflow vor Steuern + Zinsaufwand) zur Bilanzsumme:

$$Kapitalrückflussquote = \frac{EBITDA}{Bilanzsumme} \qquad (9.5)$$

Der reziproke Wert der Kapitalrückflussquote (eine Art Amortisationsdauer) gibt an, in wie vielen Jahren – bei Verzicht auf Investitionen
– das im Unternehmen insgesamt gebundene Kapital bei gleich bleibenden Cashflows in Form von liquiden Mitteln zurückfließen würde.
Damit stellt die Kapitalrückflussquote bzw. die Amortisationsdauer
einen Risikoindikator dar, der über die Flexibilität des Unternehmens
informiert. Je kürzer diese Amortisationszeit, desto unkritischer sind
Unsicherheiten über die erwartete zukünftige Entwicklung des Unternehmens in seinem Umfeld. Bei einer hohen Kapitalrückflussquote
kann ein Unternehmen besser auf Umfeldveränderungen reagieren, da
sein Kapital nicht zu langfristig gebunden ist. Je länger das Kapital
gebunden ist, desto stärker ist es tendenziell den mit zunehmendem
Prognosezeitraum steigenden Risiken ausgesetzt.

Will man lediglich die primäre betriebliche Aktivität des Unternehmens betrachten, bietet sich als Variante der Kapitalrückflussquote
der Quotient von EBITDA zu Capital Employed an. Diese Kennzahl
wird oft als CFROCE (Cashflow-Return-on-Capital Employed) bezeichnet.

Die Kapitalrückflussquote bzw. die Amortisationsdauer lässt sich – wie
oben – statisch (ohne Abzinsung) oder – präziser – dynamisch (mit der
Kapitalwertmethode) berechnen.

Quick-Ratio

Kennzahl für einen schnellen Überblick über die Liquidität eines Unternehmens. Sie stellt die kurzfristig verfügbaren Aktiva eines Unternehmens den kurzfristigen Verbindlichkeiten (mit einer Restlaufzeit (RLZ)
unter 1 Jahr) gegenüber und zeigt so auf, inwieweit das Unternehmen
die kurzfristigen Verbindlichkeiten ausgleichen kann. Langfristige Aktiva sollten zudem langfristig finanziert sein, um Refinanzierungs- und
Zinsänderungsrisiken auszuschließen.

$$Quick-Ratio = \frac{(liquide\ Mittel + Wertpapiere + Forderungen\ aus\ Lieferung\ und\ Leistungen)}{(kurzfristige\ Bankverbindlichkeiten + Verbindlichkeiten\ aus\ Lieferung\ und\ Leistungen)} \qquad (9.6)$$

Der Quick-Ratio sollte zur Sicherung der Zahlungsfähigkeit größer
als 100 % sein. Ein Quick-Ratio über 100 % besagt nämlich, dass mehr
kurzfristig verfügbare Aktiva zur Verfügung stehen als kurzfristig fällige Verbindlichkeiten bestehen.

Verbindlichkeitenrückflussquote

Die Kennzahl drückt aus, wie viel freie Mittel (free Cashflow = Cashflow vor Steuern + Zinsaufwand – Steuern – Investitionsausgaben) un-

ter Berücksichtigung von Investitionen zur Tilgung von Verbindlichkeiten zur Verfügung stehen.

$$Verbindlichkeitenrückflussquote = \frac{Free\ Cashflow}{Verbindlichkeit} \qquad (9.7)$$

Der Kehrwert gibt die entsprechende Anzahl Jahre an, wobei Werte über 10% bzw. unter 10 Jahre anzustreben sind. Dies erlaubt Rückschlüsse auf die finanzielle Unabhängigkeit des Unternehmens.

Sharpe Ratio

Wie auch der Return on Risk Adjusted Capital (RORAC) ist das Sharpe Ratio eine Performance-Kennzahl, die die Risiko- und Rentabilitätsinformationen in Verbindung bringt. Die Sharpe Ratio stellt einen Maßstab des Rendite-Risiko-Profils eines Unternehmens dar. Das Sharpe Ratio ist der Quotient aus dem Ertrag (abzüglich der Verzinsung des eingesetzten Kapitals (Capital Employed) zum risikolosen Zins r_0) zum zugehörigen Risiko. Das Risiko lässt sich hier als die zufallsbedingte Schwankung des Ertrags bzw. seiner Standardabweichung (σ_{EBIT}) definieren.

$$Sharpe\text{-}Ratio = \frac{EBIT - r_0 \times CE}{\sigma_{EBIT}} \qquad (9.8)$$

Sortino-Ratio

Die Sortino-Ratio ist an die Sharpe- und Treynor-Ratio angelehnt, nutzt jedoch die Semi-Varianz (SV) als LPM-Risikomaß (LPM_2). Sie wird somit wie folgt berechnet:

$$Sortino\text{-}Ratio = \frac{E(r_i) - r_0}{SV} \qquad (9.9)$$

Anstatt der Semi-Varianz können andere Referenzpunkte c und Ordnungshöhen m zu einer LPM-Ratio kombiniert werden.

10. Literatur

Albrecht P. (2001): Welche Aktienperformance ist über die nächsten Dekaden realistischerweise zu erwarten? Eine Fundamentaleinschätzung, in: Mannheimer Manuskripte zur Risikotheorie, Portfolio Management und Versicherungswirtschaft, Mannheim 2001

Albrecht, P./Maurer, R. (2005): Investment- und Risikomanagement, 2. Auflage, Schäffer-Poeschel Verlag, Stuttgart

Albrecht, P./Maurer, R./Möller M. (1998): Shortfall-Risiko/Excess-Chance-Entscheidungskalküle, in: Zeitschrift für Wirtschafts- und Sozialwissenschaft (ZWS), Heft 118, S. 249–274

Alexander, C. (2003): Operational Risk-Regulation, Analysis and Management, London

Amit, R./Wernerfelt, B. (1990): Why do Firms Reduce Business Risk?, in: Academy of Management Journal, Vol. 33, No. 3, S. 520–533

Arnott, R./Bernstein, P. (2002): What Risk Premium Is „Normal"?, in: Financial Analysts Journal, 58/2002, No. 2, S. 64–85

Artzner, P./Delbaen, F./Eber, J./Heath, D. (1999): Coherent Measures of Risk, in: Mathematical Finance, Vol. 9, S. 203–228

Backhaus, K./Erichson, B./Plinke, W./Weiber, R. (2006): Multivariate Analysemethoden: Eine anwendungsorientierte Einführung, Berlin

Baecker, P./Gleißner, W./Hommel, U. (2007): Unternehmensbewertung: Grundlage rationaler M&A-Entscheidungen? – Eine Auswahl zwölf wesentlicher Fehlerquellen aus praktischer Sicht, in: M&A Review, 6/2007, S. 270–277

Baldes, A./Deville, V. (2000): Risikocontrolling im Bereich der Kapitalanlagen einer globalen Versicherungsgruppe, in: Johanning/Rudolph (Hrsg.): Handbuch Risikomanagement, Band 2, Bad Soden, S. 1051–1072

Ballwieser W. (2004): Unternehmensbewertung: Prozess, Methoden und Probleme, Schäffer-Poeschel Verlag

Bamberg, G./Baur, F. (2006): Statistik, 13. überarbeitete Auflage, München

Bartram, S. (2000): Verfahren zur Schätzung finanzwirtschaftlicher Exposures von Nichtbanken, in: Johanning/Rudolph (Hrsg.): Handbuch Risikomanagement, Band 2, Bad Soden, S. 1267–1294

Beeck, H./Kaiser, T. (2000): Quantifizierung von Operational Risk mit Value-at-Risk, in: Johanning/Rudolph (Hrsg.): Handbuch Risikomanagement, Band 1, Bad Soden, S. 633–654

Bemmann, M. (2007): Entwicklung und Validierung eines stochastischen Simulationsmodells für die Prognose von Unternehmensinsolvenzen, Dissertation, Dresden, 2007

Bemmann, M./Gleißner, W./Leibbrand, F. (2006): Das Risikorating, in: Hirschmann/Romeike (Hrsg.): Rechts- und Haftungsrisiken im Unternehmensmanagement, Köln, S. 163–204

Berger, T. (2007): Und welche Risikokultur herrscht bei Ihnen?, erscheint in Kürze

Berger, T./Gleißner, W. (2006): Risk Reporting and Risks Reported of German HDAX-Companies, Arbeitspapier präsentiert an der 5. International Conference on Money, Investment and Risk, Nottingham 2006

Berger, T./Gleißner, W. (2007): Risikosituation und Stand des Risikomanagements aus Sicht der Geschäftsberichterstattung, in: Zeitschrift für Corporate Governance, 2/07, S. 62–68

Bleuel, H. (2006): Bestimmung und Steuerung des ökonomischen Wechselkurs-risikos, in: WISU – das Wirtschaftsstudium, 35 Jg., Nr. 8–9, S. 1054–1059

Bleymöller, J./Gehlert, G./Gülicher H. (2002): Statistik für Wirtschaftswissenschaftler, 13. Auflage, München

Blum, U./Gleißner, W. (2001): Trends und Frühaufklärung: das fundierte Orakel, in: Blum/Leibbrand (Hrsg.): Entrepreneurship und Unternehmertum, Wiesbaden

Blum, U./Gleißner, W./Leibbrand, F. (2004): Charakteristika gefährdeter Unternehmen – Erkenntnisse aus dem Sachsen-Rating Projekt, in: Kredit & Rating Praxis, 5/2004, S. 18–19

Blum, U./Gleißner, W./Leibbrand, F. (2005): Stochastische Unternehmensmodelle als Kern innovativer Ratingsysteme, in: IWH Diskussionspapiere, 6/2005

Böhmer, W. (2006): Informationssicherheitsmanagementsysteme im Kontext einer IT-Governance, in: Romeike/Hirschmann (Hrsg.): Rechts- und Haftungsrisiken im Unternehmensmanagement, München, S. 86–125

Bollerslev, T. (1986): Generalized autoregressive conditional heteroskedasticity. Journal of Econometrics, 31/1986, S. 307–327

Borkovec, M./Klüppelberg, C. (2000): Extremwerttheorie für Finanzzeitreihen – ein unverzichtbares Werkzeug im Risikomanagement, in: Johanning/Rudolph (Hrsg): Handbuch Risikomanagement, Band 1, Bad Soden, S. 219–244

Bowman, E. (1980): A-Risk-Return-Paradoxon for Strategic Management, in: Sloan-Management Review, Vol. 21, S. 17–33

Brühwiller, B. (2001): Unternehmensweites Risk Management als Frühwarnsystem, Bern

Budd, J. L. (1993): Characterizing risk from the strategic management perspective, Kent State University

Burger, A./Buchart, A. (2002): Risiko-Controlling, München

Burger, A./Buchhart, A. (2002): Zur Berücksichtigung von Risiko in der strategischen Unternehmensführung, in: Der Betrieb, Heft 12, Jg. 55, S. 593–599

Buzzell, R./Gale, B. (1989): Das PIMS-Programm – Strategien und Unternehmenserfolg, Wiesbaden

Camerer, C./Weber, M. (1992): Recent developments in modelling preferences: uncertainty and ambiguity, in: Journal of Risk and Uncertainty, 5/1992, S. 325–370

Christians, U. (2006): Performance Management und Risiko, Berlin

Cieslak, A. (2004): Estimating the real Rate of Return on Stocks: An international Perspective, Schweizerisches Institut für Banken und Finanzen, Universität St. Gallen

Copeland, T./Koller, T./Murrin, J. (1993): Unternehmenswert, Frankfurt/Main

Corell, F. C. (2000): Risikomanagement und Unternehmenswert von Versicherungen: Die Wertrelevanz der Kapitalanlage, in: Johanning/Rudolph (Hrsg): Handbuch Risikomanagement, Band 2, Bad Soden, S. 1131–1174

Culp, C. (2005): Alternative Risk Transfer, in: Frenkel/Hommel/Rudolf (Hrsg.): Risk Management – Challenge and Opportunity, 2. Auflage, Heidelberg, S. 369–390

Dannenberg, H. (2006): Erkennen und Bewerten von Mitarbeiterrisiken – Entwicklung einer Verteilungsfunktion des Mitarbeiterrisikos, in: RISIKO MANAGER, 23.2006, S. 1 und S. 4–7

Daschmann H. (1994): Erfolgsfaktoren mittelständischer Unternehmen, Stuttgart

Daske, H./Gebhardt, G. (2006): Zukunftsorientierte Bestimmung von Eigenkapitalkosten, in: Zeitschrift für betriebswirtschaftliche Forschung, 58. Jg., S. 530–551

Daum, T. (2001): Ausstrahlung des § 91 Abs. 2 AktG auf das Risk-Management in der GmbH, in: Lange/Wall (Hrsg): Risikomanagement nach dem KonTraG, München, S. 423–437

Denk, R./Exner-Merkelt, K/Ruthner, R. (2005): Risikoberichterstattung börsennotierter Unternehmen in Österreich, Okt. 2005: http://www.contrast.at/4_news_veran/presse/RM_Studie.pdf

Deutsch, H. P. (1998): Monte-Carlo-Simulationen in der Finanzwelt, in: Eller R. (Hrsg.): Handbuch des Risikomanagements – Analyse, Quantifizierung und Steuerung von Marktrisiken in Banken und Sparkassen, Stuttgart, S. 259–313

Dobler, M. (2004): Risikoberichterstattung – Eine ökonomische Analyse, Frankfurt am Main

Drukarczyk, J. (2003): Unternehmensbewertung, München

Eayrs, W./Gleißner, W. (2006): Bewertung auf unvollkommenen Kapitalmärkten: Risikodeckungsansatz, in: Der BewertungsPraktiker, 4/2006, S. 2–6

Eckey, H. F./Kosfeld, R./Dreger, C. (1995): Ökonometrie – Grundlagen, Methoden, Beispiele, Wiesbaden

Eggemann, G./Konradt, T. (2000): Risikomanagement nach KonTraG aus dem Blickwinkel des Wirtschaftsprüfers, in: Betriebs Berater 2000, S. 503–509

Eickstädt, J. (2001): Alternative Risikofinanzierungsinstrumente, Hamburg

Eisele, W. (2002): Technik des betrieblichen Rechnungswesens, München, 7. Auflage

Eisenführ, F./Weber, M. (2003): Rationales Entscheiden, Berlin/Heidelberg/New York

Eling M. (2004): Analyse und Beurteilung von Hedge-Fonds, Arbeitspapier

Embrechts, P./Klüppelberg, C./Mikosch, T. (2003): Modelling Extremal Events for Insurance and Finance, Berlin

Emmerich G. (1999): Risikomanagement in Industrieunternehmen – gesetzliche Anforderungen Umsetzungen nach dem KonTraG, in: ZfbF, S. 1075–1089

Erben, F. (2000): Fuzzy-Logic-basiertes Risikomanagement – Anwendungsmöglichkeiten der Theorie unscharfer Mengen im Rahmen des Risikomanagements von Industriebetrieben, Aachen

Erben, R./Romeike, F. (2002): Risk-Management-Informationssysteme – Potentiale einer umfassenden IT-Unterstützung des Risk Managements, in: Pastors/PIKS (Hrsg.): Risiken des Unternehmens, München und Merching 2002, S. 551–579

Erben, R./Romeike, F. (2003): Allein auf stürmischer See – Risikomanagement für Einsteiger, Weinheim

Eschenbach, R./Kunesch, H. (1996): Strategische Konzepte – Management-Ansätze von Ansoff bis Ulrich, 3. Auflage, Stuttgart

Eyerer, P./Schöch, H./Betz, M. (2000): Umweltrisiken, in: Dörner/Horváth/Kagermann (Hrsg.): Praxis des Risikomanagements – Grundlagen, Kategorien, branchenspezifische und strukturelle Aspekte, Stuttgart, S. 415–444

Fama, E. F. (1977): Risk-Adjusted Discount Rates and Capital Budgeting under Uncertainty, in: Journal of Financial Economics, 5/1977, S. 3–24

Fama, E. F./French, K.R. (1992): The Cross-Section of Expected Security Returns, in: Journal of Finance, Vol. 47, No. 2, S. 427–465

Fama, E. F./French, K.R. (1993): Common risk factors in the returns on stocks and bonds, in: Journal of Financial Economics, Vol. 47, S. 3–56

Fama, E. F./French, K.R. (2002): The Equity Premium, in: Journal of Finance 57, S. 637–659

Fama, E. F./French, K.R. (2004): The Capital Asset Pricing Model, in: Journal of Economic Perspectives, Vol. 18, No. 3, S. 25–46

Favre, L./Galeano, J. (2002): Mean-modified value at risk optimization with hedge funds, in: Journal of alternative investment, 5/2002, S 1–11

Fernandes, P. (2004): Are calculated betas worth for anything?, IESE Business School, University of Navarra, 17.2.2004, S.1–34

Franke, G./Hax, H. (1999): Finanzwirtschaft des Unternehmens und Kapitalmarkt, 4. Auflage, Berlin

Franke, G./Hax, H. (2004): Finanzwirtschaft des Unternehmens und Kapitalmarkt, 5. Auflage, Berlin/Heidelberg/New York

Franz, K.P. (2000): Corporate Governance, in: Dörner/Horváth/Kagermann (Hrsg.): Praxis des Risikomanagements – Grundlagen, Kategorien, branchenspezifische und strukturelle Aspekte, Stuttgart, S.41–72

Freidank, C.H. (2000): Die Risiken in Produktion, Logistik und Forschung und Entwicklung, in: Dörner/Horváth/Kagermann (Hrsg.): Praxis des Risikomanagements – Grundlagen, Kategorien, branchenspezifische und strukturelle Aspekte, Stuttgart, S.345–378

Froot, K./Scharfstein, D./ Stein, J. (1994): A Framework for Risk Management, in: Harvard Business Review, Nov.–Dez., S.91–102

Füser, K./Gleißner, W. (2005): Rating-Lexikon – 800 Stichwörter mit Fakten und Checklisten rund um Basel II, München

Füser, K./Gleißner, W./Meier, G. (1999): Risikomanagement (KonTraG) – Erfahrungen aus der Praxis, in: Der Betrieb, 15/1999, S.753–758

Füser, K./Weber, M. (2005): Mindestanforderungen an das Risikomanagement (MaRisk), Stuttgart

Gebhardt, G./Mansch, H. (2001): Risikomanagement und Risikocontrolling in Industrie- und Handelsunternehmen, Düsseldorf

Gebhardt G./Mansch H. (2005): Wertorientierte Unternehmenssteuerung in Theorie und Praxis, Wertorientierte Steuerungskennzahlen/Risikoadjustierte Performance-Kennzahlen in: Zfbf: Sonderheft 53, S.44–50

Gleich, R. (2001): Das System des Performance Measurement, München

Gleißner, W. (1997): Notwendigkeit, Charakteristika und Wirksamkeit einer Heuristischen Geldpolitik, Stuttgart

Gleißner, W. (1998): Heuristische Geldpolitik – Theorie und Empirie für Deutschland und Europa, in: Dresdner Beiträge zur Volkswirtschaftslehre, 4/1998, S.1–20

Gleißner, W. (2000): Risikopolitik und strategische Unternehmensführung, in: Der Betrieb, 33/2000, S.1625–1629

Gleißner, W. (2000a): Faustregeln für Unternehmer, Wiesbaden

Gleißner, W. (2001a): Identifikation, Messung und Aggregation von Risiken, in: Gleißner, W./Meier, G. (Hrsg.): Wertorientiertes Risiko-Management für Industrie und Handel, Wiesbaden, S.111–137

Gleißner, W. (2001b): Wertorientierte strategische Steuerung, in: Gleißner, W./ Meier, G. (Hrsg.): Wertorientiertes Risiko-Management für Industrie und Handel, Wiesbaden, S.63–100

Gleißner, W. (2001c): Mehr Wert durch optimierte Risikobewältigung, in: Zeitschrift für Versicherungswesen, 6/2001, S.1–4

Gleißner, W. (2002): Wertorientierte Analyse der Unternehmensplanung auf Basis des Risikomanagements, in: Finanz Betrieb, 7/8 2002, 417–427

Gleißner, W. (2002a): Optimierung der Risikokosten, in: Zeitschrift für Versicherungswesen, 10/2002, S.313–316

Gleißner, W. (2002b): Kernthesen zum Paradigma der Wertorientierung und ihre Konsequenzen für das Risikomanagement, in: Controller-Magazin, 1/2002, S.93–96

Gleißner, W. (2003): Balanced Scorecard und Risikomanagement als Bausteine eines integrierten Managementsystems, in: Romeike, F./Finke, R.: Erfolgsfaktor Risikomanagement, 2003, S.301–313

Gleißner, W. (2004a): Der Faktor Mensch – psychologische Aspekte des Risikomanagements, in: Zeitschrift für Versicherungswesen, 10/2004, S.285–288

Gleißner, W. (2004b): Die Aggregation von Risiken im Kontext der Unternehmensplanung, in: ZfCM – Zeitschrift für Controlling und Management, 5/2004, S. 350–359

Gleißner, W. (2004c): FutureValue – 12 Module für eine wertorientierte strategische Unternehmensführung, Wiesbaden

Gleißner, W. (2005): Rating als Chance und Gefahr für den Mittelstand, in: DSWR Heft 5/2005, S. 126–129

Gleißner, W. (2005a): Risikomanagement bei Public-Private-Partnership-Projekten, in: Förde Forum 26. Oktober 2005

Gleißner, W. (2005b): Kapitalkosten – der Schwachpunkt bei der Unternehmensbewertung, in: Finanz Betrieb, 4/2005, S. 217–229

Gleißner, W. (2005c): Risikomanagement im Kontext von Planung und Controlling, in Gleißner (Hrsg.), (2001/2006): Risikomanagement im Unternehmen, 14. Aktualisierung Kognos Verlag, Kapitel 7–3.6, S. 1–10.

Gleißner, W. (2005d): Value-Based Corporate Risk Management, in: Frenkel/Hommel/Rudolf (Hrsg.): Risk Management – Challenge and Opportunity, 2. Auflage, Heidelberg, S. 479–494

Gleißner, W. (2006a): Risikomaße und Bewertung, dreiteilige Serie, in: Risikomanager, Teil 1 – Grundlagen 12/2006, S. 1–11; Teil 2 – Downside-Risikomaße 13/2006, S. 17–23; Teil 3 – Kapitalmarktmodelle 14/2006, S. 14–20

Gleißner, W. (2006b): Risikogerechte Kapitalkostensätze als Werttreiber bei Investitionen, in: ZfCI – Zeitschrift für Controlling und Innovationsmanagement, 4/2006, S. 54–60

Gleißner, W. (2007a): Wert, Rendite und Risiko von Immobilien: Ein komplexer Zusammenhang, in: Zeitschrift für immobilienwirtschaftliche Forschung und Praxis, 2/2007, S. 2–5

Gleißner, W. (2007b): Analyse und Bewältigung strategischer Risiken, in: Kaiser, T. (Hrsg.), Wettbewerbsvorteile Risikomanagement, S. 65–96

Gleißner, W./Berger, T. (2004): Die Ableitung von Kapitalkostensätzen aus dem Risikoinventar eines Unternehmens, in: UM – Unternehmensbewertung & Management, 04/2004, S. 143–147

Gleißner, W./Berger, T./Rinne, M./Schmidt, M. (2005): Risikoberichterstattung und Risikoprofile von H-DAX-Unternehmen 2000 bis 2003, in: Finanz Betrieb, Heft 5/2005, S. 343–353

Gleißner, W./Everling, O. (Hrsg.) (2007): Rating-Software, München

Gleißner, W./Füser, K. (2000): Innovative Prognoseverfahren für Unternehmensplanung auf Basis des Risikomanagements, in: Der Betrieb, 19/2000, S. 933–941

Gleißner, W./Füser, K. (2003): Leitfaden Rating, 2. Auflage, München

Gleißner, W./Grundmann, T. (2008): Risiko-Benchmark-Werte für das Risikocontrolling deutscher Unternehmen, in: ZfCM, erscheint in Kürze

Gleißner, W./Hempel, M. (2006): Effizienz im Risikomanagement durch IT-Unterstützung, in: ZRFG – Zeitschrift für Risk Fraud & Governance, 2/2006, S. 83–90

Gleißner, W./Heyd, R. (2006): Rechnungslegung nach IFRS – Konsequenzen für Rating und Risikomanagement, in: IRZ – Zeitschrift für Internationale Rechnungslegung, 2/2006, S. 103–112

Gleißner, W./Leibbrand, F. (2004): Indikatives Rating und Unternehmensplanung als Grundlage für eine Ratingstrategie, in: Achleitner/Everling, Handbuch Ratingpraxis, Wiesbaden 2004

Gleißner, W./Lienhard, H./Stroeder, D. (2004): Risikomanagement für den Mittelstand, Eschborn

Gleißner, W./Löffler, H. (2007): Total Cost of Risk: Wertorientierte Steuerung von Risikotransferstrategien, in: Die Versicherungspraxis, 3. Ausgabe, S. 41–45

Gleißner, W./Meier, G. (1999): Risikoaggregation mittels Monte-Carlo-Simulation, in: Versicherungswirtschaft, Heft 13, S. 926–929

Gleißner, W./Meier, G. (2000): Risikomanagement als integraler Bestandteil der wertorientierten Unternehmensführung, in: DSWR 1–2, S. 9

Gleißner, W./Meier, G. (2006): Risikocheckliste – Prüfung und Leistungssteigerung von Risikomanagementsystemen, in: S&I Kompendium 2007, S. 18–21

Gleißner, W./Mott, B./Schenk, M. (2007): Risikomanagement in der Bauwirtschaft – Praktische Umsetzung am Beispiel der Bauer AG, in: ZRFG – Zeitschrift Risk, Fraud & Governance, 04/2007

Gleißner, W./Neubert, O. (2006): Einsatz von Derivaten und Versicherungen zur Rating-Absicherung, in: Richter, H. (Hrsg.): Globalisierung und Wirtschaftswachstum mittelständischer Unternehmen, Schwerin

Gleißner, W./Rinne, M. (2004): Der Risiko-Kompass im Risikomanagementprozess, in Gleißner (Hrsg.), (2001/2006): Risikomanagement im Unternehmen, Kognos Verlag 11. Aktualisierung, Kapitel 7–3.4, S. 41–56

Gleißner, W./Romeike F. (2005a): Anforderungen an die Softwareunterstützung für das Risikomanagement, in: ZfCM – Zeitschrift für Controlling & Management, 2/2005, S. 154–164

Gleißner, W./Romeike, F. (2005): Risikomanagement – Umsetzung, Werkzeuge, Risikobewertung, Freiburg

Gleißner, W./Schmidt, M. (2007): Der Risiko-Kompass plus Rating, in: Gleißner/Everling (Hrsg.), Rating-Software – Welche Produkte nutzen wem?, München

Gleißner, W./Winter, P. (2007): Kognitive Verhaltensaspekte bei Risikomanagement, in: Konferenzband: Die Rolle des Controllers im Mittelstand – funktionale, institutionelle und instrumentale Ausgestaltung, erscheint in Kürze

Gleißner, W./Wolfrum, M. (2006): Risk Map und Risiko-Portfolio: Eine kritische Betrachtung, in: ZfV – Zeitschrift für Versicherungswesen, 5/2006, S. 149–153

Gregoriou G./Gueyie J. (2003): Risk-Adjusted Performance of Funds of Hedge Funds Using a Modified Sharpe Ratio, in: The Journal of Alternative Investments, Vol. 6, No. 3, S. 77–83

Grob, A. (2002): Betriebswirtschaftliche Zinsrisikopolitik und Kapitalkosten einer Unternehmung, Berlin

Grundmann, T. (2004): Ansätze zur frühzeitigen Identifikation von Währungskrisen, in: Gleißner, W. (Hrsg.): Risikomanagement im Unternehmen, 10. und 11. Aktualisierung, S. 1–13

Grundmann, T. (2006): Branchenspezifische Analyse der Auswirkungen exogener Schocks auf den Unternehmenserfolg westdeutscher Unternehmen, TU Dresden (Dissertation)

Günther, T. (1997): Unternehmenswertorientiertes Controlling, München

Gutmannsthal-Krizanits, H. (1994): Risikomanagement von Anlagenprojekten – Analyse, Gestaltung und Controlling aus Contractor-Sicht, Wiesbaden

Hachmeister D. (2000): Der Discounted Cash-Flow als Maß der Unternehmenswertsteigerung, 4. Auflage, München

Hager, P. (2004): Corporate Risk Management: Cash-Flow at Risk and Value at Risk, Frankfurt am Main

Hahn, D./Krystek, U. (2000): Früherkennungssysteme und KonTraG, in: Dörner/Horváth/Kagermann (Hrsg.): Praxis des Risikomanagements – Grundlagen, Kategorien, branchenspezifische und strukturelle Aspekte, Stuttgart, S. 73–98

Haller, L. (2003): Risikowahrnehmung und Risikoeinschätzung, Hamburg

Hamerle, A. (2000): Statistische Modelle im Kreditgeschäft der Banken, in: Johanning/Rudolph (Hrsg): Handbuch Risikomanagement, Band 1, Bad Soden, S. 459–490

Härtl, R./Johanning, L. (2005): Risk Budgeting with Value at Risk Limits, in: Frenkel/Hommel/Rudolf (Hrsg.): Risk Management – Challenge and Opportunity, 2. Auflage, Heidelberg, S. 143–158

Haugen, R.A. (2002): Inefficient Stock Markets, Englewood Cliffs
Haugen, R.A. (2004): The New Finance, Englewood Clif
Heinen, E. (1987): Unternehmenskultur, München
Helten, E./Hartung, T. (2002): Instrumente und Modelle zur Bewertung industrieller Risiken, in: Hölscher/ Elfgen (Hrsg.): Herausforderungen Risikomanagement – Identifikation, Bewertung und Steuerung industrieller Risiken, Wiesbaden, S. 255–272
Hempel, M./Gleißner, W. (2006): Effizienz im Risikomanagement durch IT-Unterstützung, in: ZRFG – Zeitschrift für Risk, Fraud & Governance, 2/2006, S. 83–90
Hering, T. (1999): Finanzwirtschaftliche Unternehmensbewertung, Wiesbaden (zgl. Habilitationsschrift Greifswald 1998)
Hermann, D. (1996): Strategisches Risikomanagement kleinerer und mittlerer Unternehmen, Berlin
Hillmer, M. (1993): Kausalanalyse makroökonomischer Zusammenhänge mit latenten Variablen, Heidelberg
Hillson, D. (2005): Describing Probability: The Limitations of natural Language, PMI Global Congress 2005
Hoitsch, H./Winter, P. (2004): Die Cash-Flow at Risk-Methode als Instrument eines integriert-holistischen Risikomanagments, in: ZfCM – Zeitschrift für Controlling und Management, 4/2004, S. 235–246
Hoitsch, H.-J./Winter, P./Bechle, R. (2005): Risikokultur und risikopolitische Grundsätze: Strukturierungsvorschläge und empirische Ergebnisse, in: Zeitschrift für Controlling und Management, 2/2005, S. 125–133
Hommel, U. (2005): Value-Based Motives for Corporate Risk Management, in: Frenkel/Hommel/Rudolf (Hrsg.): Risk Management, Berlin 2005, S. 455–478
Hommel, U./Pritsch, G. (1997): Hedging im Sinne des Aktionärs, in: DBW Die Betriebswirtschaft 57, 5, S. 672–693
Horváth, P./Gleich, R. (2000): Controlling als Teil des Risikomanagements, in: Dörner/Horváth/Kagermann (Hrsg.): Praxis des Risikomanagements – Grundlagen, Kategorien, branchenspezifische und strukturelle Aspekte, Stuttgart, S. 99–126
Hulpke, H./Wendt, H. (2002): Das Risikomanagement im Kontext aktueller Entwicklungen im Bereich Corporate Governance, in: Hölscher/Elfgen (Hrsg.): Herausforderungen Risikomanagement – Identifikation, Bewertung und Steuerung industrieller Risiken, Wiesbaden, S. 109–124
Huschens, S. (2000): Verfahren zur Value-at-Risk-Berechnung im Marktrisikobereich, in: Johanning/Rudolph (Hrsg.): Handbuch Risikomanagement, Bad Soden, S. 181–218
Jenner, T. (1999): Determinante des Unternehmenserfolgs: eine empirische Analyse auf Basis eines holistischen Untersuchungsansatzes, Stuttgart
Kaduff, J. (1996): Shortfall-Risk-basierte Portfolio-Strategien: Grundlagen, Anwendungen, Algorithmen, Haupt Verlag
Kahneman, D./Tversky, A. (1979): Prospect theory: An analysis of decisions under risk, in: Econometrica, 47, S. 313–327
Kaiser, K. (2005): Erweiterung der zukunftsorientierten Lageberichterstattung, Folgen des Bilanzrechtsreformgesetzes für Unternehmen, in: Der Betrieb, Heft 7, 58 Jg., S. 345–353
Kajüter, P./Winkler, C. (2003): Die Risikoberichterstattung der DAX100-Unternehmen im Zeitvergleich – Ergebnisse einer empirischen Untersuchung, in: Zeitschrift für kapitalmarktorientierte Rechnungslegung, 5/2003, S. 217–228
Kajüter, P./Winkler, C. (2004): Praxis der Risikoberichterstattung deutscher Konzerne, in: Die Wirtschaftsprüfung, 57. Jg., 6/2004, S. 249–261
Kataoka, S. (1963): A Stochastic Programming Model, in: Econometrica, 31/1963, S. 181–196

Keitsch, D. (2007): Risikomanagement, Stuttgart

Kerins, F./Smith, J.K./Smith, R. (2004): Opportunity Cost of Capital for Venture Capital Investors and Entrepreneurs, in: Journal of financial and quantitative analysis, 39/2004, No. 2, S. 385–405

Keuper, F. (2005): Strategisches Effektivitäts- und Effizienzcontrolling im Lichte des integrierten Risiko- und Ertragsmanagement, in: Keuper/Roesing/Schomann (Hrsg.): Integriertes Risiko- und Ertragsmanagement, Wiesbaden, S. 131–162

Knight, F. H. (1921): Risk, Uncertainty and Profit, Reprint, Chicago.

Kropp, M./Schubert, D. (2000): Value-at-Risk für Rohstoffpreisrisiken, in: Johanning/Rudolph (Hrsg): Handbuch Risikomanagement, Band 2, Bad Soden, S. 1239–1266

Kross, W. (2005): Operational Risk: The Management Perspective, in: Frenkel/Hommel/Rudolf (Hrsg.): Risk Management – Challenge and Opportunity, 2. Auflage, Heidelberg, S. 303–320

Kross, W. (2006): Organized Opportunities, Weinheim

Kruschwitz L. (1999): Investition und Finanzierung, 2. Auflage, Oldenbourg Verlag

Kruschwitz L. (2001): Risikoabschläge, Risikozuschläge und Risikoprämien in der Unternehmensbewertung, in: Der Betrieb, 54. Jahrgang, S. 2409–2413

Kruschwitz, L./Löffler, A. (2003): Fünf typische Missverständnisse im Zusammenhang mit DCF-Verfahren, Finanz Betrieb, S. 731

Kruschwitz L./Löffler A. (2005): Ein neuer Zugang zum Konzept des Discounted Cashflow, in: Journal für Betriebswirtschaft, Heft 55, S. 21–36

Küpper, H./Bronner, T./Daschmann, H. (1994): RKW – Strategiemappe Strategisches Analyse- und Planungssystem (SAPS), Eschborn

Kürsten, W. (2006): Corporate Hedging, Stakeholderinteresse und Shareholder-Value, Journal für Betriebswirtschaft, Jg. 56, S. 3–31

Laas, T. (2004): Steuerung internationaler Konzerne, Frankfurt am Main

Lange, K. W. (2001): Risikoberichterstattung nach KonTraG und KapCoRiLiG, in: Deutsches Steuerrecht 06/2001, 227 ff.

Lange, W./Wall, F. (2001): Risikomanagement nach dem KonTraG, München

Laux, C. (2005): Integrating Corporate Risk Management, in: Frenkel/Hommel/Rudolf (Hrsg.): Risk Management – Challenge and Opportunity, 2. Auflage, Heidelberg, S. 437–454

Laux, H. (2004): Entscheidungstheorie, 6. Auflage, Berlin

Liekweg, A. (2003): Risikomanagement und Rationalität. Präskriptive Theorie und praktische Ausgestaltung von Risikomanagement, Wiesbaden

Löw, E./Lorenz, K. (2001): Risikoberichterstattung nach den Standards des DRSC und im internationalen Vergleich, in: Zeitschrift für kapitalmarktorientierte Rechnungslegung, 05/2001, 211 ff.

Lück, W. (2000): Managementrisiken, in: Dörner/Horváth/Kagermann (Hrsg.): Praxis des Risikomanagements – Grundlagen, Kategorien, branchenspezifische und strukturelle Aspekte, Stuttgart, S. 311–344

Lück, W./Bungartz, O. (2004): Risikoberichterstattung deutscher Unternehmen – Ein Beitrag zur Verbesserung der Wettbewerbsfähigkeit von Unternehmen am internationalen Kapitalmarkt, in: Der Betrieb, 34/2004, 1789 ff.

Lück, W./Henke, M./Gaenslen, P. (2002): Die Interne Revision und das Interne Überwachungssystem vor dem Hintergrund eines integrierten Risikomanagements, in: Hölscher/Elfgen (Hrsg.): Herausforderungen Risikomanagement – Identifikation, Bewertung und Steuerung industrieller Risiken, Wiesbaden, S. 225–238

Luhmann, K. (1980): Berücksichtigung des Risikos in Wirtschaftlichkeitsrechnungen, in: Zeitschrift für Betriebswirtschaft, 50/1980, 809–811

Lütje, T./Menkhoff, L. (2005): Risk Management, Rational Herding and Institutional Investors: A Macro View, in: Frenkel/Hommel/Rudolf (Hrsg.): Risk Management – Challenge and Opportunity, 2. Auflage, Heidelberg, S. 785–800

Lutz, U./Klaproth, T. (2004): Risikomanagement im Immobilienbereich, Berlin

March, J./Shapira Z. (1987): Managerial Perspectives on risk and risk taking, in: Management Science, 33/1987, S. 1404–1418

Mehra, R./Prescott, E. (1985): The Equity Premium: A Puzzle, in: Journal of Monetary Economics 15, S. 145–161

Meyding, T./Fabian, C.P. (2000): Rechtliche Risiken, in: Dörner/Horváth/Kagermann (Hrsg.): Praxis des Risikomanagements – Grundlagen, Kategorien, branchenspezifische und strukturelle Aspekte, Stuttgart, S. 283–310

Modigliani, F./Miller, M. (1958): The Cost of Capital, Corporate Finance, and the Theory of Investment, in: American Economic Review, 48/1958, S. 261–297

Mott, B. (2001): Organisatorischer Aufbau von Risikomanagementsystemen, in: Gleißner/Meier (Hrsg.): Wertorientiertes Risiko-Management für Industrie und Handel, Stuttgart, S. 199–232

Müller, E. (2004): Underdiversification in private companies – required returns and incentive effects, in: ZEW Discussion paper, Nr. 04–29

Myers, S. C./Majluf, N. S. (1984): Corporate Financing and Investment Decisions when Firms have Information that Investors do not Have, in: Journal of Financial Economics, 13/1984, S. 187–221

Nippel, P. (1999): Zirkularitätsproblem in der Unternehmensbewertung, in: BfuP, 3/99 S. 333–347

Oehler, A./Unser, M. (2002): Finanzwirtschaftliches Risikomanagement, Berlin

Paulus, S. (2000): Risiken beim Einsatz von Informationstechnologie, in: Dörner/Horváth/Kagermann (Hrsg.): Praxis des Risikomanagements – Grundlagen, Kategorien, branchenspezifische und strukturelle Aspekte, Stuttgart, S. 379–414

Pausenberger, E./Völker, H. (1985): Praxis des internationalen Finanzmanagements, Wiesbaden

Pedersen, C. S./Satchell, S. E. (1998): An extended family of financial-risk measures, in: Geneva papers on risk an insurance theory 1998, S. 89–117

Peemöller, V.H. (2005): Praxishandbuch der Unternehmensbewertung, Herne/Berlin

Pelzmann L. (2000): Wirtschaftspsychologie, Behavioral Economics, Behavioral Finance, Arbeitspsychologie, Wien/New York

Perridon L./Steiner M. (2002): Finanzwirtschaft der Unternehmung, München,

Perold, A.F. (2001): Capital Allocation in Financial Firms, Working Paper Nr. 98-072, Harvard Business School, February 2001

Pfennig, M. (2000): Shareholder-Value durch unternehmensweites Risikomanagement, in: Johanning/Rudolph (Hrsg): Handbuch Risikomanagement, Band 2, Bad Soden, S. 1295–1334

Pfister, C. (2003): Divisionale Kapitalkosten, Bern

Porter, M. (1999): Wettbewerbsstrategie, 10. Auflage, Frankfurt

Priermeier, T. (2005): Finanzrisikomanagement im Unternehmen – Ein Praxishandbuch, München

Rappaport, A. (1986): Creating Shareholder-Value, New York

Reichmann, T. (2001): Die Balanced Chance- and Risk-Card. Eine Erweiterung der Balanced Scorecard, in: Lange/Wall (Hrsg.): Risikomanagement nach dem KonTraG, München, S. 282–304

Rieder, M. (2005): Bayesianisches Kredit-Scoring zur Messung des Ausfallrisikos, in: Romeike, F. (Hrsg): Modernes Risikomanagement, Weinheim, 2005, S. 185–200

RiskNET (2007): Experten-Studie: Wert- und Effizienzsteigerung durch ein integriertes Versicherungs- und Risikomanagement, Oberaudorf 2007

Ritter, M. (2000): Kapitalkostenermittlung im Shareholder-Value-Konzept mit Hilfe optionspreistheoretischer Ansätze, Lohmar

Rohweder, H. (2000): Dynamische Asset Allocation mit langfristigem Value-at-Risk, in: Johanning/Rudolph (Hrsg): Handbuch Risikomanagement, Band 2, Bad Soden, S. 1015–1050

Romeike, F. (1995): Zur Risikoverarbeitung in Banken und Versicherungsunternehmen (Teil 1 bis 3), in: Zeitschrift für Versicherungswesen, Heft 1–3/ 1995

Romeike, F. (2005): Risikokategorien im Überblick, in: Romeike, F. (Hrsg): Modernes Risikomanagement, Weinheim, 2005, S. 17–32

Romeike, F. (2006): Der Deutsche Corporate Governance-Kodex (DCGK), in: Hirschmann/Romeike (Hrsg.): Rechts- und Haftungsrisiken im Unternehmensmanagement, Köln, S. 45–85

Romeike, F. (2007): Rechtliche Grundlagen des Risikomanagements, Berlin

Romeike, F./Finke, R. (2003): Erfolgsfaktor Risikomanagement: Chance für Industrie und Handel, Lessons learned, Methoden, Checklisten und Implementierung, Wiesbaden

Roselieb, F. (2002), Die Krise managen, Frankfurt am Main

Rosenkranz, F./Missler-Behr, M. (2005): Unternehmensrisiken erkennen und managen – Einführung in die quantitative Planung, Berlin

Röttger, B. (1994): Das Konzept Added Value als Maßstab für finanzielle Performance, Kiel

Roy, A. (1952): Safety first and the holding of assets, in: Econometrica, Heft 20/1952, S. 431–449

Sach, A. (1995): Kapitalkosten der Unternehmung und ihre Einflussfaktoren, St. Gallen

Sarin, R.K./Weber, M. (1993): Risk-value models, European Journal of Operational Research, Jg. 72, 135–149

Schaefer, C./Streitferdt, L. (2005): Wertorientiertes Investitionscontrolling, in: Keuper/Roesing/Schomann (Hrsg.): Integriertes Risiko- und Ertragsmanagement, Wiesbaden, S. 321–352

Schäffer, U./Weber, J. (2001): Controlling als Rationalitätssicherung der Führung – Zum Stand unserer Forschung in: Weber, J./Schäffer, U. (Hrsg.), Rationalitätssicherung der Führung, Wiesbaden, S. 1–6

Scheuenstuhl, G./Zagst, R. (2000): Portfoliosteuerung bei beschränktem Verlustrisiko, in: Johanning/Rudolph (Hrsg): Handbuch Risikomanagement, Band 2, Bad Soden, S. 941–972

Schierenbeck, H./Lister, M. (2001): Value Controlling: Grundlagen wertorientierter Unternehmensführung, München, Wien

Schierenbeck, H./Lister, M. (2002): Risikomanagement im Rahmen der wertorientierten Unternehmenssteuerung, in: Hölscher/Elfgen (Hrsg.): Herausforderungen Risikomanagement – Identifikation, Bewertung und Steuerung industrieller Risiken, Wiesbaden, S. 181–204

Schlienkamp, C. (1998): Grundlagen der Asset Allocation, in: Eller R. (Hrsg.): Handbuch des Risikomanagements – Analyse, Quantifizierung und Steuerung von Marktrisiken in Banken und Sparkassen, Stuttgart, S. 315–333

Schneider, D. (2001): Risk Management als betriebswirtschaftliches Entscheidungsproblem?, in: Lange/Wall (Hrsg.): Risikomanagement nach dem KonTraG, München, S. 181–206

Schwetzler, B. (2000): Unternehmensbewertung unter Unsicherheit – Sicherheitsäquivalent- oder Risikozuschlagsmethode?, in: Zeitschrift für betriebswirtschaftliche Forschung, 52/2000, S. 469–486

Shefrin, H. (2000): Börsenerfolg mit Behavioral Finance, Stuttgart

Shiller, R. (2000): Irrationaler Überschwang, Frankfurt a.M./New York

Shiller, R. (2003): Die neue Finanzordnung, Frankfurt am Main

Shleifer, A. (2000): Inefficient Markets: An Introduction to Behavioral Finance, Oxford

Siepe, G. (1998): Kapitalisierungszinssatz und Unternehmensbewertung: in Wirtschaftsprüfung, 7/1998, S. 325–338

Sinn, H.-W. (1980): Ökonomische Entscheidungen bei Unsicherheit, Tübingen 1980

Slovic, P. (2004): The Perception of Risk, London

Spremann, K. (2004): Valuation, München/Wien

Steiner, M./Bauer, C. (1992): Die fundamentale Analyse und Prognose des Marktrisikos deutscher Aktien, in: Zeitschrift für betriebswirtschaftliche Forschung, S. 347/368

Steiner, M./Uhlir, H. (2000): Wertpapieranalyse, Heidelberg

Stern, J. M./Shiely, J. S./Ross, I. (2001): Wertorientierte Unternehmensführung mit Economic Value Added (EVA), München

Stroeder, D. (2007): Fundamentale Risken im deutschen Mittelstand und Modelle zu ihrer Bewältigung, Stuttgart, Dissertation

Taleb, N. N. (1997): Against VAR: Nassim Taleb Replies to Philippe Jorion, http://www.fooledbyrandomness.com/jorion.html

Taleb, N. N./Pilpel, A. (2004): On the Unfortunate Problem of the Nonobservability of the Probability Distrubution

Telser, L. (1955): Safety First and Hedging, in: Review of Economic Studies, Vol. 23, S. 1–16

Theewen, E. (2007): MaRisk-Handbuch: Sanierung, Köln

Tillmann, M. (2006): Allokation von Risikokapital im Versicherungsgeschäft, in: Risiko Manager, Teil 1 in 04/2006, S. 4–9 und Teil 2 in 05/2006, S. 22–27

Timmreck, C. (2006): Kapitalmarktorientierte Sicherheitsäquivalente – Konzeption und Anwendung bei der Unternehmensbewertung – Zugleich Dissertation, Wiesbaden

Töpfer, A./Heymann, A. (2000): Marktrisiken, in: Dörner/Horváth/ Kagermann (Hrsg.): Praxis des Risikomanagements – Grundlagen, Kategorien, branchenspezifische und strukturelle Aspekte, Stuttgart, S. 225–252

Torous, W. N./Brennan, M.J. (1999) : Individual Decision Making and Investor Welfare, in: Economic Notes, 28/2, S. 119–143

Ulschmid, C. (1994): Empirische Validierung von Kapitalmarktmodellen; Untersuchungen zum CAPM und zur APT für den deutschen Aktienmarkt, Frankfurt a.M.

Uzik, M./Weise, M. F. (2003): Kapitalkostenbestimmung mittels CAPM oder MCPM in: Finanz Betrieb, Heft 11, S. 705–717

van den Brink, G. (2005): Quantifizierung operationeller Risiken – Ein Weg zur Einbettung in den Management-Zyklus, in: Romeike, F. (Hrsg.): Modernes Risikomanagement, Weinheim, 2005, S. 255–268

Vanini, U. (2005): Methoden der Risikoidentifikation, in: WISU-Wirtschaftsstudium, Nr. 8–9, S. 1028–1032

Vettinger, T./Volkart, R. (2002): Kapitalkosten und Unternehmenswert: Zentrale Bedeutung der Kapitalkosten, in: Der Schweizer Treuhänder, 09/02, S. 751–758

Vogler, M./Gundert, M. (1998): Einführung von Risikomanagementsystemen, Der Betrieb, Heft 48, 51. Jg., S. 2375–2380

Volkart, R. (1999): Risikobehaftetes Fremdkapital und WACC-Handhabung aus theoretischer und praktischer Sicht, Arbeitspapier Nr. 16 des Instituts für schweizerisches Bankwesen

von Metzler, L. (2004): Risikoaggregation im industriellen Controlling, Köln

von Neumann, J./Morgenstern, O. (1947): Theory of games and economic behavior, Princeton

314   10. Literatur

von Nitzsch, R. (2002): Unternehmensstrategie im Wettbewerb: Eine spieltheoretische Analyse, Stuttgart

von Nitzsch, R. (2003): Investitionslehre – Grundlagen, Modelle und Kalküle, Aachen

von Nitzsch, R./Goldberg, J. (2004): Behavioral Finance, München

Wala, T./Messner, S. (2006): Die Berücksichtigung von Ungewissheit und Risiko in der Investitionsrechnung, in: Wirtschaft und Management – Schriftenreihe der Fachhochschule des bfi Wien, 1/2006, S. 57 ff.

Wall, F. (2001): Betriebswirtschaftliches Risikomanagement im Lichte des KonTraG, in: Lange/Wall (Hrsg.): Risikomanagement nach dem KonTraG, München, S. 207–235

Warfsmann, J. (1993): Das Capital Asset Pricing Model in Deutschland: univariate und multivariate Tests für den Kapitalmarkt, Wiesbaden

Weber, J./Liekweg, A. (2001): Risiko(management) und Rationalität der Führung in unterschiedlichen Kontexten, in: Lange/Wall (Hrsg.): Risikomanagement nach dem KonTraG, München, S. 459–504

Weber, M. W./Koch, M. (2000): Berücksichtigungen von Risikoaspekten im EVA Management- und Vergütungssystem, in: Johanning/Rudolph (Hrsg.): Handbuch Risikomanagement, Band 2, Bad Soden, S. 1335–1351

Wehrsporn, U. (2005): Stochastische Ausfallwahrscheinlichkeiten: Credit Risk+, in: Romeike, F. (Hrsg.): Modernes Risikomanagement, Weinheim, 2005, S. 119–128

Wiedemann, A./Drosdzol, A./Reiss, R. D./Thomas, M. (2005): Statistische Modellierung des Zinsänderungsrisikos – Teil 1: Univariate Verteilungen, in: Romeike, F. (Hrsg.): Modernes Risikomanagement, Weinheim, 2005, S. 57–70

Wiedemann, A./Drosdzol, A./Reiss, R. D./Thomas, M. (2005): Statistische Modellierung des Zinsänderungsrisikos – Teil 2: Multivariate Verteilungen, in: Romeike, F. (Hrsg.): Modernes Risikomanagement, Weinheim, 2005, S. 71–84

Wiese, J. (2006): Komponenten des Zinsfußes in Unternehmensbewertungskalkülen, Peter Lang, Frankfurt am Main

Wieske, D. (2006): Risikoanalyse in Industrieunternehmen, Saarbrücken

Wilson, L. (1998): Value at Risk, in: Alexander, C. (Hrsg.), Risk Management and Analysis, Band 1, Chichester, S. 61–124

Winter, P. (2006a): Risikocontrolling in Nicht-Finanzunternehmen: Entwicklung einer tragfähigen Risikocontrolling-Konzeption und Vorschlag zur Gestaltung einer Risikorechnung, Inauguraldissertation, Mannheim

Winter, P. (2006b): Überlegungen zur Risikorechnung als Instrument des Risikocontrollings in Nicht-Finanzunternehmen, in: Controlling im Wandel der Zeit (Winter P. et al.), S. 319–344

Wittstock, M./Dahrenmöller, A. (2001): Finanzierung und Risikoabsicherung des Exports mittelständischer Unternehmen – Schriften zur Mittelstandsforschung, Stuttgart

Wöhrmann, P. (2002): Die Alternative Risikofinanzierung als Teil eines ganzheitlichen unternehmerischen Risk Managements, in: Hölscher/Elfgen (Hrsg.): Herausforderungen Risikomanagement – Identifikation, Bewertung und Steuerung industrieller Risiken, Wiesbaden, S. 451–484

Wolfrum, M. (2001): Rechnen mit Risiken (1), in: Gleißner, W. (Hrsg.), Risikomanagement im Unternehmen, Kognos-Verlag, 2001/2006

Wolke, T. (2007): Risikomanagement, Wiesbaden

Zimmermann, J. (1997): EVA and divisional performance measurement: capturing synergies and other issues, in: Journal of applied corporate finance, Heft 10/2, S. 98–109

11. Stichwortverzeichnis